Hermann Rau

Kurze Einführung in die Physikalische Chemie

Mit 97 Abbildungen

Springer Fachmedien Wiesbaden GmbH

Für die Herausgabe verantwortlich: *Wolfgang Kraus*

CIP-Kurztitelaufnahme der Deutschen Bibliothek

Rau, Hermann
Kurze Einführung in die physikalische Chemie.
– 1. Aufl. – Braunschweig: Vieweg, 1977.
ISBN 3-528-09208-4

Ursprünglich erschienen bei Friedr. Vieweg & Sohn Verlagsgesellschaft mbH, Braunschweig 1977
Softcover reprint of the hardcover 1st edition 1977

Satz: Vieweg, Wiesbaden

ISBN 978-3-528-09208-5 ISBN 978-3-322-85052-2 (eBook)
DOI 10.1007/978-3-322-85052-2

Vorwort

Das Wissensgebiet der Physikalischen Chemie hat sich so stark ausgeweitet und vertieft, daß man berechtigterweise die Frage stellen kann, ob man heute ein Buch vom Umfang des hier vorliegenden überhaupt noch schreiben dürfe. Ich habe diese Frage mit meinem Mitarbeiter Herrn Dr. *Gerhard Greiner*, dem an dieser Stelle für seine kritische Unterstützung herzlich gedankt sei, lange diskutiert mit dem Ergebnis, daß man der Physikalischen Chemie wissenschaftlich nur beschränkt gerecht werden könne, weil doch häufig wichtige Aspekte verkürzt oder unterdrückt werden müßten. Andererseits wird in den Studienplänen einer Reihe von Studiengängen der Physikalischen Chemie nicht mehr Zeit zugestanden als die zweier zweistündiger Vorlesungen und eines Praktikums von drei bis vier Wochen. Die Situation der Studenten dieser Studiengänge erfordert einen Text im Umfang des vorliegenden Studienbuchs.

Der Adressatenkreis, an den sich diese Einführung richtet, ist heterogen. Er umfaßt unter anderem Studierende der Biologie, der Lebensmitteltechnologie und des höheren Lehramts, vielleicht auch Chemiestudenten mit Studienziel Diplom, die einen ersten Einstieg suchen. Deshalb sind die Voraussetzungen, Erwartungen und auch die spätere Verwendung des Erworbenen bei den einzelnen Adressatengruppen verschieden. Allen Adressaten gemeinsam ist aber – und entsprechend ist diese Einführung ausgelegt – der Zugang zur Physikalischen Chemie von der Seite der Chemie. Deshalb sollte ein Lerninhalt an einem konkreten oder gedachten praktischen Beispiel entwickelt werden. Dieser Phänomenansatz ist hier aber bewußt nicht einheitlich durchgehalten worden. Immer wieder ist der nächste Schritt der Entwicklung einer Leitlinie an Hand von naheliegenden oder theoretischen Überlegungen gemacht worden und erst dann ein geeignetes Experiment zur Konkretisierung und Demonstration herangezogen worden. Dies scheint nach meiner Erfahrung bei der Entwicklung eines Modells dienlicher zu sein, wenn die Darstellung kompakt sein muß.

In einer Einführung dieser Art können keine wissenschaftlich kontroversen Elemente Platz finden, sie muß sich auf die gesicherten Grundlagen stützen. Leser, die von diesen Grundlagen aus tiefer in die Physikalische Chemie eindringen wollen, seien auf einige umfangreiche Einführungen in dieses Gebiet verwiesen:

G. M. Barrow,	Physikalische Chemie. Bohmann, Wien, und Vieweg, Braunschweig
W. J. Moore,	Physical Chemistry. Longman, London
K. H. Näser,	Physikalische Chemie für Techniker und Ingenieure. VEB Deutscher Verlag für Grundstoffindustrie, Leipzig

Ein weiterer Schritt ist die Erarbeitung des Inhalts von Monographien, von denen eine subjektive Auswahl lauten kann:

Thermodynamik

G. Kortüm,	Einführung in die chemische Thermodynamik. Vandenhoeck & Ruprecht, Göttingen, und Verlag Chemie, Weinheim

Elektrochemie

G. Kortüm, Lehrbuch der Elektrochemie. Verlag Chemie, Weinheim

Atombau

W. Finkelnburg, Einführung in die Atomphysik. Springer, Berlin/Heidelberg/Göttingen

E. W. Schpolski, Atomphysik. VEB Deutscher Verlag der Wissenschaften, Berlin

Molekülbau

W. Finkelnburg, Einführung in die Atomphysik. Springer, Berlin/Heidelberg/Göttingen

A. Streitwieser, Molecular Orbital Theory for Organic Chemists. Wiley, New York/London, und Toppan, Tokyo

E. Heilbronner und *H. Bock,* Das HMO-Modell und seine Anwendung. Verlag Chemie, Weinheim

Kinetik

A. A. Frost und *R. G. Pearson,* Kinetik und Mechanismen homogener chemischer Reaktionen. Verlag Chemie, Weinheim

H. Mauser, Formale Kinetik. Bertelsmann Universitätsverlag, Düsseldorf

Spektroskopie

H. A. Staab, Einführung in die theoretische organische Chemie. Verlag Chemie, Weinheim

Der letzte Schritt, der kaum ohne experimentelle Arbeit getan werden wird, ist die Erarbeitung von Review-Artikeln und Originalarbeiten.

Ich habe in diesem Buch fast durchweg SI-Einheiten benutzt. Dies führt dazu, daß das Bild mancher Formeln sehr ungewohnt erscheint, z.B. die Schrödingergleichung oder die Definitionsgleichung für die Äquivalentleitfähigkeit. Im Anhang findet man eine Tabelle der Zahlenwerte von Konstanten in SI- und cgs-Einheiten.

Diese Einführung wäre in dieser Form nie entstanden ohne die Reaktion einiger Studentenjahrgänge auf meine Vorlesung, eine Reaktion, die sich zwischen gläubigem Nichtverstehen, scharfer Fragestellung und „Aha-Erlebnissen" bewegte. Den Studenten sei dafür gedankt und auch allen Kollegen, die mir mit Rat zur Seite gestanden haben. Besonderer Dank gebührt Frau *M. Becker*, die aus einem verfilzten Rohmanuskript einen leserlichen Text gemacht hat.

Hohenheim, im Frühjahr 1977

Hermann Rau

Inhaltsverzeichnis

Teil II
Makroskopische Systeme im Gleichgewicht

Teil III
Makroskopische Systeme im Potentialgefälle

Einleitung

Die Physikalische Chemie ist, wie der Name sagt, ein Fachgebiet, das zwischen Physik und Chemie liegt. Wir wollen in diesem Buch jedoch die Interessen der Chemie in den Vordergrund stellen. Das heißt: Es interessiert uns der Bau der Atome insoweit, als er wichtig ist für das Verständnis der Bindungsverhältnisse, der chemischen und photochemischen Reaktionen, der Spektren zur Identifikation und Konstitutionsaufklärung, es interessiert die Kinetik, die Thermodynamik und Elektrochemie in Hinblick auf chemische Probleme. Diese Ausrichtung verlangt, daß die Denkmuster der Chemiker berücksichtigt werden, die stets mehr in konkreten Problemen als in abstrakten Modellen zu denken gewöhnt sind. Allerdings hat die Physikalische Chemie auch die Aufgabe, gerade bei den Chemikern das Modelldenken zu schulen.

Auch in diesem Buch stehen wir dem Problem gegenüber, daß der Stoff in die klassischen Teile Thermodynamik und Elektrochemie einerseits und die modernen Teile Atom- und Molekülbau andererseits auseinanderklafft. Die Reaktionskinetik kann keine Brücke sein, auch wenn sie mit mikroskopischen Vorstellungen makroskopische Reaktionen beschreibt. Insofern müssen wir zwei völlig verschiedene Ansätze, die klassische Kontinuumsvorstellung und die moderne Quantenvorstellen, nebeneinander stehen lassen.

Wir wollen mit diesem Buch keine Rezepte- oder Formelsammlung liefern, mit der man die praktischen Probleme durch Einsetzen lösen kann. Wir wollen versuchen, grundlegende Vorstellungen der Physikalischen Chemie herauszuarbeiten und möglichst verständlich darzustellen. Wir müssen uns deshalb den Wunsch nach Vollständigkeit versagen. Wir betrachten dieses Buch als eine Einführung in die Grundlagen und verlangen vom Leser über die Kenntnisse und Fähigkeiten der Hochschulqualifikation hinaus die Bereitschaft, die Mathematik als Instrument zu akzeptieren, mit dessen Hilfe die hier stets verbal interpretierten Vorstellungen quantitativ gefaßt werden können. So hoffen wir, das Ziel erreichen zu können, für andere Fähigkeitsanforderungen, z.B. mit höherem Abstraktionsgrad oder in problemorientierter Konkretion, die Grundlagen zu legen.

Dieses Einfahren der Denkmuster der Physikalischen Chemie macht sicherlich auf dem Gebiet der Quantentheorie die meisten Schwierigkeiten. Hier müssen wir Vorstellungen lernen, die sich der unmittelbaren Anschauung entziehen. Wir versuchen, die Darstellung so weit wie möglich in Analogie zu den Wellenerscheinungen der klassischen Physik zu stellen, sind uns jedoch bewußt, daß das „Verstehen“ nur durch einen längeren Umgang mit der Materie erreicht werden kann. Trotzdem ist es unumgänglich, schon in einer Einführung in die Grundlagen der Physikalischen Chemie das Bewußtsein für das zu schärfen, was es auf der molekularen Ebene bedeutet, wenn der Chemiker Bindungen knüpft und löst.

Aber auch die Denkmuster der klassischen Thermodynamik sind nicht leicht einzuüben, auch wenn es dabei um ganz praktische Fragen geht, z.B. in welche Richtung eine Reaktion ablaufe oder unter welchen Bedingungen man am besten ein Flüssigkeitsgemisch trenne, günstig in bezug auf Reinheit, günstig in bezug auf Kosten, etc. Wir wollen versuchen, das geschlossene Formelsystem der Thermodynamik nicht zum intellektuellen Genuß zu bieten, sondern als Hilfe zum Verständnis einzusetzen. Es ist ein alter Streit, ob es zulässig sei, thermodynamische und molekularstatistische Argumentation in einem Buch zu mischen. Wir haben uns für ein Nebeneinander beider Argumentationsweisen entschieden, weil wir in der Praxis festgestellt haben, daß dies dem Verständnis zuträglich ist und weil im Bereich der Elektrochemie für eine alternative Darstellung ohnehin kein Platz ist. Durch diese doppelte Argumentation wird gleichzeitig das Verständnis für kinetische Probleme erleichtert.

Die Gliederung des Buches ist etwas unkonventionell. Wir stellen den Atom- und Molekülbau als Grundlage aller materiellen Systeme an den Anfang. Danach betrachten wir physikalisch-chemische Systeme im Gleichgewicht, anschließend beschäftigen wir uns mit solchen Systemen in einem Potentialgefälle.

Da diese Einführung mit den Grundlagen, nicht mit der Vielfalt der Ergebnisse und Darstellungen vertraut machen soll, werden für jedes Kapitel nur wenige Literaturstellen zitiert. Dies vor allem unter dem Gesichtspunkt, daß die zitierten Werke das tiefere Eindringen in die Physikalische Chemie ermöglichen sollen.

Teil I
Mikroskopische Systeme – Atom- und Molekülbau

Es ist heute Allgemeinwissen, daß die Materie aus kleinsten, chemisch nicht mehr teilbaren Einheiten, den Atomen, besteht, die selbst wieder aus Elementarteilchen aufgebaut sind und nur durch physikalische Operationen verändert werden können. Auch Vorstellungen über den Bau der Atome sind nicht mehr unbekannt, vereinfachte Abbildungen von Atommodellen finden sich bereits als Warenzeichen.

Wenn wir uns dennoch mit den Grundlagen des Atom- und Molekülbaus beschäftigen, dann deshalb, weil wir die Atommodelle von ihren experimentellen und theoretischen Voraussetzungen her verstehen wollen, weil sie genauer und kritischer betrachtet werden sollen und weil wir Folgerungen für Bindungsverhältnisse ziehen wollen. Unser Interesse gilt den für die Chemie relevanten Atomeigenschaften, und diese werden durch die Eigenschaften der Elektronenhülle und nicht durch den Kernaufbau bestimmt, wenn man bei ungeladenen Atomen von der Gleichheit von Kernladung und Elektronenzahl absieht. Eigentlich ist diese Unterscheidung energetisch bestimmt: Energieumsätze durch Änderungen in der Elektronenhülle liegen im Bereich der Umsätze chemischer Reaktionen, z.B. der Explosion herkömmlichen Sprengstoffs, Änderungen im Kernbereich setzen Energien der Größenordnung nuklearer Explosionen um.

In diesem ersten Kapitel beschäftigen wir uns zunächst mit dem Problem der Quantisierung, dem Unterschied zwischen der klassischen und der modernen Physik und den älteren Atommodellen. Dann wird das Problem der Materiewelle und der Vorstellung von stationären Atom- und Molekülzuständen als stehende Materiewellen behandelt und schließlich das auf dieser Basis errichtete Gebäude des Atom- und Molekülbaus.

1. Entwicklung der Quantentheorie

1.1. Die Quantisierung

Die Quantisierung von beobachtbaren Größen, d.h. der Austausch einer Menge in ganzen Vielfachen einer Grundmenge, ist auch in der klassischen Physik nichts gänzlich Unbekanntes gewesen. Der Gegensatz zwischen klassischer und moderner Physik beruht auf der Annahme eines kontinuierlichen bzw. gequantelten Mengenaustausches im Energiebereich. Wir wollen drei wichtige Mengen und ihre Quantisierung betrachten.

1.1.1. Die Masse

Die dem Chemiker lange bekannten Gesetze der Stöchiometrie sind durch die Atomtheorie erklärbar, nach der die Materie aus einer beschränkten Anzahl von Bausteinen, also Massenquanten, aufgebaut ist. Diese Atome treten zu größeren Einheiten zusammen, die chemische Individualität haben, den Molekülen.

Atome und Moleküle haben bestimmte Massen. Diesen Massenverhältnissen wird Rechnung getragen dadurch, daß man Atom- und Molekulargewichte angibt. Diese Atom- und Molekulargewichte sind eigentlich Verhältniszahlen, die erst durch die Fixierung eines Atomgewichts (z.B. in der chemischen Massenskala mit Sauerstoff = 16,000) Absolutwerte werden.

Da man die Einzelatome wegen ihrer Kleinheit nicht manipulieren kann, haben die Chemiker das Mol, das Molekulargewicht in Gramm, eingeführt. 1 Mol O_2 sind also 0,032 kg; 0,06354 kg Kupfer sind 1 Mol Kupfer. Das bedeutet, daß ein Mol eines beliebigen Stoffes aus gleich viel Atomen bzw. Molekülen wie ein Mol eines anderen Stoffes besteht. Tatsächlich ist heute nach dem SI-System das Mol definiert als die Stoffmenge, die ebensoviele elementare Einheiten enthält wie in 0,012 kg ^{12}C Atome vorhanden sind. Diese Zahl, die sogenannte Loschmidtsche oder Avogadrosche Zahl

$$N_L = (6{,}02295 \pm 0{,}00005) \cdot 10^{23} \approx 6{,}023 \cdot 10^{23} \text{ Teilchen/Mol}$$

tritt als Konstante in vielen physikalischen Gesetzen auf. Sie kann auf verschiedene Weise bestimmt werden, z.B. aus Kristalldaten, aus der Lichtstreuung, aus dem Faradayschen Gesetz etc. (s. Lehrbücher der Physik).

Die Masse ist allerdings nur im Bereich der Chemie streng gequantelt. In der Elementarteilchenphysik kennt man Partikel mit Massen von Bruchteilen der Masse von Atomen, und auch die nicht ganzzahligen Gewichte schwerer Atome zeigen, daß es kein universelles Massenquant gibt.

1.1.2. Die elektrische Ladung

Es ist lange bekannt, daß die elektrische Ladung immer nur als ein ganzes Vielfaches einer Elementarladung e_0 zu beobachten ist. Die Bestimmungsverfahren der Elementarladung sind in den Lehrbüchern der Physik beschrieben, es ist

$$e_0 = 1{,}602 \cdot 10^{-19} \text{ As}.$$

1.1.3. Die Wirkung

Die Wirkung hat die Dimension Energie · Zeit. Man sieht, daß sie sehr eng mit der Übertragung von Energie zusammenhängt. Im atomaren Bereich kann die Energie meist nur in kleinen Einheiten oder Vielfachen davon ausgetauscht und damit beobachtet werden. Dies wurde zuerst von Max Planck um 1900 erkannt, der zur Berechnung der Gesetze des schwarzen Strahlers (s. Lehrbücher der Physik) eine Konstante

$$h = 6{,}62 \cdot 10^{-34} \text{ Js}$$

einführte, die heute *Plancksches Wirkungsquantum* genannt wird. Die Interpretation der Berechnung brach mit den Vorstellungen der klassischen Physik dadurch, daß die Energieübertragung zwischen zwei Oszillatoren der Resonanzfrequenz ν nur in (sehr kleinen) Quanten

$$E = h\nu \qquad (1)$$

möglich sein sollte.

Der Vollständigkeit halber muß darauf hingewiesen werden, daß zwar die Wirkung immer gequantelt sein muß, daß aber die Energie in manchen Fällen nicht gequantelt ist. Die kinetische Energie auch eines Mikroteilchens ist kontinuierlich variabel, dagegen findet man gequantelte Energieverhältnisse, wenn man sich für die innere Energie stabiler atomarer und molekularer Systeme interessiert.

1.1.4. Kontinuums- und Quantentheorie

Die klassische Physik hat, ohne Kenntnis der Quantennatur der Wirkung, einen großen Teil der Naturphänomene in Gesetze fassen und verstehen können. Die klassische Physik baute ihr theoretisches Gebäude auf Kontinuumsvorstellungen auf, ihr Credo war: natura non facit saltus. Tatsächlich ist diese Konzeption unserer Alltagserfahrung bestens angepaßt: wenn wir vor einem Heizstrahler sitzen, haben wir nicht das Gefühl, mit einzelnen Wärmequanten beschossen zu werden, wenn ein Schwungrad ausläuft, sehen wir keine ruckartige Verlangsamung der Bewegung.

Andererseits gibt es Messungen, die unzweifelhafte Beweise quantenhafter Energieübergänge im atomaren Bereich geben.

Diese Aussagen sind letztlich nicht widersprüchlich. Für einen Riesen ist eine Treppe des Zwergenreichs eine schiefe Ebene. Die Quantenzustände der Systeme, mit denen sich die klassische Physik beschäftigt hat, liegen so nahe beieinander, daß die Auflösung der Meßmethoden nicht ausreicht, die Quantenstruktur makroskopischer Systeme zu entdecken. Dies ist anders, wenn atomare oder molekulare Systeme untersucht werden. Hier treten die quantenhaften Zustandsänderungen in den Vordergrund. Zwischen diesen beiden Grenzgebieten besteht ein bruchloser Übergang. Die Kontinuums-Physik, die klassische Physik also, kann als ein Grenzfall der Quantenphysik angesehen werden. Diese Beziehung wird später durch das Bohrsche Korrespondenzprinzip konkretisiert werden.

Wir müssen uns aber eine Tatsache immer vor Augen halten: Nicht die Größe des Energieumsatzes an sich bestimmt, ob ein Vorgang dem Bereich der klassischen oder der Quantenphysik zugerechnet werden muß. Die aufgenommene Gesamtenergie hat zwei Aspekte, einen qualitativen (welche Energie hat ein Einzelquant) und einen quantitativen (wie viele Quanten sind umgesetzt worden). Wir kennen dieses Problem vom Münzautomaten: haben wir das qualitativ richtige Geld, nämlich Zweimark-Münzen, so können wir eine Schachtel Zigaretten kaufen. Dagegen nützen uns alle kleineren Münzen, aber auch alle Fünfmarkstücke oder gar Papiergeld nichts, auch wenn sie einen sehr viel höheren Wert darstellen. Wie viele Zigaretten wir schließlich kaufen können, das hängt von der Zahl der „2-Mark-Quanten" ab, die wir mit dem System Automat austauschen.

Auch bei der Messung von Quantenphänomenen werden i.a. Meßmethoden und -apparaturen verwendet, die durch Aufsummierung vieler gleichartiger Vorgänge große Energieumsätze anzeigen. Ein Meßinstrument muß dabei jedoch den qualitativen, wie den quantitativen Aspekt erfassen. Die Lichtschwächung durch eine Farbstofflösung z.B. ist die Summe einer immensen Zahl von gleichartigen Einzelabsorptionsvorgängen in Molekülen. Das Meßgerät muß zwei Größen erfassen können, die Wellenlänge (Farbe) des Lichts und die dazugehörige Schwächung.

1.2. Die „alte" Quantentheorie und ihre Atommodelle

Mit chemischen Methoden kann man zeigen, daß Moleküle aus Atomen zusammengesetzt sind. Man kann auch die Bindungsfestigkeit aus Messungen der Energieumsätze bei chemischen Reaktionen bestimmen. Aber was die Atome befähigt, chemische Bindungen einzugehen, warum ein Atom mehrere Bindungen eingehen kann oder ähnliche Fragen können nur mit physikalischen Methoden durch Aufklärung der Atomeigenschaften einer Klärung näher gebracht werden.

1.2.1. Streuexperimente und das Rutherfordsche Atommodell

Atome sind zu klein, als daß man sie z.B. mit den üblichen optischen Methoden vermessen könnte. Die Methode, die man dazu am Anfang dieses Jahrhunderts verwendete, besteht darin, einen Strahl von Teilchen bekannter Masse, Ladung und Geschwindigkeit auf eine große Anzahl der zu untersuchenden Atome zu schießen und aus der Streuung an diesen Rückschlüsse auf ihre Eigenschaften zu ziehen.

1.2.1.1. Erzeugung von Teilchenstrahlen

Die Erzeugung von gerichteten Teilchenstrahlen setzt ein hohes Vakuum voraus, da freie Elektronen oder Ionen in einer Gasatmosphäre nicht stabil sind (sie werden durch die Gasmoleküle eingefangen und reagieren chemisch) und da durch nichtreaktive Stöße die Flugrichtung der Teilchen gestört wird (Einzelheiten sind in den Lehrbüchern der Experimentalphysik beschrieben).

1.2.1.1.1. Freie Elektronen. Elektronen können durch Stoßionisation in einer Gasentladung, durch Glühemission aus Metallen oder durch energiereiche Strahlung aus Oberflächen freigesetzt werden. Aufgrund ihrer Ladung können sie beschleunigt und abgelenkt werden. Sie eignen sich also besonders für Versuche mit variabler kinetischer Energie.

1.2.1.1.2. Freie Ionen. In Gasentladungen entstehen Elektronen und positive Gasionen durch Stöße. Die positiven Gasionen können als „Kanalstrahlen" hinter der durchbohrten Kathode zu Streuexperimenten mit variabler kinetischer Energie verwendet werden.

Auch α-Teilchen sind positive Ionen. Sie stammen aus dem Zerfall von instabilen Kernen und haben eine definierte kinetische Energie, die von der Art des zerfallenden Kerns bestimmt ist.

1.2.1.1.3. Moleküle. Hier gibt es keine Möglichkeit elektrischer Beschleunigung. In einem Ofen werden Gase aufgeheizt (meist Wasserstoff oder Helium), dadurch erhalten die Moleküle oder Atome eine hohe kinetische Energie, allerdings mit der thermischen Verteilung. Man kann durch eine Art „Monochromator", bei dem die Laufzeit zwischen zwei Lochscheiben als diskriminierende Größe wirkt, die Atome oder Moleküle einer bestimmten schmalen Geschwindigkeitsverteilung ausblenden (Bild I-1).

1.2.1.1.4. Neutronen. Neutronen sind Neutralteilchen aus Kernzerfallsprozessen und können ebenfalls nicht beschleunigt werden.

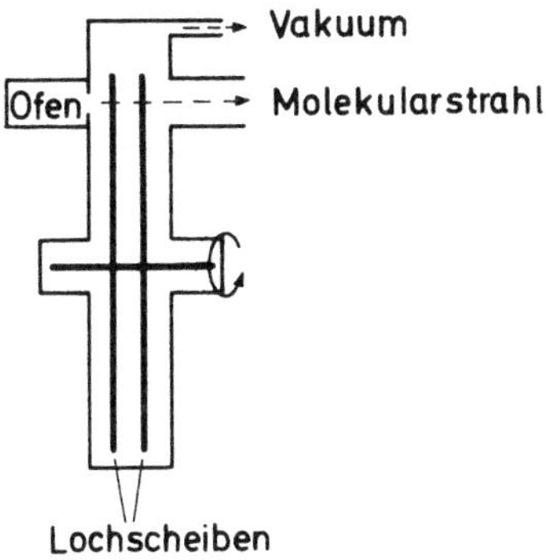

Bild I-1
„Monochromator" für Molekularstrahlen

1.2.1.2. Die Streuexperimente

Lenard beschoß eine dünne Aluminiumfolie (ca. 2–3 · 10^{-6} m, ca. 7000 Atomschichten dick) mit Elektronen. Beim Einsatz von schnellen Elektronen gehen die meisten glatt durch, nur wenige werden gestreut. Bei langsamen Elektronen werden sehr viel mehr gestreut. Der Streuquerschnitt der Atome ist also von der Energie der Elektronen abhängig, für schnelle Elektronen ist er ca. 10^{-14} m, für langsame ca. 10^{-10} m.

Rutherford benutzte zum Streuversuch α-Teilchen aus einem radioaktiven Präparat, die zweifach positiv geladen sind und eine ca. 7000-fach größere Masse als die Elektronen haben. Diese α-Teilchen werden praktisch nur an Zentren mit einem Radius von 10^{-14} m gestreut.

1.2.1.3. Das Rutherfordsche Atommodell

Die Änderung des Wirkungsquerschnitts mit der Elektronenenergie zeigt, daß das Atom keine starre Kugel sein kann, die hohe Durchlässigkeit für schnelle Elektronen und α-Teilchen spricht für viel freien Raum im Bereich des Atoms.

Von Rutherford wurde daraus geschlossen, daß praktisch die gesamte Masse des Atoms im *Atomkern* von ca. 10^{-14} m Durchmesser vereint sei, der positiv geladen sein müsse. Das Atom muß jedoch nach außen neutral sein: dafür sollen Elektronen sorgen, die den Kern so umkreisen sollen, daß Zentrifugal- und Zentripetalkräfte einander die Waage halten (Rutherfordsches Atommodell).

Dieses System ist nach den Gesetzen der klassischen Physik nicht stabil. Eine gekrümmte Bahn ist die Folge einer Beschleunigung, auch wenn die Bewegung (z.B. auf einer Kreisbahn) mit gleicher Geschwindigkeit verläuft. Eine beschleunigte Ladung, das umlaufende Elektron also, müßte elektromagnetische Strahlung der Umlauffrequenz aussenden. Damit müßte Energie abgegeben werden, d.h. die Geschwindigkeit verringert werden und das Elektron auf einer Spiralbahn in den Kern stürzen. Diskrete Spektrallinien sind mit diesem Modell nicht zu erklären.

1.2.1.4. Die Größe der Atome

Aus den Streuexperimenten folgt aber auch, daß die Atome keinen genau zu definierenden Durchmesser haben. Es kommt auf das Experiment an, welchen Durchmesser man mißt.

Während bei einer makroskopischen Kugel, z.B. aus einem Kugellager, die Kräfte, die das Eindringen eines Stoßpartners verhindern, sich über eine im Verhältnis zum Durchmesser sehr kurze Distanz schnell ändern, fallen diese Kräfte beim Atom im Verhältnis zum Durchmesser langsamer ab, und ein Stoßpartner kann je nach seiner kinetischen Energie mehr oder weniger weit gegen diese Kräfte anlaufen (Bild I-2). Der Atomradius beträgt also nur ungefähr 10^{-10} m, wie man ihn außer aus den Streuexperimenten als Wirkungsquerschnitt auch aus der inneren Reibung der Gase oder dem Wärmeleitvermögen bestimmen kann.

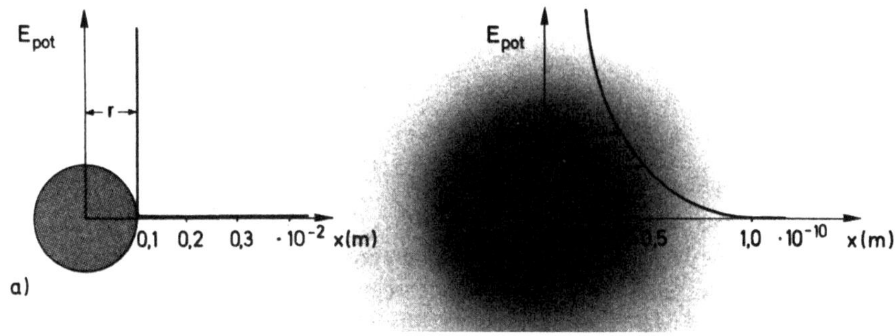

Bild I-2. Potential beim Stoß
a) zweier makroskopischer Teilchen b) zweier Mikroteilchen

1.2.2. Diskrete Spektrallinien und das Bohrsche Atommodell

1.2.2.1. Diskrete Spektrallinien

Bild I-3 zeigt verschiedene Darstellungsmöglichkeiten von Atomspektren. In Bild I-3a ist die photographische Aufnahme reproduziert. Das Wasserstoffatomspektrum ist in Emission aufgenommen. Durch den Spektralapparat ist das Licht verschiedener Wellenlängen örtlich auseinandergezogen, kurzwelliges Licht schwärzt den Film in der Darstellung des Bildes I-3a weiter rechts, langwelliges weiter links. In Bild I-3b ist das Spektrum schematisch dargestellt. Die Tiefe der Schwärzung des Films ist ein Maß für die Intensität des Lichts, das den Film an dieser Stelle trifft. Man kann diese Information als Meßgröße gegen die Wellenlänge auftragen und erhält das Spektrum des Bildes I-3c.

Die Darstellung des Spektrums kann in Wellenlängeneinheiten λ (nm) geschehen oder aber in Wellenzahlen $\tilde{\nu} = 1/\lambda$ (m^{-1}). Die Spektroskopiker ziehen die Einheit m^{-1} vor, da die Wellenzahlen proportional zur Energie sind: $E = h\nu = hc/\lambda = hc\tilde{\nu}$. Vergleicht man die Darstellung der Spektren in Wellenlängen und Wellenzahlen, so liegen dieselben Linien im Bereich kurzer Wellen in der Wellenlängendarstellung enger beieinander als in der energierichtigen Wellenzahlendarstellung. Vor allem aber entspricht hier eine bestimmte Strecke im Spektrum der gleichen Energiedifferenz, unabhängig vom Ort im Spektrum, während z.B. die Wellenlängendifferenz $\Delta\lambda = 1$ nm am roten Ende des sichtbaren Spektralbereichs (800 nm) einer kleineren Energiedifferenz entspricht als dasselbe $\Delta\lambda$ am kurzwelligen Ende des sichtbaren Bereichs (400 nm).

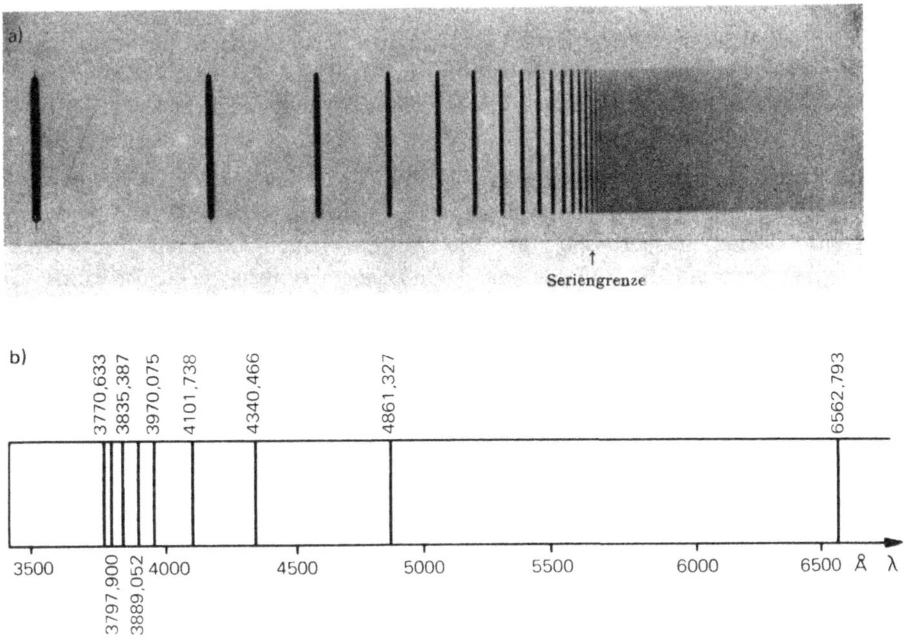

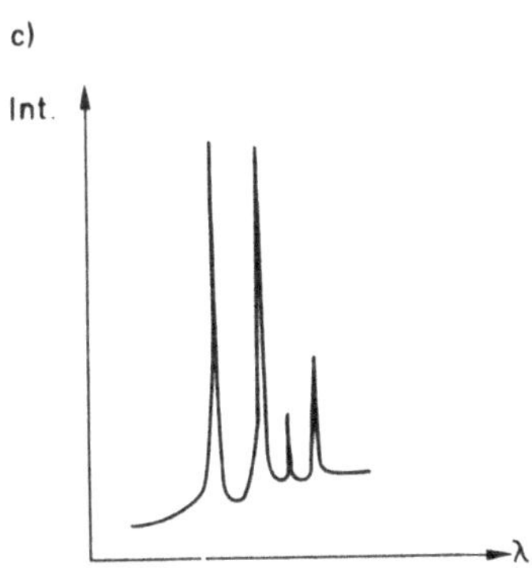

Bild I-3

a) Photographische Aufnahme der Balmer-Serie (aus *W. Finkelnburg*, Einführung in die Atomphysik, Springer)

b) Strichspektrum der Balmer-Serie

c) Schwärzungskurve einer photographischen Aufnahme (Abszisse stark gestreckt!)

Die Spektren, die man durch Absorption von Lichtenergie durch Wasserstoffatome erhält oder die, welche die Emission der aufgenommenen Energie als Strahlung repräsentieren, zeigen nicht die Eigenschaften, die sie nach dem Rutherfordschen Modell haben sollten. Man beobachtet viele Linien, deren Lage irgendeiner Regel zu folgen scheint. Tatsächlich ist es gelungen, eine rein empirische Beziehung zwischen den Orten der Linien im Spektrum, die ja eine Angabe über die Energie der absorbierten oder emittierten Strahlung sind, zu finden. Für die Wasserstofflinien im Sichtbaren lautet die Formel

$$\tilde{\nu} = R_H \left(\frac{1}{2^2} - \frac{1}{n^2} \right) \qquad n = 3, 4, 5\,. \qquad (2)$$

Dies ist die Formel der nach ihrem Entdecker genannten Balmer-Serie, wobei $R_H = 10\,967\,758{,}1\ m^{-1}$ eine wichtige Konstante, die sogenannte Rydberg-Konstante ist. Die Genauigkeit, mit der diese Konstante angegeben ist, zeigt die mögliche Genauigkeit der spektroskopischen Messungen.

Neben der Balmer-Serie wurden im Spektrum des atomaren Wasserstoffs noch weitere Serien entdeckt. Im infraroten Spektralgebiet liegen drei Serien, die (wieder nach ihren Entdeckern) Paschen-, Brackett- und Pfund-Serie genannt werden, im fernen Ultraviolett liegt die Lyman-Serie. Alle Serien lassen sich durch analoge Formeln wie die der Balmer-Serie darstellen:

$$\begin{array}{lll} \text{Lyman} & \tilde{\nu} = R_H(1/1^2 - 1/n^2) & n = 2,3,4,\ldots \\ \text{Balmer} & \tilde{\nu} = R_H(1/2^2 - 1/n^2) & n = 3,4,5,\ldots \\ \text{Paschen} & \tilde{\nu} = R_H(1/3^2 - 1/n^2) & n = 4,5,6,\ldots \\ \text{Prackett} & \tilde{\nu} = R_H(1/4^2 - 1/n^2) & n = 5,6,\ldots \\ \text{Pfund} & \tilde{\nu} = R_H(1/5^2 - 1/n^2) & n = 6,7,\ldots \end{array} \tag{2a}$$

Es gibt also eine allgemeine Serien-Formel

$$\tilde{\nu} = R_H\left(\frac{1}{m^2} - \frac{1}{n^2}\right), \tag{3}$$

wobei m und n als *Quantenzahlen* bezeichnet werden.

Eine weitere empirische Entdeckung war das *Kombinations-Prinzip* von Ritz. Durch additive oder subtraktive Kombination der Energie zweier Spektrallinien des Wasserstoffatoms kommt man wieder zu einer Spektrallinie. Dies kann mit den angegebenen Serienformeln leicht verifiziert werden.

Mit dem Serienbegriff und dem Kombinationsprinzip waren die Spektraldaten einfacher Atome empirisch gut zu ordnen.

1.2.2.2. Das Bohrsche Atommodell

Den schon erwähnten Widerspruch zwischen den experimentellen Daten und den Konsequenzen des Rutherfordschen Atommodells löste Niels Bohr durch eine Erweiterung des Modells, die der klassischen Elektrodynamik widerspricht. Bohr postulierte:

- Es gibt Kreisbahnen, auf denen im Widerspruch zur klassischen Elektrodynamik das Elektron ohne Strahlungsverluste um den Kern umlaufen kann. Die Bahnen dieser stationären Zustände werden aus all den möglichen Bahnen durch die Bedingung ausgewählt, daß der mechanische Drehimpuls des umlaufenden Elektrons ein Vielfaches des Planckschen Wirkungsquantums sein muß (Bild I-4):

$$\vec{J}_z = \vec{r} \times \vec{p} = mr^2\omega \int_0^{2\pi} d\Phi = 2\pi\, mr^2\omega = nh\,. \tag{4}$$

- Strahlungsaufnahme oder -emission ist nur durch den Übergang des Atoms zwischen zwei stationären Energiezuständen möglich, die Energiedifferenz der beiden Zustände

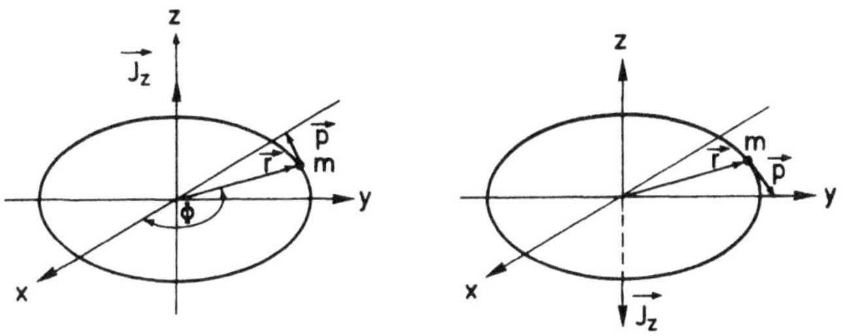

Bild I-4. Beschreibung der Bewegung eines auf einer Kreisbahn umlaufenden Teilchens durch den Drehimpulsvektor (axialer Vektor)

muß mit der Energie des Lichtquants übereinstimmen

$$h\nu = E_m - E_n . \tag{5}$$

Beide Postulate verletzen die Gesetze der klassischen Elektrodynamik einmal dadurch, daß die auf Kreisbahnen beschleunigten Elektronen keine Energie abstrahlen und zum anderen dadurch, daß kein direkter Zusammenhang zwischen der Umlauffrequenz der Elektronen und der Frequenz der tatsächlich abgestrahlten elektromagnetischen Welle besteht.

Das Bohrsche Atommodell ist also das Modell, das so oft mit dem makrokosmischen Sonnensystem verglichen wird. Wohldefinierte Teilchen kreisen auf wohldefinierten Bahnen um ein Zentrum, das praktisch die ganze Masse des Systems in sich vereinigt. Dieses Bild ist sehr einprägsam, so einprägsam, daß es sogar in Warenzeichen und Reklamezeichnungen häufig verwendet wird. Wir werden in kurzem über dieses Modell hinausgehen müssen.

Mit den Bohrschen Vorstellungen wird eine Darstellung der Energiezustände im *Term-Schema* (Bild I-5) möglich. Terme werden die Energiezustände genannt, die in einer eindimensionalen Energieskala angeordnet sind, wobei als Energienullpunkt die Ionisationsgrenze (also die Energie, die nötig ist, um das Elektron ganz aus dem Atomverband zu entfernen) oder auch die Energie des niedrigsten stabilen Zustands gewählt wird. Die Terme werden durch Quantenzahlen charakterisiert. Die Übergänge zwischen den Termen sind im beobachteten Spektrum als Absorptions- oder Emissionslinien bei den Energien zu finden, die der Differenz der Terme entsprechen.

Im Termschema des Wasserstoffatoms ist die Ursache der Serienstruktur der Spektren gut zu erkennen (Bild I-5). Die höchste Linienzahl einer Serie ist im Emissionsspektrum des Wasserstoffatoms in der Sonnenatmosphäre gemessen worden mit 37 Gliedern in der Balmer-Serie. Die Linien rücken immer mehr zusammen und konvergieren gegen eine Seriengrenze. Anschließend an diese Seriengrenze beobachtet man nach kürzeren Wellen, also höherer Anregungs- oder Emissionsenergie, ein Kontinuum. Dieses Kontinuum ist aus dem Termschema verständlich: Die absorbierte Energie reicht aus, um ein Elektron vom Atom abzutrennen, das Atom zu ionisieren (Ionisationskontinuum). Wird mehr Energie aufgenommen als zur Trennung nötig ist, so findet sich die Überschußenergie als kinetische Energie wieder, die beiden Teilchen fliegen auseinander. Da die kinetische Energie nicht gequantelt ist, kann jede beliebige Geschwindigkeit vorkommen, jenseits der Seriengrenze liegt ein echtes Kontinuum.

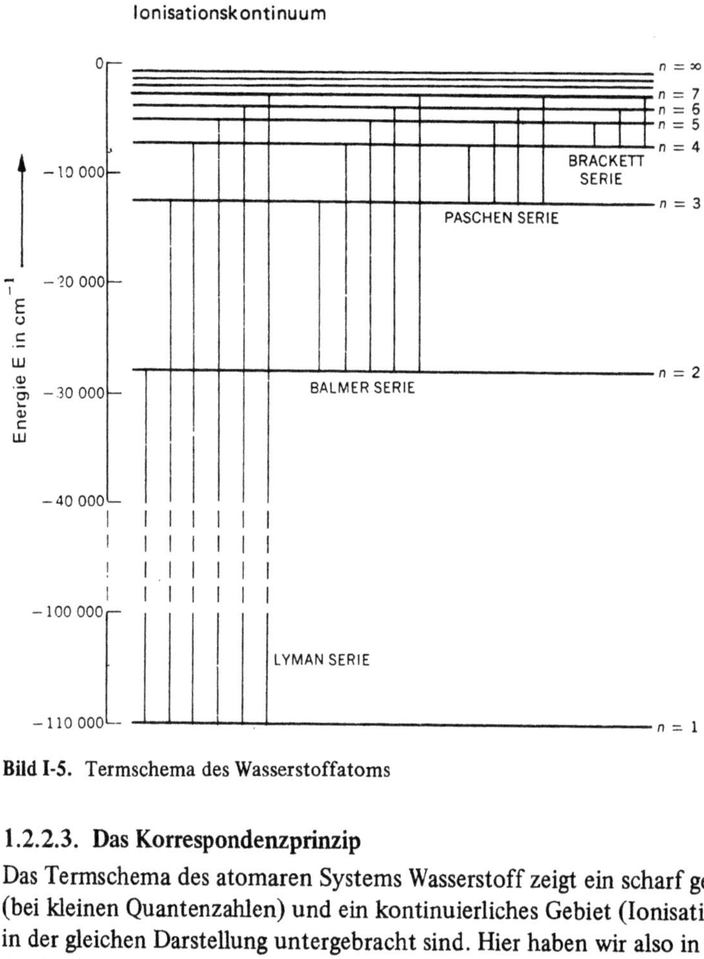

Bild I-5. Termschema des Wasserstoffatoms

1.2.2.3. Das Korrespondenzprinzip

Das Termschema des atomaren Systems Wasserstoff zeigt ein scharf gequanteltes Gebiet (bei kleinen Quantenzahlen) und ein kontinuierliches Gebiet (Ionisationskontinuum), die in der gleichen Darstellung untergebracht sind. Hier haben wir also in einem Termschema die Charakteristika der Quanten- und der klassischen Physik. Dies soll zum Anlaß genommen werden, das Verhältnis von klassischer und Quantenphysik näher zu betrachten.

Bohr hat für seine Quantentheorie das *Korrespondenzprinzip* formuliert, das verallgemeinert fordert, daß jede nichtklassische Theorie im entsprechenden Grenzfall in die klassische übergeht. So gehen z.B. die Formeln, in denen durch den Faktor $\sqrt{1 - v^2/c^2}$ relativistische Effekte berücksichtigt sind, für $v \ll c$, d.h. $v^2/c^2 \approx 0$ in die der klassischen Mechanik über.

Der Übergang zwischen dem gequantelten und kontinuierlichen Bereich, zwischen der Quanten- und klassischen Physik muß in das Gebiet der großen Quantenzahlen fallen. Für große Quantenzahlen rücken die Terme so nahe zusammen, daß sie z.B. in Bild I-5 aus zeichnerischen Gründen gar nicht mehr als Einzelterme eingetragen werden können.

Es soll nun untersucht werden, wie sich das klassische Bild (abgestrahlte Frequenz = Umlauffrequenz) und das Bild der Quantenphysik (abgestrahlte Frequenz = Differenz der Terme) für Übergänge zwischen niedrigen und hohen Quantenzahlen darstellt.

Die Termenergien können aus der Bedingung, daß die elektrische Anziehungskraft (Coulomb-Kraft) entgegengesetzt gleich der Zentrifugalkraft ist, und dem 1. Postulat berechnet werden. Sie folgen der Formel

$$E_n = -\frac{2\pi^2 m e^4}{(4\pi\epsilon_0)^2 n^2 h^2} = -R_H \frac{1}{n^2}\,. \tag{6}$$

Die Spektrallinien sind in ihrer Lage im Spektrum bestimmt durch das zweite Bohrsche Postulat

$$h\nu_{nm} = E_m - E_n = -\frac{2\pi^2 m e^4}{(4\pi\epsilon_0)^2 h^2}\left(\frac{1}{n^2} - \frac{1}{m^2}\right). \tag{7}$$

Für benachbarte Terme ist

$$\nu_{n,n+1} = \frac{2\pi^2 m e^4}{(4\pi\epsilon_0)^2 h^3}\left(\frac{1}{n^2} - \frac{1}{(n+1)^2}\right); \tag{7a}$$

umgeformt ergibt dies

$$\nu_{n,n+1} = \frac{2\pi^2 m e^4}{(4\pi\epsilon_0)^2 h^3}\left(\frac{n^2+2n+1-n^2}{n^2(n+1)^2}\right) = \frac{2\pi^2 m e^4}{(4\pi\epsilon_0)^2 h^3}\left(\frac{2n+1}{n^2(n+1)^2}\right). \tag{7b}$$

Für große Quantenzahlen ist $n \gg 1$, damit $n+1 \approx n$ und

$$\nu_{n,n+1} = \frac{2\pi^2 m e^4}{(4\pi\epsilon_0)^2 h^3}\left(\frac{2n}{n^4}\right) = \frac{4\pi^2 m e^4}{(4\pi\epsilon_0)^2 h^3}\frac{1}{n^3}\,. \tag{7c}$$

Die Umlauffrequenz des Elektrons errechnet sich aus der Formel für Gleichheit von Zentripetal- und Fugalkraft

$$\frac{e^2}{4\pi\epsilon_0 r^2} = m r \omega^2 = m r 4\pi^2 \nu^2$$

$$\nu^2 = \frac{e^2}{4\pi^2 m (4\pi\epsilon_0) r^3}\,. \tag{8}$$

Dabei müssen die die Quantenbedingungen erfüllenden Radien

$$r_n = \frac{(4\pi\epsilon_0) n^2 h^2}{4\pi^2 m e^2} = 0{,}528\, n^2 \cdot 10^{-10} (m) \tag{9}$$

eingesetzt werden.

$$\nu_n^2 = \frac{e^2}{4\pi^2 m (4\pi\epsilon_0)}\,\frac{(4\pi^2)^3 m^3 e^6}{n^6 h^6 (4\pi\epsilon_0)^3}$$

$$\nu_n = \frac{4\pi^2 m e^4}{(4\pi\epsilon_0)^2 h^3}\,\frac{1}{n^3}\,.$$

Für hohe Quantenzahlen geht also die Formel der Quantenphysik in die der klassischen Physik über. Zur Verdeutlichung sind in Tabelle I-1 einige Zahlenwerte gegeben.

Tabelle I-1. Zum Korrespondenzprinzip

Anfangs-zustand n	End-zustand n + 1	Umlauffrequenz im Anfangszustand $\nu_n (s^{-1})$	Quantenfrequenz $\nu_{n,n+1} (s^{-1})$
1	2	$6.58 \cdot 10^{15}$	$2.47 \cdot 10^{15}$
5	6	$5.26 \cdot 10^{13}$	$4.02 \cdot 10^{13}$
20	26	$4.76 \cdot 10^{11}$	$4.48 \cdot 10^{11}$
100	101	$6.58 \cdot 10^{9}$	$6.48 \cdot 10^{9}$
500	501	$5.26 \cdot 10^{7}$	$5.25 \cdot 10^{7}$

1.3. Die moderne Quantentheorie als Wellenmechanik

Die Bohrsche Theorie war erfolgreich bei der Erklärung der Spektren des Wasserstoffatoms und mit einigen Erweiterungen auch der Spektren von wasserstoffähnlichen Atomen und Ionen (z.B. Alkaliatome, He^+). Aber schon, wenn außer nach der Lage der Spektrallinien Fragen nach der Intensität der Linien gestellt sind, können nur durch Ausdehnung des Korrespondenzprinzips auf das Gebiet kleiner Quantenzahlen Antworten gefunden werden. Bei Mehrelektronensystemen wie He, H_2 etc. versagt die Bohrsche Theorie völlig.

Ein weiteres Merkmal der Bohrschen Theorie war zumindest unbefriedigend: Die Postulate waren intuitiv und erfolgreich, aber nicht Ausdruck einer begründeten Theorie.

Bei allen Erfolgen war eine Verbesserung des Modells nötig. Diese Verbesserung kam aus einem ganz anderen Ansatz: Die Frage, ob Licht ein Korpuskelstrom oder eine Wellenerscheinung sei, hat zu den heute akzeptierten Vorstellungen über den Bau der Atome und über die chemische Bindung geführt.

1.3.1. Der Welle-Teilchen-Dualismus

Nach einer historisch frühen Periode, in der das Licht als ein Korpuskelstrom angesehen wurde, hatten die Interferenzeigenschaften des Lichts, die im vorigen Jahrhundert sehr ausführlich studiert worden sind, den Ausschlag gegeben: die anfangs dieses Jahrhunderts herrschende Meinung betrachtete Licht als ein Wellenphänomen.

Dagegen sprachen jedoch deutlich Effekte, bei denen elektromagnetische Strahlung mit Materie in Wechselwirkung tritt, z.B. Photoeffekt und Compton-Effekt.

1.3.1.1. Der Photoeffekt

Bestrahlt man eine Metalloberfläche mit Licht genügend hoher Energie, so treten Elektronen aus. Die Energie dieser Photoelektronen sollte von der Intensität des Lichts abhängen, wenn Licht eine Wellenerscheinung wäre. Man beobachtet jedoch, daß einerseits die kinetische Energie der Photoelektronen nur von der Frequenz der auffallenden Strahlung abhängt nach

$$\frac{1}{2} m_e v^2 = h\nu - A \tag{10}$$

(Einstein-Beziehung des Photoeffekts), wobei A die Austrittsarbeit des Elektrons aus der Metallphase ins Vakuum angibt. Wenn die Wellenlänge der Strahlung unter einer der Austrittsarbeit entsprechenden Grenze liegt, kann auch durch Erhöhung der Strahlungsleistung kein Elektron befreit werden. Andererseits ist die Zahl der Photoelektronen proportional der Intensität der Strahlung.

Berechnungen haben ergeben, daß auch die Zeit, die unter Annahme der Gültigkeit der klassischen elektromagnetischen Lichttheorie bis zur Akkumulation von genügend Energie zur Freisetzung eines Photoelektrons verstreichen müßte, viel größer ist als die, die beobachtet wird.

Der Photoeffekt ist nur dann zu verstehen, wenn die Energie in Quanten, *Photonen*, auf die Oberfläche gebracht wird. Die Wellenvorstellung führt zu unlösbaren Widersprüchen.

1.3.1.2. Der Compton-Effekt

Läßt man Röntgenstrahlung, also sehr kurzwellige, energiereiche elektromagnetische Strahlung, auf eine geeignete Streusubstanz, z.B. Graphit fallen, so beobachtet man eine seitlich austretende Streustrahlung, die einerseits die gestreute Röntgenstrahlung, daneben aber auch noch eine energieärmere Strahlung enthält. Die Wellenlänge dieser energieärmeren Strahlung hängt vom Beobachtungswinkel ab, und zwar ist

$$\Delta\lambda \sim \sin^2 \frac{\varphi}{2}, \tag{11}$$

wenn φ der Streuwinkel ist. Dies ist nur zu erklären, wenn man den Vorgang als Zusammenstoß eines Röntgenquants, also eines Teilchens, mit einem Elektron auffaßt. In Bild I-6 ist dies dargestellt. Berücksichtigt man die Erhaltung von Impuls und Energie, wie im Fall des mechanischen Stoßes zweier Teilchen, so folgt mit einfacher Rechnung

$$\Delta\lambda = \frac{2h}{m_e c} \sin^2 \frac{\varphi}{2}. \tag{11a}$$

Die Wellenlängendifferenz $\Delta\lambda$ ist unabhängig von der Wellenlänge der einfallenden Röntgenstrahlung.

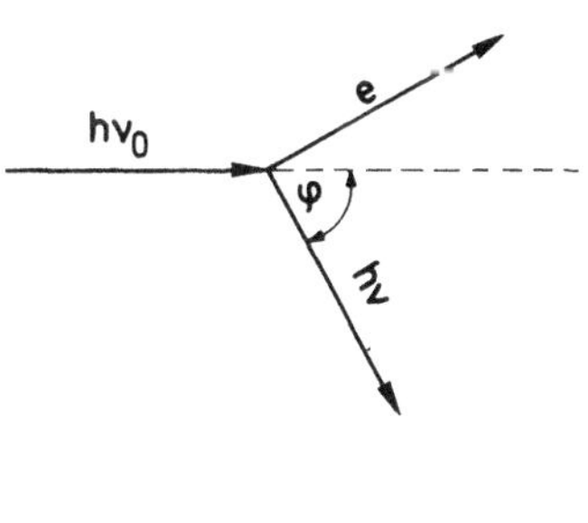

Bild I-6
Zum Compton-Effekt

1.3.1.3. Die De Broglie-Beziehung

Wenn das Licht, das doch unwiderlegbar vornehmlich Welleneigenschaften hat, unter bestimmten Bedingungen auch korpuskulare Eigenschaften zeigen kann, dann müßte man umgekehrt auch den Körpern Welleneigenschaften zutrauen können. Diesen Umkehrschluß wagte De Broglie 1924, und theoretische Überlegungen führten ihn zu seiner Formel für „Materiewellen", die noch niemand beobachtet hatte:

$$\lambda = \frac{h}{p} = \frac{h}{mv}, \tag{12}$$

wobei m die relativistische Masse $m = m_0/\sqrt{1 - v^2/c^2}$ bedeutet. Wir wollen uns die Konsequenzen dieser Formel zunächst durch einige Beispiele vor Augen führen.

- Ein Elektron, das eine Potentialdifferenz von V Volt durchlaufen hat, hat eine kinetische Energie von

$$\frac{m_e v^2}{2} = e_0 V$$

und damit eine De Broglie-Wellenlänge von

$$\lambda = \sqrt{\frac{h^2}{m_e^2 v^2}} = \sqrt{\frac{h^2}{2m_e e_0 V}} = \frac{6{,}6 \cdot 10^{-34}}{\sqrt{2 \cdot 9 \cdot 10^{-31} \cdot 1{,}6 \cdot 10^{-19}}} \sqrt{\frac{1}{V}} = \frac{12{,}25}{\sqrt{V}} \cdot 10^{-10}\,m\,.$$

Diese Wellenlänge liegt im Gebiet der Röntgenstrahlung. Die Wellenlänge ist durch die Beschleunigungsspannung variierbar.

- Für Protonen beträgt die Wellenlänge

$$\lambda = \sqrt{\frac{1}{1830}} \frac{12{,}25}{\sqrt{V}} \cdot 10^{-10}\,m = \frac{0{,}286}{\sqrt{V}} \cdot 10^{-10}\,m\,.$$

- Wasserstoffmoleküle haben bei 200 °C eine mittlere Geschwindigkeit von $2{,}4 \cdot 10^3$ m/s. Die Masse ist $m = 3{,}3 \cdot 10^{-27}$ kg. Es ist

$$\lambda = \frac{6{,}6 \cdot 10^{-34}}{3{,}3 \cdot 10^{-27} \cdot 2{,}4 \cdot 10^3} = 0{,}82 \cdot 10^{-10}\,m\,.$$

- Eine Gewehrkugel der Masse 10 g mit einer Geschwindigkeit von $v = 500$ m/s hat

$$\lambda = \frac{6{,}6 \cdot 10^{-34}}{10 \cdot 5 \cdot 10^2} = 10^{-35}\,m\,.$$

Die Konsequenz aus diesen Rechnungen ist, daß bei makroskopischen Körpern die Materiewellenlänge so kurz ist, daß sie nicht zu beobachten ist. Dagegen müßten die Welleneigenschaften bei Elementarteilchen und leichten Atomen in geeigneten Experimenten aufzufinden sein. Tatsächlich haben Davisson und Germer 1927 den experimentellen Nachweis für die Welleneigenschaften von Elektronenstrahlen erbracht und die De Broglie-Beziehung bestätigt. Heute sind Elektronen- oder Neutronenbeugung ausgearbeitete Methoden zur Strukturbestimmung und in ihrer Bedeutung der Röntgenstrukturanalyse zu vergleichen. Bild I-7 zeigt Debye-Scherrer Röntgen- und Elektronenbeugungsaufnahmen.

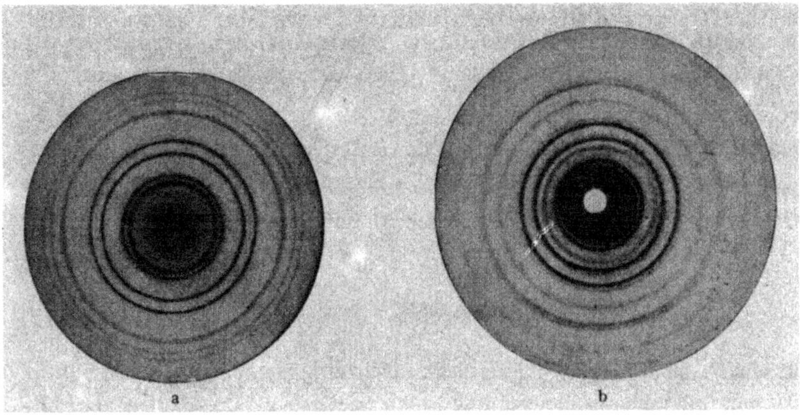

Bild I-7. a) Elektronenbeugung an einer Silberfolie (λ = 0,006 nm)
b) Röntgenbeugung an einer-Silberfolie (λ = 0,154 nm)
(aus *W. Finkelnburg,* Einführung in die Atomphysik, Springer)

1.3.1.4. Die Heisenbergsche Unschärferelation

Die Experimente haben dazu geführt, daß man den Wellen notwendigerweise Teilcheneigenschaften und den Teilchen notwendigerweise Welleneigenschaften zuschreiben muß. Welche der beiden Eigenschaften vorherrscht, läßt sich nicht allgemein sagen, beide Eigenschaften sind vorhanden und je nach dem Experiment tritt die eine oder die andere in Erscheinung. An sich ist es in der Physik oder Chemie nichts Undenkbares, daß unter verschiedenen Bedingungen verschiedene Eigenschaften in den Vordergrund treten, man denke an die Erscheinungsformen des Wassers als Flüssigkeit oder Festkörper, man denke an die Lösungsmittelabhängigkeit eines Tautomeren-Gleichgewichts.

Allerdings ist Wasser entweder flüssig oder fest, d.h. es gibt keine Unklarheit über die Definition des flüssigen und festen Zustands. Bei den Mikroteilchen, die Wellencharakter aufweisen können, sind aber beide Eigenschaften gleichzeitig, nicht alternativ, existent, so daß sich die Frage stellt, was das Licht nun wirklich sei. Dies ist eine philosophische Frage, die wir nicht beantworten können, wir beschäftigen uns nicht mit dem Sein, sondern mit den beobachtbaren Konsequenzen dieses Seins.

Teilchen sind klassisch dadurch definiert, daß man den Ort, wo sie sich befinden, und ihre Bewegungsgröße, den Impuls, gleichzeitig angeben kann. Eine Korpuskel ist also etwas streng Lokalisiertes. Dagegen kann eine Welle überhaupt nicht lokalisiert werden. Solange sie monochromatisch ist, muß sie unendlich ausgedehnt sein. Will man ein örtlich lokalisiertes Wellengebilde machen, z.B. einen elektrischen Impuls, der eine Leitung entlangwandert, oder einen kurzen scharfen Pfiff, so ist dafür keine bestimmte Frequenz mehr anzugeben, sondern ein Frequenzband nötig.

Bei elektronischen Geräten, z.B. Oszillographen, wird das Frequenzband als Spezifikation angegeben (z.B. 50 MHz-Oszillograph). Dies ist eine Angabe über die Möglichkeit des Geräts, kurze Impulse zu verarbeiten: je breiter das Band, desto kürzer der Impuls, der noch ohne Verzerrung wiedergegeben werden kann.

Nach de Broglie (Gl. (12)) hängt die Wellenlänge der Materiewelle mit dem mechanischen Impuls des zugehörigen Teilchens zusammen, es gibt also prinzipielle Schwierigkeiten, eine Orts- und Impulsbestimmung gleichzeitig zu machen. Dieser Schwierigkeit ist Rechnung getragen in der Heisenbergschen Unschärferelation

$$\Delta x\, \Delta p_x \geqslant \frac{h}{2\pi} = \hbar \qquad \text{oder} \quad \Delta x\, \Delta(mv)_x \geqslant \hbar\,. \tag{13}$$

Ort und Impuls eines Teilchens können also nicht gleichzeitig beliebig genau bestimmt sein, es bleibt eine Unschärfe in der Größenordnung von $\hbar$ oder größer. Damit ist die Definition des Teilchens in der klassischen Weise in Frage gestellt, und es zeigt sich, daß der Streit um die Teilchen- oder Welleneigenschaft nur aufgrund der klassischen Definition für ein Teilchen sinnvoll gewesen ist.

Es muß betont werden, daß die Unmöglichkeit, Ort und Impuls eines Teilchens oder Ort und Frequenz einer Welle gleichzeitig genau anzugeben, kein Meßproblem ist, sondern daß die Unschärfe prinzipiell besteht. Oft wird versucht, über die Meßprobleme an das Prinzipielle heranzuführen, und es ist selbstverständlich, daß etwas prinzipiell Unmögliches auch mit den besten Methoden nicht erreicht werden kann.

Wir wollen wieder die Konsequenzen, die aus der Unschärferelation zu ziehen sind, an Zahlenbeispielen demonstrieren:

- Betrachten wir das Elektron. Wollen wir es im Bereich eines Atoms lokalisieren, so müssen wir $\Delta x = 10^{-10}$ m (Atomdurchmesser) setzen. Wir fragen nun, welche Geschwindigkeits- bzw. Impulsunschärfe dieser Lokalisierung entspricht.

  $$\Delta v = \frac{h}{m_e\, \Delta x} = \frac{10^{-34}}{9 \cdot 10^{-31} \cdot 10^{-10}} \approx 10^6\ \mathrm{ms^{-1}}\,.$$

  Dieser Geschwindigkeit entspricht eine Energie von

  $$\frac{m_e\, v^2}{2} = 0{,}5 \cdot 9 \cdot 10^{-31} \cdot 10^{12}\,\mathrm{J} = 4{,}5 \cdot 10^{-19}\,\mathrm{J} = 4{,}5 \cdot 10^{-19} \cdot 6{,}25 \cdot 10^{18}\,\mathrm{eV} \approx 3\ \mathrm{eV}\,.$$

  Damit ist die Unsicherheit in der Größenordnung der Bindungsenergie eines Außenelektrons, die ca. 10 eV beträgt. Das Teilchenbild ist also im atomaren Bereich sehr schlecht. Man spricht also besser gar nicht mehr von individuellen Elektronen, die auf „Bahnen", d.h. scharfen Ortskurven, mit definierten „Impulsbedingungen" umlaufen, sondern man sollte in diesem Bereich den Welleneigenschaften den Vorzug geben.

- Nach dem Korrespondenzprinzip muß die Unschärferelation auch für makroskopische Körper Geltung haben. Wir betrachten eine ruhende Kugel von 1 g. Wir können die „Ruhe" der Kugel nicht so genau messen, daß wir eine Verschiebung der Kugel um 10^{-10} m/s, d.h. um eine Atomlage pro Sekunde, bemerken würden. Gehen wir dennoch davon aus, so entspräche dieser Verschiebung ein Impuls von $p = 10^{-13}$ kg m/s und es wäre

$$\Delta x = \frac{10^{-34}}{10^{-13}} = 10^{-21}\,\mathrm{m}\,.$$

Dies können wir nicht messen: Für makroskopische Körper können wir aus meßtechnischen Gründen die Gültigkeit der Unschärferelation nicht feststellen. Deshalb ist für die klassische Physik die klassische Definition für ein Teilchen sinnvoll.

Ein Zusatz soll gemacht werden. Die Unschärferelation muß für alle Paare von Größen gelten, deren Produkt die Dimension der Wirkung hat:

$$\begin{aligned} &\Delta p_x \, \Delta x \geqslant \hbar \\ &\Delta \Phi \, \Delta J_z \geqslant \hbar \\ &\Delta E \, \Delta t \geqslant \hbar\,. \end{aligned} \qquad (13a)$$

In der zweiten Beziehung ist J_z der Drehimpuls des Mikroteilchens in der z-Richtung. Der Drehimpuls ist ein axialer Vektor $\vec{J} = \vec{r} \times \vec{p}$ (Bild I-4), durch den der Bewegungszustand eines rotierenden Systems in Größe und Richtung charakterisiert ist. Φ ist der Ort des Mikroteilchens auf der Umlaufbahn. Gibt man also J_z exakt an ($\Delta J_z = 0$), dann ist Φ völlig unbestimmt. Die Lokalisierung von Mikroteilchen ist wegen seiner Welleneigenschaften praktisch nicht möglich, deshalb verzichtet man darauf völlig und charakterisiert den Bewegungszustand z.B. eines Wasserstoffatoms allein durch den Drehimpuls.

Die letzte Beziehung gibt einen Zusammenhang zwischen der Lebensdauer Δt eines Zustands und der Definiertheit, der Schärfe, seiner Energie. Für sehr kurzlebige Zustände wird der Energieterm verbreitert, was sich bei spektroskopischen Messungen als Verbreiterung der Spektrallinie äußern muß. Daraus folgt, daß die Halbwertsbreite von Spektrallinien mit den Lebensdauern der Zustände zusammenhängt, zwischen denen das System einen Übergang zeigt.

1.3.1.5. Die Schrödinger-Gleichung

Nachdem wir gesehen haben, wie schlecht das Teilchenbild den atomaren Dimensionen angepaßt ist, versuchen wir, das wahrscheinlich bessere Wellenbild auszuarbeiten.

Einer der Unterschiede zwischen Welle und Teilchen ist, daß letzteres in Ruhe sein kann, eine Welle sich dagegen zeitlich verändern muß, denn eine Welle ist ja ein Gebilde, das zeitlich und örtlich periodisch ist. Wenn wir dagegen die Energiezustände betrachten, so sind sie stationär, d.h. das atomare System verbleibt solange in einem Zustand, bis es unter Lichtabsorption oder -emission oder durch Stöße in einen anderen übergeht.

Wie kann man einen stationären Zustand im Wellenbild beschreiben? Wir erinnern uns an die Existenz stehender Wellen in der klassischen Physik, z.B. auf einer Saite, auf der Oberfläche eines Wasserbeckens, in einer Glocke, in einem Hohlraumresonator. Wenn Materiewellen zur Beschreibung eines Teilchens herangezogen werden können, so muß es auch stehende Wellen geben können, und die stationären Zustände eines atomaren Systems können tatsächlich durch solche stehende Materiewellen beschrieben werden.

Man kennt aus der klassischen Physik die Gleichungen, denen z.B. Schall-, Oberflächen- oder elektromagnetische Wellen gehorchen. Da Wellen periodisch in Raum und Zeit sind, muß eine allgemeine Wellengleichung eine Differentialgleichung mit Ableitungen nach den Orts- und Zeitkoordinaten sein:

$$\frac{\partial^2 \Psi}{\partial x^2} + \frac{\partial^2 \Psi}{\partial y^2} + \frac{\partial^2 \Psi}{\partial z^2} = \frac{1}{u^2} \frac{\partial^2 \Psi}{\partial t^2} \tag{14}$$

wobei u die Ausbreitungsgeschwindigkeit der Welle ist (wodurch z.B. dem Medium, in dem die Welle läuft, Rechnung getragen wird) und Ψ je nach Art der Welle die Auslenkung der Saite aus der Ruhelage, ein Maß für die Verdichtung bei Schallwellen oder der elektrische Feldvektor bei elektromagnetischen Schwingungen ist.

Für den eindimensionalen Fall ist eine Lösung dieser Differentialgleichung

$$\Psi = \Psi_0 \, e^{2\pi i\nu\left(t - \frac{x}{u}\right)} = \Psi_0 \, e^{-2\pi i\nu\frac{x}{u}} \, e^{2\pi i\nu t} \tag{15}$$

was nach der Eulerschen Formel $e^{ix} = \cos x + i \sin x$ einer harmonischen Welle entspricht.

Hier sei angemerkt, daß eine imaginäre Hochzahl, die also die Größe $i = \sqrt{-1}$ enthält, eine periodische Funktion anzeigt, wogegen eine reelle Hochzahl, z.B. in e^{-x}, eine gedämpfte Funktion anzeigt.

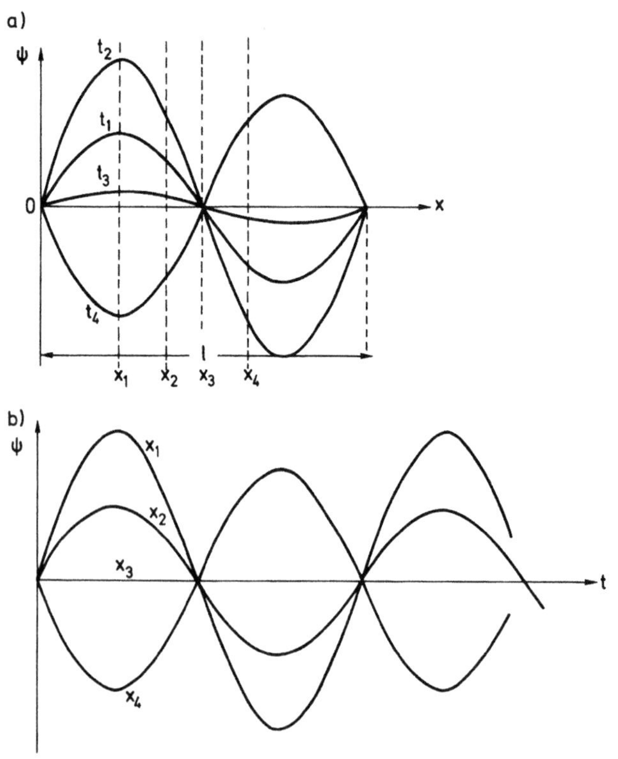

Bild I-8
Zur stehenden Welle
a) räumliche
b) zeitliche Periodizität

Diese Welle breitet sich jedoch in x-Richtung aus, ist also zur Beschreibung stationärer Zustände ungeeignet. Durch geeignete Randbedingungen, z.B. durch Einspannen einer Saite, wodurch die Welle am Saitenende reflektiert wird, kann man durch Überlagerung zweier gleicher in entgegengesetzter Richtung laufender Wellen eine stehende Welle erzeugen, bei der es möglich ist, die örtliche und die zeitliche Veränderung getrennt zu betrachten. Machen wir z.B. von einer schwingenden Saite eine Momentaufnahme, so sehen wir eine sinusförmige Deformation. Die Sinusform bleibt erhalten, wenn wir zu einem späteren Zeitpunkt wieder eine Momentaufnahme machen, lediglich der Grad der Auslenkung hat sich geändert (Bild I-8a).

Ebenso können wir an jedem beliebigen Punkt der Saite die Auslenkung zeitlich verfolgen, überall bekommen wir dieselbe sinusförmige Zeitabhängigkeit (Bild I-8b). Allerdings ist je nach dem gewählten Ort die Maximalamplitude verschieden, es gibt auch Punkte (x_3), an denen sich die Saite gar nicht bewegt. Diese Orte werden Knoten, die Orte, an denen sich Die Saite maximal deformiert, werden Bäuche genannt. Charakteristisch ist, daß die Phasen der zeitlichen Schwingungsfunktion zu beiden Seiten der Knoten um 180° unterscheiden, die Schwingungen zeitlich also antiphas sind.

Auf einer an zwei Punkten eingespannten Saite können sich eine große Zahl von Schwingungen ausbilden (Bild I-9a), die dadurch gekennzeichnet sind, daß die Saitenlänge ein ganzes Vielfaches der halben Wellenlänge ist:

$$l = n\frac{\lambda}{2} \qquad n = 1, 2, 3, \ldots \tag{16}$$

Man spricht von Oberschwingungen und kennzeichnet die interessierende Schwingung durch eine Zahl n.

In gleicher Weise läßt sich ein zwei- und dreidimensionales Problem behandeln. Eine quadratische Membran, die in der Mitte befestigt ist, ist zu einer Reihe von stationären Schwingungszuständen (sogenannten Moden) fähig (Bild I-9b). Es gibt hier aber keine Knotenpunkte, sondern Knotenlinien, die Gebiete trennen, in denen die Membran vor (+) und hinter die Zeichenebene (–) gebogen ist. Man kann sich die Schwingungszustände entstanden denken durch Überlagerung von unabhängigen stehenden Wellen in der x- und in der y-Richtung. Hier sieht man ebenfalls eine Reihe von möglichen stationären Schwingungszuständen, die jetzt aber durch zwei Zahlen charakterisiert werden müssen, da die Nummern der Oberwellen in beiden Richtungen voneinander unabhängig sind. Auch bei kreisrunden Membranen ergeben sich solche Bilder: in Bild I-8c ist die Membran am Umfang eingespannt, wie das bei Mikrophonen üblich ist.

Eine Metallkugel, die mit einem Hammer in die Luft geschlagen wird, wird einen Ton geben, der einem bestimmten, durch die Art des Anschlages festgelegten Schwingungszustand des dreidimensionalen Gebildes entspricht. Hier sind Knotenflächen zu beobachten, die Gebiete in der Kugel trennen, die periodisch komprimiert sind oder unter Zugspannung stehen. Die Knotenflächen sind in diesem Fall konzentrische Kugeln, Kegelmäntel mit dem Kugelmittelpunkt als Spitze und Ebenen durch den Kugelmittelpunkt in der Art von Orangenschnitzen (Bild I-9a). Hier müssen drei Zahlen angegeben werden, wenn man eine ganz bestimmte stationäre Schwingungsmode bezeichnen will.

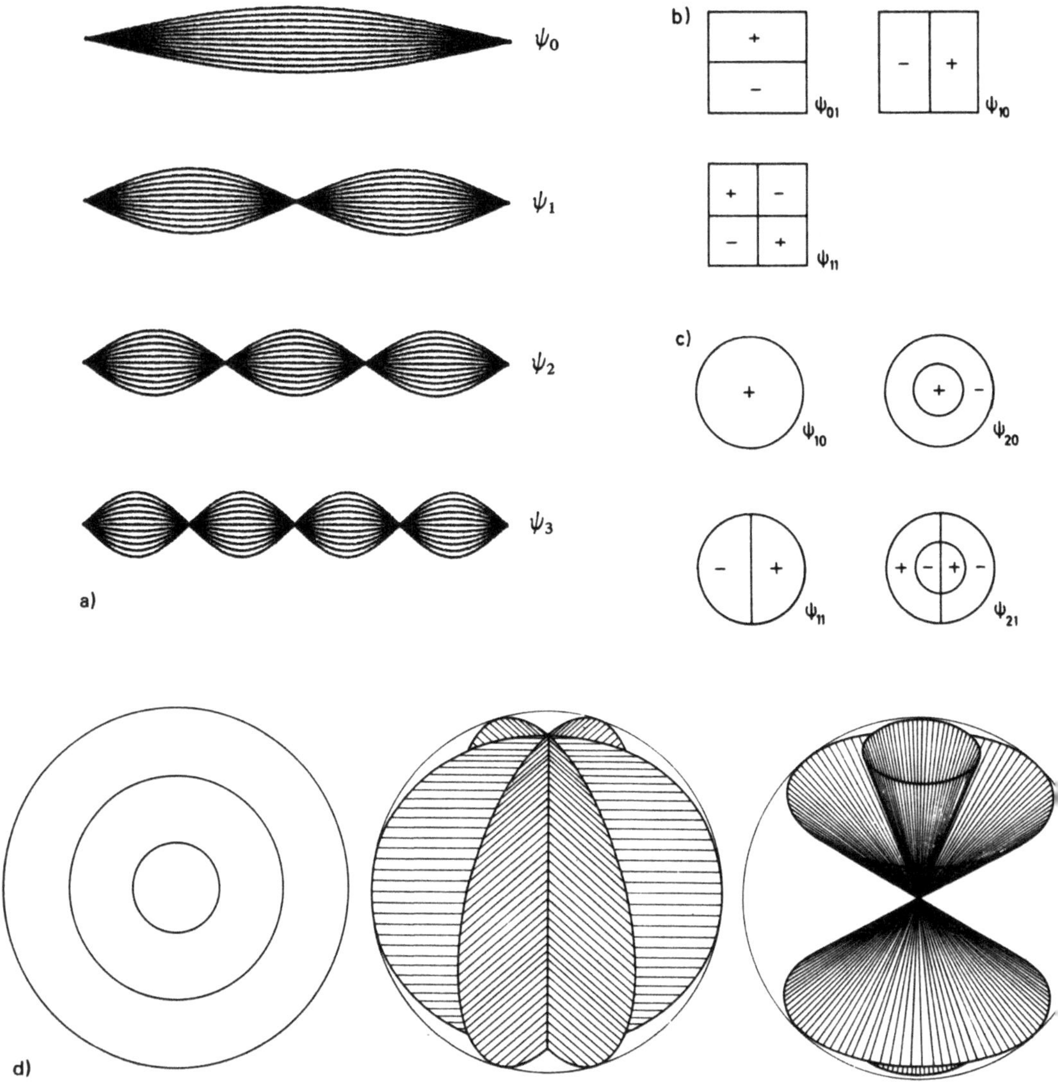

Bild I-9. Stehende Wellen in klassischen Systemen (aus *F. F. Seelig,* Quantentheorie der Moleküle, Thiem
a) Saite b) Rechteckmembran c) Kreismembran d) Kugel

Man sieht, daß ein diskretes Spektrum von möglichen Zuständen gar nichts Ungewöhnliches ist, wenn man Schwingungszustände betrachtet.

Machen wir also einen Analogieschluß und identifizieren wir das Ψ in Gl. (14) mit einer Eigenschaft der Materiewellen, setzen wir also die De Broglie-Beziehung in die Differentialgleichung ein.

Es ist:

$$u = \nu \lambda = \frac{h \nu}{m v} . \tag{17}$$

Der Impuls ist aus der kinetischen Energie zu berechnen und diese ist Gesamtenergie (E) – potentielle Energie (U)

$$\frac{m v^2}{2} = E - U$$

$$m v = \sqrt{2m(E - U)}$$

und damit $u = h\nu/\sqrt{2m(E-U)}$, was in (14) eingesetzt ergibt

$$\frac{\partial^2 \Psi}{\partial x^2} + \frac{\partial^2 \Psi}{\partial y^2} + \frac{\partial^2 \Psi}{\partial z^2} = \frac{2m(E-U)}{h^2 \nu^2} \frac{\partial^2 \Psi}{\partial t^2} . \tag{18}$$

Da wir hier stehende Wellen annehmen wollen, ist Zeit- und Ortsabhängigkeit wie in (15) zu trennen. Man wählt folgende Schreibweise

$$\Psi = \psi(x, y, z) e^{-2\pi i \nu t} . \tag{19}$$

Führt man die zeitliche Differentiation aus, so ist

$$\frac{\partial^2 \Psi}{\partial t^2} = -4\pi^2 \nu^2 \Psi = -4\pi^2 \nu^2 \psi e^{-2\pi i \nu t}$$

und damit (18)

$$\left(\frac{\partial^2 \psi}{\partial x^2} + \frac{\partial^2 \psi}{\partial y^2} + \frac{\partial^2 \psi}{\partial z^2} \right) e^{-2\pi i \nu t} = \frac{2m(E-U)}{h^2 \nu^2} (-\pi^2 \nu^2) 4 \psi e^{-2\pi i \nu t}$$

woraus die *zeitunabhängige Schrödingergleichung* folgt

$$\frac{\partial^2 \psi}{\partial x^2} + \frac{\partial^2 \psi}{\partial y^2} + \frac{\partial^2 \psi}{\partial z^2} + \frac{8\pi^2 m}{h^2} (E - U) \psi = 0 . \tag{20}$$

Diese Gleichung ist die Differentialgleichung für stehende Materiewellen. Sie ist recht allgemein, sie kann z.B. in dieser Form auf sämtliche Einelektronenprobleme angewandt werden, wenn das Potential U des betreffenden Problems als Funktion der Raumkoordinaten in die Gleichung eingegeben wird. U wird also beim Wasserstoffatom die radiale, bei einem zweiatomigen Molekül die elliptische, beim Benzolmolekül die hexagonale Symmetrie widerspiegeln.

Gleichung (20) ist dreidimensional in den Ortskoordinaten, also werden wir für die Lösungen wie im Fall der Eisenkugel drei Zahlen brauchen, um einen bestimmten Schwingungszustand zu charakterisieren. Diese drei Zahlen übernehmen nun die Funktion von Quantenzahlen. Wir werden etwas später darauf zurückkommen, warum man beim Wasserstoffatom, das doch auch dreidimensional ist, mit einer Quantenzahl auskommt.

An dieser Stelle müssen wir jedoch noch einmal zurückblenden. Wir haben völlig kritiklos die De Broglie-Beziehung in die Schwingungsgleichung (14) eingesetzt, ohne zu prüfen, ob diese Gleichung wirklich gilt. Tatsächlich ist die allgemeine Differentialgleichung, die auch zeitabhängige Phänomene wie den Übergang zwischen zwei stationären Zuständen beschreiben kann, nicht (20), sondern die von Schrödinger aufgestellte *zeitabhängige Schrödingergleichung*

$$\frac{\partial^2 \Psi}{\partial x^2} + \frac{\partial^2 \Psi}{\partial y^2} + \frac{\partial^2 \Psi}{\partial z^2} = \frac{1}{u^2} \frac{\partial \Psi}{\partial t} \quad . \tag{21}$$

In dieser Gleichung steht also nur die erste Ableitung nach der Zeit. Diese Beziehung ist nicht herleitbar, ihre Richtigkeit wird durch die Übereinstimmung mit dem Experiment belegt. Wir wollen uns aber auf die Beschreibung der stationären Zustände beschränken.

1.3.1.5.1. Die Lösungen der zeitunabhängigen Schrödingergleichung

Wir werden im folgenden manchmal mathematisch argumentieren. Dies ist eigentlich unzulässig, denn wir haben nicht die Mathematik, sondern die Atomphysik zu behandeln. Zulässig wird eine solche Argumentation nur dann, wenn wir davon überzeugt sein können, daß die Mathematik wirklich ein Abbild der physikalischen Erscheinungen ist. Dies muß experimentell prüfbar sein.

Die zeitunabhängige Schrödingergleichung ist eine Differentialgleichung zweiter Ordnung, die man umformen kann in

$$-\frac{h^2}{8\pi^2 m}\left(\frac{\partial^2 \psi}{\partial x^2} + \frac{\partial^2 \psi}{\partial y^2} + \frac{\partial^2 \psi}{\partial z^2}\right) + U\psi = -\frac{h^2}{8\pi^2 m}\Delta\psi + U\psi = E\psi, \tag{20a}$$

wobei $\Delta = \partial^2/\partial x^2 + \partial^2/\partial y^2 + \partial^2/\partial z^2$ der sogenannte Laplacesche Operator ist. Δ und U sind *Operatoren,* die „auf die Funktion ψ angewandt" werden. Δ sagt: differenziere zweimal nach den Raumkoordinaten, U sagt: multipliziere die Funktion mit U. Man kann die beiden Operatoren zusammenfassen und erhält:

$$\left(-\frac{h^2}{8\pi^2 m}\Delta + U\right)\psi = E\psi; \qquad \mathbf{H}\psi = E\psi. \tag{22}$$

Das heißt: wendet man den Operator **H**, den sogenannten Hamiltonoperator auf die Funktion ψ an, dann erhält man das Produkt von E und ψ, also auch E. Da aber ψ die Wellenfunktion der stehenden Materiewelle eines Elektrons ist, kann man durch Anwendung des Operators **H** die Energie des „umlaufenden" Elektrons im Potentialfeld U des Kerns erhalten, also die Energie eines stationären Zustands. Deshalb nennt man den Hamiltonoperator auch den Energieoperator. Der Energieoperator heißt Hamilton-Operator, weil er aus den Ausdrücken für die kinetische Energie ($\Rightarrow \Delta$) und für die potentielle Energie ($\Rightarrow$ U) in der klassischen Hamiltonschen Schreibweise hergeleitet werden kann.

Die Schrödingergleichung (22) hat eine ganz bestimmte Form, die der Mathematik wohl bekannt ist und von ihr genutzt wird. Es ist nämlich nachgewiesen, daß die Gleichung für ein durch ein bestimmtes Potential U charakterisiertes atomares oder molekulares System nicht für eine kontinuierliche Reihe von Werten von E durch eine Funktion ψ erfüllt werden kann. Nur bestimmte Werte von E, die *Eigenwerte*, haben eine zugehörige Funktion ψ, die *Eigenfunktion*, und nur für diese Paare von E und ψ ist die linke Seite der Gleichung gleich der rechten Seite.

Wir sehen also, daß schon aus der Mathematik die Quantisierung folgt. Tatsächlich war die entscheidende Publikation Schrödingers mit „Die Quantisierung als Eigenwertproblem" überschrieben. Man darf allerdings nicht dem Trugschluß verfallen, die Quantisierung der Natur sei eine Folge der Mathematik. Umgekehrtes ist richtig: die Mathematik in dieser Form ist eine adäquate Beschreibung der Naturvorgänge.

Die Lösungen der Schrödingergleichung für bestimmte stationäre Zustände sind häufig komplex, enthalten also die Größe $i = \sqrt{-1}$. Die Wellenfunktion ψ selbst kann also keine physikalisch meßbare Größe darstellen, denn solche Größen müssen notwendigerweise durch reelle Funktionen darstellbar sein. Dagegen sind die Eigenwerte z.B. E stets reell und damit meßbar. Hier zeigt sich eine Parallele z.B. zu den elektromagnetischen Wellen, wo auch nicht der Feldvektor E selbst die Meßgröße ist, sondern die Intensität, das Quadrat des Feldvektors. *In der Wellenfunktion steckt der ganze Informationsgehalt über den stationären Zustand*, allerdings ist die Information gewissermaßen verschlüsselt.

Man kann die ψ-Funktionen mit einem dunklen Raum vergleichen, in dem alle Informationen über einen Zustand auf Schaubildern dargestellt sind. Wenn man eine bestimmte Information haben will, z.B. den Energieinhalt, so drückt man einen Knopf „Energie" und das entsprechende Schaubild wird beleuchtet.

Die Methode, mit der man die Information ans Licht holt, ist die Anwendung entsprechender Operatoren auf die Wellenfunktion ψ in Eigenwertsgleichungen. Wollen wir die Energie eines Zustands ψ_n, so wenden wir den Energieoperator an

$$H\psi_n = E_n\psi_n \,. \tag{22}$$

Interessieren wir uns für den Drehimpuls $\vec{l}_m$, den das System im Zustand ψ_m hat, so wenden wir den Drehimpulsoperator an:

$$L\psi_m = \vec{l}_m\psi_m \,. \tag{23}$$

Wir kennen den Energieoperator **H** (22), für die Bestimmung der anderen Operatoren gibt es Vorschriften, die im Anhang nachgelesen werden können.

1.3.1.5.2. Die statistische Deutung der Wellenfunktion. Wir haben nun mit gutem Erfolg den stationären Zustand als stehende Welle beschrieben. Ganz richtig kann das natürlich nicht sein, genau so wenig wie ein rein korpuskulares Bild. Erinnern wir uns an den Compton-Effekt: da stößt ein Photon ein Elektron, das im Atomverband vorhanden sein muß. Der Widerspruch ist ein scheinbarer und deshalb unauflösbar.

Wenn das Compton-Photon ein Elektron im Bereich des Atoms finden kann, dann muß man fragen: wo hält sich das Elektron auf? Im Korpuskel-Bild der Bohrschen Theorie wußte man das ganz genau: auf den Kreisbahnen mit den Radien r_n. Aber nach dem wellenmechanischen delokalisierenden Modell? Auch da muß es die Möglichkeit geben, den „Ort" des Elektrons anzugeben. Wenn wir oben behauptet haben, daß in der Wellenfunktion die gesamte Information über einen Zustand stecke, dann muß ihr auch zu entnehmen sein, wo sich ein Elektron im Gebiet um den Kern aufhält und wo nicht.

Auch beim Korpuskelbild kann sich das Elektron momentan nur an einem Punkt der Bahn aufhalten, man weiß aber nicht, an welchem. Die Wahrscheinlichkeit, es an verschiedenen Punkten der Bahn zu finden, ist jedoch gleich groß und die Wahrscheinlichkeit, es überhaupt an einem Punkt der Bahn zu finden, ist gleich 100 %. Dagegen findet man es überhaupt nicht an einem Punkt, der nicht der Bahn angehört, hier ist die Wahrscheinlichkeit gleich Null.

Wir können uns vorstellen, daß die Begrenzung der Umlaufbahn verloren gegangen ist, d.h. daß das Elektron als stehende Materiewelle nicht mehr an Bahnen gebunden ist, sondern sich durch den ganzen Raum um das Atom bewegen kann. Im Wellenbild verliert der Begriff der Bahn seine Bedeutung, man erinnere sich an die Schwierigkeit, das Elektron überhaupt im räumlichen Bereich des Atoms zu lokalisieren (1.3.1.4). Die stehende Materiewelle erfüllt den ganzen Raum um den Atomkern. Und wieder können wir fragen nach der Wahrscheinlichkeit, das Elektron an einem bestimmten Punkt im Raum, genauer in einem bestimmten Volumelement, anzutreffen. Diese Wahrscheinlichkeit muß anzugeben sein, da in der ψ-Funktion alle Eigenschaften des Elektrons im betrachteten System verborgen sind und da die ψ-Funktion berechnet werden kann. Tatsächlich wird die Elektronendichteverteilung direkt durch das Quadrat der Wellenfunktion ψ^2 angegeben, bzw. bei komplexem ψ durch $\psi^*\psi$. Diese Größen sind immer reell und positiv,

$$k = a + ib \qquad k^* = a - ib \qquad k^* \cdot k = a^2 + b^2,$$

genau die Eigenschaften, die auch eine Wahrscheinlichkeitsdichtefunktion haben muß.

Da das Elektron eine Ladung trägt, entspricht der Aufenthaltswahrscheinlichkeit des Elektrons eine zeitlich gemittelte, stationäre Ladungsverteilung. Die Form dieser Ladungsverteilung spiegelt die Form der ψ-Funktion wider. Allerdings kann aus der Ladungsverteilung nicht ohne weiteres auf das Vorzeichen der ψ-Funktion geschlossen werden. Wir werden in 2.1.1 beim Wasserstoffatom auf diese Fragen zurückkommen.

Mit der Ermittlung der Ladungsverteilung in den einzelnen Zuständen – und die Ladungsverteilung wird uns im folgenden als ein (unvollkommenes) Abbild der ψ-Funktion oft gute Dienste tun – haben wir die Informationen, die wir aus den statistischen Eigenschaften der Wellenfunktionen gewinnen können, noch nicht erschöpft. Die Wahrscheinlichkeitsdeutung der Wellenfunktion legt diesen Funktionen gewisse Bedingungen auf, damit sie ein wirkliches System sinnvoll beschreiben können: Die Funktionen müssen eindeutig, stetig und endlich sein. Diese Bedingungen können als Randbedingungen der Materiewelle betrachtet werden, wie z.B. die Länge einer Seite oder die Form einer Glocke.

Die Wahrscheinlichkeit, das Elektron des Wasserstoffatoms im Zustand n irgendwo im gesamten Raum um den Kern zu finden muß 100 % sein, ganz gleich, wie die Verteilung im Raum im einzelnen ist. Es ist also die *Normierungs*bedingung

$$\int_{-\infty}^{+\infty}\int_{-\infty}^{+\infty}\int_{-\infty}^{+\infty} \psi_n^*\psi_n \, dx\, dy\, dz = 1 \qquad (24)$$

oder, wie meist geschrieben wird,

$$\int \psi_n^*\psi_n d\tau = 1 \, . \qquad (24)$$

Wäre die Funktion nicht endlich, d.h. ginge sie für $x, y, z \longrightarrow \infty$ nicht gegen Null, so könnte auch das Integral nicht endlich sein. Eine mehrdeutige Funktion ist als Wahrscheinlichkeitsmaß ungeeignet, da die Wahrscheinlicnkeit an einem Ort nicht gleichzeitig zwei verschiedene

Werte haben kann und ein Wahrscheinlichkeitsverlauf muß in physikalisch sinnvollen Systemen stetig sein, auch wenn sehr starke Änderungen des Wahrscheinlichkeitswertes vorliegen können.

Die Wahrscheinlichkeit, daß ein System gleichzeitig im Zustand n und im Zustand m ist, muß Null sein. Daraus leitet sich die *Orthogonalitäts*bedingung ab

$$\int \psi_n^* \psi_m \, d\tau = 0 , \tag{25}$$

d.h. Zustände verschiedener Energie müssen durch verschiedene ψ-Funktionen beschrieben werden. Diese sind orthogonal, tatsächlich liefert die Schrödingergleichung nicht nur den Grundzustand in Energie und Wellenfunktion, sondern einen vollständigen Satz orthogonaler Funktionen mit ihren zugehörigen Energien.

Es erscheint zwar paradox, daß die gesamte Information über einen Elektronenzustand in einer Funktion stecken solle, die in manchen Fällen imaginär oder komplex ist, also gar keine physikalisch reale Größe darstellen kann. In Wirklichkeit ist dies der Vorteil der ψ-Funktion, sie ist auf diese Weise nicht mit einer physikalischen Eigenschaft zu identifizieren, sondern sie kann alle Eigenschaften gleichzeitig beschreiben. Die einzelnen physikalisch beobachtbaren Eigenschaften des Systems werden stets in einer quadratischen Gleichung ermittelt.

Man benutzt nicht die Eigenwertsgleichung in der Form

$$H\psi_n = E_n\psi_n \tag{22}$$

sondern erweitert diese Gleichung durch Multiplikation von links mit ψ_n^* und integriert über den ganzen Raum und erhält unter Berücksichtigung der Tatsachen, daß E nicht von den Raumkoordinaten abhängt und daß die ψ-Funktionen normiert werden können

$$\int \psi_n^* H\psi_n d\tau = \int \psi_n^* E_n \psi_n d\tau = E_n \int \psi_n^* \psi_n d\tau = E_n .$$

Ein Integral $\int \psi_a^* H\psi_b d\tau$ hat also die Dimension einer Energie.

Bei der praktischen Rechnung kommen oft ψ-Funktionen vor, die nicht normiert sind, wo z.B. $\int \psi^* \psi \, d\tau = 0{,}73$. Dann muß die ψ-Funktion mit einem Normierungsfaktor N multipliziert werden, damit $N^2 \int \psi^* \psi \, d\tau = 1$ erfüllt ist.

2. Atombau

2.1. Einelektronensysteme

2.1.1. Das Wasserstoffatom

Mit den nun erarbeiteten Kenntnissen wollen wir das Beispiel des Wasserstoffatoms betrachten, wodurch einige der Vorstellungen der Quantentheorie verdeutlicht werden. Dieses ist als Zweikörpersystem das einzige atomare System, das mathematisch geschlossen gelöst werden kann. Alle anderen Systeme können nur noch näherungsweise numerisch gelöst werden, wobei die Güte der Näherung durch den Rechenaufwand bestimmt wird. der heute allerdings schon ziemlich hoch sein kann.

Die Schrödingergleichung verlangt die potentielle Energie des Elektrons im Kernfeld. Sie ist beim Wasserstoffatom mit Kernladungszahl 1

$$U = -\frac{e^2}{(4\pi\epsilon_0)r}\,.$$

Damit ist die Schrödingergleichung, die wir lösen müssen,

$$\Delta\psi + \frac{8\pi^2 m}{h^2}\left(E + \frac{e^2}{4\pi\epsilon_0 r}\right)\psi = 0\,. \tag{26}$$

Die Schrödingergleichung gilt für stehende Wellen in dreidimensionalen Gebilden, wie die eindimensionale Wellengleichung für stehende Wellen auf allen möglichen Saiten gilt. Wie die Saitenlänge als Randbedingung die konkrete Situation bestimmt, so ist durch die Größe und Symmetrie des Potentials das atomare oder molekulare System gegeben. Das Potential entspricht also der Randbedingung.

Da das System radialsymmetrisch ist, transformiert man die rechtwinkligen Koordinaten in Polarkoordinaten (Bild I-10).

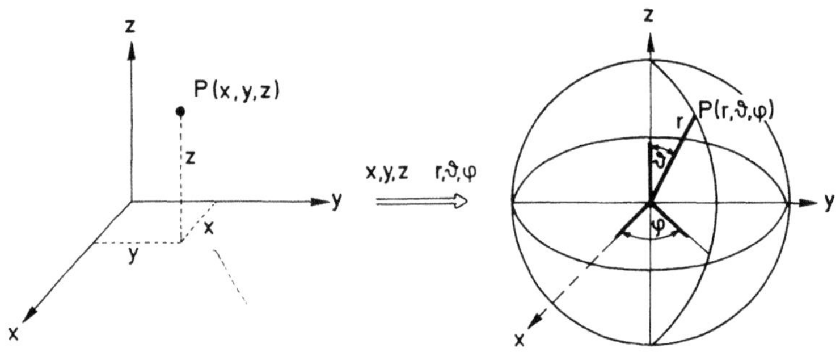

Bild I-10. Kartesisches und Polarkoordinantensystem

Damit erhält man sehr viel einfachere Gleichungen, denn der Polarkoordinatensatz ist der Geometrie des Problems angepaßt. Die Lösungen sind natürlich von der Wahl des Koordinatensystems prinzipiell unabhängig. Eine solche Koordinatentransformation ist dann möglich, wenn die Menge der Koordinaten einen vollständigen Satz darstellt, wenn also jeder Punkt im Raum durch drei Koordinaten vollständig beschrieben werden kann. Zur Lösung der Schrödingergleichung in Polarkoordinaten macht man einen Produktansatz

$$\psi = R(r)\,\Theta(\vartheta)\,\Phi(\varphi) \tag{27}$$

und stellt fest, daß man die Schrödingergleichung tatsächlich in drei Gleichungen aufspalten kann, die dann jeweils nur noch eine einzige der drei Koordinaten enthalten. Physikalisch bedeutet diese Aufspaltbarkeit, daß wir praktisch drei voneinander unabhängige stehende Wellen in Radialrichtung (r), in der Nord-Südrichtung (ϑ) und in Richtung des Äquatorumfangs (φ) erhalten. Die Berechnung der Lösungen ist in den meisten Werken über Atomphysik zu finden. Wir wollen hier nur die qualitativen Schlüsse diskutieren.

Bei drei unabhängigen stehenden Wellen, die sich natürlich im Einzelfall zu einer gesamten stehenden Welle zusammensetzen (wie z.B. bei der Schwingungsform Ψ_{21} der Membran in Bild I-9c), erhalten wir auch drei Sätze von Knotenflächen:

- konzentrische Kugelflächen, die durch die *Hauptquantenzahl* $n = 1, 2, 3, \ldots$ gekennzeichnet werden (Koordinate r)
- Kegelmantelflächen durch den Kugelmittelpunkt, die durch die *Nebenquantenzahl* $l = 1, 2, \ldots$ gekennzeichnet werden (ϑ)
- Ebenen durch den Mittelpunkt, die durch die *magnetische Quantenzahl* $m = 0, \pm 1, \pm 2, \ldots$ gekennzeichnet werden(φ).

Wir haben hier qualitativ gleiche Schwingungsbilder der stehenden Materiewelle wie bei den Schwingungen der Eisenkugel (Bild I-9d). Für die Quantenzahlen ergibt sich im atomaren System im Gegensatz zur Eisenkugel eine gewisse Hierarchie, die schon im Namen teilweise zum Ausdruck kommt: die Hauptquantenzahl n kann jeden beliebigen Wert zwischen 1 und ∞ annehmen, für jeden Wert von n kann die Nebenquantenzahl l aber nur die Werte zwischen 0 und $n - 1$ haben, und für eine herausgegriffene Nebenquantenzahl kann die magnetische Quantenzahl m alle Werte zwischen $-l$ und $+l$ besitzen. Jeder Quantenzahlkombination entspricht ein eigener Zustand des Atoms. Dies scheint etwas verwirrend, entspricht aber einer ganz strengen Systematik für das atomare System Elektron im Zentralfeld als stehende Materiewelle und wird bei der Diskussion der einzelnen Zustände in Bild I-11 klarer werden.

Das Elektron hat ja eine negative Ladung, damit kann man die stehende Materiewelle durch die Ladungsdichteverteilung im Raum um den Atomkern darstellen, die durch die Aufenthaltswahrscheinlichkeit $\psi^*(x, y, z)\, \psi(x, y, z)\, dx\, dy\, dz$ des Elektrons im Volumelement $d\tau = dx\, dy\, dz$ bestimmt ist. In den folgenden Bildern ist dies simuliert, je größer die Elektronendichte, desto heller das Bild.

Unter den einzelnen Bildern sind die n, l, m-Quantenzahlen eingetragen, daneben die geläufigen spektroskopischen Bezeichnungen der Zustände. Man sieht, daß besonders die Nebenquantenzahlen die Form der Verteilung, zumindest bei niedrigen Hauptquantenzahlen, bestimmen.

Die s-Zustände ($l = 0$) haben eine kugelsymmetrische Ladungsverteilung, die p-Zustände ($l = 1$) eine hantelförmige. Dem wird in vereinfachten *Orbitalbildern* Rechnung getragen, in denen die Form der ψ-Funktion selbst, also mit Vorzeichen, dargestellt wird (Bild I-12):

Diese Bilder sind jedoch in einer Hinsicht irreführend. Sie suggerieren eine Begrenzung der Elektronendichte. Tatsächlich sind die Grenzen willkürlich gezogen, so daß 95 % oder 98 % der Elektronendichte durch sie eingeschlossen sind. Auch innerhalb des umgrenzten Gebiets ist die Ladungsdichte keinesfalls gleich, wie man deutlich in Bild I-11 sieht.

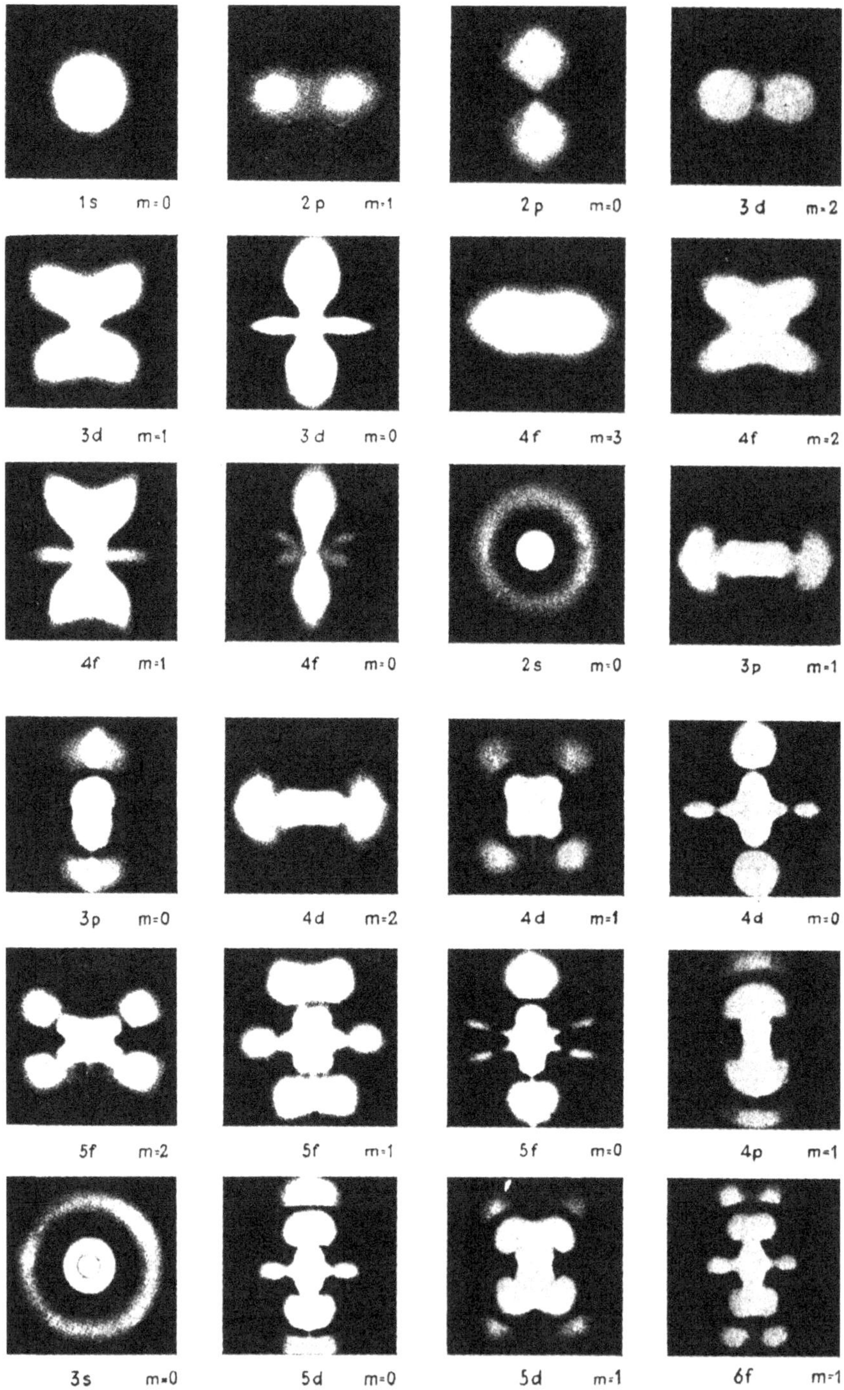

Bild I-11. „Bilder" der stehenden Materiewelle des Elektrons des H-Atoms (aus *W. Finkelnburg*, Einführung in die Atomphysik, Springer)

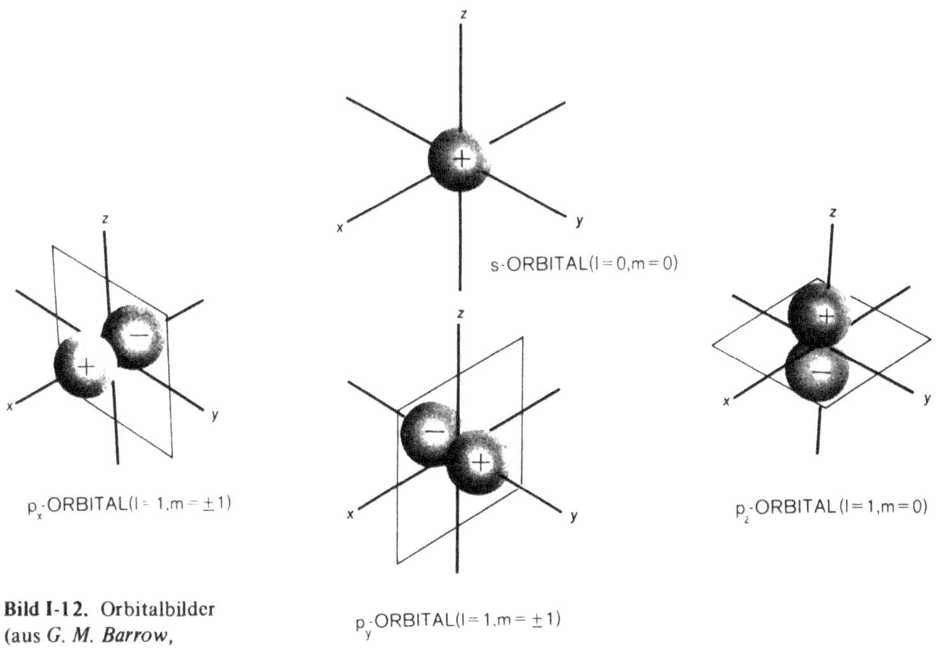

Bild I-12. Orbitalbilder
(aus *G. M. Barrow*,
Physikalische Chemie, Vieweg)

Bild I-12 zeigt uns aber noch eine Besonderheit. Betrachten wir die Ladungsverteilung im Kernfeld in den Zuständen $2p_x$, $2p_y$ und $2p_z$. Die Form der Ladungsverteilung ist in allen drei Fällen gleich, man kann die eine durch eine Drehung der anderen um 90° erhalten. Da eine solche Drehung die Energie des Systems nicht verändern kann, ist die Energie aller drei Orbitale gleich. Wir haben hier also drei Zustände, die von außen nicht ohne weiteres unterschieden werden können und energetisch als ein Zustand erscheinen. Man spricht in einem solchen Fall von *Entartung*, hier einer dreifachen.

Was aus den Orbitalbildern nicht zu erkennen ist, ist, daß beim Wasserstoffatom auch der 2s-Zustand die gleiche Energie hat wie die 2p-Zustände. Dies ist ein Spezialfall, der bei anderen Atomen nicht mehr gegeben ist, und daher kommt es, daß die Energie der Wasserstoffatomzustände durch eine einzige Quantenzahl angegeben werden kann, wie es die Bohrsche Theorie getan hat. Eigentlich müßte das Termschema des Wasserstoffatoms also komplizierter sein, wie es in Tabelle I-2 dargestellt ist. Die Entartung der Terme ist also n^2-fach.

Die einzelnen Zustände unterscheiden sich zwar nicht in der Energie, sie sind jedoch nicht identisch. Andere Eigenschaften als die Energie sind verschieden, z.B. haben s- und p-Zustände verschiedene Ladungsverteilungen oder repräsentieren verschiedene Drehimpulszustände.

Wenden wir den Drehimpulsoperator an

$$L\psi_m = \vec{l}_m \psi_m \tag{23}$$

so finden wir in diesem Falle verschiedene Eigenwerte $\vec{l}_m$ zu verschiedenen Zustandsfunktionen ψ_m. Weicht das Kernfeld von der Radialsymmetrie ab, so wird die Entartung der stationären Zustände des Wasserstoffatoms teilweise aufgehoben. Als Beispiele behandeln wir die Alkaliatome.

Tabelle I-2. Hierarchie der Quantenzahlen

Hauptquanten-zahl n	Nebenquanten-zahl l	Magnetische Quanten-zahl m	Entartung bei H
1	0	0	1
2	0	0	
	1	+1 0 −1	4
3	0	0	
	1	+1 0 −1	
	2	+2 +1 0 −1 −2	9
4	0	0	
	1	+1 0 −1	
	2	+2 +1 0 −1 −2	
	3	+3 +2 +1 0 −1 −2 −3	16
.	.	.	
.	.	.	
.	.	.	
.	.	.	
.	.	.	

2.1.2. Die Alkaliatome

Aus der Chemie weiß man, daß die Alkalimetalle einbindig sind wie der Wasserstoff. Die Spektren der Alkaliatome im sichtbaren und UV-Spektralbereich sind dem Wasserstoffatomspektrum ähnlich. Daraus schloß man, daß auch die Alkaliatome nur ein Außenelektron hätten, ein Schluß, der durch viele andere experimentelle Daten gesichert ist. Dieses Valenzelektron bewegt sich in einem im wesentlichen zentralsymmetrischen Potential, das von den Kernladungen und den Ladungen der „Rumpfelektronen" stammt.

Die neben dem Außenelektron vorhandenen „Rumpfelektronen" sind sehr fest an den Atomkern gebunden und treten im Spektrum im sichtbaren und UV-Bereich nicht in Erscheinung. Über ihre Eigenschaften kann die Spektroskopie mit den energiereicheren Röntgenstrahlen ($\lambda \approx 0{,}1$ nm) Auskünfte liefern.

Ein wesentlicher Unterschied zum Wasserstoffatom besteht allerdings: Die Ladung, die das Potential für das Valenzelektron bedingt, ist keine auf dem Kern lokalisierte Punktladung mehr, sondern auf Kern und Rumpfelektronen verteilt. Letztere werden aber durch das Valenzelektron abgestoßen, die potentialerzeugende Ladung ist durch das Valenzelektron deformierbar, polarisierbar. Damit ist das Feld nicht mehr ganz zentrosymmetrisch, sondern weicht in einer durch die Aufenthaltswahrscheinlichkeit des Valenzelektrons bestimmten Weise von der Radialsymmetrie ab.

Es ist von der Symmetrie her verständlich, daß die kugelsymmetrische Ladungsverteilung des Valenzelektrons der s-Zustände und die hantelförmige der p-Zustände eine verschiedene Polarisation des eigentlichen kugelsymmetrischen Atomrumpfs bewirken. Die störenden Polarisationskräfte machen sich in einer kleinen Verringerung der potentiellen Energie bemerkbar

$$U = -\frac{e^2}{(4\pi\epsilon_0)r} + \frac{\alpha e^2}{(4\pi\epsilon_0)^2 r^4} \tag{28}$$

wobei α die Polarisierbarkeit bedeutet. Die Energien der s- und p-Zustände sind also verschieden. Dies gilt natürlich auch für alle anderen Zustände mit unterschiedlicher Symmetrie der Verteilung des Valenzelektrons, d.h. Zustände mit verschiedener Nebenquantenzahl sind energetisch verschieden. Man erhält ein komplizierteres Termschema (Bild I-13).

Hier ist zu beachten, daß die drei p- und fünf d-Zustände zusammenfallen und nicht in die Unterniveaus zu den m-Quantenzahlen aufgespalten sind. Diese Orbitale sind ja nur symme-

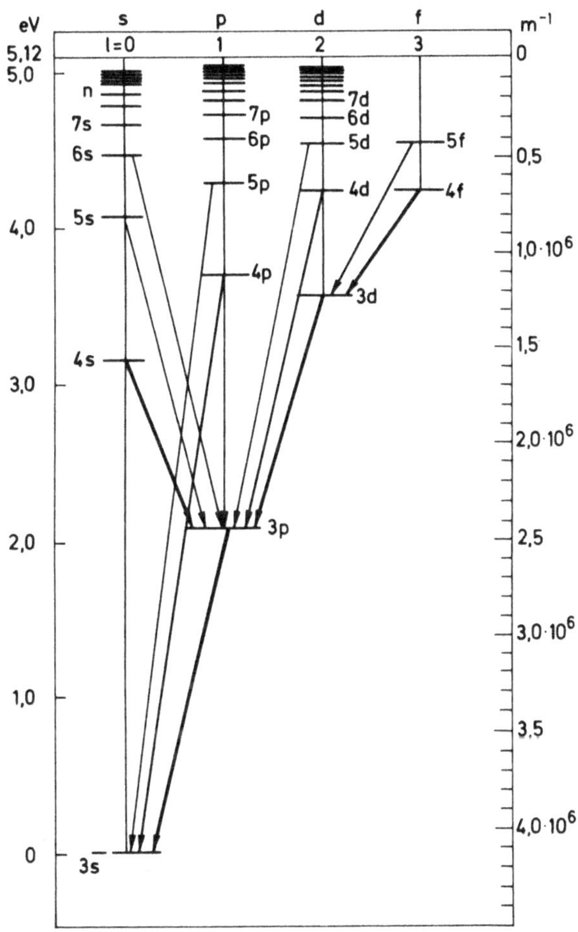

Bild I-13
Termschema des Natriumatoms (ohne Spin)

trieentartet, wie oben schon besprochen, und das Valenzelektron mit der entsprechenden räumlichen Verteilung bewirkt dieselbe Polarisation des Atomrumpfs.

Auch das Termschema Bild I-13 ist eine eindimensionale Energieleiter. Wenn die s-, p- und d-Zustände in der Horizontalen auseinandergezogen worden sind, so nur der Übersichtlichkeit wegen. Sie müßten alle in eine senkrechte Flucht zusammengeschoben werden.

Die Wechselwirkung von Valenzelektron und Rumpfelektronen zeigt sich natürlich nicht nur in den Energiewerten der Zustände. Durch die Abweichung des Potentials, in dem sich das Valenzelektron bewegt, von der Zentrosymmetrie wird die räumliche Aufenthaltswahrscheinlichkeit des Valenzelektrons beeinflußt und damit unterscheidet sich die Ladungsverteilung um den Atomrumpf von der, die sich in einem reinen Radialfeld einstellen würde. Diese veränderte Ladungsverteilung bewirkt nun aber ihrerseits wieder eine veränderte Polarisation, die wieder eine Änderung der Ladungsverteilung bewirkt usw. Wir haben hier eine *Wechsel*wirkung der Elektronen. Natürlich darf man den Gedankengang, dem wir hier gefolgt sind, nicht als einen realen Vorgang deuten. In Wirklichkeit sucht das System Valenzelektron/polarisierbarer Atomrumpf das Minimum der potentiellen Energie auf, das man sich als Senke in der Landschaft einer Potentialfläche vorzustellen hat.

Da die Ladungsverteilung, wie wir wissen, durch das Quadrat der ψ-Funktion des Valenzelektrons bestimmt ist, muß sich auch die stehende Materiewelle, als deren Beschreibung wir ja die ψ-Funktion aufgefaßt haben, mit der Ladungsverteilung ändern. Durch die Erscheinung der Polarisation sind praktisch die Randbedingungen des Systems geändert worden. Diese Änderung der Randbedingungen hat auf die stehende Materiewelle den analogen Einfluß wie eine Veränderung der Länge einer Saite auf die Tonhöhe.

2.1.3. Auswahlregeln

Bei den Alkalispektren finden wir ein weiteres neues Phänomen: das Ritzsche Kombinationsprinzip gilt nicht mehr unbeschränkt. Daraus folgt, daß das System nicht mehr von jedem Zustand durch Lichtabsorption in jeden anderen Zustand übergehen kann. Aus der empirischen Spektroskopie kennt man *Übergangsverbote* oder *Auswahlregeln*, erlaubt sind Übergänge mit

$$\Delta l = \pm 1 \tag{29}$$

d.h. Übergänge $s \rightarrow p$, $p \rightarrow s$ oder $p \rightarrow d$ sind erlaubt und in den Alkalispektren gut untersucht, dagegen sind Übergänge zwischen s-Termen oder zwischen p-Termen verboten (Bild I-13).

Diese Auswahlregeln müssen mit Hilfe des wellenmechanischen Formalismus zu erklären sein. Tatsächlich lassen sie sich aus den ψ-Funktionen ermitteln. Die Aussagen der Wellenmechanik gehen sogar über die empirischen Auswahlregeln hinaus: während diese nur erlaubt und verboten unterscheiden können, kann man aufgrund der ψ-Funktionen auch den Grad der Erlaubtheit, die Intensität einer Linie errechnen.

Die stationären Zustände werden unter dem Einfluß des elektromagnetischen Felds des Lichts schwach miteinander gekoppelt. Dadurch ist, wie bei locker gekoppelten Pendeln, ein Übergang des Systems vom einen in den anderen Zustand möglich. Für die Übergangswahrscheinlichkeit ist neben der Intensität des Lichts, der Zahl der Atome oder Moleküle im Ausgangszustand und der Erfüllung der Energieresonanzbedingung vor allem die Größe des Integrals

$$\int \psi_n^* x \psi_m \, dx + \int \psi_n^* y \psi_m \, dy + \int \psi_n^* z \psi_m \, dz = \int \psi_n^* r \psi_m \, d\tau \qquad (30)$$

wichtig. Dieses Integral ist aus der zeitabhängigen Schrödingergleichung durch einen Störungsansatz (Feld des Lichts als Störung) abgeleitet worden. Dieses Integral ist nur dann nicht gleich Null, wenn die Faktoren ψ_n, r und ψ_m bestimmte Symmetrieeigenschaften haben. Dabei ist r ein Vektor, der mit der Richtung des elektrischen Feldvektors der Lichtwelle zusammenfällt.

Zu diesen Symmetrieeigenschaften sollen einige Beispiele behandelt werden (Bild I-14):

$$\int \psi_s^* \psi_s \, d\tau \neq 0 . \qquad \text{(Bild I-14a)}$$

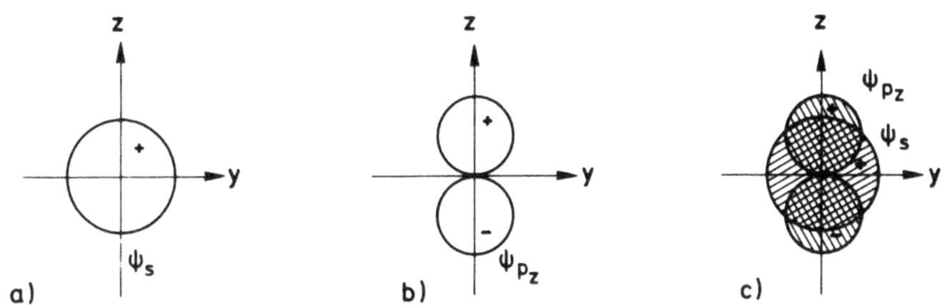

Bild I-14. Zur Orbitalüberlappung

Daß dieses Integral (das Überlappungsintegral genannt wird) nicht Null ist, kann man sich ableiten, wenn man das Integral durch die Summe der Werte des Produkts der beiden Funktionen in allen Volumelementen ersetzt. Da alle Volumelemente einen positiven Beitrag liefern, muß ein positiver Wert für das Integral resultieren. Der Integrand, das Produkt der beiden Funktionen, bleibt in Vorzeichen und Größe erhalten, wenn man die Produktfunktion an einer Ebene durch den Mittelpunkt spiegelt, wenn man Drehungen oder eine Spiegelung am Mittelpunkt (Inversion) vornimmt, die Funktion $\psi_s^* \psi_s$ ist totalsymmetrisch.

Dasselbe gilt für

$$\int \psi_{p_z}^* \psi_{p_z} \, d\tau \neq 0 , \qquad \text{(Bild I-14b)}$$

da durch das Quadrieren die zu integrierende Funktion in jedem Volumelement positiv ist.

Anders jedoch liegt der Fall beim Überlappungsintegral

$$\int \psi_s^* \psi_{p_z} \, d\tau = 0 . \qquad \text{(Bild I-14c)}$$

ψ_s ist überall positiv, dagegen ist das Produkt der beiden Funktionen oberhalb der xy-Ebene positiv, unterhalb dagegen negativ in der Weise, daß die Beiträge oberhalb und unterhalb der Ebene sich gegenseitig genau zu Null kompensieren.

Wir haben hier wieder die Orthogonalitätsbedingung erhalten, die wir in 1.3.1.5.2 schon aus der statistischen Deutung der Wellenfunktion gezogen haben mit dem Argument, daß die Wahrscheinlichkeit, daß ein System gleichzeitig (Produktsatz der Wahrscheinlichkeitsrechnung [1]) im Zustand ψ_n und im Zustand ψ_m sei, gleich Null sei.

Nun besteht aber im Integral (30) der Integrand aus drei Faktoren. Auch hier muß gelten, daß sich die Beiträge der Funktion $\psi_n^* r \psi_m$ aus allen Volumelementen nicht kompensieren dürfen, wenn der Übergang erlaubt sein soll. Die Koordinate z kehrt bei Spiegelung an der xy-Ebene ihr Vorzeichen um, ist also antisymmetrisch in bezug auf diese Symmetrieoperation. Wenn wir also z.B. die symmetrische Funktion $\psi_{p_z}^* \psi_{p_z}$ mit der antisymmetrischen Funktion z multiplizieren, so ist die Gesamtfunktion $\psi_{p_z}^* z \psi_{p_z}$ antisymmetrisch und die Beiträge der Volumelemente kompensieren sich zu Null (Bild I-15a).

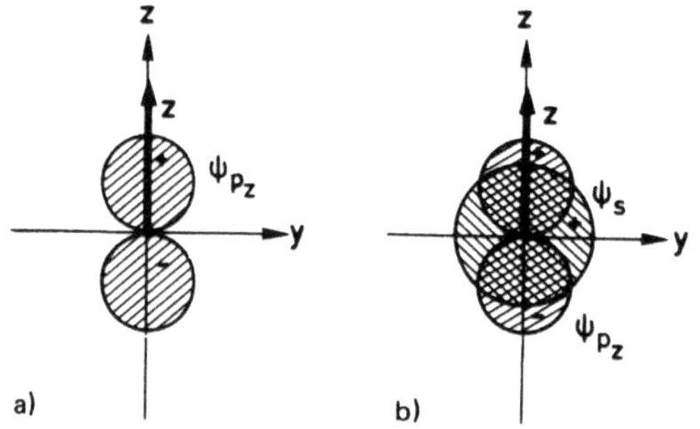

Bild I-15
Zum Übergangsmoment

Man überlege sich, warum

$$\int \psi_{p_z}^* y \psi_{p_z} \, d\tau = 0 .$$

Dies läßt sich verallgemeinern: Übergänge zwischen Orbitalen, deren ψ-Funktion ein totalsymmetrisches Produkt ergeben, sind verboten, da durch die Multiplikation dieses totalsymmetrischen Produkts mit der nicht totalsymmetrischen Koordinate ein nicht totalsymmetrischer Integrand entsteht. Damit sind bei den Alkaliatomen sämtliche Übergänge zwischen gleichartigen Termen verboten.

---

[1]) Die Wahrscheinlichkeit, mit einem Würfel eine Sechs zu werfen, ist $1/6$. Die Wahrscheinlichkeit, mit zwei Würfeln gleichzeitig je eine Sechs zu werfen, ist $1/6 \cdot 1/6 = 1/36$.

Anders dagegen

$$\int \psi_s^* z \psi_{p_z} d\tau \neq 0 \qquad \textbf{(Bild I-15b)}$$

Das Produkt einer symmetrischen und einer antisymmetrischen Funktion ist antisymmetrisch und dieses Produkt ergibt mit einer der Koordinaten einen totalsymmetrischen Integranten. Daraus ergibt sich die Auswahlregel $\Delta l = \pm 1$.

Da das Integral numerisch berechnet werden kann, kann man verschiedene Übergänge vergleichen und erhält die Größe der Übergangswahrscheinlichkeiten, d.h. die Intensität der Spektrallinien.

Man überlege sich, wie groß $\int \psi_s^* x \psi_{p_z} d\tau$ und $\int \psi_s^* x \psi_{p_x} d\tau$ sind und ob dies ein Widerspruch zur Auswahlregel $\Delta l = \pm 1$ ist.

Das Integral $\int \psi_n^* r \psi_m d\tau$ hat aber auch eine physikalische Bedeutung. Die Größe $\vec{\mu}_n = e \int \psi_n^* r \psi_n d\tau$ ist der quantenmechanische Ausdruck für das elektrische Dipolmoment des Zustands n (man spricht vom *Erwartungswert*). Man sieht die Verwandtschaft zum klassischen Ausdruck für das Dipolmoment eines Punktladungssystems $\vec{\mu} = e\vec{r}$, im quantenmechanischen Ausdruck ist durch die ψ-Funktion die räumliche Verteilung der Ladung berücksichtigt. In den Ausdruck $\vec{\mu}_{nm} = e \int \psi_n^* r \psi_m d\tau$ gehen nun die Ladungsverteilungen zweier Zustände ein, man heißt deshalb diese Größe das *Übergangsmoment.* Licht kann nur durch einen Übergang des atomaren oder molekularen Systems zwischen den Zuständen n und m absorbiert werden, wenn dieses Übergangsmoment nicht Null ist. Dies aber bedeutet, daß die Ladungsverteilung in den beiden Zuständen verschieden sein muß.

Das Überraschende an dieser Überlegung ist, daß ein Übergangsmoment auch dann beobachtet wird, wenn die beiden Zustände selber gar kein Dipolmoment haben. Wir haben ja soeben festgestellt, daß sowohl für den 1s-Zustand ($\vec{\mu}_s = e \int \psi_{1s}^* r \psi_{1s} d\tau = 0$), als auch für die 2p-Zustände ($\vec{\mu}_{p_z} = e \int \psi_{p_z}^* r \psi_{p_z} d\tau = 0$) die Dipolmomente Null sind. Dennoch unterscheiden sich die Ladungsverteilungen, nämlich durch ihre kugelsymmetrische bzw. hantelförmige Gestalt. Damit kann ein Übergangsmoment beobachtet werden.

Wir haben in diesem Abschnitt Symmetriebetrachtungen benutzt, um zu entscheiden, ob ein Integral Null oder nicht Null ist. Dieses Verfahren kann auch für kompliziertere Systeme, wie Moleküle, angewandt werden. Für die Ermittlung der Symmetrieeigenschaften der ψ-Funktionen gibt es Regeln, die durch die *Gruppentheorie* fundiert sind.

2.1.4. Der Elektronenspin

Die Spektrallinien der Alkaliatome sind, wie man aus dem Experiment weiß, nicht einfach, sondern bestehen aus zwei dicht beieinanderliegenden Linien. Die gelbe Natrium D-Linie ist ein Dublett mit Komponenten bei 588,9963 nm und 589,5930 nm. Dies kann man verstehen, wenn man die aus anderen Experimenten gesicherte Annahme macht, daß der Gesamtdrehimpuls des Atoms aus zwei Komponenten besteht, dem Bahndrehimpuls und dem Spinimpuls, die sich in verschiedener Weise zu dem gequantelten Gesamtdrehimpuls zusammensetzen. Die Einstellung einer Drehimpulskomponenten im Magnetfeld der anderen führt zu einer Wechselwirkungsenergie, die wir als Aufspaltung der Zustände bzw. Linien beobachten.

Die Wellenmechanik in den Grenzen, die wir bisher eingehalten haben, kann aus

$$L\psi_n = \vec{l}_n \psi_n \tag{23}$$

nur den mit der Elektronenverteilung bzw. der Elektronenbewegung zusammenhängenden Bahndrehimpuls liefern. Wenn wir auch die zweite Komponente im Rahmen der Wellenmechanik als gequantelten Spinimpuls erhalten wollen, so müssen wir relativistische Effekte berücksichtigen und die Theorie Schrödingers zu der Diracschen Theorie erweitern. Dies brächte erhebliche mathematische Schwierigkeiten mit sich, und da wir auch dann zu weitgehend richtigen Ergebnissen kommen, wenn wir die nichtrelativistische Schrödingersche Wellenmechanik verwenden und dann die Spinfunktionen des Elektrons in bestimmter Weise hinzufügen, wollen wir uns mit dieser Methode zufrieden geben.

Die eine der Komponenten des Gesamtdrehimpulses, der Bahndrehimpuls, ist aus der ψ-Funktion, auch Ortsfunktion genannt im Gegensatz zur Spinfunktion, zu ermitteln. Die andere, der Spinimpuls, ist der Drehimpuls des um seine Achse rotierenden Elektrons. Damit sind wir wieder beim Partikelbild, das nun wieder gute Dienste tut, aber natürlich keineswegs besser wird dadurch, daß wir jetzt eine weitere Eigenschaft des gebundenen Elektrons hinzunehmen.

Da Drehimpulse die Dimension einer Wirkung haben, müssen alle Drehimpulse gequantelt sein. Denn gäbe es irgendwo eine nicht gequantelte Wirkung, dann müßte das gesamte Gebäude der Quantelung zusammenbrechen. Der Bahndrehimpuls ist

$$\vec{l}_k = \sqrt{l_k(l_k + 1)}\,\frac{h}{2\pi}, \tag{31}$$

wobei durch die Nebenquantenzahl l_k der Zustand des Atoms charakterisiert ist. Der Spinimpuls kann dagegen nur zwei Werte haben, entsprechend den beiden Drehrichtungen:

$$\vec{s} = \frac{1}{2}\cdot\frac{h}{2\pi} \quad \text{oder} \quad \vec{s} = -\frac{1}{2}\cdot\frac{h}{2\pi}, \tag{31a}$$

wobei der Faktor $\frac{1}{2}$, die magnetomechanische Anomalie, aus der relativistischen Theorie zu verstehen ist. Man kann so den Spinzustand eines Elektrons mit einer Spinquantenzahl $s = \pm\frac{1}{2}$ charakterisieren. Damit kennen wir vier Quantenzahlen, n, l, m und s, deren Angabe den Zustand eines Elektrons vollständig charakterisiert.

Bahn- und Spinimpuls sind immer mehr oder weniger stark magnetisch gekoppelt und addieren sich zum Gesamtdrehimpuls des Atoms. Da Drehimpulse durch axiale Vektoren darstellbar sind, ist die Addition vektoriell:

$$\vec{j}_k = \vec{l}_k + \vec{s}_k, \tag{32}$$

wobei auch $\vec{j}$ eine Quantenbedingung erfüllen muß, die durch eine ganze Quantenzahl j gegeben ist:

$$\vec{j}_k = \sqrt{j_k(j_k + 1)}\,\frac{h}{2\pi}. \tag{33}$$

Bei den Alkaliatomen und natürlich auch beim Wasserstoff können sich $\vec{l}$ und $\vec{s}$ auf zwei verschiedene Weisen zueinander einstellen:

d-Terme: $l = 2$ $\quad \vec{j_a} = \vec{l} + \vec{s} = (2 + \frac{1}{2})\hbar = \frac{5}{2}\hbar$

$\vec{j_b} = \vec{l} - \vec{s} = (2 - \frac{1}{2})\hbar = \frac{3}{2}\hbar$

p-Terme: $l = 1$ $\quad \vec{j_a} = (1 + \frac{1}{2})\hbar = \frac{3}{2}\hbar$

$\vec{j_b} = (1 - \frac{1}{2})\hbar = \frac{1}{2}\hbar$

s-Terme: $l = 0$ Es gibt kein Bahnmoment, an dem sich das Spinmoment orientieren könnte. Deshalb ist $\vec{j_a} = \vec{j_b} = \frac{1}{2}\hbar$, alle Orientierungen des Spins haben die gleiche Energie, s-Terme sind einfach.

Auch für die Gesamtdrehimpulsquantenzahlen gibt es eine Auswahlregel

$$\Delta j = \pm 1, \qquad \text{auch } \Delta j = 0 \text{, allerdings mit sehr viel schwächerer Intensität.} \tag{34}$$

Bild I-16 zeigt ein unvollständiges Termschema, in das nur die Terme eingezeichnet sind, die Anfangs- und Endzustände bei Absorption oder Emission der Na-D-Linie sind.

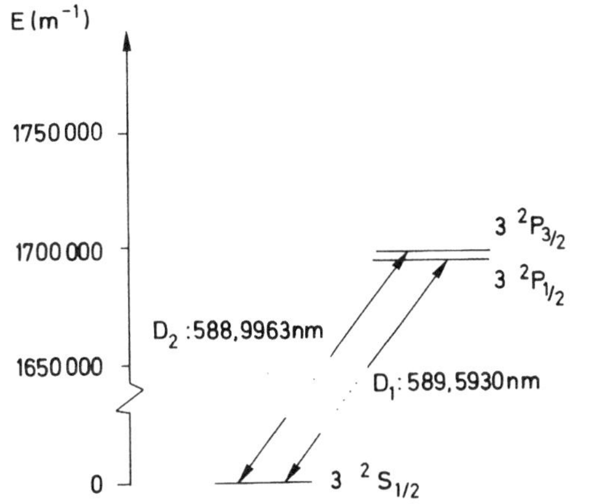

Bild I-16

Das Dublett der Na-D-Linie

In den Termsymbolen, z.B. $3\ ^2P_{1/2}$ gibt der Buchstabe die Nebenquantenzahl, der tiefgestellte Bruch den j-Wert, die hochgestellte Zahl die Multiplizität (2.2.1) und die Zahl vor dem Buchstaben die Hauptquantenzahl an.

Wasserstoff zeigt keine Aufspaltung der Spektrallinien analog den Alkalimetallen, obwohl die gleichen Verhältnisse in bezug auf Bahn- und Spinmoment gegeben sind. Experimentell und theoretisch konnte gezeigt werden, daß hier die Terme mit gleichem j zusammenfallen, auch wenn l verschieden ist. Wasserstoff ist eben wegen seiner Einfachheit eine Ausnahme in vielen Punkten.

2.2. Mehrelektronensysteme

Auch Atome mit mehreren Elektronen sind gequantelte Systeme, es gibt auch bei ihnen nur ganz bestimmte stationäre Zustände. Wir sehen uns formal dem gleichen Problem gegenüber wie beim Wasserstoffatom, wo wir es relativ leicht haben bewältigen können: dem Problem der Lösung der Schrödinger-Gleichung

$$H\Lambda_n = E_n\Lambda_n \,. \tag{35}$$

Hier sind allerdings sowohl der Hamiltonoperator **H**, den wir aus der kinetischen und potentiellen Energie nun aller Elektronen gewinnen (1.4.1.5.1), als auch die Gesamtwellenfunktion Λ_n, die die Gesamtelektronenverteilung und die Spinverhältnisse enthält, wesentlich komplizierter. Wir wollen die Größen in dieser Schrödinger-Gleichung im einzelnen näher untersuchen.

2.2.1. Die Multiplizität

Im Teilchenbild besitzt ein atomares System wie alle rotierenden mechanischen Systeme einen Drehimpuls (vgl. Bild I-4), der durch die Bahn- und Spinbewegungen der einzelnen Elektronen festgelegt ist. Die rotierenden Elektronen bilden ein kompliziertes Kreiselsystem, dem durch die Forderung nach Quantisierung aller relevanten Drehimpulse (2.1.4) zusätzliche Bedingungen auferlegt sind.

Für die Kopplung der Bahn- und Spinbewegungen der einzelnen Elektronen zum Gesamtdrehimpuls des Systems gibt es in den verschiedenen Mehrelektronensystemen verschiedene Möglichkeiten. Welche Art der Kopplung beobachtet wird, das hängt davon ab, ob die Spin- und Bahnimpulse des einzelnen Elektrons stärker in Wechselwirkung treten (Spin-Bahn-Kopplung) oder ob die Wechselwirkung der Bahndrehimpulse der verschiedenen Elektronen und entsprechend die der Spindrehimpulse der verschiedenen Elektronen größer ist. Die beiden Möglichkeiten sind für zwei Elektronen schematisch in Bild I-17 skizziert. Man erinnere sich an die Bedeutung der Drehimpulsvektoren (Bild I-4).

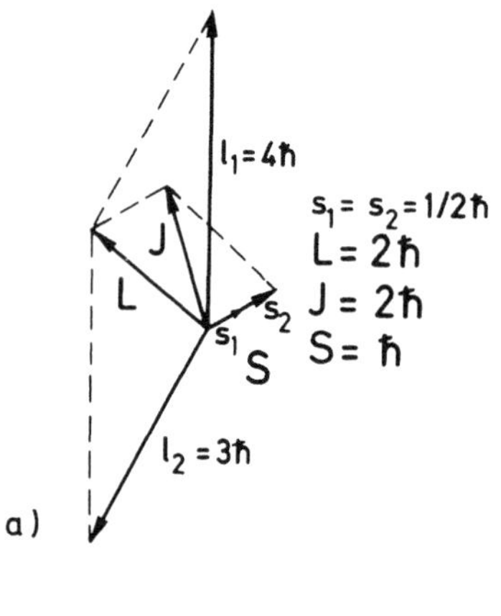

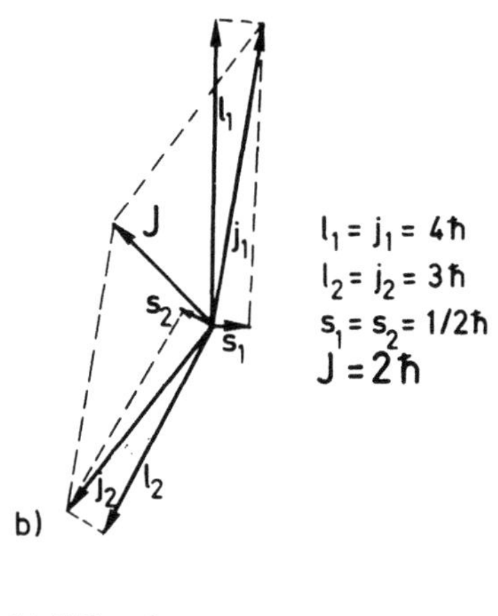

Bild I-17. a) LS-Kopplung b) jj Kopplung

Aus den Experimenten weiß man, daß bei Atomen niedriger Ordnungszahl die Kopplung der Bahn- bzw. Spinimpulse untereinander vorherrscht, so daß die Bahndrehimpulse $\vec{l}_i$ aller Elektronen i sich zu einem Gesamtdrehimpuls $\vec{L}$ und die Spinimpulse $\vec{s}_i$ aller Elektronen sich zu einem Gesamtspinimpuls $\vec{S}$ addieren. Diese resultierenden Impulse addieren sich zum Gesamtdrehimpuls $\vec{J}$ des atomaren Systems

$$\vec{J} = \vec{L} + \vec{S}\,, \qquad (36)$$

wobei natürlich sämtliche Einzel- und Gesamtdrehimpulse Quantenbedingungen genügen müssen. Diese Art der Kopplung wird LS- oder Russel-Sounders-Kopplung genannt (Bild I-17a).

Bei Atomen hoher Ordnungszahl herrscht die Spin-Bahn-Kopplung vor. Bahnimpuls $\vec{l}_i$ und Spinimpuls $\vec{s}_i$ des einzelnen Elektrons i addieren sich vektoriell zu einem resultierenden Drehimpuls $\vec{j}_i$ des Elektrons, die Summe dieser Einzeldrehimpulse $\vec{j}_i$ ergibt den Gesamtdrehimpuls $\vec{J}$ des atomaren Systems

$$\vec{J} = \sum_i \vec{j}_i = \sum_i (\vec{l}_i + \vec{s}_i)\,. \qquad (37)$$

Diese Art der Kopplung wird jj-Kopplung genannt (Bild 17b). Die Spin-Bahn-Kopplung, die zur jj-Kopplung führt, wird durch einen hohen Feldgradienten, also durch die über kurze Distanz starke Änderung eines elektrischen Feldes, begünstigt. In der Größe dieses Gradienten unterscheiden sich die wenig Kernladung tragenden leichten und die hochgeladenen schweren Atome.

Bei den leichten Atomen, wenn also die Spinimpulse untereinander stärker koppeln als mit den zugehörigen Bahnimpulsen, können wir einen Gesamtspinzustand beobachten. Allerdings gibt es je nach der relativen Spineinstellung verschiedene Spinzustände in Mehrelektronensystemen, bei zwei Elektronen

$$\begin{aligned} &\text{A:} \quad \uparrow\uparrow: \quad \vec{s}_a = \tfrac{1}{2}\hbar + \tfrac{1}{2}\hbar = \hbar\,, \\ &\text{B:} \quad \uparrow\downarrow: \quad \vec{s}_b = \tfrac{1}{2}\hbar - \tfrac{1}{2}\hbar = 0\,. \end{aligned} \qquad (38)$$

Im Fall A sind die Spinimpulsvektoren der beiden Elektronen parallel, was durch gleichgerichtete Pfeile angezeigt wird und im Teilchenbild bedeutet, daß beide Elektronen sich gleichsinning um ihre Achse drehen. Im Fall B sind die Spinmomente entgegengesetzt, was einen gegensinnigen Drall bedeutet. Da eine Spinumkehr nur durch Wechselwirkung mit dem Bahnimpuls möglich ist, diese Wechselwirkung aber bei leichten Elementen praktisch Null ist, gibt es für diese Elemente praktisch keine Übergangsmöglichkeit aus dem einen Spinzustand in den anderen: Übergänge unter Spinumkehr sind verboten. Dies ist wichtig für organische Moleküle, die ja meistens nur die leichten Elemente C, H, N und O enthalten.

Wegen dieses Spinumkehrverbots beobachtet man getrennte Spektren von Mehrelektronensystemen in den einzelnen Spinzuständen. Denn wenn Spin- und Bahnimpulse nicht in Wechselwirkung stehen, können die letzteren durch Elektronenanregung auch unabhängig vom Spinzustand geändert werden. Bei Helium, als dem leichtesten Mehrelektronenatom, ist die LS-Kopplung und damit das Interkombinationsverbot zwischen den Spinzuständen so streng, daß man in den frühen Zeiten der Spektroskopie geglaubt hat, man habe zwei

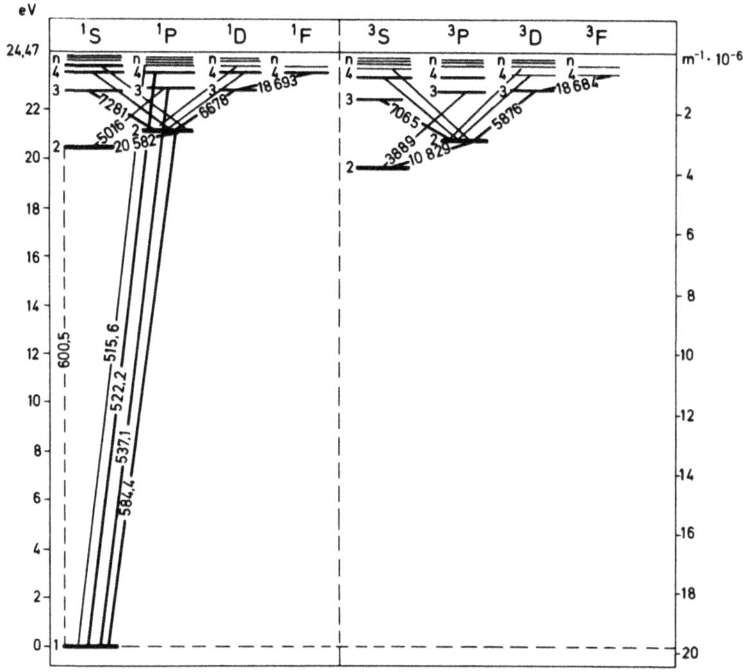

Bild I-18. Termschema des Heliumatoms mit erlaubten Übergängen (nach *G. Herzberg*, Atomic Spectra and Atomic Structure, Dover Publ.)

verschiedene Heliumsorten gefunden, denen man die Namen Ortho- und Parhelium gegeben hat. Das Heliumtermschema zeigt Bild I-18.

Bei Zweielektronensystemen ist im Fall B der Gesamtdrehimpuls dem Bahndrehimpuls gleich. Für diese Spineinstellung beobachtet man ein Spektrum, in dem die Linien einfach sind. Dagegen sind die Linien des Spektrums, das zur Spineinstellung A gehört, dreifach. Allerdings sind die Termaufspaltungen so klein, daß man diese im Termschema nicht mehr zeichnen kann (Bild I-18) und praktisch dreifach entartete Terme beobachtet. Man nennt deshalb die Zustände, die zu S_a gehören, Triplettzustände, die, die zu S_b gehören, Singulettzustände. Allgemein wird eine Multiplizität definiert als

$$M = 2S + 1\,, \tag{39}$$

wobei S die Gesamtspinquantenzahl des Zustands ist. Damit wird die Multiplizität der Alkaliatome zwei, da ein Elektron immer den Gesamtspin $\frac{1}{2}\hbar$ hat: wir beobachten im Spektrum Doppellinien (Bild I-16). Bei einem Vierelektronensystem würde man entsprechend (39) ein Quintett-, ein Triplett- und ein Singulettspektrum erwarten.

2.2.2. Die Ortsfunktion von Mehrelektronensystemen

Wir sind zur Behandlung von Spineigenschaften und der Multiplizität in das Teilchenbild zurückgekehrt, haben also wieder von „Bahndrehimpuls und Spin" gesprochen, obwohl wir wissen, daß korpuskulare Vorstellungen im atomaren Bereich schlecht sind. Wir haben dies nur getan, um die Möglichkeit der Darstellung der Spin-Bahn-Wechselwirkung auch ohne relativistische Rechnung zu gewinnen.

Die Schrödingergleichung ist aber nur in Verbindung mit der Wellenvorstellung von den Teilchen sinnvoll, deshalb gehen wir wieder von der „Bahn" ab und verwenden den Begriff der Ortsfunktion. Damit ist auch gesagt, daß der Elektronenspin in dieser Φ-Funktion nicht berücksichtigt sein soll, sondern daß sie, wie auch der Hamilton-Operator (vgl. die explizite Form (20a)), nur die Raumkoordinaten enthalten soll. Der Elektronenspin wird dann einfach als Zusatzinformation angegeben, z.B. dadurch, daß man ein Elektron in seinem Orbital als Pfeil kennzeichnet (Bild I-19), oder daß man in die Rechnung eine reine Spinfunktion Σ einführt: $\Lambda_n = \Phi_n \, \Sigma_n$. Die Gl. (35) wird also durch Division zu

$$H\Phi_n = E_n\Phi_n \,. \qquad (40)$$

Wir sollten die Ortsfunktion zusammen mit den Energiewerten aus der Schrödingergleichung bekommen. Für Mehrelektronensysteme ist die Lösung jedoch nur noch näherungsweise möglich. Dafür brauchen wir einen Ausgangspunkt, von dem aus wir uns der richtigen Lösung nähern können. Damit die Näherung möglichst wenig mühselig wird, bringen wir die Informationen, die wir schon haben, bereits in die Näherung ein und bauen die Ausgangsfunktionen aus wasserstoffähnlichen Funktionen der mit Elektronen besetzten Orbitale auf. Betrachten wir zunächst ein Zweielektronensystem, das Helium-Atom

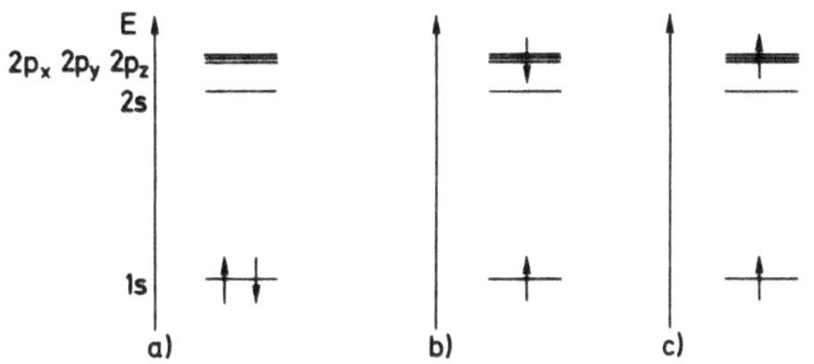

Bild I-19
Verschiedene Zustände des Heliumatoms

Der durch Bild I-19a symbolisierte Grundzustand ist dadurch gekennzeichnet, daß beide Elektronen im energieärmsten Orbital, dem 1s-Orbital, untergebracht sind. Bild I-19b stellt einen Anregungszustand dar, bei dem das eine Elektron im 1s-, das andere im $2p_x$-Orbital ist. Die Zustände, die durch die Bilder I-19b und I-19c symbolisiert sind, haben dieselbe Orbitalbesetzung. Sie sind nur durch die Spineinstellung der Elektronen verschieden. Nach 2.2.1 erkennen wir den Zustand des Bildes I-19b als Singulett-, den des Bildes I-19c als Triplettzustand.

So einfach z.B. Bild I-19b aussieht, bei der Beschreibung dieses Zustands durch eine Wellenfunktion, die die ganze Information über den Zustand des Bildes I-19b enthalten soll, treten beträchtliche Schwierigkeiten auf. Es gibt ja zwei Möglichkeiten der Anordnung von zwei Elektronen in zwei Orbitalen: einmal Elektron 1 in Orbital a und gleichzeitig Elektron 2 in Orbital b und zum anderen Elektron 1 in Orbital b und gleichzeitig Elektron 2 in Orbital a.

Die Zweielektronenfunktion Φ_n muß nun so aufgebaut sein, daß sich bei der Vertauschung der Elektronen die experimentell beobachtbare eindeutig gegebene Elektronendichteverteilung nicht ändert. Die Forderung, daß die Elektronen vertauschbar sein müßten, das Postulat von der Ununterscheidbarkeit der Mikroteilchen hat seinen Grund im Wellencharakter dieser Teilchen: als Folge der Schwierigkeit der Lokalisierung eines Elektrons im Bereich eines Atoms (vgl. 1.4.1.4) treffen wir auf das grundsätzliche Problem der Identifizierung eines bestimmten Elektrons. Denn wenn wir wegen der Orts-Impuls-Unschärfe zwei Teilchen nicht mehr exakt lokalisieren können, wie könnten wir dann die weitergehende Aussage machen, welches Teilchen sich wo aufhält? Analoges gilt für Vielelektronensysteme.

Wir können hier die Ausformung der Wellenfunktion von Mehrelektronensystemen nicht im einzelnen darstellen und wollen hinnehmen, daß es gelungen ist, für jeden Zustand n eine Gesamtwellenfunktion Λ_n aus den Funktionen der besetzten Orbitale aufzubauen, die alle geforderten Eigenschaften hat, daß es damit also gelungen ist, eine adäquate formelmäßige Beschreibung zu finden.

2.2.3. Die Energie der stationären Zustände von Mehrelektronensystemen

Die Energie eines stationären Zustands n sollten wir aus der Energie-Eigenwertsgleichung (40) gewinnen können. Daß wir nicht (35) benützen müssen, ist experimentell gesichert: die Energiebeiträge, die durch die (magnetische) Wechselwirkung zweier Spinmomente geliefert werden, sind gegenüber der elektrischen Wechselwirkungsenergie zweier Elektronen zu vernachlässigen. Deshalb dürfen wir uns auf die Ermittlung der räumlichen Elektronenverteilung bei der Energieberechnung beschränken (vgl. 3.2.1).

Die Energie eines Mehrelektronensystems ist die Summe der Energien der Einzelelektronen (die wegen der Elektronenwechselwirkung natürlich nicht unabhängig voneinander sind):

$$E = E_{kin\,1} + E_{kin\,2} + \ldots + E_{pot\,1} + E_{pot\,2} + \ldots\,. \tag{41}$$

Diese Energiegrößen haben wir für die Schrödingergleichung mit den Operatoren $-\frac{h^2}{8m\pi^2}\left(\frac{\partial^2}{\partial x^2} + \frac{\partial^2}{\partial y^2} + \frac{\partial^2}{\partial z^2}\right)$ und U verbunden (vgl. 1.3.1.5.1). Beschränken wir uns auf das Heliumatom mit zwei Elektronen und nehmen wir, wie beim Wasserstoffatom, ein zentrales Kernfeld an, so ist die potentielle Energie des Systems (Bild I-20)

$$U = -\frac{2e^2}{4\pi\epsilon_0 r_1} - \frac{2e^2}{4\pi\epsilon_0 r_2} + \frac{e^2}{4\pi\epsilon_0 r_{12}}\,. \tag{42}$$

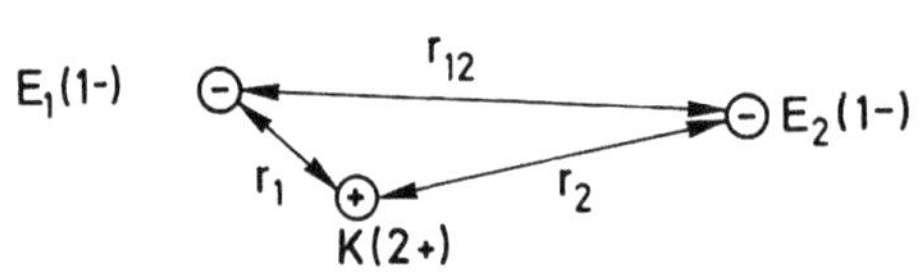

Bild I-20
Ladungen im Zweielektronensystem Helium

Die Schrödingergleichung für das Heliumatom ist damit

$$-\frac{h^2}{8\pi^2 m}\left(\frac{\partial^2\Phi}{\partial x_1^2}+\frac{\partial^2\Phi}{\partial y_1^2}+\frac{\partial^2\Phi}{\partial z_1^2}+\frac{\partial^2\Phi}{\partial x_2^2}+\frac{\partial^2\Phi}{\partial y_2^2}+\frac{\partial^2\Phi}{\partial z_2^2}\right)$$

$$+\left(-\frac{2e^2}{4\pi\epsilon_0 r_1}-\frac{2e^2}{4\pi\epsilon_0 r_2}+\frac{e^2}{4\pi\epsilon_0 r_{12}}\right)\Phi = E\Phi\,. \qquad (43)$$

Durch Umschreiben dieser Gleichung sieht man sofort, daß die Gesamtenergie aus drei Anteilen zusammengesetzt ist:

Elektron 1 im Kernfeld: Operator $\mathbf{H}(1) = -\frac{h^2}{8\pi^2 m}\left(\frac{\partial^2}{\partial x_1^2}+\frac{\partial^2}{\partial y_1^2}+\frac{\partial^2}{\partial z_1^2}\right)-\frac{2e^2}{4\pi\epsilon_0 r_1}$

Elektron 2 im Kernfeld: Operator $\mathbf{H}(2) = -\frac{h^2}{8\pi^2 m}\left(\frac{\partial^2}{\partial x_2^2}+\frac{\partial^2}{\partial y_2^2}+\frac{\partial^2}{\partial z_2^2}\right)-\frac{2e^2}{4\pi\epsilon_0 r_2}$

Wechselwirkung der Elektronen: Operator $\mathbf{H}(1,2) = +\frac{e^2}{4\pi\epsilon_0 r_{12}}$.

2.2.3.1. Berechnung der Energie der stationären Zustände ohne Berücksichtigung der Elektronenwechselwirkung

Gleichung (43) ist wegen des Elektronenwechselwirkungsgliedes des Operaturs e^2/r_{12} nicht in zwei Gleichungen aufzuspalten, die nur die Koordinaten des Elektrons 1 oder nur die des Elektrons 2 enthalten. Dies ist die mathematische Formulierung der Tatsache der Elektronenwirkung. Wenn wir zunächst näherungsweise diese Wechselwirkung vernachlässigen (in Wirklichkeit eine sehr schlechte Näherung!), so setzt sich die Gesamtenergie des Mehrelektronensystems aus den Einzelenergien der beiden Elektronen in den Orbitalen a und b zusammen: $E = E_a + E_b$.

Diese Energien können aus der Schrödingergleichung des wasserstoffähnlichen Problems bestimmt werden

$$-\frac{h^2}{8\pi^2 m}\left(\frac{\partial^2\psi_a(1)}{\partial x_1^2}+\frac{\partial^2\psi_a(1)}{\partial y_1^2}+\frac{\partial^2\psi_a(1)}{\partial z_1^2}\right)-\frac{2e^2}{4\pi\epsilon_0 r_1}\psi_a(1) = E_a\psi_a(1) \qquad (44)$$

und einer entsprechenden Gleichung für Elektron 2 im Orbital b.

In dieser Näherung erhalten wir Lösungen, die exakt sind und sich nur durch die höhere Kernladungszahl von den Wasserstoffunktionen unterscheiden. Die höhere Kernladungszahl führt zu einer Kontraktion der Orbitale näher zum Kern hin. Die Elektronen können also in wasserstoffähnlichen Orbitalen angeordnet sein, z.B. beide Elektronen im 1s-Orbital. Eine andere Anordnung (man spricht von *Elektronenkonfigurationen*), der ein anderer Zustand entspricht, wäre z.B.: ein Elektron im 1s-Orbital und das andere im $2p_x$-Orbital

(Bild I-19). Zur kurzen Kennzeichnung schreibt man die Konfiguration von Bild I-19a oft als $(1s)^2$, die der Bilder I-19b und I-19c als $(1s)^1 (2p_x)^1$.

In der Einelektronennäherung, die wir hier benutzt haben, also unter Vernachlässigung der Elektronenwechselwirkung, haben Singulett- und Triplettzustände gleicher Konfiguration (wie die von Bild I-19) die gleiche Energie. Denn ohne Elektronenwechselwirkung können sich die Elektronen auch ihre Spineinstellung nicht mitteilen.

Wir müssen uns nochmals klar machen, daß wir in dieser Näherung Einelektronenorbitale verwenden, denn wir tun so, als verteilten sich die Elektronen im Raum um den Kern in der Weise, wie wenn jedes Elektron allein im Kernfeld wäre. Diese Näherung wird natürlich um so schlechter, je mehr Elektronen vorhanden sind, die sich gegenseitig beeinflussen. Wegen der Bildhaftigkeit der Einelektronenorbitale (Bild I-11) wollen wir sie jedoch weiterhin benutzen.

2.2.3.2. Berücksichtigung der Elektronenwechselwirkung

Es gibt zwei allgemeine Verfahren, mit denen man die Wechselwirkung der Elektronen fassen kann: Variationsverfahren und Störungsrechnungen. Sie seien kurz skizziert.

2.2.3.2.1. Variationsverfahren. Diesen Verfahren liegt die Tatsache zugrunde, daß die Lösungen der Schrödingergleichung für nicht exakte Φ'-Funktionen einen höheren Eigenwert liefert als für die richtige Φ-Funktion [1]). Die richtige Lösung erhält man durch Variation der Funktionen mit der Energie als Indikator für die Güte der neuen Lösungen.

Physikalisch ist dies so zu verstehen: Das atomare System sucht sein Energieminimum auf, ein ganz allgemeines Verhalten stabiler Systeme. Dieses Energieminimum ist durch eine ganz bestimmte Elektronenverteilung gegeben und diese entspricht einer ganz bestimmten Φ-Funktion. Verändert man die Elektronenverteilung bzw. die Φ-Funktion, so muß man gegenüber dem Gleichgewichtszustand Energie aufwenden.

Umgekehrt kann man also die potentielle Energie des Systems als Kriterium dafür nehmen, ob die Elektronenverteilung, dargestellt durch eine Φ-Funktion, die man errechnet oder auf andere Weise bestimmt hat, der experimentell richtigen nahekommt. Man verändert also in Schritten die Φ'-Funktion und prüft, ob die damit aus der Schrödingergleichung errechnete Energie erniedrigt wird. Ist dies der Fall, dann geschah die Veränderung in der richtigen Richtung und man geht in dieser Richtung weiter. Wenn sich bei jeder beliebigen Änderung der Φ'-Funktion der gleiche oder ein höherer Energiewert ergibt, dann hat man das Energieminimum und die richtige Elektronenverteilung gefunden. Dieses Verfahren ist ein Iterationsverfahren und liefert nie eine exakte Lösung. Durch genügenden Arbeitsaufwand kann man die Näherung aber soweit treiben, wie es eine vorgegebene Fehlergrenze verlangt. In der Praxis wird man versuchen, die schrittweise Iteration durch ein Verfahren zu ersetzen, bei dem das Energieminimum durch Differentiation einer Parameterfunktion gefunden wird.

---

[1]) Dies scheint ein Widerspruch zu der früheren Aussage zu sein, daß die Schrödingergleichung nur für ein ganz bestimmtes Spektrum von Werten von E eine Lösung habe. Wird nun (letztlich durch Änderung des Potentials) die nicht exakte ψ'-Funktion geändert, so bedeutet dies eine Änderung des Energiewerts E'_n, gleichzeitig aber auch die Änderung des gesamten Spektrums der Energiewerte $E_{n+1}, E'_{n+2} \ldots$ und der zugehörigen ψ'-Funktionen. Nach wie vor ist das Spektrum gequantelt.

Wenn man ein Variationsverfahren durchführen will, so muß man einen Anfang haben. Bei aller Kompliziertheit der Berechnung von Atom- und Molekülzuständen geht man letztlich doch von den Funktionen der Lösung des Wasserstoffatoms aus oder doch von Sätzen von Funktionen, die praktisch die gleiche Elektronenverteilung geben.

Durch Variationsverfahren kann man mehrere Variable gleichzeitig berücksichtigen, da alle iterativ optimiert werden können. Diese Verfahren eignen sich also besonders für Vielelektronenprobleme und Molekülberechnungen (vgl. 3.2).

2.3.3.2.2. Störungsrechnungen. Auch die Störungsrechnung ist eine Näherungsmethode. Die Störungstheorie setzt ein System voraus, das durch sehr ungleiche Anteile verschiedener Wechselwirkungen an der Gesamtenergie gekennzeichnet ist. Wenn sich dann die Hauptanteile relativ einfach berechnen lassen, kann der Rest als Störung klassifiziert werden. Beim Heliumatom sollte also die Wechselwirkungsenergie der Elektronen sehr viel kleiner sein, als die potentielle Energie der Elektronen im Kernfeld. Mathematisch faßt man das Problem durch eine Potenzreihe mit schnell kleiner werdenden Gliedern. Je nach der geforderten Genauigkeit berücksichtigt man mehr oder weniger Glieder.

Zunächst vernachlässigt man also die Störung und errechnet eine sogenannte nullte Näherung. Dies haben wir für das Heliumatom in 2.2.3.1 gezeigt. Dann berücksichtigt man die größte Störung in einer 1. Näherung. Dies ist die Elektronenwechselwirkung und wird in diesem Abschnitt qualitativ geschildert. Man könnte eine 2. Näherung errechnen, wenn man berücksichtigen wollte, daß durch die Elektronenwechselwirkung nicht nur die Energie, sondern auch die Elektronenverteilung selbst (Elektronenkorrelation) beeinflußt wird, wodurch wiederum die Energie eine Veränderung erfahren muß. Für den Grundzustand des Heliumatoms ergibt auch diese Störungsberechnung einen Energiewert, der gut mit dem experimentellen Wert übereinstimmt. Da jedoch die Elektronenwechselwirkung eine recht große Störung darstellt, ist in den meisten Fällen bei Mehrelektronensystemen ein Variationsverfahren vorzuziehen.

2.2.3.2.3. Ergebnis der Berücksichtigung der Elektronenwechselwirkung. Die Elektronenwechselwirkung hat auf Energie und Wellenfunktion Auswirkungen, die hier ohne die zugehörige Rechnung aufgezeigt werden sollen:

a) Die Symmetrie der Ladungsverteilung der einzelnen Zustände, beschrieben durch die Ortsfunktionen, wird durch die Elektronenwechselwirkung nicht beeinträchtigt. In der gebräuchlichen Näherung bleiben s-Orbitale also radialsymmetrisch, p-Orbitale hantelförmig usw., es ändert sich jedoch ihre räumliche Ausdehnung.

b) Die Energien der Orbitale und Zustände verändern sich durch die Elektronenwechselwirkung. Die Zustände werden relativ zueinander im Termschema verschoben. Dies kann so weit gehen, daß die Reihenfolge der Orbitale in der Energieleiter infolge der Besetzung der Einelektronenorbitale geändert wird (Bild I-23).

c) Die Elektronenwechselwirkung ist der Grund dafür, daß die Entartung von Singulett- und Triplettzustand aufgehoben ist. Der Triplettzustand ist stets energieärmer als der Singulettzustand. Der Energieunterschied ist aber nicht auf eine Wechselwirkungsenergie der Spins zurückzuführen, sondern darauf, daß durch die verschiedenen Spineinstellungen auch eine verschiedene Wechselwirkungsenergie der Elektronenladungen induziert wird (vgl. auch 2.2.4).

Im Termschema das Heliumatoms (Bild I-18) lassen sich die unter a) und b) aufgeführten Sachverhalte nicht erkennen, da sie sich auf die Veränderung gegenüber einem hypothetischen Molekül ohne Elektronenwechselwirkung beziehen. Dagegen ist c) in dieser Abbildung demonstriert.

2.2.4. Pauli-Prinzip, Aufbauprinzip und Periodensystem der Elemente

Aus energetischen Gründen möchte man annehmen, daß der stabilste Zustand eines Mehrelektronensystems der sei, in dem alle Elektronen, z.B. beim Helium zwei, beim Beryllium drei, beim Bor vier usw. im energetisch tiefsten Orbital untergebracht sind. Diese Elektronenkonfigurationen sind jedoch, das He ausgenommen, nicht möglich. Experimentell stellt man fest, daß in einem Orbital nur zwei Elektronen Platz finden können, dann ist dieses Orbital besetzt und weitere Elektronen müssen im nächsthöheren Orbital untergebracht werden. Die Elektronen in einem Atom folgen der als *Pauli-Prinzip* bekannten Regel, nach der in einem atomaren oder molekularen System „zwei Elektronen nicht in allen Quantenzahlen übereinstimmen dürfen". Damit kann ein Orbital, das durch die Quantenzahlen n, *l*, m bestimmt ist, nur zwei Elektronen aufnehmen, da die Spinquantenzahl s ja nur die beiden Werte $+\frac{1}{2}$ und $-\frac{1}{2}$ haben kann.

Beim Zweielektronensystem des Heliumatoms ist in Bild I-19 das Pauli-Prinzip berücksichtigt: In Bild I-19a müssen die beiden Elektronen im 1s-Orbital entgegengesetzten Spin haben. Damit stellt Bild I-19a einen Singulettzustand dar. Sollen die beiden Elektronen parallelen Spin haben, wollen wir also einen Triplettzustand darstellen, so können nicht mehr beide Elektronen im gleichen Orbital sein. Deshalb muß eines der Elektronen in ein höheres Orbital angeregt werden, wie in Bild I-19c gezeigt. Der energieärmste Triplettzustand hat die Konfiguration $(1s)^1\,(2s)^1$.

Der Formulierung des Pauli-Prinzips, wie wir es hier dargestellt haben, liegt das Teilchenbild zugrunde. Im Wellenbild wird das Pauliprinzip durch eine Symmetriebedingung ausgedrückt: Die Gesamtwellenfunktion eines atomaren oder molekularen Systems muß antisymmetrisch gegen Elektronenvertauschung sein.

Wir haben früher erwähnt (2.2.2), daß bei der Beschreibung eines Zustands eines Mehrelektronensystems das Problem der Ununterscheidbarkeit der Mikroteilchen überwunden werden muß. Die gefundenen Gesamtwellenfunktionen können gegen Vertauschung zweier beliebiger Elektronen in gleicher Weise symmetrisch ($\Lambda_n \Longleftrightarrow \Lambda_n$) oder antisymmetrisch ($\Lambda_n \Longleftrightarrow -\Lambda_n$) sein, wie dies die Orbitale gegen räumliche Symmetrieoperationen sind (2.1.3).

Da bei LS-Kopplung die Gesamtwellenfunktion $\Lambda_n = \Phi_n\,\Sigma_n$ aus einem Orts- und einem Spinteil besteht, gehört zu einer symmetrischen Orts- eine antisymmetrische Spinfunktion und umgekehrt.

Damit können wir verstehen, wie eine bestimmte Spineinstellung die für die Energie allein relevante Ortsfunktion beeinflussen kann. Die Spinfunktion der Triplettzustände ist symmetrisch:

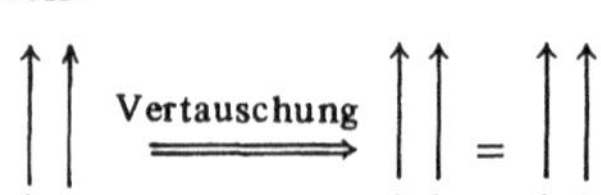

Deshalb muß die Elektronenverteilung durch eine antisymmetrische Ortsfunktion dargestellt werden. Für die Singulettzustände ist die Spinfunktion antisymmetrisch:

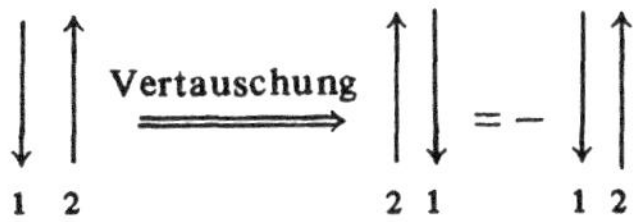

Damit muß die Ortsfunktion bei Elektronenvertauschung ihr Vorzeichen erhalten.

Wir haben seither das Wasserstoff- und Heliumatom unter dem Gesichtspunkt Einelektronen- und Zweielektronensystem gesehen. Die beiden Atome sind aber auch chemisch verschieden. Geht man durch Zufügen eines Elektrons (und gleichzeitiger Erhöhung der Kernladungszahl) die Reihe der chemischen Elemente durch, so kann man eine Systematik der Atome nach steigender Elektronenzahl finden. Wir können (konzeptionell,nicht experimentell!) ein Atom dadurch aus dem anderen aufbauen, daß wir wasserstoffähnliche Einelektronenorbitale in der Reihenfolge steigender Energie mit den zur Verfügung stehenden Elektronen besetzen *(Aufbauprinzip).* In Bild I-21 ist der Anfang einer solchen Reihe schematisch dargestellt. In Wirklichkeit ist unter anderem zu berücksichtigen, daß (a) die Orbitale durch die erhöhten Kernladungszahlen räumlich schrumpfen und im Termschema nach kleineren Energien verschoben sind und daß (b) die Elektronenwechselwirkung zu verschiebungen der Orbitale relativ zueinander führen kann (Bild I-23).

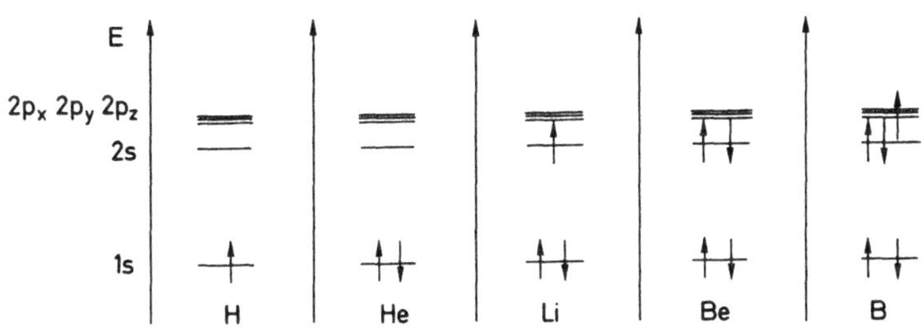

Bild I-21. Zum Aufbauprinzip

Ordnet man nach diesem Aufbauprinzip die Mehrelektronenatome, so findet man die Reihe des nach empirischen Daten aufgestellten Periodensystems der Elemente (Bild I-22).

Die einzelnen Perioden zählen so viele Atome, wie Elektronen in Orbitalen zur gleichen Hauptquantenzahl untergebracht werden können: wegen der Hierarchie der Quantenzahlen und unter Berücksichtigung des Spins zählt jede Periode $2n^2$ Atome. Die zu einer Hauptquantenzahl gehörenden Orbitale werden auch zu einer „Schale" zusammengefaßt, ein anschauliches, dem Teilchenbereich zugehöriges Bild. Die Schalen werden mit K (n = 1), L (n = 2), M (n = 3) usw. bezeichnet (Tabelle I-3).

1 H 1,00797																		2 He 4,0026
3 Li 6,939	4 Be 9,0122												5 B 10,811	6 C 12,01115	7 N 14,0067	8 O 15,9994	9 F 18,9984	10 Ne 20,183
11 Na 22,9898	12 Mg 24,312												13 Al 26,9815	14 Si 28,086	15 P 30,9738	16 S 32,064	17 Cl 35,453	18 Ar 39,948
19 K 39,102	20 Ca 40,08	21 Sc 44,956		22 Ti 47,90	23 V 50,942	24 Cr 51,996	25 Mn 54,9381	26 Fe 55,847	27 Co 58,9332	28 Ni 58,71	29 Cu 63,54	30 Zn 65,37	31 Ga 69,72	32 Ge 72,59	33 As 74,9216	34 Se 78,96	35 Br 79,909	36 Kr 83,80
37 Rb 85,47	38 Sr 87,62	39 Y 88,905		40 Zr 91,22	41 Nb 92,906	42 Mo 95,94	43 Tc (99)	44 Ru 101,07	45 Rh 102,905	46 Pd 106,4	47 Ag 107,870	48 Cd 112,40	49 In 114,82	50 Sn 118,69	51 Sb 121,75	52 Te 127,60	53 J 126,9044	54 Xe 131,30
55 Cs 132,905	56 Ba 137,34	57 La 138.91	58–71 Lanthaniden	72 Hf 178,49	73 Ta 180,948	74 W 183,85	75 Re 186,2	76 Os 190,2	77 Ir 192,2	78 Pt 195,09	79 Au 196,967	80 Hg 200,59	81 Tl 204,37	82 Pb 207,19	83 Bi 208,980	84 Po 210	85 At (210)	86 Rn 222
87 Fr (223)	88 Ra 226,04	89 Ac 227	90-103 Actiniden															

Lanthaniden	58 Ce 140,12	59 Pr 140,907	60 Nd 144,24	61 Pm (145)	62 Sm 150,35	63 Eu 151,96	64 Gd 157,25	65 Tb 158,924	66 Dy 162.50	67 Ho 164,930	68 Er 167,26	69 Tm 168,934	70 Yb 173,04	71 Lu 174,97
Actiniden	90 Th 232,038	91 Pa (231)	92 U 238,03	93 Np (237)	94 Pu (239)	95 Am (243)	96 Cm (245)	97 Bk (245)	98 Cf (249)	99 Es (254)	100 Fm (253)	101 Md (256)	102 No (253)	103 Lw (257)

Bild I-22. Das Periodensystem der Elemente (aus *E. W. Schpolski*, Atomphysik, VEB Deutscher Verlag der Wissenschaften)

Tabelle I-3. Elektronenkonfiguration der Grundzustände der Elemente

Z	Element	1	2		3			4				5				6				7
		s	s	p	s	p	d	s	p	d	f	s	p	d	f	s	p	d	f	s
1	H	1																		
2	He	2																		
3	Li	2	1																	
4	Be	2	2																	
5	B	2	2	1																
6	C	2	2	2																
7	N	2	2	3																
8	O	2	2	4																
9	F	2	2	5																
10	Ne	2	2	6																
11	Na	2	2	6	1															
12	Mg	2	2	6	2															
13	Al	2	2	6	2	1														
14	Si	2	2	6	2	2														
15	P	2	2	6	2	3														
16	S	2	2	6	2	4														
17	Cl	2	2	6	2	5														
18	Ar	2	2	6	2	6														
19	K	2	2	6	2	6		1												
20	Ca	2	2	6	2	6		2												
21	Sc	2	2	6	2	6	1	2												
22	Ti	2	2	6	2	6	2	2												
23	V	2	2	6	2	6	3	2												
24	Cr	2	2	6	2	6	5	1												
25	Mn	2	2	6	2	6	5	2												
26	Fe	2	2	6	2	6	6	2												
27	Co	2	2	6	2	6	7	2												
28	Ni	2	2	6	2	6	8	2												
29	Cu	2	2	6	2	6	10	1												
30	Zn	2	2	6	2	6	10	2												
31	Ga	2	2	6	2	6	10	2	1											
32	Ge	2	2	6	2	6	10	2	2											
33	As	2	2	6	2	6	10	2	3											
34	Se	2	2	6	2	6	10	2	4											
35	Br	2	2	6	2	6	10	2	5											
36	Kr	2	2	6	2	6	10	2	6											
37	Rb	2	2	6	2	6	10	2	6			1								
38	Sr	2	2	6	2	6	10	2	6			2								
39	Y	2	2	6	2	6	10	2	6	1		2								
40	Zr	2	2	6	2	6	10	2	6	2		2								
41	Nb	2	2	6	2	6	10	2	6	4		1								

Tabelle I-3. (Fortsetzung)

Z	Element	1	2		3			4				5				6				7
		s	s	p	s	p	d	s	p	d	f	s	p	d	f	s	p	d	f	s
42	Mo	2	2	6	2	6	10	2	6	5		1								
43	Tc	2	2	6	2	6	10	2	6	6		1 ... ?								
44	Ru	2	2	6	2	6	10	2	6	7		1								
45	Rh	2	2	6	2	6	10	2	6	8		1								
46	Pd	2	2	6	2	6	10	2	6	10										
47	Ag	2	2	6	2	6	10	2	6	10		1								
48	Cd	2	2	6	2	6	10	2	6	10		2								
49	In	2	2	6	2	6	10	2	6	10		2	1							
50	Sn	2	2	6	2	6	10	2	6	10		2	2							
51	Sb	2	2	6	2	6	10	2	6	10		2	3							
52	Te	2	2	6	2	6	10	2	6	10		2	4							
53	I	2	2	6	2	6	10	2	6	10		2	5							
54	Xe	2	2	6	2	6	10	2	6	10		2	6							
55	Cs	2	2	6	2	6	10	2	6	10		2	6			1				
56	Ba	2	2	6	2	6	10	2	6	10		2	6			2				
57	La	2	2	6	2	6	10	2	6	10		2	6	1		2				
58	Ce	2	2	6	2	6	10	2	6	10	2	2	6			2 ... ?				
59	Pr	2	2	6	2	6	10	2	6	10	3	2	6			2 ... ?				
60	Nd	2	2	6	2	6	10	2	6	10	4	2	6			2				
61	Pm	2	2	6	2	6	10	2	6	10	5	2	6			2 ... ?				
62	Sm	2	2	6	2	6	10	2	6	10	6	2	6			2				
63	Eu	2	2	6	2	6	10	2	6	10	7	2	6			2				
64	Gd	2	2	6	2	6	10	2	6	10	7	2	6	1		2				
65	Tb	2	2	6	2	6	10	2	6	10	9	2	6			2 ... ?				
66	Dy	2	2	6	2	6	10	2	6	10	10	2	6			2 ... ?				
67	Ho	2	2	6	2	6	10	2	6	10	11	2	6			2 ... ?				
68	Er	2	2	6	2	6	10	2	6	10	12	2	6			2 ... ?				
69	Tm	2	2	6	2	6	10	2	6	10	13	2	6			2				
70	Yb	2	2	6	2	6	10	2	6	10	14	2	6			2				
71	Lu	2	2	6	2	6	10	2	6	10	14	2	6	1		2				
72	Hf	2	2	6	2	6	10	2	6	10	14	2	6	2		2				
73	Ta	2	2	6	2	6	10	2	6	10	14	2	6	3		2				
74	W	2	2	6	2	6	10	2	6	10	14	2	6	4		2				
75	Re	2	2	6	2	6	10	2	6	10	14	2	6	5		2				
76	Os	2	2	6	2	6	10	2	6	10	14	2	6	6		2				
77	Ir	2	2	6	2	6	10	2	6	10	14	2	6	7		2				
78	Pt	2	2	6	2	6	10	2	6	10	14	2	6	9		1				
79	Au	2	2	6	2	6	10	2	6	10	14	2	6	10		1				
80	Hg	2	2	6	2	6	10	2	6	10	14	2	6	10		2				
81	Tl	2	2	6	2	6	10	2	6	10	14	2	6	10		2	1			
82	Pb	2	2	6	2	6	10	2	6	10	14	2	6	10		2	2			
83	Bi	2	2	6	2	6	10	2	6	10	14	2	6	10		2	3			
84	Po	2	2	6	2	6	10	2	6	10	14	2	6	10		2	4 ... ?			
85	At	2	2	6	2	6	10	2	6	10	14	2	6	10		2	5 ... ?			

Tabelle I-3. (Fortsetzung)

Z	Ele-	1	2		3			4				5				6				7
	ment	s	s	p	s	p	d	s	p	d	f	s	p	d	f	s	p	d	f	s
86	Rn	2	2	6	2	6	10	2	6	10	14	2	6	10		2	6			
87	Fr	2	2	6	2	6	10	2	6	10	14	2	6	10		2	6			1 ... ?
88	Ra	2	2	6	2	6	10	2	6	10	14	2	6	10		2	6			2
89	Ac	2	2	6	2	6	10	2	6	10	14	2	6	10		2	6	1		2 ... ?
90	Th	2	2	6	2	6	10	2	6	10	14	2	6	10		2	6	2		2
91	Pa	2	2	6	2	6	10	2	6	10	14	2	6	10	2	2	6	1		2 ... ?
92	U	2	2	6	2	6	10	2	6	10	14	2	6	10	3	2	6	1		2
93	Np	2	2	6	2	6	10	2	6	10	14	2	6	10	4	2	6	1		2 ... ?
94	Pu	2	2	6	2	6	10	2	6	10	14	2	6	10	5	2	6	1		2 ... ?
95	Am	2	2	6	2	6	10	2	6	10	14	2	6	10	7	2	6			2 ... ?
96	Cm	2	2	6	2	6	10	2	6	10	14	2	6	10	7	2	6	1		2 ... ?
97	Bk	2	2	6	2	6	10	2	6	10	14	2	6	10	8	2	6	1		2 ... ?
98	Cf	2	2	6	2	6	10	2	6	10	14	2	6	10	9	2	6	1		2 ... ?
99	E	2	2	6	2	6	10	2	6	10	14	2	6	10	10	2	6	1		2 ... ?
100	Fm	2	2	6	2	6	10	2	6	10	14	2	6	10	11	2	6	1		2 ... ?
101	Mv	2	2	6	2	6	10	2	6	10	14	2	6	10	12	2	6	1		2 ... ?

Auch die langen Perioden finden nun ihre Erklärung in der relativen energetischen Lage von Atomorbitalen. So liegen die 3d-Orbitale energetisch höher als die 4s-Orbitale, aber niedriger als die 4p-Orbitale (Bild I-13). Dies führt dazu, daß nach vollständiger Besetzung der 3p-Orbitale beim Ar zunächst das 4s-Orbital bei den Elementen K und Ca gefüllt wird, dann aber erst die zehn verfügbaren Plätze der 3d-Orbitale aufgefüllt werden (Sc bis Zn), bevor das erste Elektron beim Ga in das 4p-Orbital eintritt.

Beim Aufbau von Atomen mit entarteten Orbitalen, z.B. den Übergangsmetallen der ersten langen Periode Sc bis Zn, steht man vor der Frage, ob man mit den verfügbaren Elektronen zuerst das einzelne Orbital absättigen oder möglichst viele Orbitale einfach besetzen soll. Die Antwort gibt die *Hundsche Regel*, nach der die Konfiguration mit dem größten Gesamtspin die stabilste ist. Beim Mn z.B. ist die Konfiguration mit fünf ungepaarten d-Elektronen parallelen Spins die richtige. Wir treffen hier wieder auf die Tatsache, von der wir schon bei der Überlegung im Zusammenhang mit dem Energieunterschied von Singulett- und Triplettzustand derselben Elektronenkonfiguration gehört haben: die Wechselwirkungsenergie von Elektronen gleichen Spins ist größer als die von Elektronen verschiedenen Spins.

Im allgemeinen gibt die energetische Reihenfolge der Wasserstofforbitale das Periodensystem richtig wieder. Einige Unregelmäßigkeiten, z.B. bei Cr oder Cu zeigen aber (Bild I-23, Tabelle I-3), daß die Lage der Orbitale im Termschema auch von der Wechselwirkung der schon vorhandenen Elektronen abhängt.

Das Periodensystem der Elemente hat also seine Begründung im Bau der Atome. Wir können es verstehen, wenn wir ausgehend von den Einelektronenorbitalen des Wasserstoffatoms das Aufbauprinzip unter Berücksichtigung des Pauli-Prinzips und der Hundschen Regel anwenden. Die chemisch verwandten Elemente, z.B. die Alkalimetalle oder die Halo-

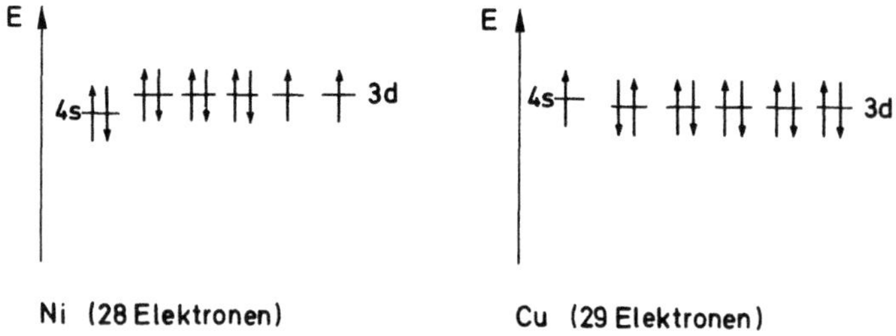

Bild I-23. Verschiebung von Orbitalen im Termschema durch Elektronenwechselwirkung

gene, haben die gleiche Konfiguration der äußeren Elektronen in ihrer jeweiligen Schale. Bei den Alkalimetallen ist ein s-Orbital einfach besetzt, die Halogene haben bis auf 1 Elektron die äußerste Schale vervollständigt, bei den Edelgasen sind alle Orbitale mit 2 Elektronen abgesättigt.

Die Ähnlichkeit der chemischen Eigenschaften der Elemente dieser Gruppen ist also nicht zufällig, da die Außenelektronen für die chemische Bindung verantwortlich sind.

2.3. Atome in äußeren Feldern

Die seither betrachteten Felder sind hauptsächlich durch die Kernladungen bestimmt und damit radialsymmetrisch gewesen. Damit ist keine Raumrichtung irgendwie ausgezeichnet. Wenn wir z.B. p_z-Orbitale so zeichnen, daß ihre Längsachse senkrecht in der Papierebene steht, dann nehmen wir einfach eine Konvention in Anspruch, die die z-Achse so legt. Wir könnten mit der gleichen Berechtigung das eine p-Orbital schräg in den Raum legen. Haben wir aber die Richtung eines p-Orbitals festgelegt, dann sind die anderen p-Orbitale fixiert; denn zwischen den drei p-Orbitalen besteht eine relative räumliche Festlegung: jedes steht senkrecht auf den beiden anderen.

Die Isotropie in Bezug auf die Felder geht dann verloren, wenn von außen ein Feld angelegt wird, bzw. das Atom in ein äußeres Feld gerät, das nicht kugelsymmetrisch mit dem Atom im Mittelpunkt ist. Äußere Felder können die verschiedenste Geometrie haben, zeitlich konstant oder variabel sein. Es wird aber durch sie eine Vorzugsrichtung geschaffen, an der sich nun die inneren Koordinaten x, y und z des Atoms orientieren können.

2.3.1. Homogene lineare Felder

Betrachten wir zunächst ein homogenes lineares Magnetfeld, wie es häufig in der Spektroskopie benutzt wird, z.B. in der Elektronenspinresonanz- oder Kernmagnetischen Resonanzspektroskopie. Dieses äußere Magnetfeld tritt mit magnetischen Momenten im Atom oder Molekül in Wechselwirkung. Magnetische Momente $\vec{\mu}_m$ haben alle auf geschlossenen Bahnen bewegte elektrische Ladungen, also umlaufende oder sich um die eigene Achse drehende Elektronen. Diese Bewegungen haben wir durch Bahn- und Spindrehimpuls charakterisiert. Allerdings ist das magnetische Moment, das zu einem bestimmten Wert des Gesamtspins gehört, doppelt so groß wie das magnetische Moment eines gleich großen Bahnimpulses (magnetomechanische Anomalie).

$$\vec{\mu}_m(L) = -\left(\frac{e}{2m_e}\right)\vec{L} \qquad \vec{\mu}_m(s) = -\left(\frac{e}{m_e}\right)\vec{S}\,. \tag{45}$$

Die Wechselwirkung zwischen äußerem Feld $\vec{H}$ und den inneren Momenten führt zu einer Zusatzenergie (die klein ist gegenüber der Orbitalenergie) von

$$E = -\vec{\mu}_m\,\vec{H} = -\mu_m\,H\cos\alpha\,. \tag{46}$$

Hier ist das Produkt von $\vec{\mu}_m$ und $\vec{H}$ skalar zu nehmen, d.h. es kommt neben der Größe des Magnetfelds auf die relative Richtung der beiden Größen an. Wirksam vom magnetischen Moment wird nur die Komponente in Feldrichtung. In makroskopischen Kreiselsystemen könnte der Winkel zwischen Moment und Feldrichtung beliebig sein, womit auch die Projektion auf die Feldrichtung beliebig groß wäre. Damit wäre eine mit der Richtung des Moments kontinuierliche veränderliche Wechselwirkungsenergie zu beobachten. In atomaren Systemen muß jedoch jeder für eine Messung relevante Drehimpuls gequantelt sein. Hier ist die relevante Größe die Drehimpulskomponente in Richtung des Feldes. Eine Quantelung dieser Komponenten bedeutet, daß nicht mehr alle Winkel $\alpha(\vec{\mu}_m, \vec{H})$ erlaubt sind, sondern nur noch ganz bestimmte. Dies wird tatsächlich beobachtet, deshalb spricht man von „Richtungsquantelung".

Den festen Winkeln der Einstellung von $\vec{\mu}_m$ zum äußeren Feld entsprechen feste Energiebeträge, um die diese Einstellungen stabiler oder instabiler als ohne Feld sind. Symmetriebedingte Energieentartungen können durch das Feld aufgehoben werden: die einzelnen Unterniveaus zur gleichen Nebenquantenzahl l, aber verschiedener magnetischer Quantenzahl m, unterscheiden sich nun in der Energie. Damit können sie in spektroskopischen Experimenten als aufgespaltene Linie beobachtet werden.

Relativ unkompliziert sind die Spektren, wenn nur die Bahnmomente mit dem Magnetfeld in Wechselwirkung treten, d.h. bei Singulettzuständen mit dem Gesamtspin $\vec{S} = 0$. Denn hier sind alle Termaufspaltungen zu benachbarten magnetischen Quantenzahlen gleich groß (Bild I-24). Man beobachtet nur drei Linien (normaler Zeeman-Effekt). Ist überdies der Gesamtdrehimpuls $\vec{J} = \vec{L} = 0$, was z.B. bei der kugelsymmetrischen Ladungsverteilung abgeschlossener Elektronenschalen immer der Fall ist, so ist der Grundzustand nicht entartet und kann deshalb im Feld nicht aufspalten.

Die Aufspaltungen und damit die Spektren werden komplizierter, wenn der Gesamtspin nicht mehr Null ist, z.B. bei einem Atom mit einem ungepaarten Elektron (anomaler Zeeman-Effekt). Der Grund liegt darin, daß wegen der magnetomechanischen Anomalie die Termaufspaltung für verschiedene Werte der Gesamtdrehimpulsquantenzahl verschieden groß ist (Bild I-25). Wenn der Gesamtspin, wie z.B. in Bild I-25 für Na, $\vec{S} = \frac{1}{2}\hbar$ ist, so hat auch der Grundzustand ein magnetisches (Spin-)Moment und ist im Magnetfeld in zwei Niveaus aufgespalten.

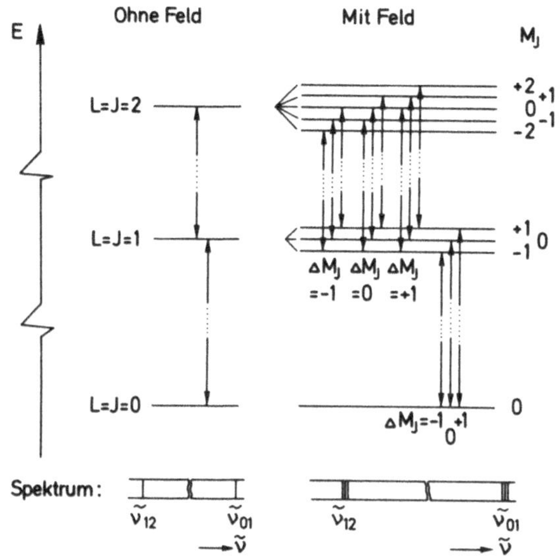

Bild I-24
Zum normalen Zeeman-Effekt. Die Energieachse ist unterbrochen, da die Aufspaltungen klein sind im Verhältnis zum Termabstand.

Man kann in diesem Fall auch im Grundzustand Übergänge zwischen den aufgespaltenen Unterniveaus durch elektromagnetische Strahlung induzieren, allerdings ist der Energieunterschied der aufgespaltenen Terme sehr gering. Deshalb setzt man bei der Elektronenspinresonanz (ESR) möglichst große Magnetfelder ein. Dennoch sind die Absorptionslinien nicht mehr im Sichtbaren oder UV-Gebiet, sondern in einem Gebiet großer Wellenlängen, das Mikrowellengebiet genannt wird (bei ca. 10 000 Gauß Magnetfeldstärke liegen die Elektronenspinresonanzen bei ca. $3 \cdot 10^{10}$ Hz $\hat{=}$ $\lambda = 10^{-2}$ m $\hat{=}$ $\tilde{\nu} = 100$ m^{-1}. Die ESR-Methode ist ein wichtiges Hilfsmittel bei der Untersuchung von organischen Radikalen, d.h. organischen Molekülen oder Molekülbruchstücken oder durch Redoxvorgänge erzeugten Ionen, die ein ungepaartes Elektron besitzen, und von Reaktionsmechanismen, die über radikalische Zwischenstufen verlaufen.

Häufig zeigt sich bei organischen Radikalen, die ein konjugiertes Bindungssystem besitzen, daß die ESR-Linien noch eine Hyperfeinstruktur aufweisen. Dies ist auf den Einfluß der Kerne zurückzuführen, in deren Nähe sich die delokalisierten Elektronen (vgl. 3.2.2.4) aufhalten können. Bei einer Reihe von Atomen beobachtet man nämlich Kernspinimpulse, z.B. bei ^{1}H ($\vec{I} = \frac{1}{2}\hbar$), ^{2}H ($\vec{I} = 1\,\hbar$), ^{13}C ($\vec{I} = \frac{1}{2}\hbar$), ^{15}N ($\vec{I} = \frac{1}{2}\hbar$), ^{19}F ($\vec{I} = \frac{1}{2}\hbar$) usw., die zu permanenten magnetischen Kernmomenten führen, deren Größe aber wegen der höheren Masse der Kerne ca. 1000mal kleiner ist als die der magnetischen Momente der Elektronenbewegungen. Man hat also ein recht kompliziertes Aufspaltungssystem der Atomzustände in äußeren magnetischen Feldern.

Auch die Möglichkeit, Übergänge zwischen den im Magnetfeld aufgespaltenen Kernzuständen durch Strahlung zu induzieren, hat man ausgentutzt und darauf die Methode der *Kernmagnetischen Resonanz* (nuclear magnetic resonance, NMR) aufgebaut, die heute vor allem dem organischen Chemiker zu einem unerläßlichen Hilfsmittel der Strukturaufklärung

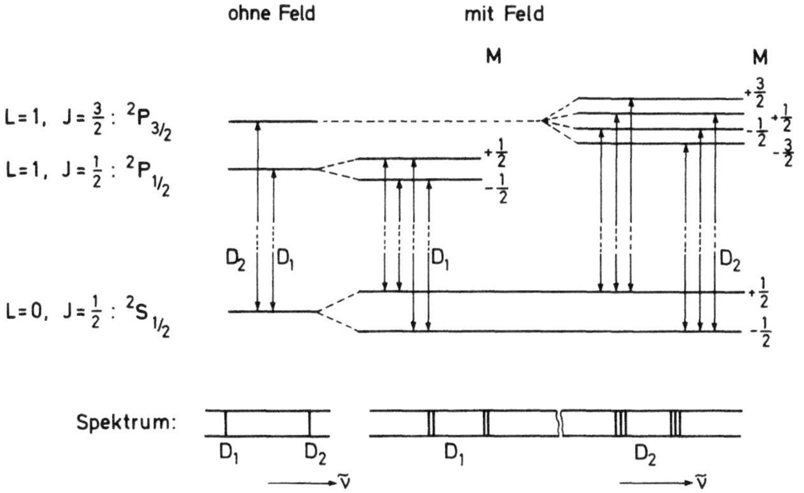

Bild I-25. Anomaler Zeeman-Effekt beim Na-Atom

geworden ist. Auch bei den NMR-Apparaturen benutzt man große Magnetfelder, um die Aufspaltung der Kernspinzustände möglichst groß zu machen. Hier liegen die Resonanzfrequenzen in der Praxis im MHz-Bereich (Gebiet der Radiowellen). Die chemische Umgebung, also die Art der Elektronenverteilung in den Bindungen, die ein H-Atom oder ein ^{13}C-Atom eingegangen ist, modifiziert das Magnetfeld. So „sieht" ein ^{13}C-Atom in tetraedrischer Umgebung ein anderes Magnetfeld als eines in trigonaler Umgebung. Aufspaltungen der Zustände mit verschiedener Einstellung des Kernmoments sind also verschieden groß, die Absorptionslinien liegen an verschiedenen Stellen des Spektrums. Da sich benachbarte Kerne auch noch in bestimmter Weise gegenseitig beeinflussen, steht hier eine Methode zur Verfügung, die ganz wichtige Informationen über die chemische Umgebung eines Atoms liefert, mit denen oft eine Strukturformel bewiesen werden kann.

Diese drei Anwendungen der Aufspaltung von Energiezuständen durch ein äußeres Magnetfeld, Zeeman-Effekt, ESR- und NMR-Spektroskopie, beruhen darauf, daß es im Atom und Molekül permanente magnetische Momente gibt. In Atomen gibt es jedoch keine permanenten elektrischen Dipole, so daß im elektrischen Feld solche Aufspaltungen nicht gefunden werden.

2.3.2. Felder von anderen Mikroteilchen

Ein äußeres Feld kann auch von einem anderen Atom in der Nähe herrühren. Dies führt uns zur Frage nach der chemischen Bindung. Allerdings gibt es bei Atomen, die mehrere Bindungen betätigen, gleich eine Reihe von ausgezeichneten Richtungen. Es wird beim einfachen Überlegen klar, daß man in Schwierigkeiten kommt, wenn man jetzt die inneren Koordinaten des Atoms oder z.B. die Drehimpulse auf eine bestimmte Richtung beziehen will. Dies ist beim zweiatomigen Molekül noch sinnvoll, wird aber weitgehend sinnlos bei Molekülen wie z.B. Benzol oder Styrol. Man sagt, hier sei die Drehimpulsquantenzahl, die ja aus der Teilchenvorstellung stammt, „keine gute Quantenzahl mehr".

Die Beeinflussung der Atomorbitale durch Nachbaratome im Molekül sind mit Vorstellungen aus dem Bereich des Teilchenbildes nicht mehr zu fassen. Für die Behandlung des Molekülbaus und der chemischen Bindung müssen die Welleneigenschaften der Mikroteilchen in den Vordergrund gerückt werden.

3. Molekülbau

Moleküle sind aus Atomen zusammengesetzt und zwar nach bestimmten Bauprinzipien. So können aus zwei Atomen nur hantelförmige Moleküle aufgebaut werden, die Vielfalt der Form wächst mit der Zahl der Atome im Molekül (Bild I-26).

Allen gemeinsam ist aber eine festgelegte Nahordnung der einzelnen Atome, d.h. in einem gesättigten Kohlenwasserstoff ist jedes C-Atom von vier, in einem Olefin von drei anderen Atomen umgeben, Wasserstoff hat nur einen Nachbarn usw. Diese Nahordnung wird durch „Bindungen" zwischen den Nachbarn aufrecht erhalten.

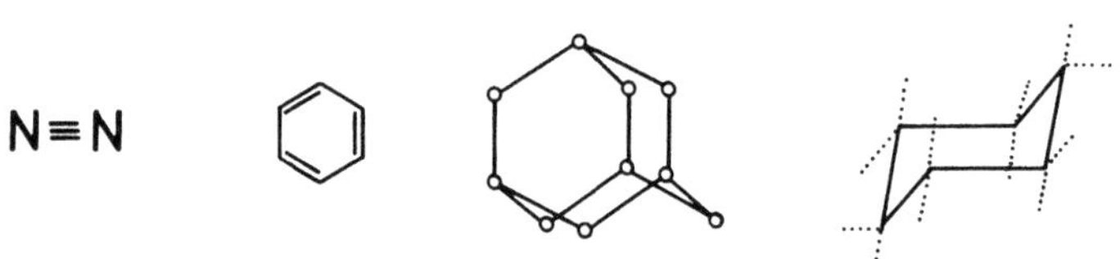

a) b) c) d)

Bild I-26. Molekülstrukturen
a) Stickstoffmolekül
b) Kohlenstoffgerüst des Benzols
c) Kohlenstoffgerüst des Adamantas
d) Sesselform des Cyclohexans

3.1. Bindungstypen

Rein empirisch kann man verschiedene Bindungstypen unterscheiden:

- Die *ionische Bindung* beobachtet man bei den meisten anorganischen Kristallen. Sie ist am stärksten dort ausgeprägt, wo die beiden Bindungspartner im Periodensystem möglichst nahe vor und hinter einem Edelgas stehen (z.B. Alkalihalogenide). Allerdings ist die Partnerschaft bei der ionischen Bindung keine ausschließliche: die ionische Bindung beruht auf einer rein elektrostatischen, also nicht gerichteten und nicht abzusättigenden Wechselwirkung und ist deshalb am besten in großen Kristallen z.B. von NaCl verwirklicht. Sie spielt eine untergeordnete Rolle bei anorganischen oder organischen Molekülen.

- Die *kovalente Bindung* beobachtet man bei den meisten organischen Molekülen. Sie ist am besten ausgeprägt bei gleichatomigen Molekülen oder bei Verbindungen zwischen Atomen, die im Periodensystem in der Nähe der Mitte zwischen zwei Edelgasen stehen. Die kovalente Bindung ist gerichtet und absättigbar. Mit ihr werden wir uns im folgenden hauptsächlich beschäftigen.
- Die *metallische Bindung* beobachtet man hauptsächlich bei den Metallen. Auch sie ist nicht gerichtet und nicht absättigbar. Auf dieser speziellen Bindungsart beruht die elektrische Leitfähigkeit von Metallen.
- Unter *Komplexbindung* werden eine Reihe verschiedener Bindungsarten zusammengefaßt, denen gemeinsam ist, daß durch sie kovalent abgesättigte Einheiten durch Ladungsaustausch zu gemischt kovalent-ionisch gebundenen größeren Komplexen vereinigt werden.

Diese vier Bindungsarten sind nach phänomenologischen Gesichtspunkten geordnet. Sie sind Grenzfälle, eine rein elektrostatische Bindung ohne kovalenten Anteil oder eine rein kovalente Bindung ohne ionischen Anteil findet man selten. Das liegt daran, daß die Tendenz der Atome, zusätzliche Elektronen aufzunehmen, die als *Elektronegativität* bezeichnet wird, und von Atom zu Atom verschieden ist. Denken wir an das HCl-Molekül im Gaszustand. Aus Dipolmessungen weiß man, daß die negative Ladung zum Cl-Atom hin verschoben ist, Chlor hat eine größere Elektronegativität als Wasserstoff. Der Zerfall in Ionen, der beim Lösen in Wasser tatsächlich eintritt, ist in der Molekel schon vorbereitet. Obwohl wir in der Molekel eine abgesättigte kovalente Bindung beobachten, ist die Ladung ungleichmäßig auf die beiden Atome verteilt, der kovalenten Bindung ist ein ionischer Anteil überlagert.

Wir haben damit das Problem der chemischen Bindung auf eine elektrostatische und eine dynamische Komponente zurückgeführt; denn die kovalente Bindung können wir durch die Anwendung der Konzeption des Elektrons als Materiewelle verstehen. Und in diesen beiden Kategorien kann auch die metallische und die Komplexbindung verstanden werden.

Allerdings ist auch diese Unterscheidung nicht real, sondern eine gedankliche Konstruktion: es gibt nur eine Bindung im HCl-Molekül. Das Molekül sucht ein Minimum an potentieller Energie auf, und dieser ist bei einem bestimmten Abstand der beiden Atome erreicht. Die Verteilung der positiven (Kern-) und negativen (Elektronen-) Ladungen ist dann so, daß jede Veränderung dieser Ladungsverteilung einen Energieaufwand verlangt. Dies ist der physikalische Tatbestand.

Wir können den gesamten Raum im Bereich des Moleküls in kleine Volumelemente aufteilen und die Ladung in jedem dieser Elemente angeben. So könnten wir das HCl-Molekül durch eine Wellenfunktion beschreiben, ohne überhaupt von Bindungen zu reden. Tatsächlich ist dies eine Methode zur Berechnung von Molekülzuständen.

Was wir weiter oben getan haben und was für den Chemiker einleuchtend ist, ist die Beschreibung mit Hilfe von Modellen, eben denen der ionischen und kovalenten Bindung. Niemand kann uns hindern, die physikalisch allein meßbare Bindungsenergie in zwei Anteile aufzuteilen, die wir nicht messen können, wenn wir damit ein Verständnis für die Bindungseigenschaften erreichen. Wir müssen uns jedoch hüten, das Modell für die Wirklichkeit selbst zu halten. Wenn wir z.B. vom prozentualen Ionencharakter einer kovalenten Bindung sprechen, so bedeutet das nicht, daß hier zwei verschiedene Bindungen tatsächlich nebeneinander existieren, sondern nur, daß die Elektronen des Bindungssystems nicht so verteilt sind, daß der Schwerpunkt der positiven Kernladungen und der negativen Ladungen zusammenfiele.

3.2. Modelle der chemischen Bindung

Aus der Überlegung, die wir soeben angestellt haben, geht klar die Aufgabe jeder Theorie über die chemische Bindung hervor; sie muß erklären, warum Moleküle stabil oder instabil sind, warum bestimmte Bindungsabstände, Bindungsenergien, Molekülgestalten, Elektronenverteilungen usw. beobachtet werden.

Wir können wieder, wie bei den Atomen, davon ausgehen, daß Moleküle als Systeme von Mikroteilchen mit beobachtbaren quantisierten Zuständen durch Gesamtwellenfunktionen zu charakterisieren sind, die die ganze Information über das Molekül enthalten müssen. Diese Information kann durch die uns schon bekannte Methode der Anwendung von Operatoren in Eigenwertgleichungen zugänglich gemacht werden. Aus den Erfahrungen die wir bei der Behandlung von Mehrelektronenatomen gesammelt haben, dürfen wir bei dem Vielkörperproblem Molekül keine geschlossene mathematische Lösung mehr erwarten. Wir müssen also wieder zu Näherungen Zuflucht nehmen und können da mit verschiedenen Ausgangspositionen beginnen. Zur Verdeutlichung der Situation denken wir uns vor die Aufgabe gestellt, eine Hantel herzustellen. Wir können entweder von einem Zylinder ausgehen und auf der Drehbank „aus dem Vollen" den Körper herausarbeiten oder wir können den gleichen Körper aus zwei Kugeln und einem Verbindungsstab zusammensetzen. Ähnlich kann man auch bei der Behandlung von zwei- und vielatomigen Molekülen verschiedene Ansätze machen, die zum gleichen Ergebnis führen müßten, wenn man die Näherung weit genug treiben könnte. Und dieses Ergebnis müßte mit dem Experiment übereinstimmen.

3.2.1. Das Valence-Bond(VB)-Modell

Dieses Modell, mit dem die Namen Heitler, London, Slater und Pauling besonders verbunden sind, geht von getrennten Atomen mit ihren Elektronenhüllen aus. Nähern sich die Atome, so überlappen die Orbitale der Atome, die Elektronenhüllen durchdringen sich. Dies kann dazu führen, daß die beiden Atome zu einem stabilen Gebilde, dem Molekül, zusammentreten und sich unter Abgabe von Energie auf den molekularen Gleichgewichtsabstand r_0 nähern. Man kann dies durch eine sogenannte Potentialkurve beschreiben (Bild I-27).

Nicht in jedem Fall müssen zwei Atome bei einem Stoß eine Verbindung eingehen. Auch Potentialkurven wie II in Bild I-27 sind möglich, hier stoßen sich die Atome ab, die getrennten Atome sind ein stabileres System als Atome, die sich sehr nahe gekommen sind. Ein solches Verhalten nennt man antibindend.

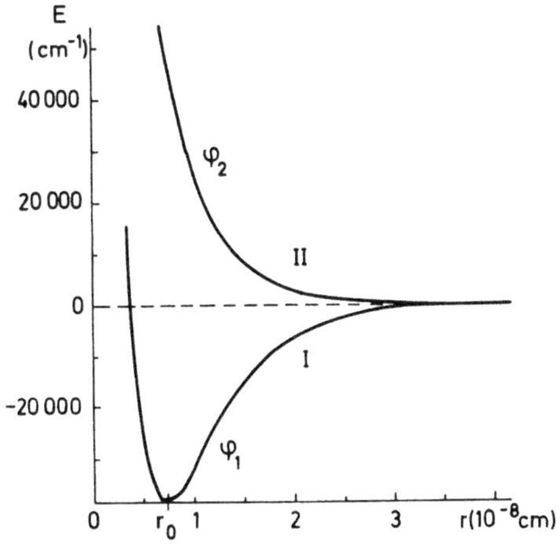

Bild I-27
Potentialkurvenschema des H_2-Moleküls.
I bindender Singulettzustand
II antibindender Triplettzustand

Wenn sich zwei Atome a und b sehr nahe kommen und die Elektronenwolken einander durchdringen, dann „sehen" die Elektronen des Atoms a auch das Feld des Kerns von b. Da im Bild der Materiewellen die beiden Atome als schwingfähige Systeme angesehen werden, vereinigen sie sich bei gegenseitiger Beeinflussung, wie sie bei der Überlappung der Orbitale eintritt, zu einem Gesamtsystem. Nach den Regeln der Kopplung von Oszillatoren hat nun das Gesamtsystem zwei Schwingungsformen, eine mit kleinerer und eine mit größerer Energie als die der Ausgangsoszillatoren. Wie in der klassischen Physik wird die Gesamtschwingungsfunktion des Oszillatorensystems Molekül durch die Linearkombination der Funktionen der Einzeloszillatoren beschrieben.

Wählen wir das einfachste zweiatomige Molekül, das H_2-Molekül. Die Funktionen des Wasserstoffatoms kennen wir. Numerieren wir zunächst die Elektronen, so sind die H-Atome a und b durch die Funktionen $\psi_a(1)$ und $\psi_b(2)$ charakterisiert. Sind beide H-Atome im Grundzustand, so sind beide ψ-Funktionen die des 1s-Orbitals. Betrachten wir aber das Gesamtsystem „zwei Wasserstoffatome im großen Abstand", so müssen wir nach dem Multiplikationssatz der Wahrscheinlichkeitsrechnung die Gesamtfunktion als Produkt

$$\varphi_1 = \psi_a(1)\,\psi_b(2) \tag{47a}$$

ansetzen. Nähern sich die Wasserstoffatome so weit, daß die Elektronenhüllen sich merkbar durchdringen, dann ist Elektron (1) nicht mehr nur am Atom a, sondern auch beim Atom b anzutreffen. Dem würde die Funktion

$$\varphi_2 = \psi_a(2)\,\psi_b(1) \tag{47b}$$

entsprechen. Wegen der Ununterscheidbarkeit der Elektronen ist jedoch nicht festzuhalten, wo welches Elektron sich aufhält, wir müssen die allgemeine Lösung des Problems durch die beiden Funktionen

$$\Phi_1 = N_1\,\{\varphi_1 + \varphi_2\} = \frac{1}{\sqrt{2}}\,\{\psi_a(1)\psi_b(2) + \psi_a(2)\psi_b(1)\} \tag{48a}$$

$$\Phi_2 = N_2\,\{\varphi_1 - \varphi_2\} = \frac{1}{\sqrt{2}}\,\{\psi_a(1)\psi_b(2) - \psi_a(2)\psi_b(1)\} \tag{48b}$$

ausdrücken. Natürlich sind diese beiden Funktionen wieder, wie beim Atom, ein Maß für die Elektronendichten der beiden Zustände 1 und 2, die in Bild I-28 für das Wasserstoffmolekül dargestellt sind.

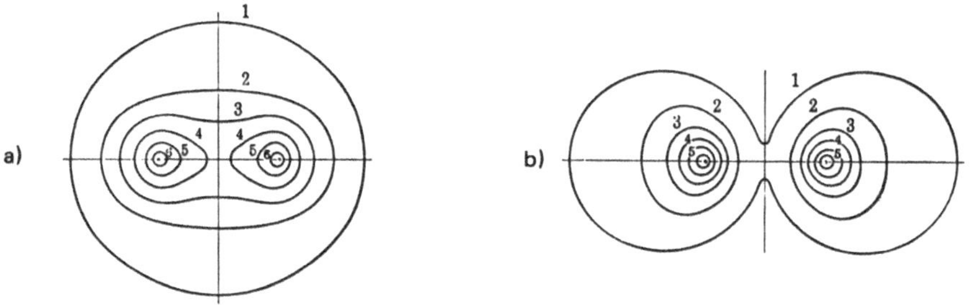

$\Phi_1^* \Phi_1 = \frac{1}{2} \{\varphi_a^2 + \varphi_b^2 + 2\varphi_a \varphi_b\}$ $\Phi_2^* \Phi_2 = \frac{1}{2} \{\varphi_a^2 + \varphi_b^2 - 2\varphi_a \varphi_b\}$

Bild I-28. „Höhenlinien"darstellung der Elektronenverteilung im
a) bindenden und
b) antibindenden Zustand des Wasserstoffmoleküls
(aus *G. Herzberg*, Molecular Spectra and Molecular Structure, Van Nostrand)

Die beiden Zustände Φ_1 und Φ_2 unterscheiden sich deutlich durch die verschiedene Elektronendichte zwischen den beiden Kernen. Φ_1 ist ein bindender, Φ_2 ein antibindender Zustand. Dies hat seinen Grund darin, daß im Molekül die Elektronendichte vor allem zwischen den Kernen um $2\varphi_a\varphi_b$ größer oder kleiner ist als sie wäre, wenn sich die beiden Atome nicht „sähen". Man kann sich – hilfsweise – in der Denkungsweise der klassischen Physik das Bild machen, daß die Abstoßung der positiven Kerne durch die Abschirmung der Kräfte durch die negative Raumladung zwischen den Kernen im bindenden Zustand überkompensiert wird, daß die Raumladung im antibindenden Zustand aber nicht genügend groß zur Verhinderung der Abstoßung ist. Man spricht bildhaft vom „Elektronenkitt", der die Kerne zusammenhalte. Schreibt man die Formel für die Elektronendichte aus

$$\Phi_{1,2}^*\Phi_{1,2} = \frac{1}{2}\{\varphi_a^2 + \varphi_b^2 \pm 2\varphi_a\varphi_b\} = \frac{1}{2}\{\psi_a^2(1)\psi_b^2(2) + \psi_a^2(2)\psi_b^2(1) \pm 2\psi_a(1)\psi_b(2)\psi_a(2)\psi_b(1)\} \quad (49)$$

so sieht man im Term $2\varphi_a\varphi_b$, daß formal die Elektronen in den Orbitalen vertauscht sind. Dies hat dazu geführt, daß man – wieder bildhaft vereinfachend – solche Terme als „Austauschterme" und die entsprechenden Energieintegrale $\int \psi_a^*(1)\psi_b^*(2)\frac{1}{r_{12}}\psi_a(2)\psi_b(1)\,d\tau$ als „Austauschenergie" bezeichnet. Als Kürzel einer Bezeichnung für den Integraltyp ist dies zulässig, es darf jedoch nicht die Vorstellung einer besonderen Energieform wecken. Denn diese Austauschglieder sind nur eine Folge der besonderen mathematischen Beschreibung der Wechselwirkung ununterscheidbarer Mikroteilchen. Da aber gerade diese Austauschglieder die Formeln der klassischen und Quantenphysik unterscheiden, ist die Verlockung groß, eine scheinbar durch die Formeln bestätigte neue Energieform „Austauschenergie" als Realität anzusehen.

Die beiden Elektronenanordnungen gehören durch die bindende und antibindende Wechselwirkung der beiden Atome zu Zuständen verschiedener Energie. Bild I-29 zeigt diese in der eindimensionalen Termschemadarstellung, sie ist aus Bild I-27 entstanden durch Festlegung des Abstandsparameters $r = r_0$.

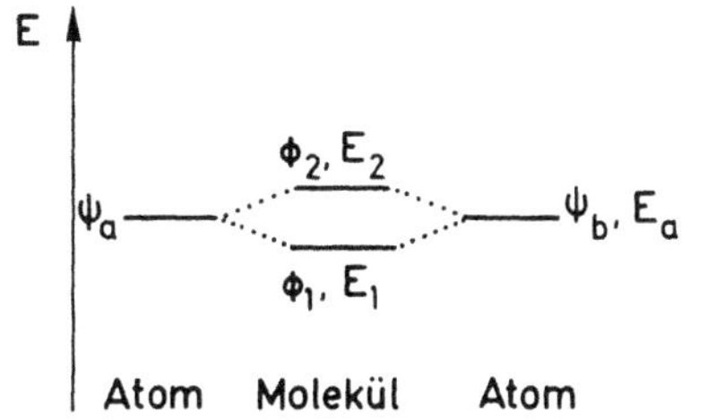

Bild I-29
Energieaufspaltung bei Wechselwirkung der Atome bei Annäherung auf Molekülabstand

Wenn wir die Symmetrie der beiden Ortsfunktionen Φ_1 und Φ_2 gegen Elektronenvertauschung ansehen, so stellen wir fest, daß Φ_1 symmetrisch ist, also einen Singulettzustand mit antisymmetrischer Spinfunktion darstellt, während Φ_2 antisymmetrisch ist, also einen Triplettzustand beschreibt. Eines ist aber durch diese Ausführungen ganz klar: wir erhalten die Bindungsenergien allein aus den Elektronenverteilungen. Die magnetischen Kräfte, die die Spinmomente aufeinander ausüben, sind sehr viel kleiner als die Bindungskräfte. Es sind also nicht die Kräfte der Spinpaarung, die die chemische Bindung ausmachen. Daß bindende Wechselwirkungen i.a. mit antiparallelen Spins verbunden sind, liegt daran, daß nur in diesem Fall symmetrische Ortsfunktionen möglich sind, die eine bindende Elektronenverteilung angeben. Dies ist ein Ausdruck des Pauli-Prinzips.

Eine Tatsache verdient noch besondere Erwähnung: Wie die Energie des Systems (Bild I-27) ist natürlich auch die Wellenfunktion vom Atomabstand abhängig (Bild I-28). Dies sieht man der Formel für Φ_1 und Φ_2 nicht an, da wir die inneren Koordinaten des Atoms für ein Atomorbital benutzen. Natürlich ist das Produkt $\psi_a \psi_b$ vom Abstand der Atome abhängig, je näher sich die Atome kommen, desto größer ist der Anteil des Raums, in dem beide Funktionen gleicheitig große Werte annehmen. Man drückt dies durch das *Überlappungsintegral*

$$S = \int \psi_a^*(1)\, \psi_b(1)\, d\tau_1 \qquad (50)$$

aus. Dieses Überlappungsintegral war im Atom für verschiedene Orbitale a und b Null, d.h. hier war das Überlappungsintegral die Orthogonalitätsbedingung. Dies ist aber anders, wenn die beiden Orbitale an verschiedenen Atomen „zentriert" sind, dann muß das Überlappungsintegral nicht gleich Null sein, auch wenn es in manchen Fällen tatsächlich Null ist. Ganz grob gesprochen ist der Grad der Überlappung ein Maß für die Wechselwirkung der Elektronen in den beiden Orbitalen.

3.2.1.1. Hybridisierung

Bei zweiatomigen Molekülen ist die Elektronenpaarbindung recht leicht zu verstehen. Bei Atomen, die mehrere Bindungen eingehen, kann das Verstehen jedoch Schwierigkeiten bereiten.

Die Orbitale haben relativ zueinander bestimmte Richtungen im Raum. Da die Bindung zweier Partner dem Prinzip maximaler Überlappung folgt, haben mehrere Bindungspartner eines Atoms eine durch die Orbitale festgelegte Anordnung zueinander, z.B. im Wasser

O: $(1s)^2(2s)^2(2p_x)^2(2p_z)^1(2p_z)^1$ H: $(1s)^1$.

Damit sind die Bindungswinkel festgelegt, die Valenzen sind gerichtet.

Nach diesen Überlegungen müßte der Bindungswinkel im Wasser 90° betragen (Bild I-30), ja, es dürften bei Verbindungen zwischen den Atomen der ersten Periode nur Bindungswinkel von 90° auftreten. Das Experiment besagt etwas anderes. Es besteht auch eine Diskrepanz zwischen der so theoretisch abzuleitenden Bindigkeit von Be, B und C. Bor hat z.B. die Elektronenanordnung $(1s)^2(2s)^2(2p)^1$. Es könnte also nur eine Elektronenpaarbindung betätigen, ist jedoch 3-bindig und bildet ebene Verbindungen (im Gegensatz zum 3-bindigen Stickstoff, der pyramidale bildet).

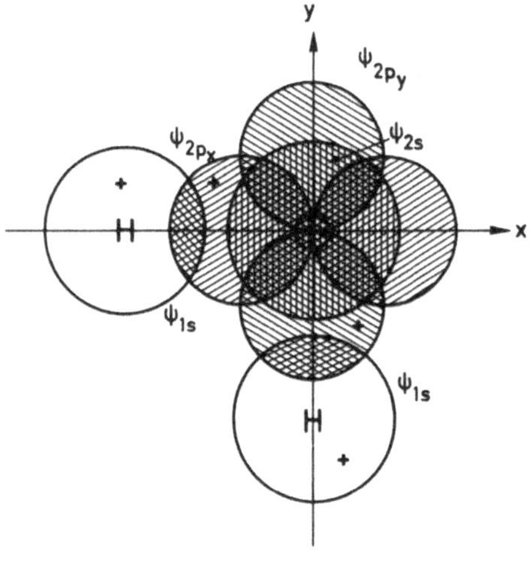

Bild I-30
Orbitale des Wassermoleküls

Der Kohlenstoff hat die Elektronenkonfiguration $(1s)^2(2s)^2(2p_x)^1(2p_y)^1$ und ist 4-bindig. Er bildet tetraedrische Verbindungen, bei denen z.B. im CH_4 oder CCl_4 alle Bindungen völlig gleichartig sind.

Offenbar sind die Elektronen der 2s- und 2p-Orbitale befähigt, sich dann völlig gleich zu verhalten, wenn sie die richtige Art und Zahl von Bindungspartnern angeboten bekommen. Bor kann mit 3 CH_2–CH_3-Gruppen je eine Elektronenpaarbindung eingehen. Dies ist der physikalische Tatbestand. Eine Erklärung wird durch folgende Überlegung gefunden:

Wenn man Energie in das B-Atom steckt, dann kann man die Konfiguration $(1s)^2(2s)^1$ $(2p_x)^1(2p_y)^1$ mit drei ungepaarten Elektronen erhalten. Allerdings sind sie nicht in gleichwertigen Orbitalen. Gleichwertige Orbitale kann man erhalten, wenn man einfach annimmt, daß die ungleichen Orbitale entsprechend gemischt werden. Damit erhalten wir sogenannte Hybrid- oder Bastard-Orbitale. Führen wir das durch (Bild I-31), so erhalten wir drei Orbitale, die zueinander den Winkel von 120° einnehmen. Dies wird sp^2-Hybridisierung genannt. Man kann ganz allgemein sagen, daß bei Atomen der ersten Periode Bindungswinkel, die nicht 90° betragen, unter Beteiligung von verschiedenartigen Orbitalen zustande kommen.

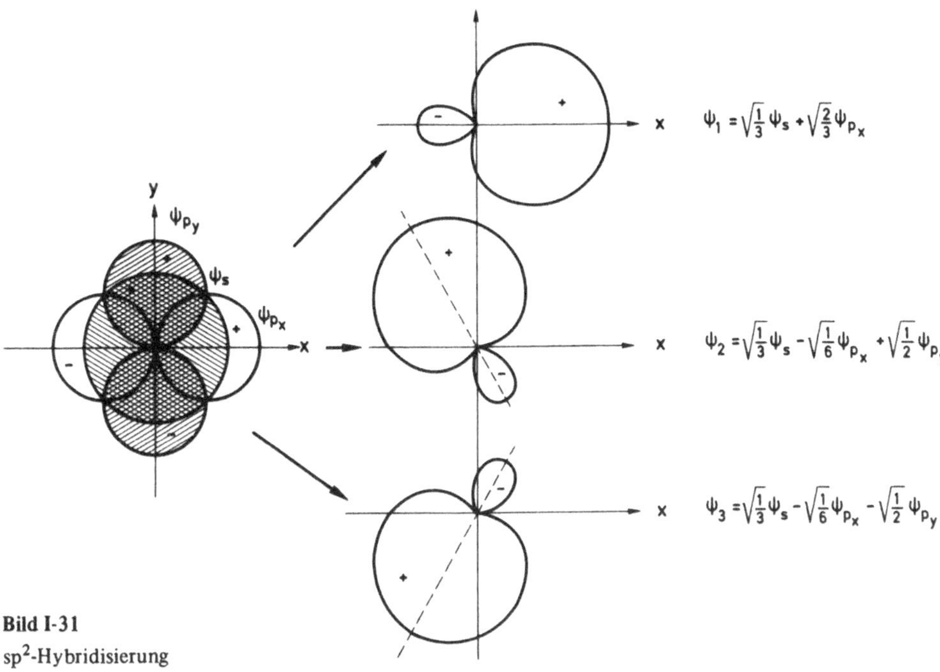

Bild I-31
sp^2-Hybridisierung

Diese Hybridorbitale haben nun genau die Eigenschaften, die zur Ausbildung der Elektronenpaarbindung nötig sind. Dies allerdings braucht uns nicht zu verwundern, denn wir haben sie ja so gemacht. Allerdings: Ein sp^2 hybridisiertes B-Atom, das sich drei H-Atome sucht, um ein BH_3-Molekül zu bilden, gibt es nicht. Die Hybridisierung ist ein Modell: mit den drei Bindungspartnern bildet sich ein Molekül, das eine ganz bestimmte Elektronenverteilung hat. Die Aussage, das BH_3 ist ein ebenes Dreieck, *weil* das B sp^2 hybridisiert ist, ist falsch. Man führt den Begriff der Hybridisierung ein, um die Tatsache, daß die Atomanordnung im BH_3 die Form eines ebenen Dreiecks hat, beschreiben zu können. Das Modell darf nicht mit der Wirklichkeit verwechselt werden.

Dies wird noch deutlicher beim Kohlenstoff, wo ja in verschiedenen Molekülen verschiedene Bindungswinkel beobachtet werden, im CH_4 der Tetraederwinkel, im Äthylen 120° und im

Acetylen 180°. Sind dem Kohlenstoff vier Wasserstoffatome als Bindungspartner angeboten, so findet das System CH_4 dann das Energieminimum, wenn die tetraedrische Molekülgestalt erreicht ist. Mit einem C-Atom und zwei H-Atomen als Bindungspartner ist die ebene Atomanordnung $C{=}C\langle{}^{H}_{H}$ die stabilste. Sämtliche Verbiegungen, etwa in Richtung Pyramide, erfordern Energie. Dies ist aber keine Eigenschaft des C-Atoms, „Hybridisierung" genannt, sondern eine Eigenschaft des Moleküls: Die Orbitalkombination ist nötig zur *Beschreibung* der Elektronenverteilung.

3.2.1.2. Zusammenfassung

Fassen wir die Eigenschaften des VB-Modells zusammen: Dieses Modell geht von getrennten Atomen aus, die je ein Elektron zur Bindung beisteuern. Das Modell beschreibt also besonders gut die Elektronenpaarbindung, die Einfachbindung der kovalenten Moleküle. Das Modell kann auch auf vielatomige Moleküle und auch auf Anregungszustände der Moleküle ausgedehnt werden.

Allerdings benutzt man heute, besonders bei Molekülen mit Mehrfachbindungen oder konjugierten oder aromatischen Bindungssystemen, meist ein Modell, das von einem anderen Ansatz ausgeht, das Molekül-Orbital-Modell.

3.2.2. Das Molekülorbital (MO)-Modell

Dieses Modell, mit dem besonders die Namen Hund, Mulliken, Herzberg und Hückel verbunden sind, ist eine konsequente Weiterentwicklung des Vorgehens bei der Aufstellung der Schrödingergleichung des Wasserstoffatoms. Die Fortentwicklung besteht darin, daß kein zentrosymmetrisches Potential mehr in der Schrödingergleichung steht, wie dies bei den Atomen der Fall ist, sondern ein Potential, das die Molekülgestalt widerspiegelt und durch die Überlagerung der radialsymmetrischen Felder der Atomkerne entsteht. Die Atomkerne sind im Raum an den Punkten angeordnet, an denen sie im wirklichen Molekül ihren Platz haben. Ohne die Elektronen würden sie diese Anordnung natürlich nicht behalten, da sie sich ja (ohne Elektronen hoch geladen) abstoßen würden. Die potentielle Energie eines Elektrons in einem solchen Feld wäre

$$U = \sum_{\alpha} \frac{z_\alpha e^2}{4\pi\epsilon_0 r_\alpha}, \tag{51}$$

wenn α die Numerierung der Kerne mit der Ladungszahl z_α ist. In diesem komplizierten Potential, das bei zweiatomigen Molekülen die hantelförmige, bei Benzol die Sechseckform spiegelt, bewegen sich die Elektronen und nehmen gequantelte Zustände ein, die wieder wie beim Atom als stehende Materiewellen erfaßt werden können. Denn auch die Dimensionen der Moleküle sind noch so klein, daß der Wellencharakter der Mikroteilchen eine wesentliche Rolle spielt.

Der Unterschied zum VB-Modell ist deutlich.

Das einfachste Molekül ist das Wasserstoff-Molekülion H_2^+. Hier ist das eine Elektron dem Feld der beiden H-Atome unterworfen, die stationären Zustände des Systems werden aus der Schrödingergleichung

$$-\frac{h^2}{8\pi^2 m}\left(\frac{\partial^2\psi(1)}{\partial x_1{}^2}+\frac{\partial^2\psi(1)}{\partial y_1{}^2}+\frac{\partial^2\psi(1)}{\partial z_1{}^2}\right)-\left(\sum_1^2\frac{e^2}{4\pi\epsilon_0 r_{\alpha_1}}-\frac{e^2}{4\pi\epsilon_0 R}\right)\psi(1)=E\psi(1) \tag{52}$$

ermittelt, wobei x_1, y_1 und z_1 die Koordinaten des Elektrons 1 (hier des einzigen) sind, r_{α_1} die Entfernung des Elektrons 1 vom Kern α und R der Kernabstand sind. Das Summenglied stellt die Anziehung des Elektrons durch die beiden Kerne, das Glied $e^2/(4\pi\epsilon_0)R$ die Kernabstoßung dar. Dieses Problem kann sogar mathematisch geschlossen gelöst werden, wenn man auf elliptische Koordinaten transformiert. Man erhält, wie beim Wasserstoffatom, eine Reihe von Zuständen steigender Energie. Stets ist aber ein Parameter mit im Spiel, der Kernabstand. Den Gleichgewichtsabstand kann man durch die Variation dieses Parameters mit der Energie als Kriterium errechnen.

Im Normalfall sind die Moleküle jedoch komplizierter aufgebaut. Dann kann man, schon wegen des komplizierteren Kernfelds, keine geschlossenen Lösungen mehr finden. Wir brauchen also eine Näherung, und bei diesem Problem kommt nur die Variationsmethode in Frage, die auch verschiedene Variable gleichzeitig verkraftet. Allerdings erhebt sich die Frage nach der Ausgangsfunktion, an der wir so lange Veränderungen vornehmen müssen, bis die Energie ihr Minimum erreicht hat. Von der Güte der Ausgangsfunktion hängt es ab, ob wir noch viel variieren müssen und damit im praktischen Fall einen großen Rechenaufwand treiben müssen. Deshalb setzt man die Erfahrung und Kenntnisse, die man aus früheren Experimenten gezogen hat, ein, um mit einer möglichst guten ψ-Funktion zu beginnen (vgl. 2.2.3.2.1).

3.2.2.1. Die Linearkombination von Atomorbitalen (LCAO)

Wir gehen von folgendem Gedanken aus: Betrachten wir ein Elektron im Molekül, so wird seine Verteilung durch die Funktion $\psi^*\psi$ des Molekülorbitals gegeben. Interessieren wir uns für ein Gebiet in der Nähe eines Atoms, so wird dieses Atom einen großen Einfluß auf das Elektron haben, die anderen Atome werden nur eine geringe Störung bedeuten. Deshalb wird das MO in der Nähe dieses einen Atoms ziemlich ähnlich aussehen wie ein AO dieses Atoms. Zwischen den Atomen sind deren Einflüsse vergleichbar, wir haben ja das Kernfeld als Überlagerung der Felder der einzelnen Kerne angesetzt. Wir können mit sicherlich guter Näherung den Energieoperator **H** als Überlagerung der Operatoren der Atome und gleichzeitig das MO als Überlagerung der AOs ansetzen. Die Überlagerung von Materiewellen heißt aber Interferenz, also Addition der Wellenfunktionen, mathematisch Linearkombinationen

$$\psi = c_1\varphi_1 + c_2\varphi_2 + \ldots c_n\varphi_n\,, \tag{53}$$

wobei die φ_i die AOs der Atome 1 bis n und ψ das MO beschreibt. Deshalb werden diese Molekülorbitale LCAO-MOs genannt. Natürlich ist dabei wieder zu berücksichtigen, daß die einzelnen AOs verschiedene Koordinatenursprünge haben, d.h. an den verschiedenen Kernen „zentriert" sind.

Nun wissen wir aber, daß es in einem Atom eine ganze Leiter von Energiezuständen gibt. Welche AOs können wir kombinieren? Dafür gibt es drei Gesichtspunkte, die ganz allgemein für die Kopplung schwingfähiger Systeme gelten. Die Wechselwirkungen zwischen den gekoppelten Systemen sind dann groß, wenn

- die Energien der Ausgangssysteme (AOs) möglichst gleich sind (Bild I-32a),
- die Kopplung (Orbitalüberlappung) möglichst groß ist (Bild I-32b),
- die Ausgangssysteme (AOs) die gleiche Symmetrie haben, da sonst die Überlappung und damit die Wechselwirkung Null wird (Bild I-32c).

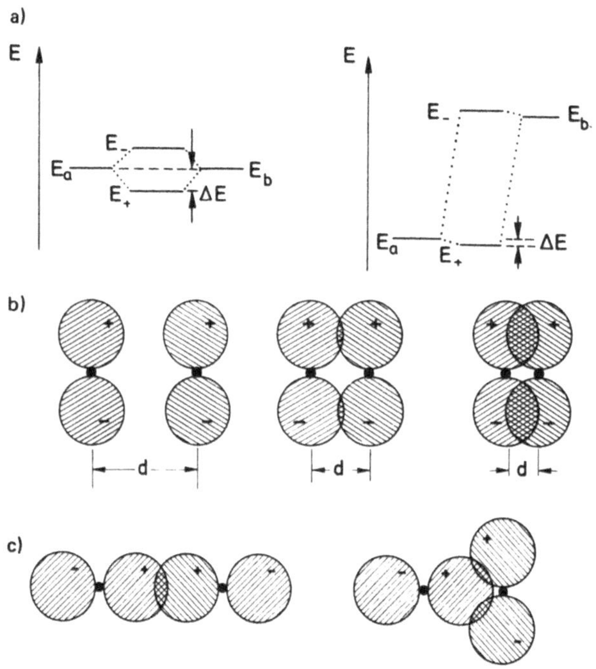

Bild I-32
Wechselwirkung zwischen Orbitalen
a) Energiekriterium
b) Überlappungskriterium
c) Symmetriekriterium

So gibt es nur bestimmte AOs, die zu bindenden und antibindenden MOs kombiniert werden können. Die Energieabsenkung ΔE (Bild I-32a) entspricht der Bindungsenergie des Orbitals E_+. Während aber die Regeln 1 und 2 quantitative Beschränkungen sind (z.B. bei großem Energieabstand ist die Aufspaltung klein), ist Regel 3 eine qualitative. Ist ihr nicht entsprochen, so ist die Überlappung und damit die Energieaufspaltung exakt gleich Null. Symmetriebedingungen unterscheiden stets zwischen exakt Null und ungleich Null, wobei die Abweichung von Null dann im Einzelfall, d.h. durch quantitative Berechnung, bestimmt werden muß.

3.2.2.2. Zweiatomige Moleküle aus gleichen Atomen

Nach den eben entwickelten Kriterien ergibt bei gleichatomigen Molekülen i.a. die Kombination von gleichen Orbitalen der beiden Atome die höchsten Aufspaltungen der bindenden und antibindenden Molekülorbitale. Aus Symmetriegründen sind auch die Gewichte der beiden AOs gleich, deshalb werden wir als MOs erhalten

$$\psi_{\pm} = N\{\varphi_a \pm \varphi_b\}\,. \qquad (54)$$

In der einfachsten Näherung ist die Aufspaltung der MOs symmetrisch zur Energie der AOs (Bild I-32), schon eine einfache Verbesserung zeigt, daß das ψ_- -Orbital stärker angehoben als das ψ_+-Orbital abgesenkt wird. Bei isoenergetischen AOs hängt die Aufspaltung von der Art der Orbitale und dem Kernabstand ab.

Die ψ-Funktion von Molekülen gibt u.a. die Ladungsdichte der Elektronen an, die sich, das ist der physikalische Tatbestand, im Molekül einstellt, wenn es sich selbst überlassen ist. Wie immer erhalten wir diese Ladungsdichte aus der Wellenfunktion, die reell sein möge, als

$$\psi_+^2 = N^2(\varphi_a^2 + \varphi_b^2 + 2\varphi_a\varphi_b)\,. \qquad (55)$$

Hieraus ersieht man, daß die Ladungsdichte bei der bindenden Linearkombination zwischen den Atomen, also in einem Gebiet, wo sowohl φ_a als φ_b einen beträchtlichen Wert haben, größer ist als bei einer einfachen Überlagerung der Elektronendichten der Einzelatome. Dieses Glied ist der mathematische Ausdruck für die Tatsache, daß wir einen gebundenen Molekülzustand mit der ψ_+-Funktion beschreiben. Bei der antibindenden ψ_--Funktion ist es umgekehrt:

$$\psi_-^*\psi_- = N^2(\varphi_a^2 + \varphi_b^2 - 2\varphi_a\varphi_b)\,. \qquad (56)$$

Hier ist eine Elektronenverarmung zwischen den Atomkernen zu beobachten, die Kernladungen können sich, da wenig abgeschirmt, abstoßen. Dieser Zustand ist nicht stabil, das Molekül dissoziiert (vgl. Bild I-28).

Man könnte nun meinen, LCAO und VB-Verfahren seien identisch, benutzen wir doch die gleiche Abb. 28. Der Unterschied besteht darin, daß beim LCAO-Verfahren auf dieser Stufe Einelektronenorbitale der Einzelatome ohne Berücksichtigung einer eventuellen Besetzung durch Elektronen kombiniert werden, beim VB-Verfahren aber besetzte Einelektronenorbitale. Deshalb sind die LCAO-MOs ebenfalls Einelektronenorbitale, das Problem der „Austausch"-wechselwirkungen stellt sich erst, wenn wir die MOs mit mehr als einem Elektron besetzen. Beim VB-Verfahren ist die Elektronenwechselwirkung schon von Anfang an eingeschlossen. Natürlich müssen alle guten Modelle zum gleichen Ergebnis, also auch zu Elektronenverteilungen wie Bild I-28 kommen.

Wir kennen ein ganz ähnliches Phänomen, das mathematisch gleich beschrieben wird: die Welleneigenschaften des Lichts. Man kennt die Interferenzerscheinungen, die man durch Linearkombination der Lichtvektoren der Einzelstrahlen beschreibt. Da die Intensität des Lichts dem Quadrat der Amplitude des Wellenvektors gleich ist, erscheinen auch hier die in den beiden Wellenvektoren gemischten Glieder. Im täglichen Leben treten allerdings kaum Lichtinterferenzerscheinungen in unser Bewußtsein. Dies kommt, neben anderem daher, daß eine Bedingung für die Interferenz die *Kohärenz*, eine feste Phasenbeziehung zwischen den beiden interferierenden Strahlen ist. Ist die Kohärenz nicht gegeben, so überlagern sich auch die Wellenvektoren nicht, wir sehen dann die Addition der Intensitäten. Wenn wir eine zweite Lichtquelle einschalten, dann erhalten wir eine größere Helligkeit und keine Interferenzmuster im abendlichen Zimmer.

Addition bei Kohärenz: $E^2 = (E_a + E_b)^2$

Addition ohne Kohärenz: $E^2 = E_a^2 + E_b^2\,.$

Tabelle I-4. Linearkombination von Atomorbitalen

AOs MO	Wellenfunktion (MO)	Orbitalbezeichnung
1s AO und 1s AO 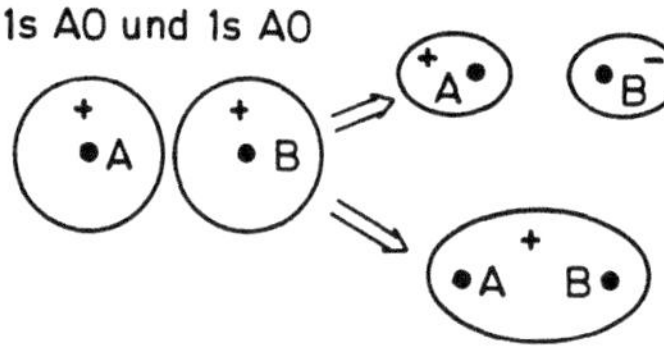	$\psi_- = \varphi_a(1s) - \varphi_b(1s)$	$\sigma^* 1s$
	$\psi_+ = \varphi_a(1s) + \varphi_b(1s)$	$\sigma 1s$
$2p_x$-AO und $2p_x$-AO 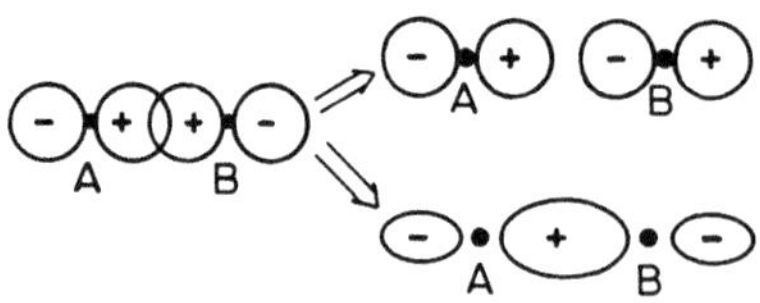	$\psi_- = \varphi_a(2p_x) - \varphi_b(2p_x)$	$\sigma^* 2p_x$
	$\psi_+ = \varphi_a(2p_x) + \varphi_b(2p_x)$	$\sigma 2p_x$
$2p_x$-AO und $2p_z$-AO 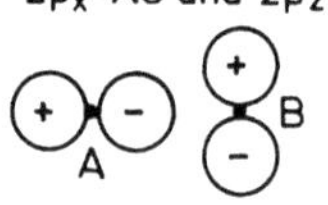 kein MO		
$2p_z$-AO und $2p_z$-AO 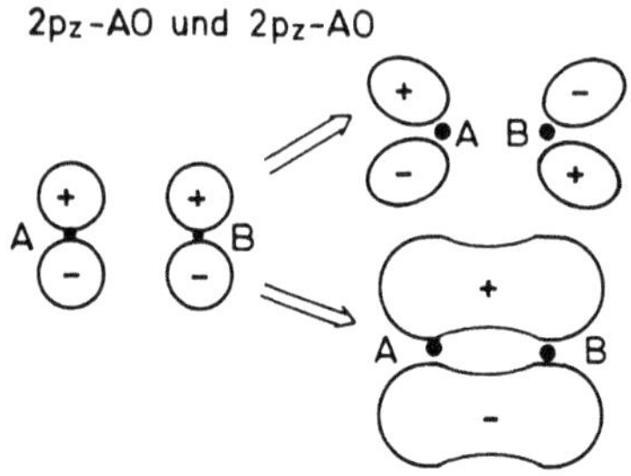	$\psi_- = \varphi_a(2p_z) - \varphi_b(2p_z)$	$\pi^* 2p_z$
	$\psi_+ = \varphi_a(2p_z) + \varphi_b(2p_z)$	$\pi\, 2p_z$

Kehren wir zu den zweiatomigen Molekülen zurück und betrachten die Kombination einiger gleicher Orbitale in einer zeichnerischen Darstellung, auf deren Bedeutung und Begrenzung wir schon in 2.1.1 hingewiesen haben (Tabelle I-4).

In Tabelle I-4 sind die Molekülorbitale nach σ und π klassifiziert. Diese Bezeichnungen geben einen Hinweis auf die Drehbarkeit um die Bindungsachse. σ-Orbitale sind rotationssymmetrisch um diese Achse, die Drehung eines bindenden Atoms oder Molekülteils gegen den Bindungspartner verändert die Orbitalenergie und damit die Bindungsenergie nicht: freie Drehbarkeit. Dagegen ist die Überlappung der π-Orbitale winkelabhängig, die Drehung um die Bindungsachse erfordert bei einer π-Bindung Energie, senkrecht zu einander orientierte p-AOs ergeben keinen Energiegewinn bei der LCAO: keine freie Drehbarkeit.

Wenn wir zwei Atome zum Molekül zusammentreten lassen, kombinieren natürlich nicht nur die besetzten Orbitale, wir erhalten auch eine ganze Reihe von unbesetzten Energiezuständen, die aber durch Anregung erreichbar sind. Diese Zustandsleiter interessiert uns aus den gleichen Gründen wie beim Wasserstoffatom: Wir erwarten lichtinduzierte Übergänge zwischen den Zuständen und können durch Anwendung des Aufbauprinzips Betrachtungen über andere Moleküle anstellen.

Die relativen Lagen der LCAO-MOs können nicht immer richtig berechnet werden, da die Elektronenwechselwirkung bei den Vielelektronenmolekülen eine Verschiebung der Zustände bewirkt (vgl. 2.2.4 und Bild I-32). Für die Moleküle, die aus gleichen Atomen der ersten Periode bestehen, hat sich jedoch aus Rechnung und Experiment eine Reihe aufstellen lassen:

$$\sigma 1s < \sigma^* 1s < \sigma 2s < \sigma^* 2s < \sigma 2p_x < \pi_y 2p = \pi_z 2p < \pi_y^* 2p = \pi_z^* 2p < \sigma^* 2p_x \ .$$

Die π_y- und π_z-MOs haben gleiche Energien, da sie ja nur um 90° gegeneinander verdreht sind. Wir können ein Schema aufstellen.

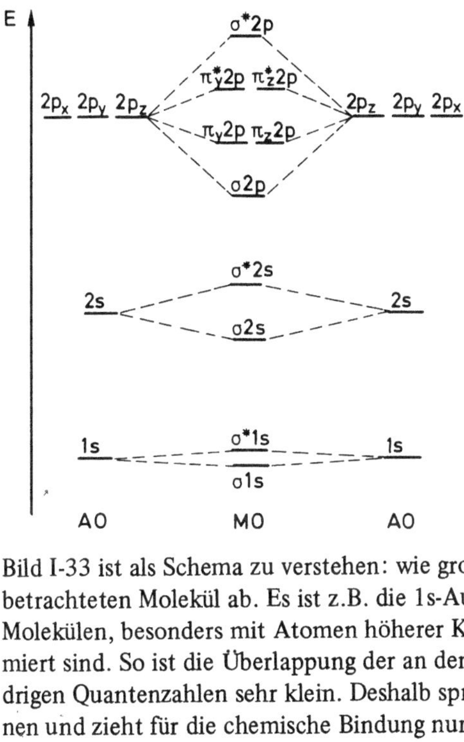

Bild I-33
Orbitalschema für zweiatomige Moleküle aus gleichen Atomen

Bild I-33 ist als Schema zu verstehen: wie groß die Aufspaltungen wirklich sind, hängt vom betrachteten Molekül ab. Es ist z.B. die 1s-Aufspaltung sicher kleiner als gezeichnet, da in Molekülen, besonders mit Atomen höherer Kernladungszahl, die Orbitale örtlich komprimiert sind. So ist die Überlappung der an den beiden Atomen zentrierten Orbitale der niedrigen Quantenzahlen sehr klein. Deshalb spricht man berechtigterweise von Rumpfelektronen und zieht für die chemische Bindung nur die Außenelektronen in Betracht.

Versuchen wir nach dem Aufbauprinzip Aussagen über die Stabilität verschiedener Moleküle zu machen.

H_2^+: 1 Elektron: $(\sigma 1s)^1$
Dieses Molekül wird stabil sein.

H_2: 2 Elektronen: $(\sigma 1s)^2$
Auch dieses Molekül wird stabil sein, da beide Elektronen zur Bindung beitragen.

He_2^+: 3 Elektronen: $(\sigma 1s)^2(\sigma^* 1s)^1$
Dieses Ion sollte noch stabil sein, da grob geschätzt das antibindende Elektron ein bindendes neutralisiert, so daß immer noch ein bindendes übrig bleibt.

N_2: $2 \cdot 7 = 14$ Elektronen $(\sigma 1s)^2(\sigma^* 1s)^2(\sigma 2s)^2(\sigma^* 2s)^2(\sigma 2p_x)^2(\pi_y 2p)^2(\pi_z 2p)^2$
Hier sind drei bindende Orbitale doppelt besetzt: Dreifachbindung. Stickstoff ist ein sehr stabiles Molekül.

O_2: 16 Elektronen $(\sigma 1s)^2(\sigma^* 1s)^2(\sigma 2s)^2(\sigma^* 2s)^2(\sigma 2p_x)^2(\pi_y 2p)^2(\pi_z 2p)^2(\pi_y^* 2p)^1(\pi_z^* 2p)^1$
Da die beiden antibindenden Orbitale π_y^* und π_z^* entartet sind, werden sie je einfach mit parallelem Spin besetzt (Hundsche Regel). Hier haben wir eine Erklärung für den Paramagnetismus der Sauerstoffmolekel.

F_2: 18 Elektronen: $(\sigma 1s)^2(\sigma^* 1s)^2(\sigma 2s)^2(\sigma^* 2s)^2(\sigma 2p_x)^2(\pi_y 2p)^2(\pi_z 2p)^2(\pi_y^* 2p)^2(\pi_z^* 2p)^2$
Die Bindung entspricht nur noch dem Energiegewinn von $(\sigma 2p_x)^2$, die gasförmige Fluormolekel ist wesentlich reaktionsfähiger als z.B. Stickstoff.

Ne_2: 20 Elektronen: $(\sigma 1s)^2(\sigma^* 1s)^2(\sigma 2s)^2(\sigma^* 2s)^2(\sigma 2p_x)^2(\pi_y 2p)^2(\pi_z 2p)^2(\pi_y^* 2p)^2(\pi_z^* 2p)^2$
$(\sigma^* 2p_x)^2$
Alle bindenden Orbitale sind durch antibindende kompensiert. Es gäbe keinen Energiegewinn, wenn Ne ein Ne_2-Molekül bilden würde, deshalb gibt es kein stabiles Neonmolekül im Grundzustand.

Wir haben hier nur die Grundzustände der Moleküle betrachtet. Wird ein Elektron aus einem antibindenden Orbital des Grundzustands in ein bindendes höheres Orbital angeregt, so kann im Anregungszustand die Molekel stabiler als im Grundzustand sein. Bei He_2-Molekül hat man tatsächlich einen (allerdings nicht sehr stabilen) Anregungszustand mit der Orbitalbesetzung $(\sigma 1s)^2(\sigma^* 1s)^1(\sigma 2s)^1$ gefunden. Dieses Molekül kann natürlich nicht durch Anregung aus dem Grundzustand erzeugt werden, sondern kann nur im angeregten Zustand durch Vereinigung eines angeregten und eines nicht angeregten Heliumatoms entstehen.

Diese Betrachtungen, auch wenn sie qualitativ sehr brauchbare Ergebnisse liefern, sind nur eine rohe Näherung, denn wir sind ja von Einelektronenorbitalen ausgegangen, ohne die Elektronenwechselwirkung zu berücksichtigen. Dies ist der Grund, weshalb wir uns auf die leichten gleichatomigen Moleküle beschränkt haben.

Betrachten wir zweiatomige Moleküle aus verschiedenen Atomen, so wird die Orbitalleiter komplizierter, allerdings ohne Änderung im Grundsätzlichen.

3.2.2.3. Mehratomige Moleküle

Auch bei mehratomigen Molekülen können wir durch LCAO die MOs annähern. Als Chemiker hat man aber etwas Schwierigkeiten bei dem Versuch, z.B. die doch weitgehend lokalisierten Elektronenverteilungen im BH_3-Molekül in der LCAO-MO-Darstellung zu verstehen.

Dies hat allerdings seinen Grund darin, daß man zu leicht den Modellcharakter der Orbitalbeschreibung vergißt. Die sechs AOs des B-Atoms und der drei H-Atome kann man zu drei bindenden und drei antibindenden MOs kombinieren (Bild I-34), die jeweils (schon aus Symmetriegründen) entartet sind, nach dem Muster

$$\psi = c_1 \varphi_{B\,2s} + c_2 \varphi_{B\,2p_x} + c_3 \varphi_{B\,2p_y} + c_4 \varphi_{H_a 1s} + c_5 \varphi_{H_b 1s} + c_6 \varphi_{H_c 1s}\,. \qquad (57)$$

Die Orbitale der H-Atome a und b sind an der B–H_c-Bindung praktisch nicht beteiligt, damit sind die Koeffizienten c_4 und c_5 in diesem MO praktisch Null. Entsprechend ist es bei den beiden anderen Bor-Wasserstoff-Bindungen. Allerdings kann auch im Orbital der B–H_a-Bindung ein Einfluß der beiden anderen B-H-Bindungen berücksichtigt werden, dadurch, daß die Orbitale der H_b und H_c mit (allerdings kleinem) endlichem Koeffizienten in der LCAO erscheinen. Ein solcher Einfluß eigentlich lokalisierter Bindungen auf die Eigenschaften eines anderen Molekülteils wird *Hyperkonjugation* genannt.

In der MO-Schreibweise kann man also Hyperkonjugationseffekte ganz leicht berücksichtigen. Allerdings ist der Einfluß von Orbitalen aufeinander stark entfernungsabhängig, da ja, grob gesprochen, die Orbitalüberlappung das Wechselwirkungskriterium ist. Das Bild der lokalisierten Orbitale und Elektronendichten ist also ganz gut.

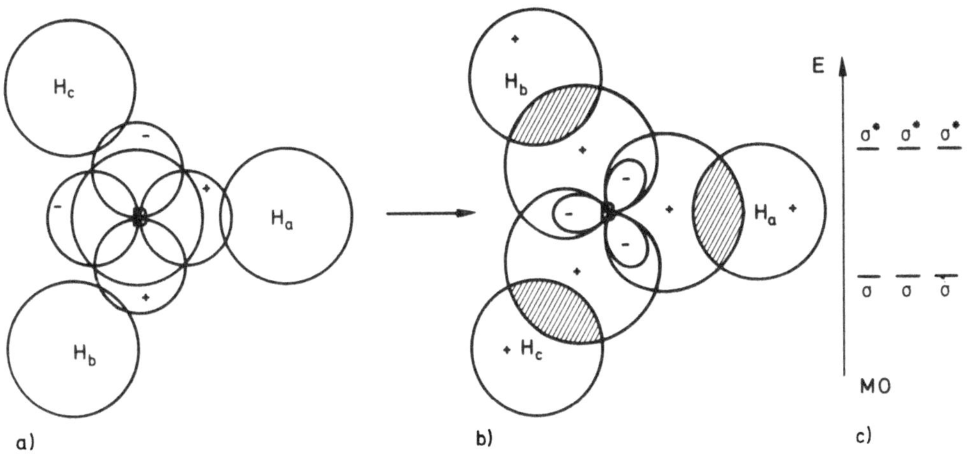

Bild I-34. LCAO in mehratomigen Molekülen
a) AO_S b) bindende LCAO-MO_S c) Orbitalschema

In Bild I-34 sind zwei Orbitaldarstellungen angegeben, die äquivalent sind. Wenn wir das Variationsprinzip auf das MO anwenden, so finden wir für die Koeffizienten c_1-c_3 die Werte, die wir früher schon für die Hybridisierung benutzt haben. Daraus folgt wieder, daß die Hybridisierung nichts Primäres ist, sondern eine Beschreibung der Verhältnisse im fertigen Molekül BH_3. Es ist letzten Endes gleichgültig, ob wir mit den Orbitalen $\varphi_{B\,1s}$ bis $\varphi_{H_c\,1s}$ anfangen, oder ob wir sinnvolle Unterteilungen machen, etwa in die Gruppen der B-Orbitale und der H-Orbitale und aus diesen dann symmetrieadaptierte Gruppen-Orbitale (z.B. die sp^2-Hybridorbitale) bauen. Entscheidend ist die richtige Gesamtwellenfunktion, die die richtige Elektronenverteilung und damit Bindungsenergie ergibt.

Die sechs AOs, die wir bei BH_3 verwendet haben, können deshalb miteinander kombiniert werden, weil sie gemeinsame Symmetrieelemente haben. Sie sind gegen Spiegelung an der Molekülebene symmetrisch, das heißt, sie gehen in „sich selbst über" (σ-Orbitale). Hätten wir das dritte 2p-AO (das zwar beim B leer, beim C-Atom aber besetzt ist) mit berücksichtigt, so hätte es doch nicht an den Bindungen in der Ebene teilnehmen können, da die Überlappung von s- bzw. p_x- und p_z-Orbitalen aus Symmetriegründen Null ist (Tabelle I-4).

Bringen wir jedoch zwei dreibindige Kohlenstoffatome zusammen, wie im Äthylen, so können alle Atom-Orbitale, die symmetrisch zur Molekülebene sind, miteinander kombiniert werden, ebenso alle Atom-Orbitale, die zur Molekülebene antisymmetrisch sind. Auch letztere können zu bindenden (π-) und antibindenden (π^*-) MOs kombiniert werden (Bild I-35a und Tabelle I-4).

Diese π-Kombinationen bringen jedoch i.a. weniger Bindungsenergie als die σ-Bindungen (Bild I-35b), da die Überlappung bei den aufeinander hinorientierten AOs, die zu σ-Bindungen führen, wesentlich größer ist.

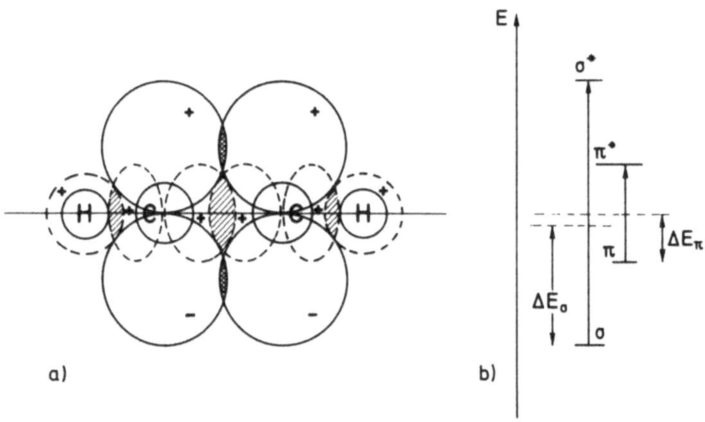

Bild I-35. a) „Seitenansicht" des Äthylens mit sp^2-sp^2- und p_z-p_z-Überlappung
b) Orbitalschema mit Bindungsenergien und Übergängen

Deshalb erfordert die $\sigma \rightarrow \sigma^*$-Anregung, z.B. im Äthylen (Bild I-35b), eine hohe Energie, d.h. kurzwellige UV-Strahlung von unter 200 nm Wellenlänge, die $\pi \rightarrow \pi^*$-Anregung dagegen nur eine Energie, die einer Wellenlänge von ca. 250 nm entspricht.

Wegen der unterschiedlichen Energien, vor allem aber wegen der verschiedenen Symmetrie ist es erlaubt, die σ- und die π-Orbitalsysteme getrennt zu behandeln, da sie sich gegenseitig wenig beeinflussen.

In der praktischen Spektroskopie haben vor allem die im sichtbaren Gebiet und im experimentell gut zugänglichen langwelligen Teil des UV-Gebiets absorbierenden π-Elektronensysteme Interesse gefunden. Aber auch in der Chemie sind die ungesättigten Verbindungen wichtiger als z.B. die Paraffinkohlenwasserstoffe. Erst in neuerer Zeit sind Geräte verfügbar, die einem breiteren Kreis von Spektroskopikern das Eindringen in das kurzwellige UV-Gebiet gestatten.

3.2.2.4. π-Elektronensysteme

Ungesättigte Moleküle enthalten Doppelbindungen. Diese können isoliert, konjugiert oder aromatisch sein.

Isoliert:	$CH_3-CH_2-CH_2-CH=CH_2$	$CH_2=CH_2$	$H_2C=O$
	Pent-1-en	Äthylen	Formaldehyd

Konjugiert:

$CH_2=CH-CH=CH_2$

Butadien

Cyclohexadien

Aromatisch:

Benzol

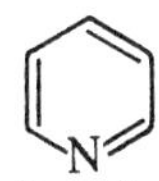

Pyridin

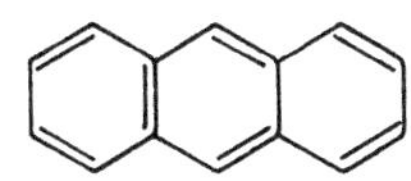

Anthracen

Der theoretische Ansatz, der die Behandlung der π-Elektronensysteme erleichtert und damit bei größeren Molekülen erst praktikabel macht, ist die σ-π-Trennung, deren Berechtigung wir schon nachgewiesen haben. Man wählt für das Potential, in dem sich die π-Elektronen bewegen, das Feld, das von den hochgeladenen Kernen, den Rumpfelektronen und den σ-Bindungselektronen erzeugt wird, also das Feld des „Kerngerüsts". Dabei wird in der einfachsten Näherung die Lage der Kerne als fest angenommen, in höheren Näherungen werden die Kernschwingungen berücksichtigt. Auch dieses Modell der π-Elektronen, die sich im Feld des Kerngerüsts bewegen, ist nur eine konsequente Erweiterung des Ansatzes, der beim H-Atom so erfolgreich gewesen ist.

Im Prinzip verfahren wir auch hier wie bei den Atomen: wir setzen ein Elektron in das Feld des Butadien^{4+}-Ions, des Benzol^{6+}-Ions usw. und suchen die stationären Zustände der stehenden Materiewelle, die Einelektronenorbitale des Moleküls. Nach dem Aufbauprinzip werden die tatsächlich vorhandenen Elektronen, bei Butadien vier, bei Benzol sechs, in den energetisch tiefsten Einelektronenorbitalen untergebracht. Damit sind die Molekülzustände in grober Näherung bestimmt. Es ist klar (vgl. 2.2.3.2.3), daß in dieser Einelektronen-Näherung Singulett- und Triplettzustände die gleiche Energie haben, da ja keine Elektronenwechselwirkung berücksichtigt ist.

Das Verfahren zur Bestimmung der Einelektronen-LCAO-MOs kennen wir schon: Man benutzt das Variationsprinzip und variiert die Koeffizienten der $2p_z$-AOs, bis die Energie der dem LCAO-MO entsprechenden Elektronenverteilung ein Minimum erreicht hat. Eine ausführliche Darstellung des Verfahrens ist z.B. im Buch von Streitwieser zu finden.

In einer sehr gebräuchlichen Einelektronennäherung, der sogenannten Hückel-MO-Näherung (HMO) verzichtet man auf das Einsetzen der mathematischen Funktion für die $2p_z$-Orbitale und berechnet die Orbitalenergieschemata in zwei einfachen Parametern: der Energie des Ausgangsatomorbitals $2p_z$ am Kohlenstoff, die α genannt wird, und der Kopplungsstärke zweier an benachbarten Kohlenstoffatomen zentrierter $2p_z$-AOs, die β genannt wird. Nicht benachbarte Kohlenstoffatome führen zu $\beta = 0$. Die Überlappung auch an Nachbaratomen zentrierter Orbitale wird Null gesetzt.

Die HMO-Einelektronenorbitale für das Beispiel Butadien sind in Bild I-36 dargestellt. Man sieht, daß die Zahl der Vorzeichenwechsel der AOs, d.h. die Zahl der Nulldurchgänge der Wellenfunktion des MO, die im dreidimensionalen Molekül Knotenflächen bedeuten, mit der Reihenfolge der Orbitale auf der Energieleiter zusammenhängen: je mehr Knotenflächen, desto höher die Energie des Orbitals.

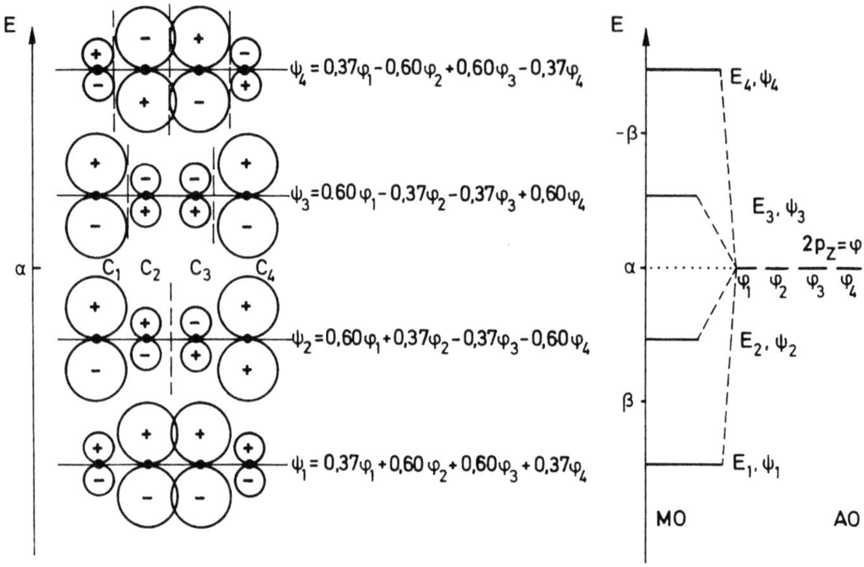

Bild I-36. Das π-Elektronensystem im Butadien in HMO-Näherung

Was mit dieser einfachen Näherung alles erreicht werden kann, ist ausführlich in den Büchern von Streitwieser oder Heilbronner-Bock aufgeführt. Die HMO-Näherung ist für den chemisch interessierten Praktiker sicherlich das wichtigste quantenchemische Hilfsmittel, da es bei erträglichem Aufwand die Eigenschaften der π-Elektronenmoleküle qualitativ beschreibt und dabei vor allem Gruppeneigenschaften aufzeigt. Aber auch für die heute für den Chemiker zugänglichen verfeinerten Verfahren, die unter Namen wie PPP, CNDO, MINDO etc. bekannt sind, bildet meist das LCAO-MO-Verfahren die Grundlage, da diese MOs die Ausgangsfunktionen für die Verbesserung darstellen können, die in das Variationsverfahren eingebracht werden. Insbesondere ändern die MOs bei den wichtigsten Verbesserungen zwar ihre Ausdehnung, aber nicht ihre Symmetrie, so daß für die in der Spektroskopie sehr fruchtbaren Symmetriebetrachtungen einfache HMOs herangezogen werden können.

3.2.2.5. Beschreibung experimenteller Größen durch die MO-Theorie

3.2.2.5.1. Bindungsenergie. Da die MO-Theorie das Molekül als Ganzes betrachtet, erhält man aus der Schrödingergleichung die Energiezustände des gesamten Moleküls. Da aber in der Gesamt-ψ-Funktion die gesamte Information über das Molekül steckt, muß sie auch Aussagen über die Energien der einzelnen Bindungen machen können.

Sofern die bindenden Orbitale im Bereich zwischen zwei Atomen lokalisiert sind, kann man die Energieabsenkung gegenüber den Orbitalen der Bindungspartner direkt als Bindungsenergie ansehen.

Bei zweiatomigen Molekülen wäre z.B. die Bindungsenergie des Stickstoffs (Bild I-33)

$$\Delta E = 2\,(E_{2p} - E_{\sigma_{2p}}) + 4\,(E_{2p} - E_{\pi_{2p}})\,. \tag{58}$$

Dieses Verfahren ist bei mehratomigen Molekülen auch auf die σ-Bindungen anwendbar, da die σ-MOs praktisch nur aus den entsprechenden AOs der Bindungspartner aufgebaut sind und somit sehr stark lokalisiert sind. Schwierig wird es bei den π-Bindungen. Isolierte Doppelbindungen sind aber ebenfalls lokalisiert, damit kann man die Orbitalabsenkung bei der LCAO mit der π-Bindungsenergie identifizieren (Bild I-35b). Aus Hydrierungswärmen kann man sie annähernd bestimmen.

Bei konjugierten Elektronensystemen wird der Einfach- bzw. Doppelbindungscharakter durch die Überlappung eines $2p_z$-Atomorbitals eines C-Atoms mit den entsprechenden Orbitalen seiner „einfach" bzw. „doppelt" gebundenen Nachbarn verwischt (Bilder I-36, I-39). Bei zunehmendem Doppelbindungscharakter wird eine Einfachbindung stärker, umgekehrt kann durch Konjugation eine Doppelbindung schwächer werden. Um dies zu fassen, definiert man eine π-Bindungsordnung p_{rs} zwischen den Atomen r und s:

$$p_{rs} = \sum_j n_j\, c_{jr}^*\, c_{js} \tag{59}$$

die Werte zwischen Null (Einfachbindung) und 1 (isolierte Doppelbindung) haben kann. Die Koeffizienten c_{jr} und c_{js} geben das Gewicht an, mit denen die AOs der Atome r und s am MO j beteiligt sind (vgl. (53)), also wie stark das MO j zwischen den Atomen r und s konzentriert ist. Dies ist eine Aussage über den Beitrag des MOs j zur Elektronendichte zwischen den Atomen r und s. Zu dieser Bindungsordnung tragen natürlich nur die besetzten Orbitale j bei, da die Ladungsverteilung die Bindungsenergie bestimmt. Die Summation geht also über alle besetzten Orbitale j, z.B. beim Äthylen 1, beim Butadien 2, beim Benzol 3 (Bild I-37c). n_j ist die Zahl der Elektronen im Orbital j.

Beim Äthylen ist die Funktion des bindenden Orbitals

$$\psi_1 = \frac{1}{\sqrt{2}}\{2p_{z,r} + 2p_{z,s}\} = \frac{1}{\sqrt{2}}\varphi_a + \frac{1}{\sqrt{2}}\varphi_b\,; \tag{60}$$

dieses ist doppelt besetzt, also ist $p_{rs} = 2 \cdot \frac{1}{\sqrt{2}} \cdot \frac{1}{\sqrt{2}} = 1{\cdot}00$, eine reine Doppelbindung.

Beim Butadien ist für die endständige „Doppelbindung" (Zahlen aus Bild I-36) $p_{12} = 2 \cdot 0{,}37 \cdot 0{,}60 + 2 \cdot 0{,}60 \cdot 0{,}37 = 0{,}89$ und für die zentrale „Einfachbindung" $p_{23} = 2 \cdot 0{,}60 \cdot 0{,}60 + 2 \cdot 0{,}37\,(-0{,}37) = 0{,}44$.

3.2.2.5.2. Resonanzenergie. Moleküle mit konjugierten Doppelbindungen haben eine π-Bindungsenergie, die nicht der Summe der Bindungsenergien einer entsprechenden Anzahl von isolierten Doppelbindungen gleich ist.

Diesen Unterschied kann man experimentell dadurch feststellen, daß man die zu vergleichenden Moleküle zu denselben Endprodukten reagieren läßt, und den Wärmeumsatz bestimmt. Meist benutzt man die Verbrennungswärmen, manchmal die Hydrierungswärmen (vgl. II.4.4.1).

Zeichnen wir ein Diagramm der inneren Energie (Bild I-37a): die Hydrierungswärme von Benzol ist nicht dreimal so groß wie die des Cyclohexens, also 359 kJ/mol, sondern 208,4 kJ/mol. Das Benzol ist also um 150,6 kJ/mol energieärmer, also stabiler als ein hypothetisches Cyclohexatrien mit drei isolierten Doppelbindungen. Dies ist zweifellos auf die besondere Anordnung der π-Bindungen zurückzuführen. Die Energiedifferenz ΔE wird als Resonanzenergie bezeichnet.

Dies muß auch aus der Molekülwellenfunktion zu errechnen sein, da sie ja als Lösung der Schrödingergleichung die Energie liefert. Wir können am Beispiel der Polyene die Resonanz-

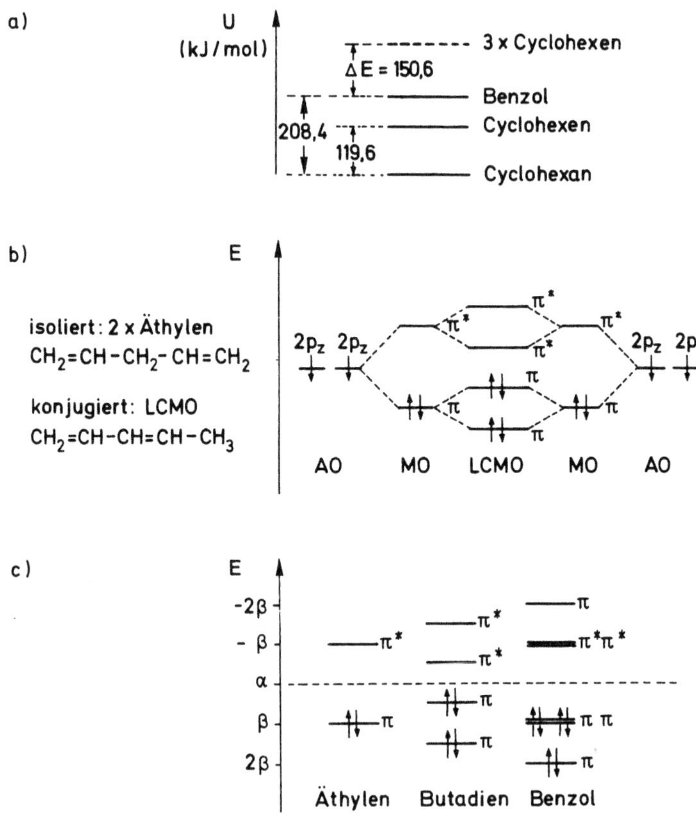

Bild I-37. a) Zur Resonanzenergie des Benzols aus Hydrierungswärmen
b) Zur Delokalisierungsenergie
c) HMO-Schema von Äthylen, Butadien und Benzol

energie als aus der Theorie folgende Delokalisierungsenergie (DE) aus uns bereits geläufigen Überlegungen verständlich machen: Isolierte Doppelbindungen sind so weit voneinander entfernt, daß die entsprechenden π-MOs nicht überlappen (Bild I-37b). Treten die Doppelbindungen jedoch in Konjugation, so überlappen die π- und π^*-Orbitale beträchtlich. Dies führt zu einer Wechselwirkung der Elektronen der beiden Doppelbindungen, die zu einer Aufspaltung der MOs führt (Bild I-37b). Schon dem einfachen HMO-Orbitalschema (Bild I-37c) kann man entnehmen, daß Butadien eine DE von 0,47 β, Benzol eine DE von 2,0 β hat.

3.2.2.5.3. Elektronendichten. In einem Molekül interessiert oft, ob bei der Bindung von einem Atom Ladung abgezogen wird, oder ob eine Ladungsanhäufung an einem Atom beobachtet wird. Kohlenwasserstoffe wie Azulen oder Fulven

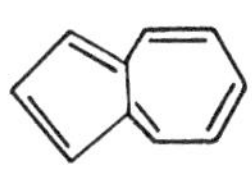 Azulen 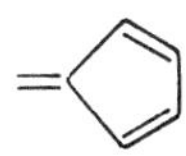 Fulven 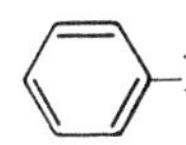—NO_2 Nitrobenzol H—Cl

und viele andere Moleküle haben Dipolmomente, natürlich auch zweiatomige Moleküle aus verschiedenen Atomen. Auch Kernquadrupolspektren und Elektronenspinresonanzspektren können mit der Elektronenverteilung im Molekül korreliert werden. Die Elektronenverteilung bestimmt, wo bei einer elektrophilen oder nucleophilen Substitutionsreaktion das Agens angreift.

Aus der Wellenfunktion des Moleküls könen wir die Elektronendichte erhalten. In einem Volumelement $d\tau$ ist die Ladung in Einheiten von e_0

$$q = \psi^* \psi \, dx \, dy \, dz \, . \qquad (61)$$

Da die ψ-Funktion aber eine Linearkombination der AOs ist, hat die Ladungsverteilung in der Nähe eines Atoms eine ganz ähnliche Form wie wenn sie durch das AO allein bestimmt wäre. Allerdings ist das Gewicht, mit dem das AO in das MO eingeht, zu berücksichtigen. Liegt ein Atom z.B. auf einer Knotenfläche eines MO, was möglich ist, so ist sein Anteil an diesem MO Null. Man macht also keinen sehr großen Fehler, wenn man die Elektronendichte im Raum in der Nähe eines Atoms r darstellt als

$$q_r = \sum_j n_j \int c_{rj}^* \varphi_{rj}^* c_{rj} \varphi_{rj} \, d\tau = \sum_j n_j c_{rj}^* c_{rj} \int \varphi_{rj}^* \varphi_{rj} \, d\tau = \sum_j n_j c_{rj}^* c_{rj} \, . \qquad (62)$$

Das Integral $\int \varphi_{rj}^* \varphi_{rj} \, d\tau$ ist 1 (Normierungsbedingung (24)). Die Summe erstreckt sich natürlich nur auf die besetzten MOs j und n_j gibt die Besetzung der MOs j mit Elektronen an. Damit kann man aus den einfachen HMOs die Dipolmomente etc. zumindest qualitativ abschätzen.

3.2.2.5.4. Ionisierungspotential und Elektronenaffinität. Ein Molekül kann unter einer Störung von außen genau wie ein Atom ein Elektron abgeben und in ein Molekülion übergehen. Diese Störung kann z.B. ionisierende Strahlung sein oder ein Partner in einer Redoxreaktion, der das Elektron aufnimmt. Dies ist für Benzol in Bild I-38 in einem einfachen Orbitalschema dargestellt.

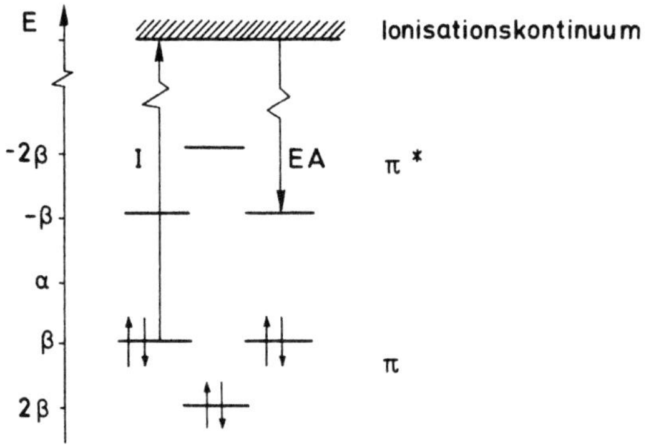

Bild I-38
Ionisierungspotential und Elektronenaffinität des Benzols in HMO-Näherung

Die Energie, die zur Lösung eines Elektrons aus dem Molekülverband nötig ist (wobei ein M^+-Ion entsteht), wird *Ionisierungspotential* I genannt. Dagegen wird die Energie, die bei der Anlagerung eines Elektrons gewonnen wird (wobei ein M^--Ion entsteht), als *Elektronenaffinität* (EA) bezeichnet. Da die EA groß ist, sind freie Elektronen im Kontakt mit Materie sehr unbeständig. Man sieht, daß diese Prozesse eine Oxidation oder eine Reduktion des Moleküls bedeuten und daß ein Zusammenhang zwischen I und EA einerseits und der Lage der MOs auf der Energieskala andererseits bestehen muß.

Ionisierungspotentiale werden heute meist im Massenspektrometer bestimmt. Unter bestimmten Bedingungen lassen sich Oxidation und Reduktion von Molekülen direkt an einer Elektrode verfolgen. Diese Methode wird Polarographie genannt (III, 2.2.3), man erhält bei reversibler Reaktion sogenannte Polarogramme (Bild III-11): Strom-Spannungskurven mit für die Substanz charakteristischen „Halbwellenpotentialen" $\epsilon_{1/2}$, deren Lage auf der Spannungsachse mit der Lage des niedrigsten unbesetzten Orbitals im Termschema (Reduktion: $M \rightarrow M^-$) oder mit der des höchsten besetzten Orbitals (Oxidation: $M \rightarrow M^+$) korreliert.

3.3. Molekülspektroskopie

Die Informationen, an denen wir die theoretischen Voraussagen unserer Molekül-Modellvorstellungen prüfen, stammen aus dem gesamten chemischen und physikalischen Bereich, z.B. wo greift ein Substituent an, wie schnell verlaufen solche Substitutionsreaktionen, wie groß sind Dipolmomente, Verbrennungswärmen, Dissoziationskonstanten usw. Die wichtigste Quelle für Moleküldaten aber ist die Spektroskopie, da hier einerseits das Molekül selbst untersucht werden kann und andererseits die besetzten und unbesetzten Molekülzustände direkt beteiligt sind.

Molekülspektren unterscheiden sich charakteristisch von den Atomspektren: Atomspektren sind Linienspektren (z.B. Bild I-3), Molekülspektren zeigen breitere strukturierte oder unstrukturierte Banden (z.B. Bild I-40). Der Grund dafür liegt darin, daß bei den Molekülen neben Elektronenzuständen auch Schwingungs- und Rotationszustände mit Licht angeregt werden können. Es ist experimentell erwiesen, daß Elektronen-, Schwingungs- und Rotationszustände praktisch unabhängig voneinander geändert werden können, d.h. Elektronenzustand, Schwingung und Rotation beeinflussen einander wenig. Damit können wir für ein Molekül in einem bestimmten Elektronen-, einem bestimmten Schwingungs- und einem bestimmten Rotationszustand nach dem Multiplikationsansatz der Wahrscheinlichkeitsrechnung eine Gesamtwellenfunktion angeben:

$$\psi(r, q, \rho) = \psi(r, q_0)\,\chi(q)\,R(\rho)\,. \tag{63}$$

Dabei haben wir von der uns nun schon geläufigen Forderung Gebrauch gemacht, daß ein molekularer Zustand durch eine Wellenfunktion vollständig beschrieben wird. Bei diesem Ansatz haben wir, eigentlich aus Analogiegründen, auch Wellenfunktionen für die Rotation $R(\rho)$ und für die Schwingung $\chi(q)$ verwendet. Tatsächlich kann man auch für die Rotation und Schwingung Schrödingergleichungen lösen, und man erhält auch für diese Bewegungen gequantelte Zustände. Diese Wellenfunktionen enthalten natürlich die Koordinaten der Kerne.

Ganz unabhängig sind die Elektronen-, Schwingungs- und Rotationszustände aber nicht. Einerseits wird bei hoch angeregten Rotationszuständen das Molekül durch die Fliehkräfte auseinandergezogen, was die Kraftkonstanten der Bindungen, die die Frequenz der Schwingungen bestimmen, verändert. Andererseits ist das Potentialfeld des Kerngerüsts, das die Elektronenverteilung bestimmt, vom Abstand der Kerne abhängig, der sich periodisch ändert und bei hoher Schwingungsanregung auch im Mittel vergrößert (wie man ja an der Wärmeausdehnung der Materie unmittelbar erfährt). Aber diese gegenseitigen Beeinflussungen sind klein genug, so daß man mit ihrer Vernachlässigung praktisch keinen Fehler macht.
Fehler macht.

3.3.1. Elektronenspektren

Bei der Absorption oder Emission von Licht der richtigen Wellenlänge durch molekulare Systeme gehen diese aus einem stationären Elektronenzustand ψ_n in einen anderen ψ_m über. Für diesen Vorgang gibt es wie beim Atom Auswahlregeln (vgl. 2.1.3), für die das Übergangsmoment

$$\mu_{nm} = e \int \psi_n^* r \psi_m \, d\tau \tag{64}$$

die entscheidende Moleküleigenschaft ist. Formal sind (30) und (64) gleich, die ψ-Funktion des Moleküls ist jedoch eine Vielelektronenfunktion mit räumlich ausgedehntem Kernsystem. Die quantitative Berechnung der Übergangsmomente ist schwieriger als die der Energiewerte, deshalb ist die Übereinstimmung der errechneten und gemessenen Bandenintensitäten schlechter als die der Bandenlagen. Die Bandenintensitäten werden durch die Extinktion E oder den Extinktionskoeffizienten ϵ ausgedrückt, die nach dem Lambert-Beerschen Gesetz (65)

$$-\log \frac{I_\lambda}{I_{0\lambda}} = E_\lambda = \epsilon_\lambda c d \tag{65}$$

durch das logarithmische Verhältnis der Intensitäten von auf die Probe auffallendem (I_0) und durchtretendem Licht (I) einer bestimmten Wellenlänge λ gegeben sind. c ist dabei die Konzentration der absorbierenden Teilchen, d die Schichtdicke der Probe.

Voraussetzung für ein endliches Übergangsmoment ist, daß der Integrand in (64) totalsymmetrisch ist, d.h. daß die Produktfunktion bei allen Symmetrieoperationen ihr Vorzeichen behält. Symmetrieoperationen sind z.B. eine Spiegelung an einer Symmetrieebene oder eine Rotation um eine Achse, die das Molekül in sich selbst überführen. Wir können nach der Operation nicht mehr feststellen, ob die Operation ausgeführt ist oder nicht. Wir haben diese Symmetrieüberlegungen bereits bei der Behandlung von atomaren Auswahlregeln benutzt. Bei molekularen Systemen, z.B. beim sechseckigen flachen Benzol oder beim ebenen Butadien, haben wir andere Symmetrieeigenschaften als beim kugelförmigen Atom. Natürlich sind dann auch die Formen der stehenden Materiewellen nicht mehr an der Kugelsymmetrie orientiert, sondern spiegeln die Molekülgestalt wider. Alle Moleküle können nach ihren Symmetrieeigenschaften in Gruppen eingeordnet werden, und die in diesen Punktgruppen möglichen Orbitalsymmetrien sind in den Charakterentafeln der Gruppentheorie festgehalten. Aus diesen Tafeln kann man die erlaubten und verbotenen Übergänge ablesen.

Obwohl die Wellenfunktionen der Moleküle Vielelektronenfunktionen sind, kann man ihre Symmetrieeigenschaften doch durch das Produkt der besetzten Einelektronenorbitale erhalten, denn auch die Berücksichtigung der Elektronenwechselwirkung verändert die Symmetrie der Einelektronenorbitale nicht. Man kann also mit Hückel-Orbitalen die Auswahlregeln auch bei Molekülen mit vielen Elektronen aus Symmetriebetrachtungen ableiten.

Für die Elektronenspektroskopie von Molekülen mit Doppelbindungen sind die drei durch ihre Energie und Symmetrie verschiedene Orbitalklassen von Bedeutung:

- die σ-Orbitale, die gegen eine Spiegelung an der Molekülebene symmetrisch sind und wegen der großen Überlappung der an den gebundenen Atomen zentrierten Atomorbitalen (im LCAO-Bild) stark aufspalten,
- die π-Orbitale, die antisymmetrisch in bezug auf die Molekülebene sind und bei denen der energetische Abstand zwischen bindenden und antibindenden Orbitalen viel kleiner ist als bei den σ-MOs,
- die n-Orbitale der einsamen Elektronenpaare bei Molekülen mit Heteroatomen, die eigentlich σ-Orbitale sind, jedoch wegen des fehlenden Bindungspartners keinen Beitrag zur Gesamtbindungsenergie leisten und damit nicht in bindende und antibindende n-Orbitale aufspalten.

Diese Orbitalklassen und ihre Symmetrieeigenschaften seien an einer „Seitenansicht" des Pyridinmoleküls demonstriert (Bild I-39a). Im Grundzustand sind alle bindenden σ- und π-Orbitale und das n-Orbital besetzt.

Übergänge in diesem Termschema kann man nun nach den beteiligten Orbitalen klassifizieren: Die kleinste Übergangsenergie wird ein $n \rightarrow \pi^*$-Übergang verlangen. Wir werden also am langwelligen Anfang des Absorptionsspektrums eine $n \rightarrow \pi^*$-Bande erwarten (Bild I-40). Die $n \rightarrow \pi^*$-Banden haben ein kleines Übergangsmoment, da die Überlappung des am N-Atom lokalisierten n-Orbitals mit dem π^*-Orbital, deren Produkt ja in (64) eine Rolle spielt, gering ist. Der Extinktionskoeffizient ϵ ist meist kleiner als 100. Oft sind $n \rightarrow \pi^*$-Übergänge auch aus Symmetriegründen verboten. Die spektrale Lage der $n \rightarrow \pi^*$-Übergänge kann durch Lösungsmittel beeinflußt werden, die Wasserstoffbrücken zu bilden

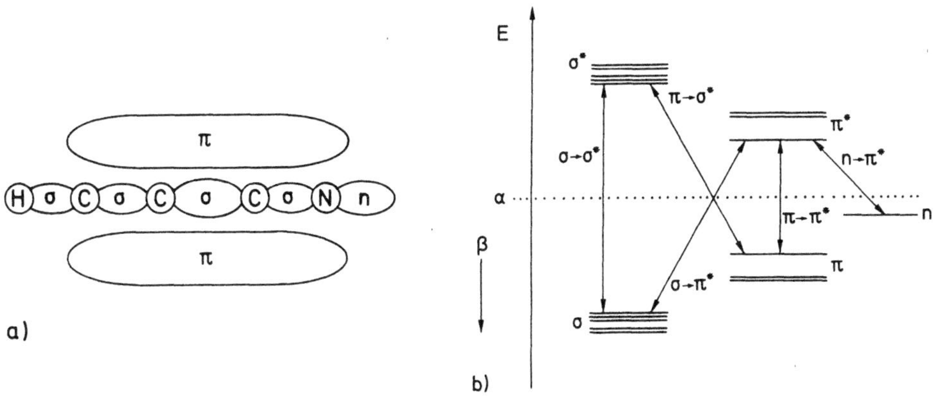

Bild I-39. a) „Seitenansicht" des Pyridins mit den verschiedenen Orbitaltypen
b) Orbitalschema des Pyridins mit den verschiedenen Typen von Übergängen

vermögen, denn dann werden die n-Elektronen durch eine (zwar sehr lockere) Bindung beansprucht. Noch stärker ist die Inanspruchnahme in einem sauren Lösungsmittel, bei Protonierung entsteht eine echte N-H-σ-Bindung. Mit diesen Bindungspartnern liefert auch das n-Orbital einen Beitrag zur Gesamtbindungsenergie, z.B. des

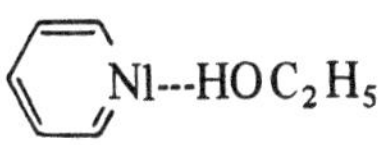

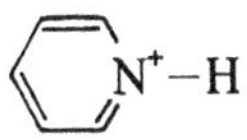

Pyridiniumions, damit sinkt das n-Orbital in Bild I-39b energetisch bis in die Gegend der σ-Orbitale ab.

Die Induzierung der $\pi \rightarrow \pi^*$-Übergänge (Bilder I-39b, I-40) verlangt eine höhere Strahlungsenergie. Die $\pi \rightarrow \pi^*$-Banden sind meist intensiv (ϵ bis über 100 000). Mit steigender Zahl der Doppelbindungen werden die $\pi \rightarrow \pi^*$-Banden zahlreicher und sind im Spektrum nicht mehr getrennt. Die Banden der aromatischen oder konjugierten Kohlenwasserstoffe im sichtbaren oder näheren UV-Bereich und die Farbbanden der Farbstoffe sind $\pi \rightarrow \pi^*$-Banden. Die $\pi \rightarrow \sigma^*$-, $\sigma \rightarrow \pi^*$- und $\sigma \rightarrow \sigma^*$-Übergänge liegen i.a. im Bereich des Vakuum-UV-Gebiets bei Wellenlängen unterhalb 200 nm. Sie sind in konjugierten und aromatischen Molekülen noch wenig untersucht.

Die Absorptionsgebiete dieser drei Übergangsklassen sind nicht streng voneinander abgesetzt. Man erkennt schon am Einelektronenorbitalschema (Bild I-39b), daß es $n \rightarrow \pi^*$-Banden mit Übergangsenergien geben muß, die mit denen der $\pi \rightarrow \pi^*$-Banden vergleichbar sind. Bei einer solchen Überlagerung der Banden tritt im Spektrum die intensivere hervor.

Einige Spektrenbeispiele sind in den Bildern I-40 und I-41b gezeigt. Wir haben auf die Unterschiede zu den Atomspektren (z.B. Bild I-3) schon hingewiesen: Beobachten wir bei Atomen Linienspektren, so finden wir bei Molekülen breite, oft strukturierte Bandenspektren. Gleichzeitig fällt auf, daß die Absorptionsbanden bei größeren Molekülen, genauer bei ausgedehnteren konjugierten oder aromatischen Systemen, bei längeren Wellen liegen

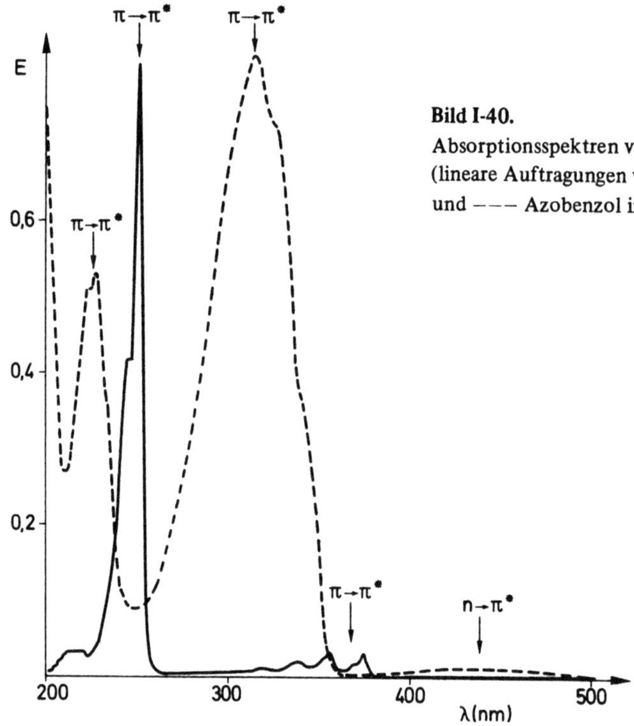

Bild I-40.
Absorptionsspektren von —— Anthracen (lineare Auftragungen von E gegen λ) und --- Azobenzol in Äthanol-Lösung

(Bild I-41a, b). Dies ist aus dem Orbitalschema einiger aromatischer Moleküle direkt abzulesen (Bild I-41a).

Die Intensitäten der einzelnen Banden der Spektren von Bild I-40 sind um Zehnerpotenzen verschieden. Deshalb trägt man oft die Extinktion logarithmisch auf. Die Intensität ist wie die Bandenlage eine Moleküleigenschaft, die durch die Elektronenverteilung bestimmt ist und durch das Übergangsmoment $\vec{\mu}_{nm}$ quantitativ gefaßt werden kann.

Der Intention dieser Einführung gemäß konnte hier nur ein Anstoß zu einem weiteren Eindringen in die Probleme der Elektronen-Spektroskopie gegeben werden.

3.3.2. Schwingungsspektren

Auch die Schwingungsbewegungen molekularer Systeme sind, wie schon erwähnt, gequantelt. Das einfachste Modell für Molekülschwingungen ist der lineare harmonische Oszillator. Dieses Modell ist im zweiatomigen Molekül in guter Näherung verwirklicht. Setzt man das harmonische Kraftgesetz $K = -kx$ bzw. die dazugehörige potentielle Energie $U = \frac{1}{2}kx^2$ und die reduzierte Masse $\mu = m_1 m_2/(m_1 + m_2)$ in die Schrödingergleichung

$$\frac{\partial^2 \chi}{\partial x^2} + \frac{8\pi^2\mu}{h^2}\left(E - \frac{1}{2}kx^2\right)\chi = 0 \qquad (66)$$

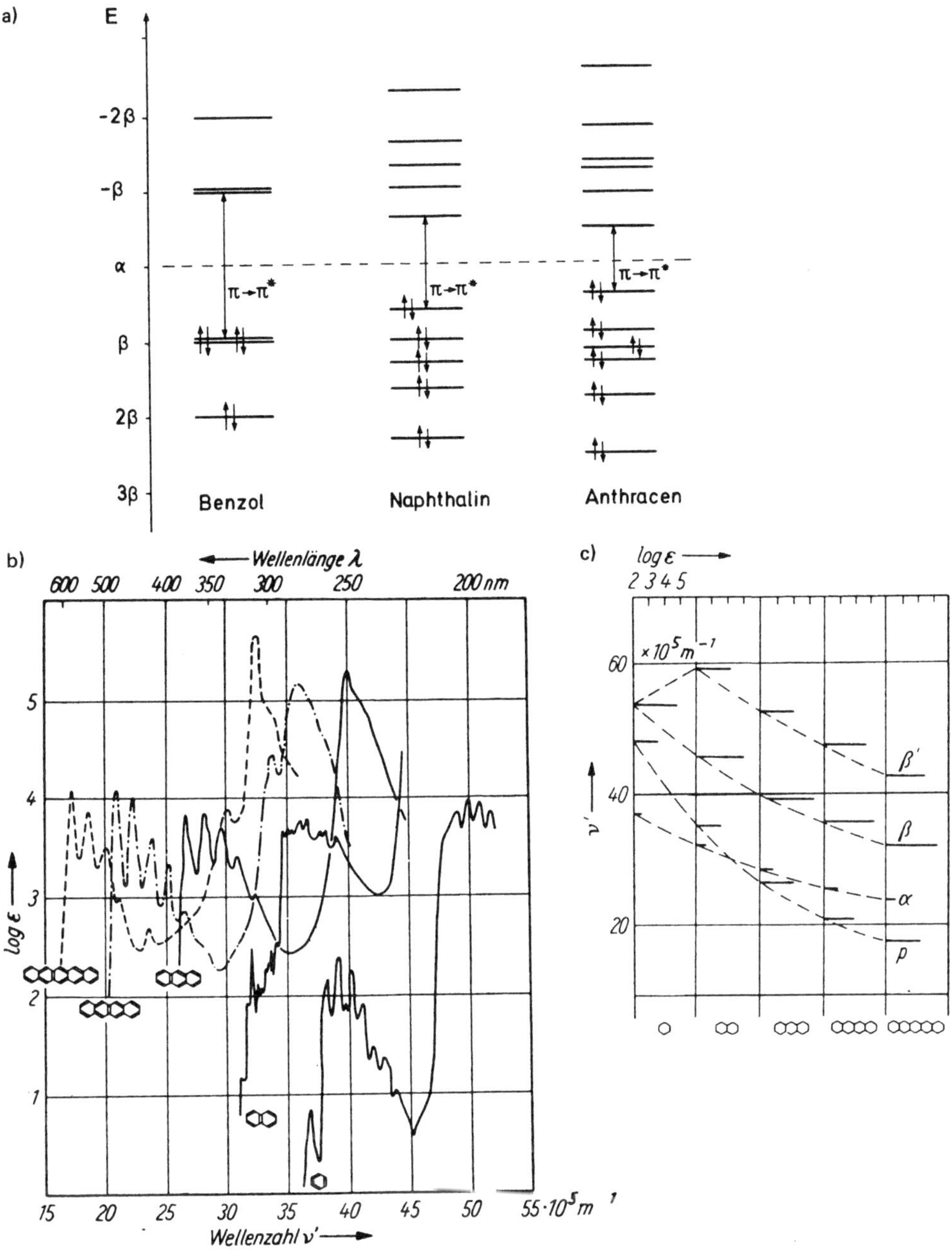

Bild I-41. Anellierte Aromaten (logarithmische Auftragung gegen $\bar{\nu}$)

a) Orbitalschema

b) Absorptionsspektren (logarithmische Auftragung von ϵ gegen $\bar{\nu}$)

c) Platt-Schema zur Bandensystematik (vgl. Bild I-41b)

(Teile b und c aus *H. A. Staab*, Einführung in die theoretische organische Chemie, Verlag Chemie.)

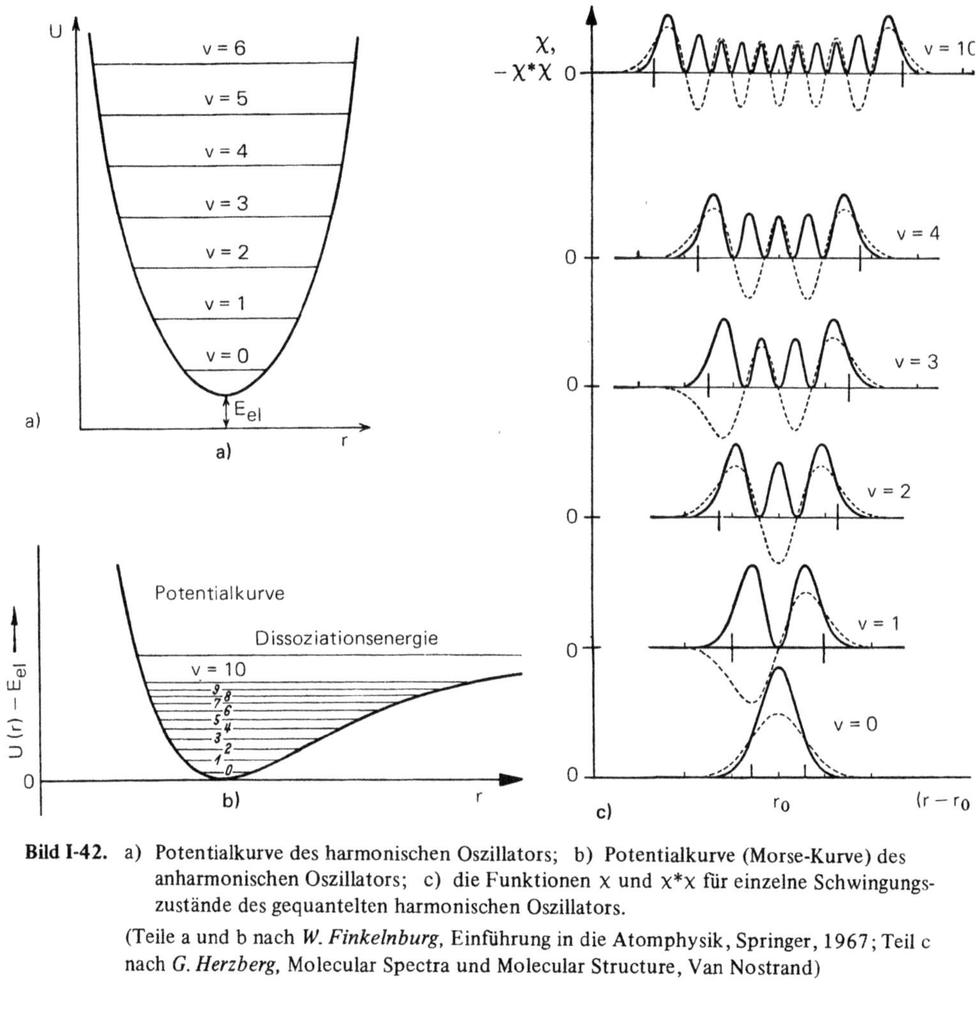

Bild I-42. a) Potentialkurve des harmonischen Oszillators; b) Potentialkurve (Morse-Kurve) des anharmonischen Oszillators; c) die Funktionen χ und χ*χ für einzelne Schwingungszustände des gequantelten harmonischen Oszillators.

(Teile a und b nach *W. Finkelnburg*, Einführung in die Atomphysik, Springer, 1967; Teil c nach *G. Herzberg*, Molecular Spectra und Molecular Structure, Van Nostrand)

ein, so erhält man Lösungen für die erlaubten Energiewerte

$$E_{vib.} = h\nu_0 \left(v + \frac{1}{2}\right) \qquad v = 0, 1, 2, \ldots \tag{67}$$

wobei ν_0 die Schwingungsfrequenz und v die Schwingungsquantenzahl sind. Die Energiezustände im Termschema sind also äquidistant (Bild I-42a). Man sieht an (67), daß auch im niedrigsten Quantenzustand $v = 0$ die Schwingungsenergie nicht Null sein kann, ein Oszillator hat auch in der sogenannten Nullpunktschwingung immer noch die Energie $E = h\nu_0/2$. Dies ist in Übereinstimmung mit der Heisenbergschen Unschärferelation (13), denn wäre der Oszillator in Ruhe, so könnte man die Ruhelage und den Impuls genau bestimmen ($\Delta x = 0$ und $p = \Delta p = 0$).

In klassischen Systemen gilt das harmonische Kraftgesetz i.a. nur für kleine Auslenkungen, in gequantelten Systemen nur für kleine Quantenzahlen. Eine gute Darstellung der Schwingung eines zweiatomigen Moleküls unter Berücksichtigung der Anharmonizität ermöglicht der Potentialansatz von Morse (Bild I-42b). Beim anharmonischen Oszillator rücken die Schwingungsterme mit zunehmender Quantenzahl näher zusammen. Die Reihe der Schwingungsterme endet bei der Dissoziationsenergie der Bindung. Die in Bild I-42 eingezeichnete Parabel bzw. Morse-Kurve geben die potentielle Energie des Oszillators in Abhängigkeit vom Kernabstand an. Die Summe von potentieller und kinetischer Energie des Moleküls in einem bestimmten Schwingungszustand ist vom Kernabstand unabhängig und in den Potentialkurven des Bildes I-42 durch die Schwingungsterme angegeben. In Bild I-42c sind die Funktionen χ und $\chi^*\chi$ eingetragen, die die Wahrscheinlichkeit der relativen Lage der beiden Atome spiegeln. In der Reihe dieser Funktionen kommt wieder das Korrespondenzprinzip zum Vorschein: bei den hoch angeregten Schwingungen ist, wie im klassischen Fall, die Aufenthaltswahrscheinlichkeit der Atome in den Umkehrpunkten am größten, bei $v = 0$ dagegen in der Nähe des Gleichgewichtsabstandes.

Die Auswahlregel für lichtinduzierte Schwingungsübergänge kann aus einer (64) analogen Formel abgeleitet werden. Sie ist $\Delta v = \pm 1$, und sie stimmt mit der empirischen Auswahlregel überein.

Mehratomige Moleküle haben nicht nur eine Schwingungsmöglichkeit, sondern bei N-Atomen 3N-6 (lineare Moleküle 3N-5) Normalschwingungen. Bei diesen Normalschwingungen bewegen sich aber oft nicht nur zwei Atome (Bild I-43). Dennoch kann man diese Bewegungen durch eine charakteristische Normalkoordinate q darstellen, da bei einer Schwingung wie in Bild I-43 die Bewegungen aller Kerne synchron sein müssen. Deshalb kann man auch für so komplizierte Schwingungen mit Potentialkurven wie in Bild I-42 arbeiten.

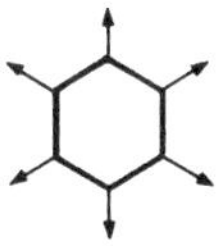
$\tilde{\nu} = 92300\,m^{-1}$

a)

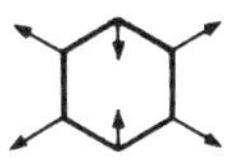
$\tilde{\nu} = 52000\,m^{-1}$

b)

Bild I-43
a) Totalsymmetrische und
b) nicht totalsymmetrische Normalschwingung im Benzol

Die Normalschwingungen sind in den Molekülen relativ wenig gekoppelt. Dieser Tatsache ist es zu verdanken, daß einzelne Schwingungen wie die C = O-Valenzschwingung oder eine bestimmte Gerüst-Deformationsschwingung eines aromatischen Systems praktisch die gleiche Schwingungsfrequenz haben unabhängig davon, in welches Molekül diese Atomgruppierungen eingebaut sind. Damit hat man umgekehrt die Möglichkeit, aus den Schwingungsspektren auf das Vorhandensein bestimmter Gruppen im Molekül zu schließen. Darauf beruht der hohe analytische Wert von Infrarot (IR)-Spektren.

Da die Termabstände im Schwingungsspektrum etwa eine Größenordnung kleiner sind als die der reinen Elektronenübergänge, liegen die reinen Schwingungsspektren im IR-Spektralgebiet (ca. $10^3\,m^{-1}$ bis $10^6\,m^{-1}$). Sie können damit ohne Störung durch Elektronenanregung im elektronischen Grundzustand beobachtet werden. Ein Beispiel zeigt Bild I-44 in der eine Zuordnung der Banden gegeben ist. Jeder dieser Absorptionsbanden entspricht ein Übergang von $v = 0$ nach $v = 1$ in einem anderen Termschema nach Bild I-42, und es sind

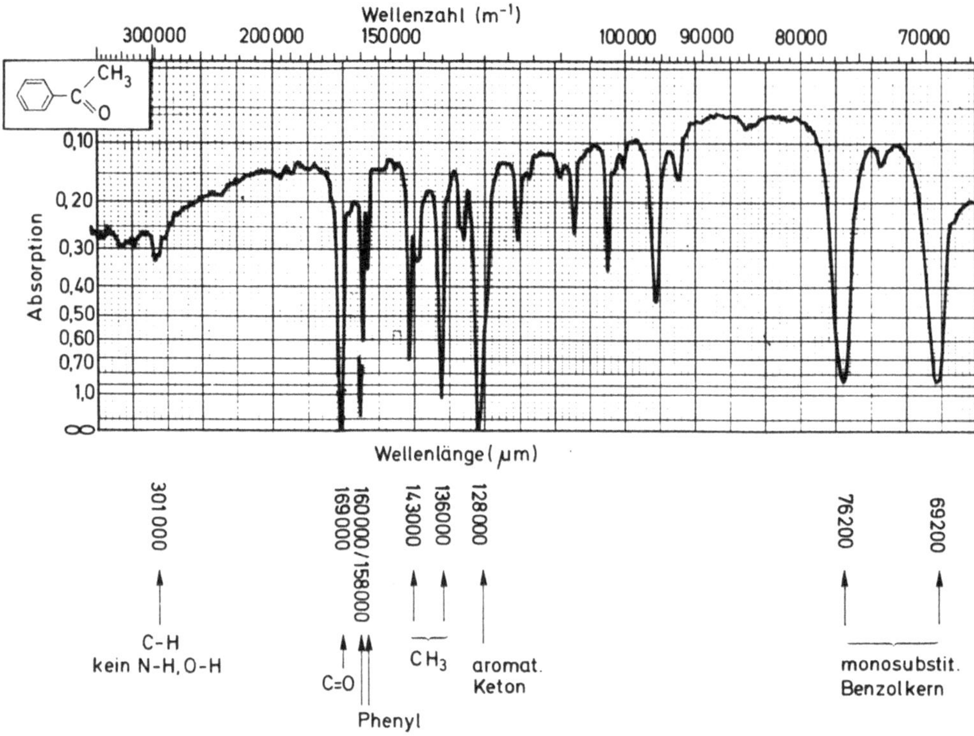

Bild I-44. Infrarotspektrum von Acetophenon (nach *F. Scheinmann*, Ed., Nuclear Magnetic Resonance and Infrared Spectroscopy, Pergamon Press)

so viele solche Termschemata zu berücksichtigen wie es nicht totalsymmetrische Normalschwingungen im Molekül gibt. Die Schwingungen sind nämlich auch durch die Symmetrie der relativen Kernbewegungen zu charakterisieren, man vergleiche die beiden Schwingungen von Bild I-43. Die Einschränkung, daß totalsymmetrische Schwingungen, z.B. Bild I-43a, IR-inaktiv sind, kommt durch die Bedingung zustande, daß bei der Lichtabsorption das Dipolmoment der Molekel geändert werden muß. Anregungen von $v = 0$ nach $v = 2$ sind verboten, d.h. als sogenannte Obertonübergänge sehr schwach. Anregungen von $v = 1$ nach $v = 2$ werden bei energiereichen Schwingungen deshalb nicht beobachtet, weil die höheren Schwingungsterme bei Raumtemperatur thermisch nicht besetzt sind ($n_1 = n_0\, e^{-h\nu_0/kT} = n_0\, e^{-\tilde{\nu}/20000}$). Die Linien $0 \rightarrow 1$ und $1 \rightarrow 2$ würden außerdem praktisch zusammenfallen.

Die Schwingungsübergänge, die gleichzeitig mit den Elektronenübergängen angeregt werden, und die die Form der Elektronenbanden bestimmen, gehorchen anderen Auswahlregeln. Hier sind es die totalsymmetrischen Schwingungen, die häufig längere Progressionen ($v = 0, 1, 2, \ldots$) bilden (z.B. Bild I-41).

3.3.3. Rotationsspektren

Wir wissen, daß eine Rotation durch einen Drehimpuls beschrieben werden kann. Und wir wissen, daß im Mikrobereich alle relevanten Drehimpulse gequantelt sein müssen, da sie die Dimension der Wirkung haben. Schon daraus folgt die Notwendigkeit der Quantelung der Rotationsbewegung im Mikrobereich.

Man kann auch eine Schrödingergleichung für die Rotation des gesamten Moleküls ansetzen. Ihre Lösung lautet:

$$E_{rot} = \frac{h^2}{8\pi I} J(J+1) = hcBJ(J+1), \qquad (68)$$

dabei ist I das Trägheitsmoment in bezug auf eine der Hauptträgheitsachsen, J die Rotationsquantenzahl und B die Rotationskonstante.

Bedingung für die Anregung eines höheren Rotationszustands durch Licht ist, daß das elektrische Moment des Moleküls durch die Anregung geändert wird, d.h. ein Übergangsmoment existiert. Dies kann kurz gefaßt werden durch die Auswahlregel $\Delta J = 1$ und die Nebenbedingung, daß im Molekül der Massen- und elektrische Schwerpunkt nicht zusammenfallen darf: in H–Cl oder $CHCl_3$ kann sich das elektrische Moment bei Rotationsanregung ändern, nicht aber in H–H oder Cl–Cl oder CCl_4. Ein Rotationstermschema und die erlaubten Übergänge zeigt Bild I-45.

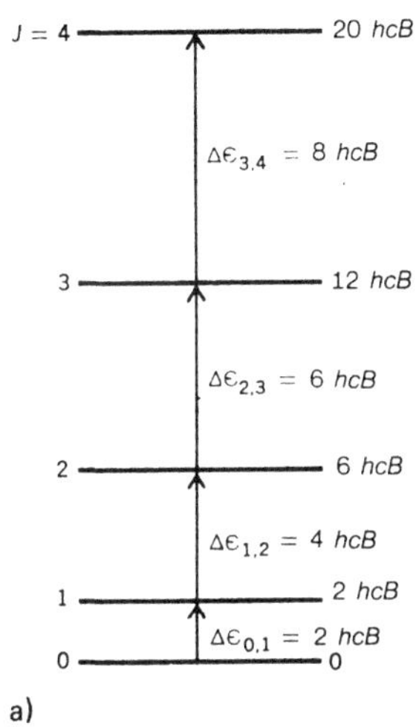

a)

Bild I-45

a) Termschema der Rotationsbewegung
b) Rotationsspektrum von HCl (gasförmig) (Äquidistante Linien, Abstand 2B)
(aus *G. M. Barrow*, Physikalische Chemie, Vieweg)

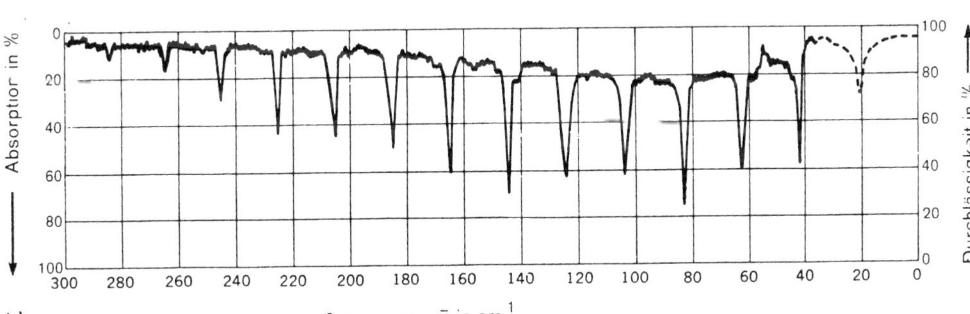

b)

Die Rotationsenergiequanten, die man durch Einsetzen der Trägheitsmomente für Moleküle erhält, sind sehr klein, sie liegen im Mikrowellenbereich (um 100 m^{-1}). Da die thermische Energie bei Zimmertemperatur 20000 m^{-1} beträgt, finden wir eine Verteilung der Moleküle über die niedrigen Rotationszustände, denn eine ganze Reihe von Molekülen hat soviel Energie, daß sie auf höhere Rotationsniveaus gehoben sind. Rotationen sind also bei Zimmertemperatur schon thermisch angeregt. Ein Rotationsspektrum von HCl zeigt Bild I-45b.

Ein Molekül kann im Gegensatz zu den Verhältnissen bei der Schwingung ohne Rotationsbewegung existieren. Dies ist keine Verletzung der Unschärferelation $\Delta\vec{J}_z\,\Delta\Phi \geqslant \hbar$ (13a), da bei exakter Drehimpulsmessung $(\Delta\vec{J}_z = 0)$ auf die Lokalisierung des Rotators auf der Umlaufbahn verzichtet wird $(\Delta\Phi = \infty)$.

Rotationsspektren von Molekülen können nur in gasförmigen Proben kleinen Drucks gemessen werden, da Wechselwirkungen der Moleküle die Rotationszustände stark stören. Das Rotationsspektrum ist durch das Trägheitsmoment des Gesamtmoleküls bestimmt. Deshalb kann es nur dazu dienen, ein ganz spezielles Molekül zu charakterisieren, Hinweise auf Molekülgruppen, wie sie UV- und IR-Spektren geben können, kann man vom Rotationsspektrum nicht erwarten. So ist der analytische Wert der Rotationsspektren begrenzt. Dagegen ist das Rotationsspektrum für die Strukturermittlung von hohem Wert. Molekülsymmetrien, Bindungslängen, Bindungswinkel und Dipolmomente kleiner Moleküle können sehr genau bestimmt werden, auch z.B. Zentrifugalverzerrungen in höheren Rotationszuständen, Rotationsbarrieren in Molekülen mit Teilen, die rotieren können oder Kernquadrupolwechselwirkungen.

4. Zusammenfassung

In diesem Kapitel haben wir mit der Erarbeitung der Einsicht in die Welleneigenschaften der Mikroteilchen die Grundlage geschaffen für das Verständnis des Atom- und Molekülbaus. Die stationären Energiezustände der atomaren und molekularen Systeme konnten wir damit als Systeme verstehen, in denen sich stehende Materiewellen ausgebildet haben.

Die verschiedenen atomaren und molekularen Systeme unterscheiden sich durch die Zahl der Elektronen und durch die Form und Tiefe der Potentiale, in denen sich die stehenden Materiewellen ausbilden. Geschlossen mathematisch lösbar ist nur das Problem des Wasserstoffatoms und des Wasserstoffmolekülions H_2^+. Bei allen anderen Mehrkörpersystemen sind Näherungen nötig. Die Notwendigkeit zur Näherungsbehandlung darf uns aber nicht dazu verführen, einen qualitativen, physikalischen Unterschied zwischen dem H-Atom und den anderen Systemen zu sehen. Es ist lediglich das mathematische Unvermögen, die Lösung der Gleichungen zu finden, das diese Unterscheidung bringt.

Die Näherungen, die wir benutzt haben, beruhen meist auf einem Modell. Man denke an die VB- und MO-Methoden oder an die griffige Formulierung für die symmetrierichtigen Kohlenstofforbitale als Hybridisierung. Solche Modelle haben jedoch nur einen Wert im Zusammenhang mit einem Näherungsverfahren. Man kann nicht entscheiden, ob das VB- oder das MO-Modell „richtig“ ist (und dieser Anspruch wird auch gar nicht gestellt), so wenig wie zu entscheiden ist, ob bei einem geometrischen Problem die Verwendung von rechtwinkligen, zylindrischen oder Polarkoordinaten „richtig" ist. Was Modelle liefern sollen, ist die möglichst einfache Beschreibung physikalisch überprüfbarer Tatbestände.

Wenn wir z.B. eine Linearkombination von Atomorbitalen machen, so benutzen wir das Modell der Interferenz der Materiewellen, die wir als Atomorbitale beschrieben haben. Das Molekül weiß jedoch nichts davon, daß wir seine Elektronenverteilung nach den atomaren Bestandteilen aufteilen. Tatsächlich könnten wir das Moelkülorbital auch nach einem anderen Verfahren aufbauen, wie es im Modell des freien Elektronengases geschieht. Die Ergebnisse beider Modelle müssen jedoch übereinstimmen und die Meßwerte zu berechnen erlauben.

Wir müssen uns also stets über den Modellcharakter unserer Vorstellungen Rechenschaft geben. Wir können die p_z-Orbitale der trigonalen C-Atome in ungesättigten Verbindungen nicht als existierende Dinge ansehen, die sich gewissermaßen als freie Individuen für eine Auflösung in einem Molekülorbital entscheiden.

Diese Betrachtung über den Wert von Modellen ist deshalb nötig, weil wir in dieser Einführung nicht danach streben, die physikalischen Größen tatsächlich zu errechnen, sondern eben die Modelle und die Vorstellungen, die mit ihnen verbunden sind, zu durchdenken. Im Bereich des Atombaus haben wir das Wasserstoffatom als Einelektronensystem behandelt, bei den Alkalimetallen die Spineigenschaften des Elektrons berücksichtigt und beim Heliumatom die Elektronenwechselwirkung in unsere Betrachtungen eingeführt. War bei diesen atomaren Systemen das Potential, in dem sich die stehenden Materiewellen ausbilden, im wesentlichen radialsymmetrisch, so gab es in linearen äußeren Feldern eine Vorzugsrichtung, an der sich die inneren Momente des Atoms gequantelt ausrichten können.

Im Bereich des Molekülbaus kann man die gleichen Schritte in Richtung auf die Beschreibung komplizierter Systeme tun. Wir haben uns auf die Behandlung von Einelektronensystemen beschränkt und stehen damit an der dem Wasserstoffatom analogen Stelle. Die Weiterentwicklung der Methoden der Quantenmechanik des Molekülbaus würde den Rahmen dieser Einführung sprengen.

Teil II
Makroskopische Systeme im Gleichgewicht

Wir haben im ersten Teil die Behandlung des Molekülbaus beendet, bevor wir die Möglichkeit und Methoden der Berechnung der Eigenschaften auch großer Moleküle ausgeschöpft haben. Man möchte meinen, daß damit die Entwicklungslinie Atom – Molekül – makroskopischer Körper unterbrochen sei. Dies ist tatsächlich der Fall. Allerdings kann man dieser Linie nur in den einfachsten Fällen folgen. Die Bindungsverhältnisse leichter zweiatomiger Moleküle sind mit genügender Genauigkeit zu berechnen, und aus diesen molekularen Eigenschaften, die durch das Experiment natürlich bestätigt sein müssen, kann man mit statistischen Methoden die makroskopischen Eigenschaften eines Gaszustands berechnen, der der ideale genannt wird.

Aber schon, wenn ein zweiatomiges Gas verflüssigt wird, stehen wir vor dem allgemeinen Problem, daß die Berechnung der Eigenschaften kondensierter Systeme aus den molekularen Daten für den praktischen Gebrauch unüberwindbare Schwierigkeiten macht. Aussagen über die Eigenschaften von Flüssigkeiten, Festkörpern, Lösungen oder Mischungen sind aber von großer Bedeutung nicht nur für die wissenschaftliche Beschreibung sondern ganz besonders für die praktische und technische Nutzung solcher Systeme, z.B. als Quelle mechanischer oder elektrischer Energie.

Eigenschaften makroskopischer Systeme können natürlich nicht nur aus molekularen Daten berechnet werden, sondern auch direkt gemessen werden. Historisch ist dieser Zugang älter, und schon daher wird verständlich, daß die Meßgrößen in den klassischen Bereichen Thermodynamik und Elektrochemie makroskopische Eigenschaften sind wie Dichte, Energieinhalt, Brechungsindex, die keine Auskunft über den inneren Aufbau der makroskopischen Systeme geben können: daß eine Flüssigkeit aus einzelnen Molekülen besteht, die durch Wechselwirkungskräfte zusammengehalten werden, kann z.B. durch die Bestimmung der Zähigkeit nicht nachgewiesen werden. Da wir aber heute wissen, daß alle makroskopischen Körper aus diskreten Bausteinen, Molekülen oder Atomen, bestehen, wollen wir in dieser Einführung neben die rein beschreibende thermodynamische Betrachtungsweise molekularstatistische Überlegungen stellen. Diese molekularstatistische Betrachtungsweise setzt qualitativ die Entwicklungslinie fort, die wir aus praktischen Schwierigkeiten der quantitativen Berechnung abgebrochen haben. Diese Betrachtungsweise wird uns aber manches Vorgehen der Thermodynamik verständlicher machen, das bei reiner thermodynamischer Argumentation nur formal begründet werden kann.

Gleichgewicht in einem makroskopischen System ist dann erreicht, wenn keine spontanen Veränderungen mehr ablaufen können und wenn nach einer kleinen Störung von außen das System wieder in den alten Zustand zurückkehrt. Wir verstehen also hier Gleichgewicht im Sinne des stabilen Gleichgewichts der Mechanik.

Der Gleichgewichtszustand eines makroskopischen Systems ist von äußeren Bedingungen abhängig. In der Thermodynamik beschäftigen wir uns u.a. mit der Frage, unter welchen Bedingungen des Drucks, der Temperatur, der Beimischung anderer Stoffe Wasser als Eis beständig ist. Man würde Eis bei −10 °C unter Atmosphärendruck als den Gleichgewichtszustand des reinen Wassers bei diesen Bedingungen bezeichnen, dagegen ist (unterkühltes) flüssiges Wasser bei diesen Bedingungen nicht stabil, d.h. nicht im Gleichgewichtszustand, wie man schon daran erkennen kann, daß es spontan, oder bei Erschütterung, oder wenn ein Stäubchen hineinfällt, durchkristallisieren kann. Dagegen befindet sich flüssiges Wasser bei 25 °C unter Atmosphärendruck im Gleichgewichtszustand.

Chemische und physikalische Prozesse laufen freiwillig nur in Richtung auf das Gleichgewicht zu ab, die Umkehrprozesse müssen erzwungen werden. Es ist deshalb wichtig zu wissen, wie bei einer Mischung chemischer Reaktionspartner das Gleichgewicht liegt (nach welcher Richtung also eine chemische Reaktion abläuft), ob die Ausgangsstoffe ganz oder nur teilweise umgesetzt werden, und wie man vielleicht durch Änderung der Reaktionsbedingungen die Ausbeute der gewünschten Endprodukte verbessern kann. Ein anderes praktisches Beispiel ist die Frage nach den günstigsten Bedingungen für die Trennung eines Flüssigkeitsgemisches, günstig in bezug auf Reinheit, günstig in bezug auf Kosten usw.

Solche Fragen an chemische und physikalische Systeme können mit Hilfe des in sich geschlossenen Vorstellungs- und Formelsystems der Thermodynamik beantwortet werden, das die makroskopischen Eigenschaften der Materie beherrscht. Die große Bedeutung der Thermodynamik für die theoretische Chemie hat in der quantitativen Erfassung der „Triebkräfte" der chemischen Reaktionen gelegen. Die Bedeutung der Thermodynamik für Praxis und Technik liegt z.B. darin, daß die nötigen Bedingungen für ein technisches Verfahren aus thermodynamischen Rechnungen vorermittelt werden können und daß damit schon in der Planungsphase Wirtschaftlichtkeitsaussagen möglich sind. Auch die „Energieverschwendung" der hochindustrialisierten Gesellschaften kann als thermodynamisches Problem gefaßt werden. Hier wird besonders die Notwendigkeit deutlich, die so unanschaulichen Entropieeigenschaften technischer Systeme ins Bewußtsein des Energiekonsumenten zu rufen.

Die Thermodynamik hat ihren Namen eigentlich zu Unrecht, denn er suggeriert eine Dynamik, also eine zeitliche Entwicklung. Über den zeitlichen Ablauf der Vorgänge, die zum Gleichgewicht hinführen, können thermodynamische Rechnungen aber gerade keine Auskunft geben. Diese Vorgänge werden von der kinetischen Theorie der Materie behandelt. Wir werden einige Systeme, die einem Potentialgefälle folgen, im dritten Teil dieser Einführung vorstellen.

1. Aggregatzustände

Alle Vorgänge und Erscheinungen, die wir im folgenden betrachten wollen, sind an die Existenz von Materie gebunden. Materie kann in verschiedenen Formen beobachtet werden, die Umwandlung von der einen Form in eine andere ist mit ein Gegenstand thermodynami-

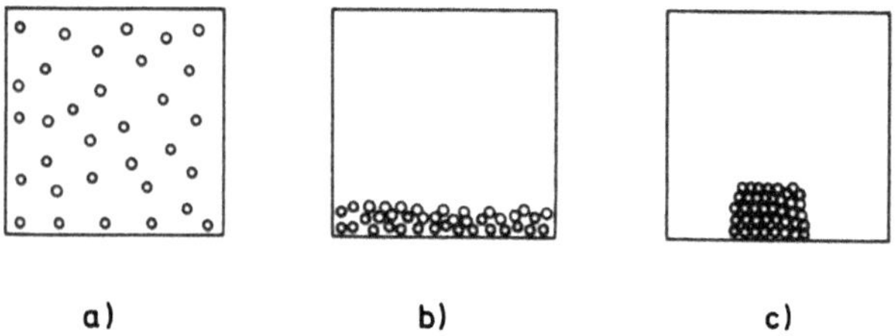

Bild II-1
Ordnungszustände in
a) Gas,
b) Flüssigkeit,
c) Festkörper

scher Untersuchungen. Wir behandeln in dieser Einführung die drei Aggregatzustände gasförmig, flüssig und fest. Für die Thermodynamik sind dies eben drei verschiedene als Phasen bezeichnete Zustände, die bestimmte Eigenschaften haben. Wir wollen aber mit der molekularstatistischen Vorstellung, die der Thermodynamik fremd ist, an die Beschreibung der Aggregatzustände herangehen.

1.1. Gasförmiger Zustand

Ein Gas hat die Eigenschaft, jeden Raum, der ihm angeboten wird, auszufüllen (Bild II-1). Dies bedeutet, daß es einer Vergrößerung des Abstands der Teilchen praktisch keinen Widerstand entgegensetzt, die Atome oder Moleküle fliegen praktisch unabhängig voneinander umher und nehmen voneinander nur Notiz, wenn sie zusammenstoßen.

Die Moleküle stoßen aber nicht nur zusammen, sondern auch auf die Wand des Gefäßes. Alle diese Stöße addieren sich zum makroskopischen, gemessenen Druck. Dieser Druck ist natürlich abhängig von der Temperatur des Gases, da eine höhere Temperatur mit einer höheren mittleren Geschwindigkeit der Teilchen und damit einer höheren Wandstoßzahl verbunden ist. Ebenso ist die Wahrscheinlichkeit, daß ein Teilchen die Wand trifft bei gleicher Teilchenzahl in einem kleinen Volumen größer als in einem großen.

Wir können also den Druck p einer bestimmten Gasmenge als Funktion von Volumen und Temperatur beschreiben. Den Zusammenhang zwischen p, T und V können wir thermodynamisch durch Messung dieser Größen bestimmen oder statistisch unter bestimmten Annahmen berechnen (Bild II-2). Messen wir und erhalten für 1 Mol des Gases den Zusammenhang

$$pV = RT \tag{1}$$

wobei R eine Konstante, die sogenannte Gaskonstante (mit universeller Bedeutung) ist, so bezeichnen wir dieses Gas als ein „ideales Gas“. Man kommt zum gleichen Ergebnis, wenn man der Rechnung punktförmige (also volumenlose) Moleküle ohne Anziehungs- oder Abstoßungskräfte zugrunde legt. In sehr vielen Fällen wird man bei der Messung jedoch Abweichungen von dieser idealen Beziehung finden, dann bezeichnet man ein solches Gas als ein „reales“. Man kann versuchen, die Formel so zu korrigieren, daß wir formal denselben Zusammenhang zwischen den „Zustandsvariablen“ p und T und der „Zustandsfunktion“ V bekommen. Dies ist in der van der Waals-Gleichung für reale Gase

$$\left(p + \frac{a}{V^2}\right)(V - b) = RT \tag{2}$$

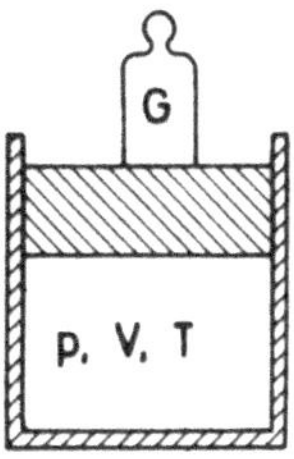

Bild II-2
Ein Gas in einem Zylinder mit verschiebbarem Kolben bei Druck p (gegeben durch das Gewicht G und die Kolbenfläche) Volumen V und Temperatur T.

geschehen, wo p um einen inneren Druck a/V^2, den man Kohäsionsdruck nennt, und V durch das sogenannte Covolumen, das vierfache Eigenvolumen der Moleküle, korrigiert worden sind. Die Zahlenwerte für die Konstanten a und b kann man durch mindestens zwei Messungen, bei verschiedenen Temperaturen und zugehörigen Drucken, bestimmen, einfacher jedoch aus Tabellenwerken entnehmen, in denen viele Meßergebnisse verzeichnet sind.

Man darf nun aber nicht annehmen, daß die van der Waals-Gleichung jedes Gas in jedem Temperaturbereich mit den gleichen Konstanten beschreiben könnte. Alle Gleichungen für reale Systeme sind nur Näherungsgleichungen, exakt sind in der Thermodynamik nur die Ausdrücke für ideale Systeme. Das gesamte Formelsystem der Thermodynamik ist überhaupt nur brauchbar zur Beschreibung von idealen Systemen. Leider gibt es streng genommen aber gar keine idealen Systeme, ihr ideales Verhalten ist nur in mehr oder weniger guter Näherung zu erreichen. Damit man aber trotzdem die Zusammenhänge der idealen Systeme benutzen kann, führt man Korrekturfaktoren ein, wie oben a/V^2 für die nicht mehr zu vernachlässigenden Wechselwirkungskräfte oder b für das Eigenvolumen, und kommt damit wieder auf die Form der Gleichungen für ideales Verhalten. Bei Prüfung der van der Waals-Gleichung sieht man auch sofort, unter welchen Bedingungen ideales Verhalten angenähert werden kann. Wenn (bei konstanter Molekülzahl) V groß wird, fällt b gegen V nicht mehr ins Gewicht, ebenso a/V^2 nicht mehr gegen p. Das Volumen einer gegebenen Gasmenge ist groß, wenn entweder die Temperatur hoch oder der Druck klein ist. Für diese Bedingungen geht – wie man oft unscharf formuliert – ein reales Gas in ein ideales Gas über.

1.2. Flüssiger Zustand

Eine Flüssigkeit kann jede Form, die ihr angeboten wird, ausfüllen, aber nicht mehr jedes Volumen (Bild II-1). Daraus kann man schließen, daß die Anziehungskräfte der Flüssigkeitsmoleküle wesentlich größer sind als im realen Gas. Wenn man Moleküle aus der Flüssigkeit entfernt, d.h. die Flüssigkeit verdampft, verbraucht man Energie. Dagegen muß man praktisch keine Energie aufwenden, um ein Molekül in der Oberfläche zu verschieben. Wir treffen hier zum ersten Male auf asymmetrische Kraftverhältnisse senkrecht zur Oberfläche, die für Phasengrenzen charakteristisch sind.

Die Beschreibung von flüssigen Phasen ist in der Thermodynamik nicht schwer, da man einfach die Meßdaten benutzt, die man an den Flüssigkeiten selbst gewonnen hat. Berechnungen von thermodynamischen Größen von Flüssigkeiten aus Moleküldaten sind jedoch sehr schwer durchzuführen, da die Wechselwirkungskräfte sehr schwer zu fassen sind. Eine „ideale" Flüssigkeit gibt es nicht in dem Sinne wie beim Gas.

1.3. Fester Zustand

Ein fester Körper ist dadurch gekennzeichnet, daß er ein bestimmtes Volumen und eine feste Gestalt hat (Bild II-1).

Die Anziehungskräfte zwischen den Molekülen sind so groß, daß Verschiebungen innerhalb der Phase oder entlang der Phasengrenzfläche nicht mehr möglich sind. Der Festkörper, soweit er kristallin vorliegt, hat eine regelmäßige Teilchenanordnung, die durch Röntgenstrukturanalyse ermittelt werden kann. Insoweit ist ein Kristall ohne Fehlstellen ebenfalls ein ideales System. So wie das ideale Gas durch maximale Unordnung und minimale Wechselwirkung der Moleküle gekennzeichnet ist, so ist der ideale Kristall durch maximale Ordnung und maximale Wechselwirkung der Bausteine charakterisiert. Das erlaubt wieder statistische Rechnungen.

2. Zwischenmolekulare Kräfte

Wir haben die Größe der zwischenmolekularen Kräfte zum Verständnis der Klassifizierung der Aggregatzustände benutzt, jedoch keine Aussage über die Art der Kräfte gemacht. Diese sind elektrischer Natur, wir brauchen Gravitations- oder magnetische Kräfte nicht zu berücksichtigen. Die verschiedenen Ladungsverhältnisse in Ionen und Molekülen legen eine Unterteilung der Wechselwirkungskräfte nahe.

2.1. Polkräfte

Polkräfte sind die Kräfte, die permanente Ladungen aufeinander ausüben.

2.1.1. Monopol-Monopol-Kräfte (Ion-Ion-Kräfte)

Wenn Ionen als Punktladungen betrachtet werden, gilt das Coulombsche Kraftgesetz

$z_1 e_0 \; \bullet\!\!\longleftarrow r \longrightarrow\!\!\bullet \; z_2 e_0$

$$\vec{F} = \frac{z_1 z_2 e_0^2}{4\pi\epsilon_0 r^2} \qquad U = \int \vec{F}\, d\vec{r} = \frac{z_1 z_2 e_0^2}{4\pi\epsilon_0 r} \,. \qquad (3)$$

Die Energie U eines Ions im Feld des anderen ist umgekehrt proportional zum Abstand der Ionen.

2.1.2. Monopol-Dipol-Kräfte (Ion-Dipol-Kräfte)

Dipole haben eine kompliziertere Ladungsverteilung als Ionen. Die Schwerpunkte der positiven und negativen Ladungen eines Moleküls fallen nicht mehr zusammen, ein Dipol wird durch ein gerichtetes Dipolmoment beschrieben: $\vec{\mu} = e\,\vec{l} = (e_+ + e_-)\,\vec{l}$. Die Wechselwirkung zwischen einer Punktladung und einem weit entfernten Dipol ($r \gg 1$) kann man als Summe der Wechselwirkungen der beiden Partialladungen des Dipols mit der Ladung des Ions ausdrücken.

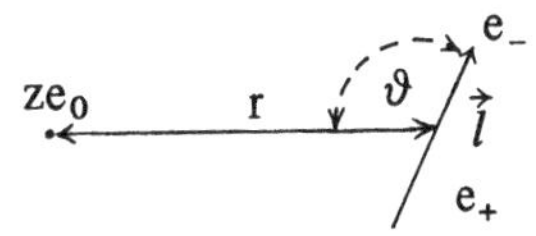

$$\vec{F} = -\frac{z\,e_0\vec{\mu}}{4\pi\epsilon_0 r^3}\cos\vartheta = -\frac{z\,e_0(e_+ + e_-)\,\vec{l}}{4\pi\epsilon_0 r^3}\cos\vartheta$$

$$U = -\frac{z\,e_0\vec{\mu}}{4\pi\epsilon_0 r^2}\cos\vartheta\,. \tag{4}$$

In einem Gas oder in einer Flüssigkeit wird jedoch die Ausrichtung der Dipolrichtung relativ zum Ion durch die Temperaturbewegung gestört. Man kann die Wechselwirkungsenergie statistisch mitteln und erhält

$$\bar{U} = -\frac{ze_0\mu}{4\pi\epsilon_0 r^2}\,\frac{ze_0\mu}{4\pi\epsilon_0 r^2}\Big/\,3\,kT = -\frac{z^2 e_0^2\mu^2}{3\cdot(4\pi\epsilon_0)^2 r^4 kT}\,. \tag{4a}$$

2.1.3. Dipol-Dipol-Kräfte

Zwei Dipole können verschieden zueinander orientiert sein. Wenn ϑ die Neigung der Dipolkomponenten in der Ebene des einen Dipols gegeneinander und φ die Drehung aus der Ebene heraus bedeuten sollen, ist die Kraft zwischen den Dipolen

$$\vec{F} = -\frac{\vec{\mu}_1\vec{\mu}_2}{(4\pi\epsilon_0)^2 r^4}\,[2\cos\vartheta_1\cos\vartheta_2 - \sin\vartheta_1\sin\vartheta_2\cos(\varphi_1 - \varphi_2)] \tag{5}$$

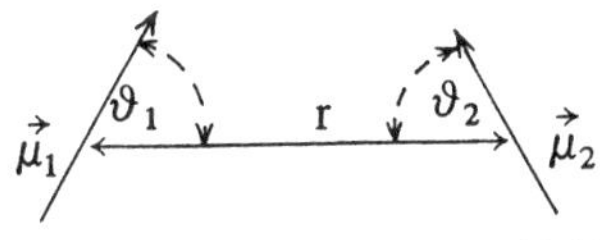

Für den praktisch wichtigsten Fall gleicher Dipole in statistischer Raumverteilung, wie er in einer Dipolflüssigkeit z.B. Wasser vorliegt, ergibt sich mit $\vec{\mu}_1 = \vec{\mu}_2 = \vec{\mu}$ eine Wechselwirkungsenergie

$$\bar{U} = -\frac{2\mu^2}{4\pi\epsilon_0 r^3}\,\frac{\mu^2}{4\pi\epsilon_0 r^3}\Big/\,3\,kT = -\frac{2}{3}\,\frac{\mu^4}{(4\pi\epsilon_0)^2 r^6 kT}\,. \tag{5a}$$

2.2. Induktionskräfte

In vielen Molekülen gibt es keine permanenten Ladungen oder Dipole. Dennoch kann ein Ion oder ein permanenter Dipol ein solches Molekül anziehen, denn durch Induktion wird in jedem Molekül ein Dipol erzeugt. Dieses induzierte Dipolmoment ist um so größer, je größer die Polarisierbarkeit α des Moleküls und je größer die polarisierende Feldstärke $\vec{E}$ ist: $\mu_{ind} = \alpha\,\vec{E}$.

2.2.1. Ion und polarisierbares Molekül

Die Feldstärke, die das Ion am Ort des polarisierbaren Moleküls schafft, ist proportional $1/r^2$. Das induzierte Dipolmoment ist stets direkt auf das erzeugende Ion gerichtet ($\vartheta = 0°$), womit eine statistische Mittelung wie in 2.1.2 entfällt. Damit ist die Wechselwirkungsenergie von Ion und induziertem Dipol

$$U = -\frac{\alpha z^2 e_0^2}{(4\pi\epsilon_0)^2 2r^4} . \tag{6}$$

2.2.2. Permanenter Dipol und polarisierbares Molekül

Auch ein permanenter Dipol hat ein elektrisches Feld, dessen Größe mit $1/r^3$ entfernungsabhängig ist. Die mittlere Wechselwirkungsenergie zwischen permanenten und durch sie induzierten Dipolen ist

$$U = -\frac{\mu^2 \alpha}{(4\pi\epsilon_0)^2 r^6} \tag{7}$$

wobei die Temperatureinflüsse in α berücksichtigt sind.

2.3. Dispersionskräfte

Dispersionskräfte sind für die gegenseitige Anziehung ungeladener dipolloser Moleküle verantwortlich. Ohne sie könnte Benzol keine Flüssigkeit sein. Edelgase oder Stickstoff könnten nicht verflüssigt werden. Dispersionskräfte sind auch bei der Wirksamkeit von Polkräften vorhanden, sind jedoch viel schwächer und werden deshalb in diesen Fällen nicht bemerkt.

Diese Dispersionskräfte werden auch London-Kräfte oder van der Waals-Kräfte genannt, auch sie sind elektrischer Nautr. Wenn dipollose Moleküle auch kein permanentes Dipolmoment haben, wenn also auch im zeitlichen Mittel die Ladungsverteilung symmetrisch ist, so muß doch der Schwerpunkt von positiver und negativer Ladung nicht in jedem Moment zusammenfallen. Damit haben wir nach statistischen Gesichtspunkten zu behandelnde kurzzeitig existente Dipole, die miteinander in Wechselwirkung treten. Gleichzeitig induziert ein momentaner Dipol einem Nachbarmolekül einen momentanen Dipol, der so orientiert ist, daß Anziehung resultiert. Die Dispersionsenergie ist ebenfalls proportional $1/r^6$.

2.4. Vergleich der zwischenmolekularen Kräfte

Mitentscheidend für die Größe der Wechselwirkungsenergien ist die Entfernungsabhängigkeit, die in Tabelle II-1 dargestellt ist. Man sieht, daß die interionischen Wechselwirkungskräfte eine gewisse Sonderstellung einnehmen. Die Kräfte, die von Ionen ausgehen, sind sehr weitreichend, die anderen Polkräfte, die Induktions- und Dispersionskräfte ergeben nur dann eine große Wechselwirkungsenergie, wenn sich die Moleküle nahe kommen.

Tabelle II-1. Entfernungsabhängigkeit der Wechselwirkungsenergien

Art der Kräfte		Energie zweier Partner	Mittlere Wechselwirkungsenergie
Polkräfte	Monopol-Monopol	$1/r$	$1/r$
	Monopol-Dipol	$1/r^2$	$1/r^4$
	Dipol-Dipol	$1/r^3$	$1/r^6$
Induktionskräfte	Ion-Molekül	$1/r^4$	$1/r^4$
	Dipol-Molekül	$1/r^6$	$1/r^6$
Dispersionskräfte		$1/r^6$	$1/r^6$

2.5. Kohäsions- und Gitterenergie

Diese zwischenmolekularen Kräfte wirken in einem realen Gas, einer Flüssigkeit oder einem Kristall zwischen allen Molekülen, d.h. um die Kohäsionsenergie zu erhalten, müßten wir Energieanteile zwischen allen Molekülpaaren aufsummieren können.

In realen Gasen und Flüssigkeiten flukturieren die Abstände in einer Weise, die die rechnerische Bestimmung der Wechselwirkungsenergien praktisch unmöglich macht. Hier ist man auf Messungen angewiesen. Dagegen ist die Lage der Bausteine im Kristall fixiert. Aus Symmetriegründen gibt es nur eine ganz bestimmte Zahl von Anordnungsmöglichkeiten von Ionen oder Molekülen in Kristall. Diese Möglichkeiten sind in den Kristallsystemen klassifiziert, einige davon zeigt Bild II-3.

Bei Ionengittern, also bei der Wirksamkeit von Monopol-Monopol-Kräften kann man die Gitterenergie in manchen Fällen berechnen. Die Gitterenergie ist die Energie, die frei würde, wenn man die Ionen oder Moleküle aus dem idealen Gaszustand in den Kristall überführen könnte.

Man bemerkt, daß wir immer wieder von der anschaulicheren Kraft auf die Ausdrücke für die zugehörige Energie hinführen. Tatsächlich sind Energiebetrachtungen für die Beschreibung des Verhaltens von thermodynamischen Systemen sehr viel fruchtbarer als die Betrachtung von Kräften, da die Energie nicht nur mechanische und elektrische, sondern auch chemische Anteile haben kann. Unsere Hauptenergiequellen, z.B. Kohle, Erdöl, Sonnenstrahlung liefern Energie in einer Form, die sich nicht unmittelbar mit Kräften verbinden läßt.

Darüber hinaus ist es möglich, allein mit Hilfe der meßbaren Energieeigenschaften von Systemen Aussagen über ihr Verhalten zu machen, ohne daß es nötig ist, den inneren Aufbau der Systeme zu kennen, man kann also z.B. den Brennwert eines Heizöls bestimmen, ohne die Frage zu stellen, ob Heizöl aus Atomen, Molekülen, Makromolekülen oder aus was auch immer bestehe. Energiebetrachtungen sind also dem Denksystem der Thermodynamik angepaßt, mit dem wir uns im folgenden beschäftigen wollen.

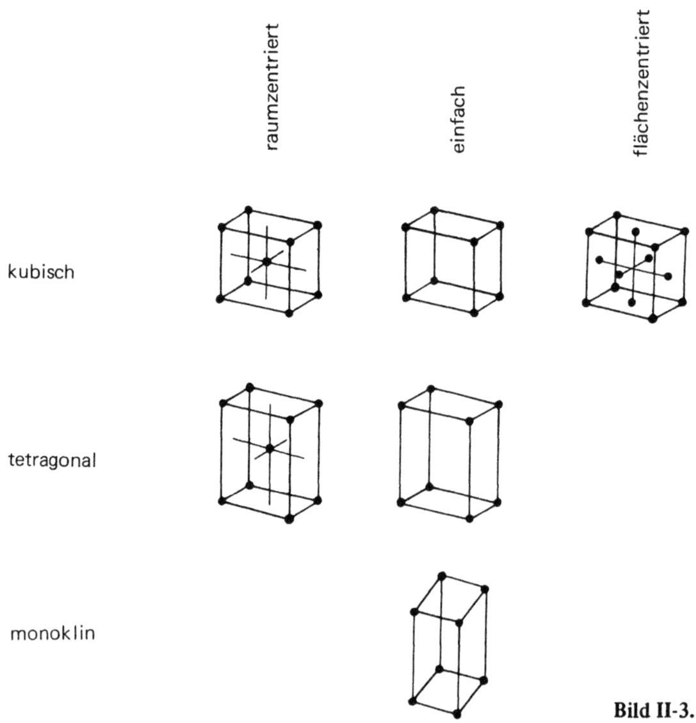

Bild II-3. Einige Kristallgittertypen

3. Thermodynamische Grundbegriffe

3.1. Thermodynamische Systeme

Wir wollen das Verhalten von thermodynamischen Systemen untersuchen und müssen zunächst diesen Begriff definieren. Ein solches System ist ein Teil der Welt, der Materie enthält und gegen den Rest der Welt, die Umgebung, durch gedachte oder materielle Wände abgeschlossen ist. Wir haben schon das ideale Gas in einem Gefäß als ein solches System kennengelernt (Bild II-1). Sein Zustand ist durch die Angabe der makroskopischen Variablen Temperatur, Druck und/oder Volumen eindeutig beschrieben. Auch sein Verhalten, d.h. der Übergang aus einem Zustand in den anderen kann durch Änderung dieser Variablen beschrieben werden. Halten wir die Variablen konstant, so ändert sich von allein am Zustand nichts, das System muß sich also im Gleichgewicht befinden.

Weitere Beispiele für thermodynamische Systeme sind eine Flüssigkeit mit ihrem Dampf, ein reales Gas in einem Zylinder mit beweglichem Kolben, also das Herz der Dampfmaschine und des Verbrennungsmotors, ein galvanisches Element, das Herz einer batteriegetriebenen Anlage. Man sieht an diesen Beispielen die Bedeutung der Thermodynamik für die Praxis.

Eine weitere Definition kann am System Flüssigkeit-Dampf geklärt werden. Dieses System ist *heterogen*, weil sich die Eigenschaften (z.B. die Dichte) an der Flüssigkeits-Dampf-Grenze sprunghaft ändern. Es besteht aus zwei *homogenen* Teilen, die Phasen genannt werden.

Es wird uns oft interessieren, wie sich ein System unter gewissen Bedingungen verhält und wie die Umgebung reagiert. Deshalb müssen wir unterscheiden

- *offene Systeme*, bei denen Energie und Materie mit der Umgebung ausgetauscht werden können. Beispiele für offene Systeme sind im offenen Gefäß kochendes Wasser oder biologische Systeme,
- *geschlossene Systeme*, bei denen zwar Energie, aber keine Materie mit der Umgebung ausgetauscht werden kann. Beispiele für geschlossene Systeme sind das Arbeitsgas im Verbrennungsmotor, das Kühlmittel im Kühlschrank, das System Quecksilberthermometer,
- *abgeschlossene* oder *isolierte Systeme*. Diese treten mit der Umgebung weder in Energie- noch Materieaustausch. Theoretisch sind solche Systeme gar nicht zu beobachten, da schon die Beobachtung die Isolation durchbricht. In praktischer Näherung könnte man ein verschlossenes undurchsichtiges Dewar-Isolationsgefäß, in dem irgendwelche Vorgänge ablaufen, als abgeschlossenes System behandeln.

Für die Thermodynamik sind vor allem die geschlossenen Systeme interessant.

3.2. Zustandsfunktion, Zustandsvariable

Der *Zustand* eines Systems ist dann festgelegt, wenn alle Eigenschaften dieses Systems eindeutig gegeben sind. Eine Flüssigkeit z.B. hat in einem bestimmten Zustand eine bestimmte Temperatur, sie steht unter einem bestimmten Druck, sie hat ein bestimmtes Volumen, eine bestimmte Dichte, einen bestimmten Brechungsindex, eine bestimmte Viskosität usw. Wenn alle beobachtbaren Eigenschaften eindeutig gegeben sind, dann bedeutet dies aber auch, daß man dem Zustand seine Vorgeschichte nicht ansieht: Man kann reinem Wasser bei 25 °C und unter Atmosphärendruck nicht ansehen, ob es aus Eis aufgeschmolzen oder aus Wasserdampf kondensiert worden ist.

Die Erfahrung zeigt, daß man den Zustand einer Phase eines reinen Stoffes meist mit zwei Variablen, z.B. Druck und Temperatur, eindeutig beschreiben kann. Diese Variable werden *Zustandsvariable* genannt. Die Eigenschaft, die man beobachtet, z.B. der Energieinhalt, ist eine Funktion dieser Variablen und wird deshalb *Zustandsfunktion* genannt.

Beim idealen Gas messen wir z.B. die Zustandsvariablen Druck p und Temperatur T und bestimmen damit die Zustandsfunktion Volumen V. Genauso könnte man die Zustandsfunktion innere Energie U durch p und T festlegen. Der Unterschied liegt in der verschiedenen Abhängigkeit von V und U von den Zustandsvariablen: $V = f(p, T) = R \cdot T/p$, während $U = g(p, T)$ eine andere Funktion ist.

Wenn wir diese mathematischen Beziehungen ansehen, so können wir Zweifel an der Schärfe der Definition einer Größe als Zustandsvariable und Zustandsfunktion bekommen. Denn wenn man das Volumen und die Temperatur ändert, ist ja die Druckänderung im Gas eindeutig mitbestimmt. Oder wenn man den Energieinhalt und die Temperatur verändert, dann ist auch die Druckänderung eindeutig. Man ist übereingekommen, die physikalisch leicht zu beeinflussenden Größen Druck, Temperatur, Volumen und die Zusammensetzung von Mischphasen als Zustandsvariable, die physikalisch meist nur indirekt variierbaren Größen wie Energieinhalt, Entropie, Enthalpie usw. als Zustandsfunktionen zu bezeichnen.

Bei komplizierteren Systemen als Einphasen-Einstoffsystemen benötigen wir auch mehr als zwei Zustandsvariable zur eindeutigen Beschreibung eines Zustands, streng genommen muß bei jedem System geprüft werden, wie viele Variable dafür nötig sind.

Zur Vervollständigung unseres Vokabulars sei noch die Unterscheidung von *intensiven* und *extensiven* Eigenschaften genannt. Die extensiven Eigenschaften sind mengenabhängig, z.B. ist das Volumen von 2 kg Wasser doppelt so groß wie das eines Kilogramms bei gleichen Bedingungen; wir führen uns mit zwei Stücken Torte doppelt soviel Kalorien zu wie mit einem. Dagegen ist der Brechungsindex oder die Zähigkeit einer Flüssigkeit von der Flüssigkeitsmenge unabhängig. Auch die Dichte ist eine intensive Eigenschaft. Hier wird aber schon aus der Dimension Masse/Volumen deutlich, daß jede extensive Eigenschaft durch Bezug auf die Einheitsmenge oder das Einheitsvolumen in eine intensive übergeht. Das Molvolumen eines idealen Gases oder einer Flüssigkeit ist unabhängig von der Menge des Gases oder der Flüssigkeit, da die doppelte Substanzmenge auch das doppelte Volumen einnimmt: Das Volumen ist eine extensive, das Molvolumen eine intensive Größe.

3.3. Reversible und irreversible Prozesse

Der Übergang eines Systems von einem Zustand in einen anderen kann *reversibel* oder *irreversibel* geschehen. Reversibel heißt umkehrbar, der Prozeß kann in jedem beliebigen Augenblick angehalten und umgekehrt werden und wenn der Ausgangspunkt wieder erreicht ist, so ist das System und die Umgebung in genau dem gleichen Zustand wie vor Beginn des Prozesses. Es bleiben keine Veränderungen zurück. Ein irreversibler Prozeß läuft von selbst, spontan ab. Er kann nicht in jedem Stadium angehalten werden und wenn man das System durch einen Eingriff von außen in den Ausgangszustand zurückbringt, dann bleibt in der Umgebung eine dauernde Veränderung zurück.

Man fragt sich nun, warum in einem System, das einen reversiblen Prozeß durchlaufen kann, überhaupt eine Veränderung eintreten soll. Tatsächlich muß man doch von außen eingreifen, damit überhaupt etwas geschieht, denn ein spontaner Prozeß ist ja irreversibel. Wenn aber in einem System ohne einen Eingriff von außen nichts geschieht, ist das System im Gleichgewicht. Damit ist der Schluß zwingend: eine reversible Zustandsänderung verläuft durch eine Folge von Gleichgewichtszuständen. Dies sei anhand von Bild II-4 verdeutlicht.

Bei dieser Maschine ist der Druck, den das Gewicht G auf den Kolben ausübt, bei jeder Kolbenstellung gleich groß wie der Gasdruck. Dafür sorgt die entsprechend geformte Kurvenscheibe. Das heißt: bei jeder Stellung des Rades bleibt das System in Ruhe, im Gleich-

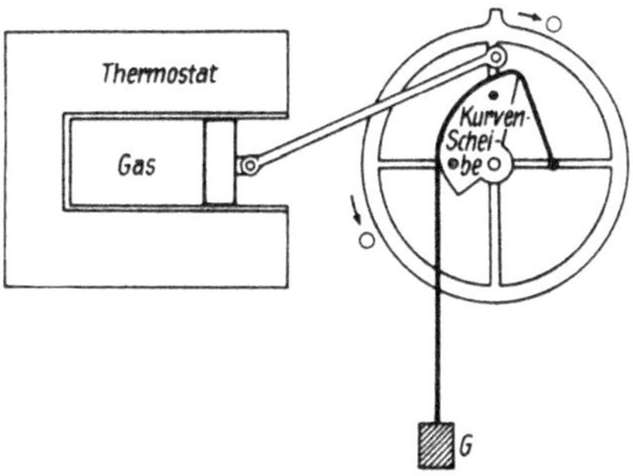

Bild II-4
Vorrichtung zur Demonstration eines reversiblen Prozesses. Erläuterung im Text (aus *G. Kortüm*, Einführung in die chemische Thermodynamik, Vandenhoeck und Ruprecht)

gewicht. Durch Auflegen eines kleinen Zusatzgewichts läßt sich der Kolben hineindrükken, entfernt man das Zusatzgewicht, so bleibt die Maschine stehen. Nicht aus Reibungsgründen, sondern weil die Kräfte auf den Kolben sich kompensieren. Verkleinert man das Gewicht ein wenig, so kann der Vorgang umgekehrt ablaufen. Was man vorher an Energie zur Kompression des Gases aufgewendet hat, bekommt man nun wieder zurück, der Prozeß ist reversibel. Über die Energiebilanz wollen wir später sprechen.

Es ist aber wichtig, daß nicht zuviel Zusatzgewicht aufgelegt wird. Sonst stößt der Kolben vor. Dabei steigt im Gebiet direkt vor dem Kolben der Druck über den Wert an, der im restlichen Gasraum zu messen ist. Der folgende Druckausgleich ist irreversibel. Molekularstatistisch gesehen beschleunigt der vorstoßende Kolben die Gasmoleküle, die während seiner Bewegung auf ihn treffen, in Bewegungsrichtung. Damit wird die statistische Richtungsverteilung der Wärmebewegung gestört, und es setzt ein spontaner, irreversibler Prozeß der Wiederherstellung dieser Gleichverteilung ein. Damit ist der Gesamtprozeß nicht mehr ganz reversibel. Mit dieser molekularstatistischen Betrachtung können wir den von den Thermodynamikern geforderten „unendlich langsamen" Ablauf reversibler Prozesse für diesen Fall so interpretieren, daß der Kolben nur so schnell verschoben werden darf, daß die statistische Richtungsgleichverteilung der Gasteilchen nicht merklich gestört wird.

3.4. Mathematisches Werkzeug

In der Thermodynamik werden fast immer Änderungen von Zustandsgrößen miteinander verknüpft, z.B. die Volumenänderung des idealen Gases bei Druckänderung oder die Änderung des Energieinhalts bei gleichzeitiger Veränderung von Volumen und Temperatur. Das führt mathematisch auf Differentialgleichungen. Die mathematischen Anforderungen sind denn auch im wesentlichen beschränkt auf die Anwendung der Differential- und Integralrechnung und auf die Lösung von Differentialgleichungen. Sehr oft wird auch der Satz von der Vertauschbarkeit der Reihenfolge der Differentiation (Satz von Schwarz)

$$\frac{\partial^2 N(x,y)}{\partial x \partial y} = \frac{\partial^2 N(x,y)}{\partial y \partial x} \tag{8}$$

verwendet.

Es sei nochmals betont, daß die Mathematik nur Beziehungen zwischen thermodynamischen Meßgrößen herstellen kann. Die Wärmekapazität, die Schmelzwärme, der Dampfdruck sind Größen, die gemessen werden können. Das thermodynamische Formelsystem gibt uns aber die Freiheit, die Größen zur Messung auszuwählen, die am einfachsten zu messen sind. Die Meßprobleme sind eigener Art und sollen hier nicht diskutiert werden. Man findet Möglichkeiten der Temperatur-, Druck-, Energie-, Konzentrationsmessung in der einschlägigen Literatur.

Die Zustandsfunktionen sind mathematisch dadurch ausgezeichnet, daß ihre Änderung als *vollständiges Differential* dargestellt werden kann:

$$dN(x, y, z) = \left(\frac{\partial N}{\partial x}\right)_{y,z} dx + \left(\frac{\partial N}{\partial y}\right)_{x,z} dy + \left(\frac{\partial N}{\partial z}\right)_{x,y} dz . \tag{9}$$

Diese Gleichung bedeutet: Die Änderung von N ist von x, y und z abhängig und zwar in einer Weise, die durch die Intensitätsparameter $(\partial N/\partial x)_{y,z}$, $(\partial N/\partial y)_{x,z}$ und $(\partial N/\partial z)_{x,y}$ angegeben werden. Diese Intensitätsparameter sind Systemeigenschaften. Die Änderung von N ist um so größer, je mehr der Extensitätsparameter x geändert wird (je größer dx ist), wobei die Empfindlichkeit von N gegen die Änderung von x, $(\partial N/\partial x)_{y,z}$, berücksichtigt werden muß. Diese Extensitätsparameter sind die aktuellen Veränderungen der Instandsvariablen. Dasselbe gilt für die Variablen y und z. Die tiefgestellten Variablen x und y in $(\partial N/\partial z)_{x,y}$ geben an, daß x und y konstant gehalten werden sollen und die alleinige Abhängigkeit von z gemessen wird. Hier ist die Eigenschaft der Zustandsfunktion, daß die Änderung unabhängig vom Weg zwischen Anfangs- und Endzustand sein soll, angesprochen. Die Zustandsänderung dN muß gleich groß sein, unabhängig davon, ob sich x, y und z gleichzeitig oder ob sie sich nacheinander ändern.

4. Der Energiesatz oder der 1. Hauptsatz der Thermodynamik

4.1. Arbeit

Wir kennen die mechanische Arbeit als die Folge einer Kraft $\vec{F}$, die einen Körper gegen seine Trägheit um eine Strecke $d\vec{s}$ verschiebt

$$dW = \vec{F}\, d\vec{s} . \tag{10}$$

Weniger geläufig sind uns die zwei- und dreidimensionalen Analoga, die *Oberflächen-* und *Volumarbeit*

$$dW = \sigma\, dA \qquad \text{und} \qquad dW = -p\, dV . \tag{11}$$

Bei Arbeitsleistung am System wird gegen die Oberflächenspannung die Oberfläche um dA vergrößert bzw. gegen den Druck p das Volumen um dV verkleinert. Wir wollen die Vorzeichenwahl prinzipiell so treffen, daß wir uns auf den Standpunkt des Systems stellen, das wir betrachten. Nimmt das System Arbeit auf, so ist dW positiv, leistet es Arbeit, so ist dW negativ. Wenn also das Volumen kleiner wird, ist dV negativ, der Arbeitsinhalt des Systems nimmt zu, dW ist positiv.

Eine andere Form der Arbeit ist die *elektrische Arbeit*

$$dW = U\,dq\,, \tag{12}$$

wobei U die elektrische Potentialdifferenz ist, gegen die die Ladungsmenge dq verschoben wird.

4.2. Arbeit und Wärme

Arbeit kann in Wärme umgewandelt werden. Wir leiden darunter, daß ein Teil der Energie, die wir zur Fortbewegung einsetzen, durch Reibung in Wärme umgesetzt wird und wir genießen diese Umwandlung von elektrischer Arbeit in Wärme, wenn wir eine elektrische Heizsonne benutzen. Arbeit und Wärme sind verschiedene Formen der Energie und zwar wird, wie man durch Messung festgestellt hat, durch eine bestimmte Arbeitsleistung stets dieselbe Wärmemenge erzeugt. Es gibt also offenbar eine Äquivalenz von mechanischer und thermischer Energie und man kann analog zum Energieerhaltungssatz der Mechanik einen Energiesatz der Thermodynamik formulieren.

Für die Untersuchung eines thermodynamischen Systems ist die potentielle und kinetische Energie nicht sehr interessant. Wenn wir z.B. das System Taschenlampenbatterie oder das System Gasfeuerzeug untersuchen wollen, dann interessieren wir uns für die innere Energie dieser Systeme. Ob sich die Batterie in einem Flugzeug in 1000 m Höhe befindet oder in einem Laboratorium ortsfest am Erdboden, spielt für thermodynamische Betrachtungen keine Rolle. Deshalb betrachtet man die *innere Energie* U allein

$$U = E_{gesamt} - E_{kinetisch} - E_{potentiell}\,. \tag{13}$$

Der Energiesatz der Thermodynamik lautet damit

$$\Delta U = \Delta W + \Delta Q \tag{14}$$

d.h. die gesamte Änderung der inneren Energie eines thermodynamischen Systems ist gleich der Summe der mit der Umgebung ausgetauschten Arbeit ΔW und Wärme ΔQ. Dieser Satz entspricht unserer Erfahrung, denn wenn z.B. die Energie $\Delta(W+Q)$, die die Umgebung aufnimmt, größer wäre als der Verlust der inneren Energie des Systems, dann könnte man, zumindest theoretisch, eine Vorrichtung ersinnen, die dem System seine innere Energie zurückgibt, und den Rest als nutzbare Arbeit oder Heizung verwenden. Ein solches *Perpetuum mobile erster Art*, also eine Maschine, die dauernd nutzbare Energie abgibt, ohne sie wieder ersetzt zu bekommen, gibt es nicht. Dennoch ist der Energiesatz nicht streng zu beweisen, die Erfahrung, daß es keine Ausnahme gibt, hat ihm zum Status eines Axioms verholfen.

4.3. Die innere Energie

Wenn der Zustand eines Systems festliegt, also z.B. der Druck eines Gases durch Gasvolumen und Temperatur bestimmt ist, ist auch seine innere Energie gegeben. Man kann eine Änderung der Eigenschaft innere Energie also als vollständiges Differential darstellen:

$$dU = \left(\frac{\partial U}{\partial T}\right)_V dT + \left(\frac{\partial U}{\partial V}\right)_T dV\,. \tag{15}$$

Wie groß nun U tatsächlich ist, wird durch die Größe von V und T festgelegt, d.h. wir müssen die obige Gleichung integrieren, wenn wir U selber finden wollen. Dazu müssen wir die beiden Ausdrücke $(\partial U/\partial T)_V$ und $(\partial U/\partial V)_T$ näher betrachten.

Natürlich ist die innere Energie nicht druckunabhängig, auch wenn der Druck selber in der Differentialgleichung nicht vorkommt. Druck und Volumen hängen ja z.B. für ideale Gase über die ideale Gasgleichung zusammen. Die innere Energie hängt nur in einer besonders einfachen Weise vom Volumen und in komplizierterer Weise vom Druck ab. Insbesondere wird für „isochore" Vorgänge, also Vorgänge, bei denen das Volumen konstant gehalten wird, die Gl. (15) einfach.

4.3.1. Reine Phasen

Beschränken wir uns zunächst auf eine reine Phase und treffen die Vereinbarung, die molaren Größen der reinen Stoffe durch Unterstreichung zu kennzeichnen. Was bedeutet hier $(\partial U/\partial T)_V$? Wir lesen: Änderung der inneren Energie, wenn wir bei konstantem Volumen, also ohne Volumarbeit, die Temperatur ändern, oder auch umgekehrt: Änderung der Temperatur, wenn wir die innere Energie isochor, also bei konstantem Volumen, um einen bestimmten Betrag vergrößern oder verkleinern.

Die Größe $(\partial U/\partial T)_V$ wird *Wärmekapazität* bei konstantem Volumen genannt und mit C_v bezeichnet. Wasser hat eine große Wärmekapazität. Mit derselben Wärmemenge, mit der man 1 g Wasser um 1° erwärmen kann, heizt man 1 g Kupfer um 10°. Der Begriff Wärmekapazität wird anschaulicher, wenn man die Überlegung umkehrt: mit einer wassergefüllten Wärmeflasche nimmt man zehnmal soviel Wärme ins Bett wie mit der gleichen Masse Kupfer von gleicher Temperatur.

Die Wärmekapazität eines Mols einer Substanz wird ihre *Molwärme* genannt. Die Molwärme bei konstantem Volumen $\underline{C}_v$ ist nicht ganz einfach zu messen, da man ein System in ein sehr stabiles Gefäß einschließen muß, wenn man es bei konstantem Volumen erhitzen will, man braucht dazu Bombenrohre. Sehr viel einfacher kann man die Wärmekapazität bei konstantem Druck, $\underline{C}_p$, messen, bei Atmosphärendruck einfach im offenen Gefäß, da unsere Atmosphäre ein hervorragender Druckkonstanthalter, ein Manostat, ist. Die Wärme, die man dem System zur Erhöhung der Temperatur um 1° zuführen muß, ist bei isobaren Bedingungen immer größer als bei isochoren, da sich das System bei konstantem Druck ausdehnen kann und damit einen Teil der zugeführten Wärme in Volumarbeit umsetzt. Bei idealen Gasen ist die Differenz der beiden Molwärmen, also die pro Grad und Mol umgesetzte Volumarbeit gerade gleich der Gaskonstanten:

$$\underline{C}_p - \underline{C}_v = R = 8{,}314\ \mathrm{JK^{-1}mol^{-1}}. \qquad (16)$$

Was bedeutet $(\partial U/\partial V)_T$? Wir lesen: Änderung der inneren Energie bei Volumveränderung unter Konstanthaltung der Temperatur. Hier ergänzen wir wieder die thermodynamische durch molekularstatistische Vorstellungen: offenbar hat dieser Ausdruck mit den zwischenmolekularen Wechselwirkungen zu tun. Volumvergrößerung bedeutet, Vergrößerung des Abstands der Moleküle. Und wenn diese Trennung einen Energieumsatz bedeutet, müssen Wechselwirkungskräfte bestanden haben. Tatsächlich mißt man beim idealen Gas, bei dem

Tabelle II.2. Innerer Druck Π von Flüssigkeiten und Gasen bei 298 K

Äußerer Druck atm	Verbindung	Innerer Druck atm
1	Diäthyläther	2 370
	n-Heptan	2 510
	Tetrachlorkohlenstoff	3 310
	Benzol	3 640
	Chloroform	3 660
	Quecksilber	13 200
	Wasser	20 000
200	Diäthyläther	2 790
	Stickstoff	99
	Wasserstoff	9

ja definitionsgemäß keine molekularen Wechselwirkungskräfte bestehen

$$\left(\frac{\partial U}{\partial V}\right)_T \equiv \Pi = 0\,. \tag{17}$$

Für ein reales Gas oder für eine kondensierte Phase gilt dies natürlich nicht mehr. Hier ist dieser Ausdruck ein Maß für die Kohäsionskräfte, er wird als *innerer Druck* bezeichnet. Eine Vorstellung von den Größenordnungen dieser Kräfte vermittelt Tabelle II-2.

Nachdem wir nun die Größen $\underline{C}_V$, $\underline{C}_p$ und Π in ihrer Bedeutung kennengelernt haben, müßten wir sie messen, damit wir die innere Energie errechnen können. Nun ist aber $\underline{C}_V$ temperaturabhängig, d.h. um eine bestimmte Menge Wasser von 14,5° auf 15,5 °C zu erwärmen, brauchen wir eine andere Wärmemenge als zur Erwärmung von 94° auf 95 °C. Und ebenso ist Π volumabhängig. Allerdings ist die Temperaturabhängigkeit von $\underline{C}_V$ nicht groß, so daß man für kleine Temperatur- und entsprechend für kleine Volumänderungen mit konstantem $\underline{C}_V$ und Π rechnen darf. Damit ist für kleine Änderungen:

$$\int_{U_1}^{U_2} dU = n \cdot \underline{C}_V \int_{T_1}^{T_2} dT + \Pi \int_{V_1}^{V_2} dV \Rightarrow U_2 - U_1 = n \cdot \underline{C}_V (T_2 - T_1) + \Pi (V_2 - V_1)\,. \tag{18}$$

Für den Gesamtenergieinhalt muß man zwischen den Grenzen Null und den Werten der Zustandsvariablen integrieren, deshalb müssen $\underline{C}_V$ als Temperatur- und Π als Volumfunktion unter dem Integral bleiben:

$$\int_{U_0}^{U} dU = U - U_0 = n \int_0^T \underline{C}_V \, dT + \int_0^V \Pi \, dV\,. \tag{19}$$

Und hier treffen wir auf ein fundamentales Problem der Thermodynamik: Wie groß ist U_0, die innere Energie beim absoluten Nullpunkt? Ohne weitere Annahmen ist diese Nullpunktenergie allein aus Messungen nicht zu ermitteln. In der Thermodynamik kann man nur Unterschiede der inneren Energie, der Enthalpie, der Entropie usw. messen, alle diese thermodynamischen Eigenschaften sind nur bis auf eine Konstante, ihren Wert beim absoluten Nullpunkt, festgelegt.

So sind in der Thermodynamik nur Energiedifferenzen meßbar, deshalb hilft man sich dadurch, daß man die innere Energie auf einen Standardzustand bezieht, dem man den Wert Null gibt, genauso wie man die geographischen Höhenangaben auf den Standard NN bezieht.

Die *Standardzustände* sind in den meisten Fällen realisierbar, z.B. flüssiges Wasser bei 25 °C (298 K) und 1 atm (101 325 Nm^{-2}). Oft sind die Standardzustände aber nur berechenbar, z.B. gasförmiges Wasser bei 25 °C und 1 atm. Dies entspräche der Wahl des unzugänglichen Erdmittelpunkts als Nullpunkt der geographischen Höhe. Die Standardzustände sind aber deshalb so gewählt, damit sie vergleichbar sind und damit Beziehungen zwischen verschiedenen Systemen hergestellt werden können.

Wir wollen noch einmal auf das Verhältnis von Arbeit, Wärme und innerer Energie zurückkommen. Wenn die innere Energie eine Zustandsfunktion ist, so brauchen Arbeit und Wärme dies nicht zu sein. Geht ein thermodynamisches System vom Zustand 1 in den Zustand 2 über, so ist zwar sein Gesamtenergieinhalt eindeutig verändert, aber wieviel Wärme und wieviel Arbeit an die Umgebung abgegeben oder aus dieser aufgenommen worden ist, hängt unter Umständen vom Weg ab, der von 1 nach 2 führt. Denken wir an chemische Reaktionen. Aus der Verbrennung eines Liters Benzin erhalten wir je nach der Maschine, in der wir die Verbrennung durchführen, eine verschiedene Ausbeute an nutzbarer Arbeit, im Benzinmotor mehr als in der Dampfmaschine. Oder betrachten wir die Chlorknallgasreaktion

$$H_2 + Cl_2 \rightarrow 2\,HCl_{aq} \,. \tag{20}$$

Die Reaktion kann man durch Belichten des Gemisches $H_2 + Cl_2$ unter Explosion ablaufen, danach den entstandenen gasförmigen Chlorwasserstoff durch eine 1n-HCl-Lösung absorbieren lassen. Pro Mol Umsatz gibt das System 327,2 kJ als Reaktions- und Lösungswärme ab, beim Lösen des Gases verkleinert sich das Volumen, was einer Zunahme an Volumarbeit um 5,0 kJ entspricht. Damit ist

$$\Delta U = \Delta W + \Delta Q = +\,5{,}0 - 327{,}2 = -\,322{,}2\ \mathrm{kJ\,mol^{-1}} \,. \tag{21}$$

Man kann aber auch in einer galvanischen Zelle, einem System, das wir später behandeln werden (6.4.4), die Reaktion so führen, daß 261,5 kJ als elektrische Arbeit und nur 65,7 kJ als Wärme abgegeben werden. Auch hier ist die Volumarbeit am System mit 5,0 kJ zu berücksichtigen und die Bilanz ist

$$\Delta U = \Delta W + \Delta Q = (-261{,}5 + 5{,}0) - 65{,}7 = -\,322{,}2\ \mathrm{kJ\,mol^{-1}} \,. \tag{22}$$

Man sieht, daß tatsächlich nur die innere Energie eine Eigenschaft ist, die von der Vorgeschichte des Systems nicht abhängt, nicht dagegen der Wärme- oder Arbeitsinhalt. Man kann deshalb die innere Energie als vollständiges Differential darstellen

$$dU = \left(\frac{\partial U}{\partial T}\right)_V dT + \left(\frac{\partial U}{\partial V}\right)_T dV = n\underline{C}_v\, dT + \Pi\, dV = \delta W + \delta Q \tag{23}$$

wobei die δ-Zeichen andeuten sollen, daß W und Q keine Zustandsfunktionen sind.

In einem System wie beim eben beschriebenen müssen wir der Existenz mehrerer Phasen Rechnung tragen und chemische Reaktionen thermodynamisch beschreiben.

4.3.2. Phasenumwandlungen

Bei reinen homogenen Systemen hängt die innere Energie in der Regel nur von zwei Variablen, am einfachsten von Volumen und Temperatur ab. Bei heterogenen Systemen, etwa dem Flüssigkeits-Dampf-System in einem teilweise mit Wasser gefüllten luftfreien Gefäß, muß zur vollständigen Beschreibung auch noch angegeben werden, wie sich die Materie auf die beiden Phasen verteilt. Denn wir wissen, daß zur Erzeugung von Dampf aus Wasser Energie aufgewendet werden muß.

Wir müssen also weitere Variable zur vollständigen Charakterisierung des Einstoff-Zweiphasensystems einführen: die Molzahlen n' und n'' in den beiden Phasen. Dabei ist aber zu beachten, daß beim Phasenübergang $dn' = -dn''$, so daß man vereinfachen kann:

$$dU = \delta Q + \delta W = \delta Q - p\,dV = \left(\frac{\partial U}{\partial T}\right)_{V,n} dT + \left(\frac{\partial U}{\partial V}\right)_{T,n} dV + \left(\frac{\partial U}{\partial n}\right)_{p,T} dn. \qquad (24)$$

Hält man bei einer Phasenumwandlung Volumen und Temperatur konstant ($dV = dT = 0$), so wird keine Volumarbeit geleistet ($\delta W = 0$). Dann ist

$$\frac{\delta Q}{dn} = \left(\frac{\partial U}{\partial n}\right)_{p,T} \equiv \underline{L}_v \qquad (25)$$

$\underline{L}_v$, die *innere Phasenumwandlungswärme* ist die Wärme, die man bei konstantem Volumen aufwenden muß, um z.B. 1 mol Eis von 0 °C in 1 mol Wasser von 0 °C umzuwandeln. Da in diesem Fall keine Volumarbeit geleistet wird, kommt die zugeführte Wärme ganz der inneren Energie zugute. Man bezeichnet Phasenumwandlungswärmen als *latente Wärmen*, da sie gewissermaßen am Umwandlungspunkt verschwinden ohne eine Temperaturänderung zu bewirken.

Bei Phasenumwandlungen bei konstantem Volumen treten besonders in kondensierten Phasen hohe Drücke auf. Einfacher sind die Umwandlungswärmen bei konstantem Druck im offenen Gefäß zu bestimmen. Diese *äußeren Phasenumwandlungswärmen* $\underline{L}_p$ sind größer als die inneren ($\underline{L}_v$), da in ihnen ja zusätzlich zur Phasenumwandlung die Volumarbeit der Ausdehnung enthalten ist. Bei Verdampfungsvorgängen ist diese Ausdehnung beträchtlich, die Volumarbeit kann hier bis zu 10 % der äußeren Verdampfungswärme betragen. Man bedenke, daß beim Siedepunkt 1 mol Wasser ca. 20 ml, dagegen 1 mol Wasserdampf ca. 30 Liter einnimmt!

4.3.3. Mischphasen

Mischphasen sind homogene Systeme, in denen eine Mischung mehrerer Stoffe vorliegt. Mischungen gibt es in allen drei Aggregatzuständen. Bei *Mischungen* liegen alle Komponenten in vergleichbaren Verhältnissen vor, überwiegt eine Komponente stark, so spricht man von *Lösungen.* Bei Mischungen wird eine weitere Zustandsvariable zur Beschreibung eines einphasigen Systems nötig: die Zusammensetzung. Man kann Angaben machen über Volumenprozent, Grammprozent, mol/l, mol/kg Mischung usw. Wir wollen hier den sogenannten *Molenbruch* als Konzentrationsmaß benutzen, der nichts anderes ist als eine Angabe der Molprozent.

Der Molenbruch x_i der Stoffe i in der Mischung ist definiert als das Verhältnis der Molzahl n_i zu der Summe der Molzahlen der Mischungskomponenten

$$x_i \equiv \frac{n_i}{\sum_j n_j} . \tag{26}$$

Der Molenbruch ist demgemäß eine dimensionslose Größe.

Die Angabe, eine Wasser-Äthanol-Mischung habe einen Alkoholgehalt von 77 Vol.% verrät nicht ohne weiteres, daß es sich dabei um ein Gemisch von gleich vielen Molekülen Wasser und Äthanol handelt. Am Molenbruch sieht man dieses molekulare Verhältnis sofort:

$$x_2 = \frac{n_2}{n_1 + n_2} = \frac{n_2}{2n_2} = 0{,}5 .$$

Natürlich ist bei binärer Mischung $x_1 + x_2 = 1$ und bei Mehrkomponentengemischen $\sum_i x_i = 1$. Mit der Einführung des Molenbruchs vermeiden wir die Probleme der Volumänderung bei realen Mischungen, der Dichteänderung mit der Temperatur usw., die wir bei Verwendung der sonst in der Chemie gebräuchlichen Konzentrationsmaße wie mol/l berücksichtigen müßten.

Bei Mischphasen ist die Unterscheidung zwischen idealem und realem Verhalten besonders wichtig. Ideale Mischphasen sind homogene Mischungen von Stoffen, bei denen sich die uns schon bekannten thermodynamischen Eigenschaften der Komponenten einfach addieren. Wir haben die Vereinbarung getroffen, die molaren Größen der reinen Stoffe durch Unterstreichung zu kennzeichnen, z.B.

$$V = n_1 \underline{V}_1 + n_2 \underline{V}_2 + \ldots = \sum_i n_i \underline{V}_i \tag{27}$$

$$U = n_1 \underline{U}_1 + n_2 \underline{U}_2 + \ldots = \sum_i n_i \underline{U}_i . \tag{27a}$$

Molekularstatistisch bedeutet dies ideale Verhalten, daß die Teilchen der Stoffe i und k keine Wechselwirkungen untereinander haben, daß also zwischen den Molekülen keine Pol-, Induktions- oder Dispersionskräfte bestehen.

Verwirklicht ist dieser ideale Fall bei grobdispersen Systemen, z.B. einer Mischung von Zucker und Salz, bei Mischungen von idealen Gasen und bei Flüssigkeitsmischungen, in denen die Wechselwirkungen zwischen gleich- und verschiedenartigen Molekülen gegeben sind durch

$$E_{ik} = \frac{1}{2} (E_{ii} + E_{kk}) .$$

Solche Systeme sind z.B. die Mischungen Cl_2-Br_2, Hexan-Heptan, CCl_4-SnCl_4, also chemisch sehr verwandter Moleküle.

Leider sind die idealen Fälle auch in der Thermodynamik selten. Bei realen Mischungen sind die Volumina nicht mehr additiv wie in (27). Wenn man z.B. eine bestimmte Menge NaCl in Wasser löst, so ist das Volumen der Lösung kleiner als die Summe der Ausgangsvolumina. Molekularstatistisch kann man das qualitativ verstehen. Die Na^+- und Cl^--Ionen ziehen die Wasserdipole an und verdichten damit die Packung der Wassermoleküle. Ja, es gibt sogar Fälle, bei denen das Volumen einer Lösung kleiner ist als das des verwendeten Lösungsmittels, z.B. bei sehr verdünnten $MgSO_4-H_2O$-Lösungen.

Wenn also das Gesamtvolumen nicht mehr die Summe der Einzelvolumina ist, so könnte man daraus schließen, daß auch die Molvolumina der Mischungspartner in der Mischung nicht mehr die der reinen Stoffe seien. Am Beispiel der $MgSO_4-H_2O$-Lösung kann man einsehen, daß bei erhöhter Packungsdichte das Volumen, das 1 mol Wasser einnimmt, kleiner sein wird als beim reinen Wasser. Es ist aber im allgemeinen nicht möglich, die Größe der Molvolumina der Mischungspartner einzeln zu messen und damit (27) zur Darstellung des Gesamtvolumens zu benutzen.

Deshalb geht man in der Thermodynamik anders vor. Ziel ist, die Additivität der Volumina aufrecht zu erhalten, damit man mit dem für ideales Verhalten entwickelten Formelapparat arbeiten kann. So schreibt man

$$V = n_1 V_1 + n_2 V_2 + \ldots = \sum_i n_i V_i \tag{28}$$

$$U = n_1 U_1 + n_2 U_2 + \ldots = \sum_i n_i U_i \,. \tag{28a}$$

Nur sind diese V_i oder U_i nicht mehr die Molvolumina oder innere Energien, sondern sogenannte *partielle Molvolumina* oder *partielle molare innere Energien.* Man hat einen Etikettenschwindel vorgenommen, um die Formel zu retten. Was für Größen sind nun diese partiellen molaren Größen? Betrachten wir zunächst das Volumen.

Man kann ja die Zustandsfunktion Volumen als vollständiges Differential ansetzen, bei konstantem Druck und konstanter Temperatur:

$$dV = \left(\frac{\partial V}{\partial n_1}\right)_{n_2,n_3,\ldots} dn_1 + \left(\frac{\partial V}{\partial n_2}\right)_{n_1,n_3,\ldots} dn_2 + \ldots \left(\frac{\partial V}{\partial n_k}\right)_{n_1,n_2,\ldots} dn_k \,. \tag{29}$$

Integriert man, so ergibt sich

$$V = \left(\frac{\partial V}{\partial n_1}\right)_{n_2,n_3,\ldots} n_1 + \left(\frac{\partial V}{\partial n_2}\right)_{n_1,n_3,\ldots} n_2 + \ldots = \sum_1^k n_i \left(\frac{\partial V}{\partial n_i}\right)_{n_j \neq n_i} = n_1 V_1 + n_2 V_2 + \ldots$$

$$= \sum_1^k n_i V_i \,. \tag{30}$$

Das partielle Molvolumen $V_i \equiv (\partial V/\partial n_i)_{n_j \neq i}$ ist definiert als die Veränderung des Gesamtvolumens der Mischung bei Zugabe einer kleinen Menge des Stoffes i, klein deshalb, damit sich die Zusammensetzung der Mischung durch die Zugabe praktisch nicht verändert. V_i ist also eine differentielle Größe. Es ist ein Maß für die Intensität der Wirkung des Stoffes i auf das Gesamtvolumen. Die oben ausgeführte Integration ist mathematisch nur für bestimmte Arten von Funktionen erlaubt. Auf jeden Fall müssen die $(\partial V/\partial n_i)_{n_j \neq n_i}$ konstant sein. In der Praxis könnte man diese Integration dadurch nachvollziehen, daß man die Gesamtmischung durch gleichzeitige Zugabe kleiner Mengen der Komponenten in dem Verhältnis herstellt, in dem sie in der Endmischung vorliegen, z.B. durch Verwendung von Dosiereinrichtungen.

Das partielle Molvolumen hat normalerweise für jede Zusammensetzung der Mischung einen anderen Wert. Dies ist in der Definitionsgleichung durch die Indizes angezeigt. Wenn man also das partielle Molvolumen von Kochsalz in Wasser bei bestimmter Konzentration gemessen hat, so kann man daraus noch keine quantitativen Schlüsse auf V_{NaCl} in einer wäßrig-alkoholischen Lösung gleicher Konzentration ziehen. Zur Bestimmung des partiellen Molvolumens muß man für jeden Fall eine Messung durchführen, einfach deshalb, weil sich die Wechselwirkungskräfte in mathematisch nicht leicht faßbarer Weise mit der Konzentration und der Individualität der Mischungspartner ändern. Über die Meßverfahren geben die Lehrbücher der Thermodynamik Auskunft.

Das partielle Molvolumen ist kein Volumen, sondern eine Größe, die es erlaubt, das Gesamtvolumen als Summe von Anteilen der Einzelkomponenten darzustellen. Das partielle Molvolumen eines Stoffes in einer bestimmten Mischung kann negativ werden, nämlich dann, wenn, wie bei $MgSO_4-H_2O$ in bestimmten Konzentrationsbereichen, die Zugabe einer kleinen Menge des Stoffes zu einer Kontraktion des Gesamtvolumens ($dV < 0$) führt. Ein negatives Volumen dagegen gibt es nicht.

Bild II-5 zeigt die Abhängigkeit der partiellen Molvolumina zweier Mischungspartner und hypothetisches ideales Verhalten.

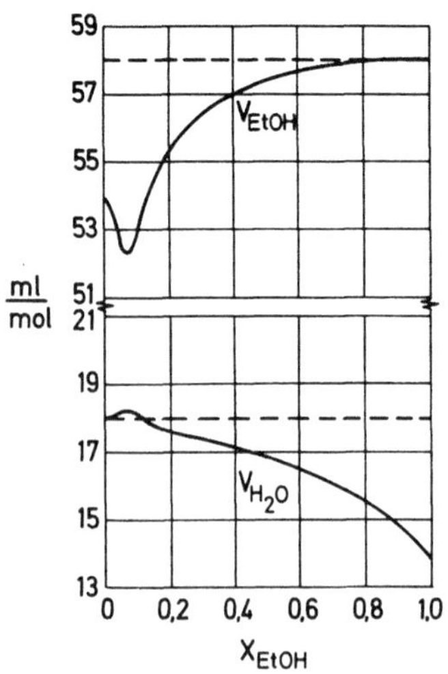

Bild II-5

Partielle Molvolumina von Wasser und Äthanol bei 293 K. Bei idealem Verhalten wären die $V_i = \underline{V}_i$ über den ganzen Molenbruch konstant – – – –.

Während also bei idealen Mischungen das Gesamtvolumen der Mischung von z.B. 50 *l* bei Zugabe von z.B. 10 ml einer Komponente immer um 10 ml zunimmt, ganz gleich wie die Zusammensetzung der Mischung ist, ist die Zunahme des Gesamtvolumens einer realen Mischung bei Zugabe von 10 ml einer Komponente davon abhängig, wie die Mischung zusammengesetzt ist. Sie kann je nach dem betrachteten System z.B. 8 ml betragen oder auch −0,5 ml, was einer Abnahme des Gesamtvolumens und damit einem negativen partiellen Molvolumen der zugegebenen Komponente entspricht.

Man kann dem Bild II-5 entnehmen, daß ein kleiner Äthanolzusatz zu reinem Wasser einen starken Effekt auf dessen Struktur hat. Die Kurven in Bild II-5 lassen sich nicht in einfacher Weise mathematisch fassen, was wieder ein Hinweis auf die Komplexität der intermolekularen Wechselwirkungskräfte ist.

Bei Überlegungen zur inneren Energie von Mischungen müssen wir den Energieerhaltungssatz der Thermodynamik berücksichtigen. Wenn die Summe der inneren Energien der Mischungspartner vor der Vermischung verschieden ist von der inneren Energie der Mischung, muß die Differenzenergie mit der Umgebung ausgetauscht werden. Dies geschieht im allgemeinen durch einen Wärmeumsatz: bei nichtidealem Verhalten der Partner in der Mischung beobachten wir eine *Mischungswärme*, d.h. beim Mischen erwärmt sich das System oder es kühlt sich ab. Bei der Mischung von Wasser und Schwefelsäure erhitzt sich die Mischung, beim Auflösen von Ammonchlorid in Wasser wird die Lösung kalt.

Da die Abweichungen vom idealen Verhalten in Wechselwirkungen zwischen den Mischungspartnern ihre Ursache haben, ist es offensichtlich, daß die Art der Mischungspartner und ihre Konzentration von Einfluß auf die partielle molare innere Energie sind. Die partielle molare innere Energie von Wasser in 98%iger Schwefelsäure ist anders als in 10%iger Schwefelsäure. Dies ist offenkundig, wenn man einen Tropfen Wasser zu diesen beiden Säuren zugibt. Im einen Fall beobachten wir eine heftige Erwärmung, die zum Verdampfen von Wasser führt, im anderen Fall kaum einen Wärmeumsatz. Die partielle molare innere Energie von Wasser in 98%iger H_2SO_4 ist ebenfalls verschieden von der von Wasser in 98%igem Methanol, wie man an den Mischungswärmen ohne weiteres sehen kann.

Eine partielle molare Größe ist also nur dann definiert, wenn die gesamte Zusammensetzung der Mischung gegeben ist. Berechnungen der partiellen molaren Größen sind – mit einer Ausnahme (vgl. 6.4.2.1) – nicht möglich. Man muß also messen. Es gibt dafür verschiedene Methoden; insgesamt ist die Thermodynamik der Mischphasen recht aufwendig. Man findet zwar in Tabellenwerken eine Menge Daten über diese Größen, doch ist im Zweifel das System, das einen interessiert, noch nicht vermessen. Dennoch lohnt es sich, diese Messungen durchzuführen, da dadurch der Anschluß an das thermodynamische Formelgebäude gefunden ist und weil man sich dadurch noch schwierigere Messungen ersparen kann.

4.3.4. Chemische Reaktionen

Die Frage nach dem Unterschied der inneren Energie eines Reaktionsgemisches vor und nach der Reaktion, die Frage nach der Reaktionsenergie oder Wärmetönung, ist eine der wichtigsten der Chemie. Nicht nur, weil Wärme eine teure Energieform ist, sondern auch weil sie einen Hinweis gibt, wie man die Reaktion durch Erhitzen oder Kühlen führen kann.

Bei einer Reaktion

$$\nu_A A + \nu_B B + \ldots \longrightarrow \nu_C C + \nu_D D + \ldots \qquad (31)$$

z.B.

$$N_2 + 3H_2 \longrightarrow 2NH_3 \qquad (31a)$$

ist die innere Energie der Ausgangsmischung die Summe der inneren Energien der Ausgangsstoffe, wenn wir ideales Verhalten annehmen wollen. Die innere Energie der Endmischung ist dann die Summe der inneren Energien der Endprodukte. Die Reaktionswärme setzt sich also zusammen aus der inneren Energie der entstandenen der der verschwundenen Stoffe

$$\Delta U = \sum_i \Delta n_i \, \underline{U}_i \; . \qquad (32)$$

Nun ist aber das Verhältnis von verschwindenden und entstehenden Stoffen durch die Stöchiometrie der Reaktion festgelegt. Wenn 0,5 mol N_2 verschwinden, verschwinden auch 1,5 mol H_2, und es entsteht 1 mol NH_3. Man kann den gesamten Umsatz auf den Formelumsatz λ beziehen, d.h. wenn $\lambda = 1$, dann haben 1 mol N_2 und 3 mol H_2 reagiert. Bei halbem Formelumsatz entsprechend weniger, die Molzahl, die entsteht oder verschwindet, ist durch

$$dn_i = \nu_i \, d\lambda \qquad (33)$$

gegeben, wenn ν für verschwindende Moleküle negativ, für entstehende Moleküle positiv eingesetzt wird. Damit kann man auch die Änderung der inneren Energie bei einem kleinen Formelumsatz schreiben

$$\begin{aligned}(dU)_{V,T} &= -\underline{U}_A dn_A - \underline{U}_B dn_B - \ldots + \underline{U}_C dn_C + \underline{U}_D dn_D + \ldots \\ &= -\nu_A \underline{U}_A d\lambda - \nu_B \underline{U}_B d\lambda - \ldots + \nu_C \underline{U}_C d\lambda + \nu_D \underline{U}_D d\lambda + \ldots \\ &= \sum_i \nu_i \underline{U}_i d\lambda \; . \end{aligned} \qquad (34)$$

Wenn wir V und T konstant gehalten haben, so deshalb, damit wir allein die Auswirkungen der chemischen Reaktion auf die innere Energie studieren konnten.

Allgemein ist die Änderung der inneren Energie, wenn wir auch eine chemische Reaktion ablaufen lassen:

$$dU = \delta Q - p\,dV = \left(\frac{\partial U}{\partial T}\right)_{V,\lambda} dT + \left(\frac{\partial U}{\partial V}\right)_{T,\lambda} dV + \left(\frac{\partial U}{\partial \lambda}\right)_{V,T} d\lambda \qquad (35)$$

und für isotherme und isochore Reaktionen

$$(dU)_{T,V} = \delta Q = \left(\frac{\partial U}{\partial \lambda}\right)_{V,T} d\lambda \; . \qquad (36)$$

δQ ist die Wärmemenge, die man zu- oder abführen muß, damit sich trotz ablaufender Reaktion bei festgehaltenen Volumen die Temperatur nicht ändert. Auf einen Formelumsatz bezogen ist

$$\Delta U \equiv \left(\frac{\partial U}{\partial \lambda}\right)_{V,T} = \left(\frac{dQ}{d\lambda}\right)_{V,T} = \sum_i \nu_i \underline{U}_i \qquad (37)$$

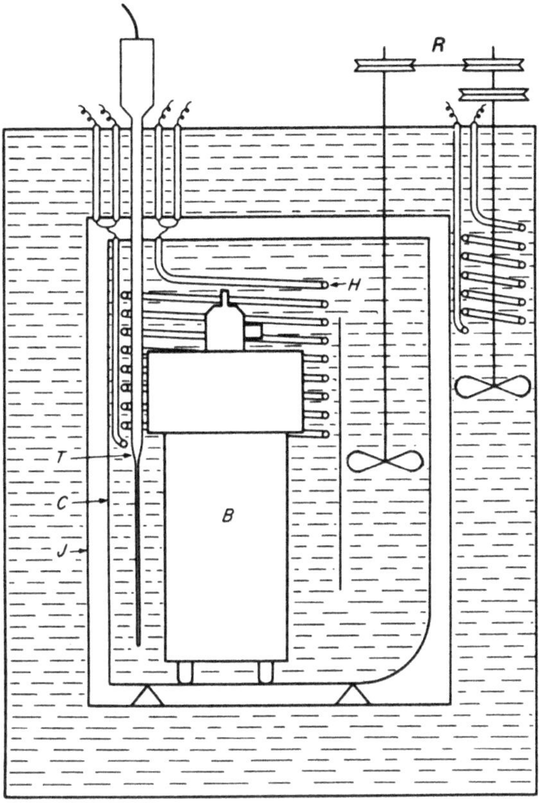

Bild II-6
Bombenkalorimeter (schematisch).
B Bombe, H Heizung/Kühlung,
T Thermometer, C Kalorimetergefäß,
J Isolation, R Rührwerk
(nach *W. J. Moore*, Physical Chemistry, Longman)

die *Reaktionswärme bei konstantem Volumen.* Diese Reaktionswärme läßt sich unmittelbar ermitteln, wenn man die Reaktion in einer Kalorimeterbombe ablaufen läßt (Bild II-6). Wenn ΔU positiv ist, so bedeutet das nach unserer Konvention, daß dem System Wärme zugeführt werden muß, die Reaktion also endotherm ist, ist ΔU negativ, so ist die Reaktion exotherm.

Die Wärmekapazität ändert sich bei einer Reaktion natürlich genauso wie die innere Energie selbst, d.h. die Temperaturabhängigkeit der Reaktionswärme ist

$$\left(\frac{\partial \Delta U}{\partial T}\right)_V = \frac{\partial C_v}{\partial \lambda} = \Delta C_v \,. \tag{38}$$

Dieses Ergebnis erhält man aus dem Schwarzschen Satz (8), der in diesem Fall lautet:

$$\left(\frac{\partial^2 U}{\partial \lambda\, \partial T}\right)_V = \left(\frac{\partial^2 U}{\partial T\, \partial \lambda}\right)_V \,.$$

Mit dieser Formel für die Temperaturabhängigkeit der Reaktionswärme hat man ein Mittel in der Hand, bei bekannten Molwärmen der Reaktionsteilnehmer die Reaktionswärme zu berechnen, die umgesetzt wird, wenn die Reaktion bei einer anderen Temperatur durchgeführt wird. Das ist in der Technik wichtig, wo man mit möglichst wenig Heizung oder Kühlung auskommen will

$$\int_{T_1}^{T_2} d\,\Delta U = \int_{T_1}^{T_2} \Delta C_v\, dT \quad \Rightarrow \quad \Delta U_{T_2} = \Delta U_{T_1} + \int_{T_1}^{T_2} \Delta C_v\, dT\,. \tag{39}$$

Auch hier kann man die Reaktion im offenen Gefäß, d.h. bei konstantem Druck, dem Atmosphärendruck, ablaufen lassen, und erhält eine Reaktionswärme bei konstantem Druck, die natürlich wieder von ΔU verschieden ist, da das System sich ausdehnt oder zusammenzieht und dabei Volumarbeit leistet oder gewinnt.

4.4. Die Enthalpie

Wir haben bisher in den drei Fällen, Wärmekapazität, Phasenumwandlungswärme und Reaktionswärme, einschränkend bemerken müssen, daß nur bei Prozessen ohne Volumänderung die Änderung der inneren Energie bei Wärmezufuhr oder Reaktionsablauf ein Maß für diese Größen sei. Für isobare Prozesse, bei denen zwar der Druck konstant, das Volumen jedoch variabel ist, mußten zusätzliche Volumarbeiten berücksichtigt werden. Um diesen Anteil an Volumarbeit mit in die Beschreibung der Systeme durch Zustandsfunktionen einzubeziehen, suchte man eine Eigenschaft, die diesen Volumarbeitsanteil schon enthält. Diese fand man in der *Enthalpie*, einer Zustandsfunktion, die definiert ist als

$$H \equiv U + pV\,. \tag{40}$$

Auch diese Eigenschaft ist eine Energiegröße: zu der inneren Energie eines Systems wird noch die Arbeit dazugeschlagen, die nötig ist, um das System, das ja eine endliche Ausdehnung hat, herzustellen. Die Enthalpie ist eine sehr unanschauliche Größe, zweifellos ist aber der Zustand eines Systems durch dessen innere Energie und Raumausdehnung energetisch eindeutig bestimmt. Die Enthalpie ist deshalb so wichtig, weil sie für Vorgänge bei konstantem Druck sehr einfache Beziehungen liefert, und für den Chemiker sind Reaktionen im offenen Gefäß, z.B. Umsetzungen durch Kochen am Rückfluß, ungleich wichtiger als solche, die bei konstantem Volumen im Bombenrohr durchgeführt werden.

Enthalpie und innere Energie sind sich formal sehr ähnlich. Dies soll in den folgenden Formeln dargestellt werden.

Die Änderung der Enthalpie ist

$$dH = dU + d(pV) = dU + Vdp + pdV = \delta Q - pdV + Vdp + pdV \tag{41a}$$

$$dH = \delta Q + Vdp \tag{41b}$$

und als vollständiges Differential einer Zustandsfunktion

$$dH = \delta Q + Vdp = \left(\frac{\partial H}{\partial T}\right)_{p,\lambda} dT + \left(\frac{\partial H}{\partial p}\right)_{T,\lambda} dp + \left(\frac{\partial H}{\partial \lambda}\right)_{p,T} d\lambda\,. \tag{42}$$

Für isobare Zustandsänderungen ist die Änderung der Enthalpie also gleich der aufgenommenen oder abgegebenen Wärmemenge δQ, die Änderung von H ist für konstanten Druck ($dp = 0$) besonders einfach zu schreiben.

Analog den Formeln für die innere Energie ist

$\left(\frac{\partial H}{\partial T}\right)_p = C_p$ die Wärmekapazität bei konstantem Druck,

$\left(\frac{\partial H}{\partial p}\right)_T = \epsilon$ der isotherme Drosseleffekt, der wieder ein Maß für die Kohäsionskräfte und damit für ideales Verhalten eines Gases Null ist ($\epsilon = 0$),

$\left(\frac{\partial H}{\partial \lambda}\right)_{p,T} = \Delta H = \left(\frac{\delta Q}{\partial \lambda}\right)_{p,T}$ die Reaktionswärme einer Reaktion, die bei konstantem Druck, z.B. im offenen Gefäß, abläuft,

$\left(\frac{\partial H}{\partial n_i}\right)_{p,T} = \underline{L}_p$ die äußere Phasenumwandlungswärme.

In allen diesen Größen ist also die Volumarbeit, die sich bei konstantem Druck durch die Wärmeausdehnung der Systeme ergibt, berücksichtigt. Natürlich sind die Größen innere Energie und Enthalpie immer ineinander umzurechnen. Deshalb ist selbstverständlich H auch vom Volumen abhängig (wie die innere Energie vom Druck), auch wenn dies in der Formel für dH nicht direkt erkennbar ist. Aber p und V sind ja untereinander entweder durch das ideale oder durch ein reales Gasgesetz oder durch die entsprechenden Gesetze für Flüssigkeiten und Festkörper miteinander gekoppelt.

4.4.1. Der Heßsche Satz und die Bildungsenthalpien chemischer Verbindungen

Die innere Energie und die Enthalpie sind Zustandsfunktionen. Auf welchem Weg auch immer ein System von einem Zustand 1 in einen Zustand 2 übergeht, ΔU und ΔH sind allein durch die Differenzen $U_2 - U_1$ bzw. $H_2 - H_1$ festgelegt. Eine chemische Reaktion kann also direkt oder auf Umwegen zu den Endprodukten führen, ΔU bzw. ΔH sind immer gleich groß, und setzen sich, nach Heß (1840) additiv aus den Wärmetönungen der Teilreaktionen zusammen.

Chemische Umwege sind dann interessant, wenn die Reaktionswärme der direkten Reaktion nicht gemessen werden kann. Hat das System nach der Reaktion dasselbe Volumen wie vor der Reaktion, dann wählt man die innere Energie, ist der Enddruck gleich dem Ausgangsdruck, so wählt man die Enthalpie als Energiefunktion. Diese Bedingungen realisiert man am besten dadurch, daß man Volumen bzw. Druck über die ganze Reaktionskette konstant hält, daß man also in der Kalorimeterbombe oder im offenen Gefäß arbeitet.

Zwei Beispiele sollen dies verdeutlichen.

Beispiel 1: Der Energieunterschied organischer Stereoisomerer, z.B. von cis- und trans-Stilben oder cis- und trans-Azobenzol, ist durch direkte Umwandlung der beiden Moleküle ineinander meist nicht zu gewinnen. Man wählt deshalb den Umweg über die Verbrennungsprodukte

$$\text{trans-Stilben} + O_2 \xrightarrow{\Delta U_1} CO_2 + H_2O \xleftarrow{\Delta U_2} O_2 + \text{cis-Stilben}\,.$$

Die Synthese von cis-Stilben aus CO_2 und Wasser ist direkt nicht durchzuführen. Sie muß aber die gleiche Wärmetönung haben wie der umgekehrte Vorgang der Verbrennung von cis-Stilben zu Kohlendioxid und Wasser, die leicht bestimmt werden kann. Der Unterschied der inneren Energien der Isomeren ist also durch die Differenz der Verbrennungswärmen gegeben (Bild II-7a).

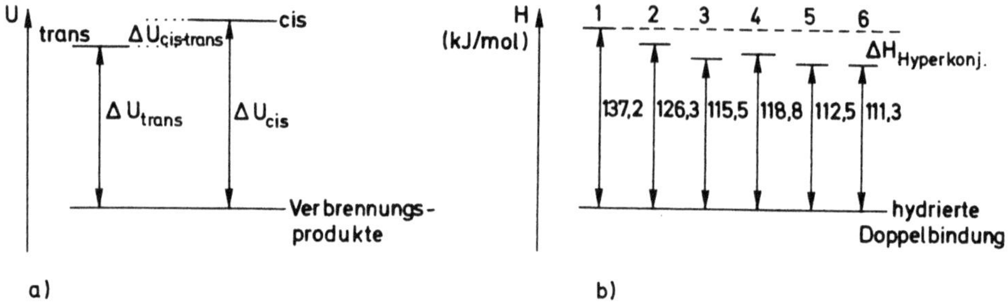

Bild II-7. a) Verbrennungswärmen von cis- und trans-Stilben (schematisch),
b) Hydrierungswärmen und Hyperkonjugation bei substituierten Äthylenen (Tab. 3)

Beispiel 2: Es interessiert die Stabilisierung einer Doppelbindung durch Hyperkonjugation. Man mißt dazu die Hydrierungswärme der Doppelbindung z.B. bei verschiedenen substituierten Äthylenen (Bild II-7b und Tabelle II-3).

Tabelle II-3. Stabilisierung einer Doppelbindung durch Hyperkonjugation

Nr. in Bild II-7b	Verbindung	Hydrierungswärme kJ/mol	Hyperkonjugation kJ/mol
1	$H_2C=CH_2$	137,2	0
2	$H_2C=C(H)(CH_3)$	126,3	11,3
3	$(CH_3)(H)C=C(H)(CH_3)$	115,5	21,7
4	$H_2C=C(CH_3)_2$	118,8	18,4
5	$(CH_3)(H)C=C(CH_3)_2$	112,5	24,7
6	$(CH_3)_2C=C(CH_3)_2$	111,3	25,9

Man kann noch einen Schritt weiter gehen und aus Messungen von Verbrennungs-, Hydrierungs- und anderen Reaktionswärmen mit Hilfe des Heßschen Satzes die Reaktionswärme berechnen, die bei der Bildung einer Verbindung aus den Elementen auftreten würde, also den Energieinhalt einer chemischen Verbindung. Kennen wir die Bildungsenthalpien der Stoffe, die an einer Reaktion beteiligt sind, dann können wir unter der Voraussetzung idealen Verhaltens auch die Reaktionsenthalpien als

$$\Delta H = \sum_i \nu_i \underline{H}_i \qquad (43)$$

errechnen. Diese Möglichkeit ist praktisch wichtig: Ohne eine Reaktion experimentell durchführen zu müssen, erhält man einen Anhaltspunkt für die Größe der zu erwartenden Reaktionswärmen, die unter Umständen die Hauptkosten eines Verfahrens verursachen.

Auch die Bildungsenthalpien sind keine absoluten Größen, sie sind nur bis auf eine Konstante bestimmt. Man eliminiert diese, indem man der stabilsten Form der chemischen Elemente bei 298 K und 101325 Nm^{-2} Druck die Bildungsenthalpie Null zuschreibt, z.B. Kohlenstoff als Graphit, Gold als Metall, Wasserstoff als H_2-Gas. Es ist wohl selbstverständlich, daß auch die Phasenumwandlungswärmen in den Bildungsenthalpien enthalten sind, Wasserdampf hat eine größere Bildungsenthalpie als flüssiges Wasser. Tabelle II-4 gibt eine kleine Auswahl tabellierter *Standardbildungsenthalpien.*

Tabelle II-4. Einige Standardbildungsenthalpien in kJ/mol

Stoff	$\underline{H}_{298}^{B}$	Stoff	$\underline{H}_{298}^{B}$	Stoff	$\underline{H}_{298}^{B}$
H_2 (g)	0	H_2S (g)	− 20,1	Methan (g)	− 74,8
O_2 (g)	0	H_2SO_4 (fl)	−811,3	Äthylen (g)	+ 52,3
H_2O (fl)	−285,8	CO (g)	−110,5	Äthanol (g)	−235,3
H_2O (g)	−241,8	CO_2 (g)	−393,5	Äthanol (fl)	−277,6
D_2O (g)	−249,3	Graphit	0	Essigsäure (g)	−437,3
HCl^- (g)	− 92,3	Diamant	+ 1,89	Harnstoff (f)	−333,2
Cl^- (aq.)	−167,4	Ag	0	Dimethyläther (g)	−185,3
HBr (g)	− 36,2	$AgNO_3$ (f)	−123,1	Blausäure (g)	+130,5
HJ (g)	+ 25,9				

5. Der Entropiesatz oder der 2. Hauptsatz der Thermodynamik

Auch wenn Arbeit quantitativ in Wärme umgewandelt werden kann, ist der Umkehrschluß nicht erlaubt, daß Wärme vollständig in Arbeit umgewandelt werden könne. In Kapitel 4, wo der 1. Hauptsatz der Thermodynamik behandelt ist, haben wir die Umwandlung von Arbeit in Wärme und die Umwandlung von verschiedenen Arten der Wärme ineinander behandelt. Hier beschäftigen wir uns mit der prinzipiell begrenzten Umwandlungsmöglichkeit von Wärme in Arbeit, mit freiwillig ablaufenden Vorgängen und mit Stabilitäts- und Gleichgewichtsfragen.

5.1. Wärme und Arbeit, Wärmekraftmaschinen

In den Wärmekraftmaschinen wird versucht, aus Wärmeenergie möglichst viel mechanische Energie zu gewinnen. Man benutzt dazu die Ausdehnung eines Arbeitsgases, in der Dampfmaschine Wasserdampf, im Verbrennungsmotor die Verbrennungsgase. Das eine Mal wird die Wärme von außen dem Arbeitsgas zugeführt, das andere Mal durch einen chemischen Prozeß, eben die Verbrennung, der inneren Energie entnommen.

Um die Wirkungsweise der Wärmekraftmaschinen und darüber hinaus die Thermodynamik besser zu verstehen, kehren wir zu dem Verhalten des Einphasensystems Arbeitsgas zurück, das wir uns als ideales Gas in einem durch Kolben verschlossenen Zylinder denken.

Wir können es komprimieren und sich ausdehnen lassen, dabei gibt es einige Grenzfälle, die wir besprechen wollen.

5.1.1. Isotherme reversible Kompression

Wir haben anhand von Bild II-4 schon über die Bedeutung der Reversibilität gesprochen. Für den isothermen Ablauf sorgt der Thermostat (Bild II-8a), es ist bei der istohermen Zustandsänderung $dT = 0$.

Damit ist ausgehend von Gl. (23): $dU = \delta Q - p\,dV = C_v\,dT + \Pi\,dV$, für das ideale Gas ($\Pi = 0$)

$$dU = \delta Q - p\,dV = 0\,. \tag{44}$$

d.h. die gesamte, dem Arbeitsgas zugeführte Kompressionsarbeit wird dem Wärmeinhalt des Thermostaten zugeführt, die innere Energie des Arbeitsgases ändert sich nicht. Da der Prozeß reversibel geführt wird, muß sich auch Wärme quantitativ in Volumarbeit überführen lassen. Aus der idealen Gasgleichung erhalten wir für diese Zustandsänderung die *Isotherme* des idealen Gases (Bild II-8c)

$$p\,V = \text{const}\ (= RT). \tag{45}$$

5.1.2. Adiabatische reversible Kompression

Man kann den Prozeß auch völlig anders als bei der isothermen Kompression führen, nämlich dann, wenn die Wände des Arbeitsgassystems völlig wärmeundurchlässig sind (Bild II-8b). Einen Wärmeaustausch kann man durch ein Dewargefäß (Thermosflasche) verhindern oder dadurch, daß man wärmeisolierende Materialien wie Styropor als Wandmaterial verwendet, wie das bei den Kühlschränken üblich ist. Beim adiabatischen Prozeß ist $\delta Q = 0$ und damit

$$dU = dA = -p\,dV = C_v\,dT \tag{46}$$

für ideales Gas. Die gesamte Kompressionsarbeit wird der inneren Energie des Arbeitsgases zugeführt und tritt als Temperaturerhöhung des komprimierten Arbeitsgases in Erscheinung. Umgekehrt muß auf Kosten der inneren Energie, auf Kosten des Wärmeinhalts des Arbeitsgases, eine Volumarbeit entnommen werden können.

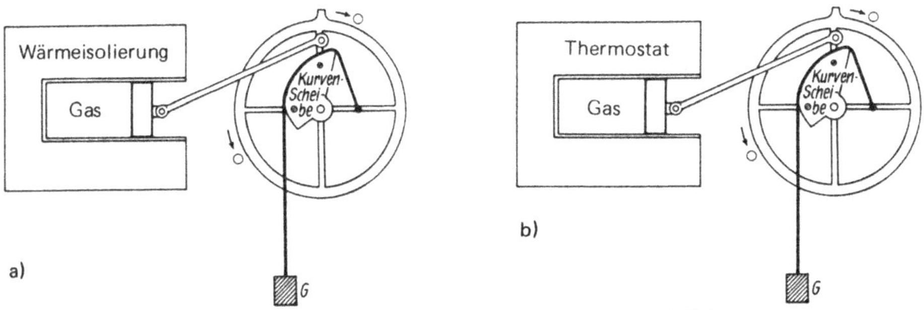

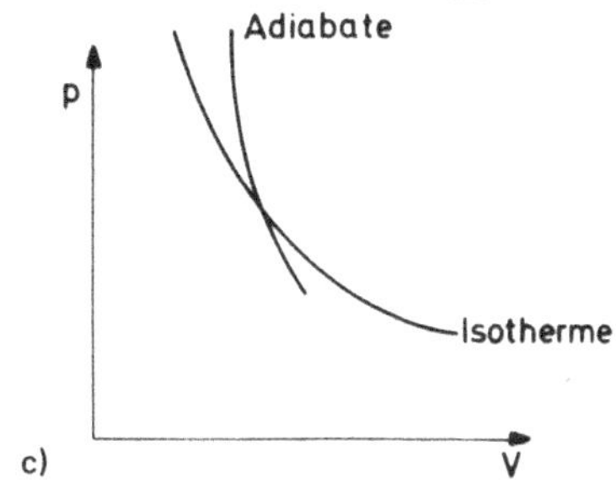

Bild II-8.

a) reversible isotherme
b) reversible adiabatische Zustandsänderung eines Gases
c) Isotherme und Adiabate eines idealen Gases.
(Teile a und b aus *G. Kortüm,* Einführung in die chemische Thermodynamik, Vandenhoeck und Ruprecht)

Wir alle kennen diesen Effekt, wenn wir einmal ein Fahrrad aufgepumpt haben. Durch die Kompression erwärmt sich das Gas, die Hitze kann so schnell nicht abgegeben werden, das System ist praktisch adiabatisch ($\delta Q = 0$).

Unter adiabatischen Bedingungen gilt das Gesetz von Poisson:

$$pV^{\kappa} = \text{const}\,, \tag{47}$$

wobei $\kappa = \underline{C}_p/\underline{C}_v > 1$, da ja $\underline{C}_p - \underline{C}_v = R$ für ideales Gas.
Im p-V-Diagramm ist die *Adiabate* steiler als die Isotherme (Bild II-8c).

5.1.3. Maschinen

Eine Wärmekraftmaschine verwandelt Wärme in Arbeit. Das soeben betrachtete System, ein adiabatisch oder isotherm komprimiertes Arbeitsgas ist aber keine Wärmekraftmaschine. Zwar kann aus dem Wärmespeicher im isothermen Fall oder aus der inneren Energie im adiabatischen Fall auf Kosten des Wärmeinhalts Arbeit geleistet werden, aber wenn sich das Gas ausgedehnt hat, ist der Umwandlungsvorgang vorbei. Von einer Maschine erwarten wir jedoch einen kontinuierlichen Lauf.

Einen solchen kontinuierlichen Lauf kann man durch einen Kreisprozeß erreichen, d.h. man sorgt dafür, daß das Arbeitsgas immer wieder in den gleichen Zustand zurückkehrt. Das kann man bei absolut reversibler Führen des Kompressions- und Expansionsvorgangs mit unserer oben besprochenen Anordnung Thermostat, Arbeitsgas und Arbeitsspeicher erreichen. Aber auch eine solche Apparatur ist noch keine Wärmekraftmaschine, denn die Arbeit, die in einem Teil des Zyklus gewonnen wird, muß im anderen Teil wieder hinein gesteckt werden.

Bei einer echten Wärmekraftmaschine muß das Arbeitsgas in einem Kreisprozeß immer wieder in den Ausgangszustand zurückkehren, in der Umgebung muß aber eine Veränderung eintreten, nämlich Wärme muß verschwinden und in Arbeit umgewandelt werden. Dabei ist nach dem 1. Hauptsatz nicht mehr Arbeit zu gewinnen, als Wärme verschwindet. Der Wirkungsgrad kann nicht höher als 100 % sein.

5.1.3.1. Der Carnotsche Kreisprozeß

Alle möglichen Kreisprozesse kann man reduzieren auf zwei isotherme und zwei adiabatische Vorgänge, die so geführt werden, daß man im p-V-Diagramm wieder an den Ausgangspunkt zurückkommt. Dieser fundamentale Kreisprozeß ist von Carnot 1824 ausgedacht worden und trägt seinen Namen.

Man braucht dazu ein System, das besteht aus:
- einem (idealen) Arbeitsgas,
- zwei Wärmespeicher großer Kapazität von verschiedenen Temperaturen (Thermostaten),
- einem Arbeitsspeicher.

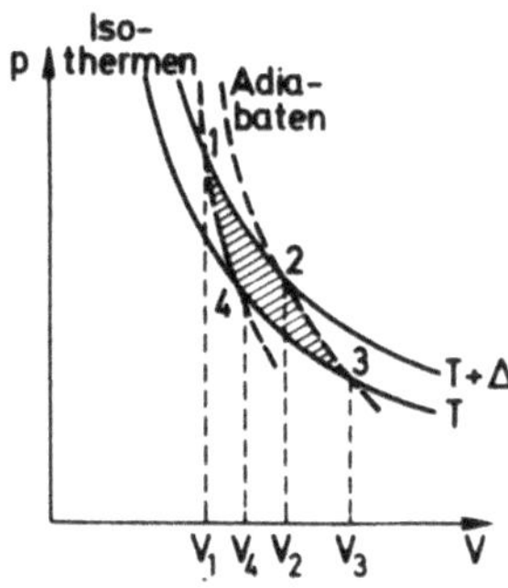

Bild II-9
p-V-Diagramm des Carnot'schen Kreisprozesses

Der Weg, den der Prozeß vom willkürlich gewählten Anfangspunkt 1 aus nimmt, ist in Bild II-9 angegeben:

♦ Isotherme Expansion des Gases bei $T + \Delta T$, von Volumen V_1 auf V_2

$$W_1 = + Q_{T+\Delta T} = - \int_{V_1}^{V_2} p\,dV \xrightarrow{\text{id. Gas}} - nR(T + \Delta T) \int_{V_1}^{V_2} \frac{dV}{V} = - nR(T + \Delta T) \ln \frac{V_2}{V_1} . \tag{48}$$

Die äquivalente Wärmemenge $Q_{T+\Delta T}$ wird dem heißen Thermostaten entnommen, W_1 wird dem Arbeitsspeicher zugeführt.

♦ Adiabatische Expansion von Volumen V_2 auf V_3, dabei kühlt sich das Gas auf T ab

$$W_2 = nC_v \int_{T+\Delta T}^{T} dT = - nC_v \Delta T . \tag{49}$$

W_2 wird der inneren Energie des Gases entnommen und dem Arbeitsspeicher zugeführt.

♦ Isotherme Kompression des Gases bei T, vom Volumen V_3 auf V_4,

$$W_3 = - Q_T = - nRT \ln \frac{V_4}{V_3} = nRT \ln \frac{V_3}{V_4} . \tag{50}$$

W_3 wird dem Arbeitsspeicher entnommen und die äquivalente Wärmemenge Q_T wird dem kälteren Thermostat zugeführt.

- ♦ Adiabatische Kompression von V_4 auf V_1, wobei V_4 so gewählt war, daß V_4 und V_1 auf einer Adiabate liegen

$$W_4 = + n C_v \Delta T . \tag{51}$$

W_4 wird dem Arbeitsspeicher entnommen und der inneren Energie des Gases zugeführt.

Damit ist das Arbeitsgas wieder am Anfangspunkt, in der Umgebung ist aber folgendes passiert:

- dem heißen Wärmespeicher bei $T + \Delta T$ ist eine Wärmemenge $Q_{T+\Delta T}$ enzogen,
- dem kalten Wärmespeicher bei T ist eine solche von Q_T zugeführt worden,
- im Arbeitsspeicher ist ein Arbeitsbetrag von $W_1 + W_3$ gewonnen worden, der sich umrechnen läßt (mit $V_2/V_1 = V_3/V_4$):

$$\Delta W = n R \Delta T \ln \frac{V_2}{V_1} . \tag{52}$$

Eingesetzt haben wir die Wärmemenge $Q_{T+\Delta T}$, herausbekommen ΔW und Q_T. Der Wirkungsgrad ist also

$$\eta = \frac{\Delta W}{Q_{T+\Delta T}} = \frac{n R \Delta T \ln \frac{V_2}{V_1}}{n R (T + \Delta T) \ln \frac{V_2}{V_1}} = \frac{\Delta T}{T + \Delta T} . \tag{53}$$

Dieser Kreisprozeß ist völlig reversibel gedacht, d.h. es gibt keine Reibungsverluste, die den Wirkungsgrad vermindern. Man sieht jedoch, daß es bei Wärmekraftmaschinen nie eine 100%ige Umwandlung geben kann, da der Bruch $\Delta T/(T + \Delta T)$ erst bei sehr großem ΔT (wenn $T + \Delta T \approx \Delta T$) etwa 1 wird. Man sieht aber auch, daß der Wirkungsgrad von Wärmekraftmaschinen um so größer ist, je größer die Temperaturdifferenz zwischen den beiden Wärmebehältern ist. Dies wird praktisch ausgenutzt dadurch, daß man Dampfmaschinen mit überhitztem Wasserdampf von einigen hundert Grad Celsius betreibt und zeigt sich auch darin, daß Verbrennungsmotoren, bei denen die Verbrennungsgase Temperaturen von über 1000 °C entwickeln, einen besseren Wirkungsgrad haben als Dampfmaschinen.

Da der Carnotsche Kreisprozeß völlig reversibel gedacht ist, muß er auch umgekehrt ablaufen können, d.h. man muß einem kühleren Wärmereservoir Wärme entziehen und diese einem Reservoir höherer Temperatur zuführen können. Der Wärmeübergang von kalt nach warm ist völlig unnatürlich, wir können ihn aber dadurch erzwingen, daß wir die oben ausgerechnete Arbeit aufwenden.

Bei diesem umgekehrten Carnot-Prozeß haben wir auf der einen Seite einen Kühlschrank: der ohnehin schon kühleren Umgebung wird noch weitere Wärme entzogen. Die wärmere Seite kann man zur Heizung ausnutzen, das System wirkt als *Wärmepumpe.* Dies ist technisch ausgenutzt worden, z.B. wird das Hallenbad in Vaihingen/Enz seit 1973 mit einer Wärmepumpe aus dem Wärmevorrat der Enz mit einem Energieaufwand von ca. 20 % gegenüber dem einer konventionellen Ölheizung geheizt. Bei der Energieknappheit und -verteuerung und dem Problem der Abwärmebeseitigung der Kernkraftwerke wird die Wärmepumpe als umweltfreundliche Maschine zur Rückgewinnung von Abwärme aus dem Abwasser in der näheren Zukunft höchstwahrscheinlich eine große Rolle spielen. Allerdings ist der Investitionsaufwand beträchtlich, so daß nur größere Anlagen wirtschaftlich arbeiten können.

Eine Carnot-Maschine kann nur deshalb als Wärmekraftmaschine arbeiten, weil Arbeits- und Wärmeinhalt im Gegensatz zur inneren Energie *keine* Zustandsfunktionen sind. Die innere Energie des abgeschlossenen Systems Arbeitsgas + Thermostate + Arbeitsspeicher ist konstant. Nach dem Durchlaufen eines Zyklus hat sich aber das Arbeits/Wärmeverhältnis geändert. Der Arbeits- und Wärmeinhalt hängt von der Zahl der durchlaufenen Zyklen, also von der Vorgeschichte des Systems ab.

Die Wärmepumpe ist natürlich kein *Perpetuum mobile zweiter Art*, die Transformation einer Wärmemenge von niederer in eine solche höherer Temperatur ist nur durch einen zusätzlichen Arbeitsaufwand möglich.

5.1.4. Irreversibilität

Wir haben im letzten Kapitel eine sinnreiche Apparatur konzipiert, um Wärme von einem wärmeren zu einem kälteren Thermostaten zu transportieren. Das könnte man doch viel einfacher durch direkte Wärmeleitung erreichen. Der Unterschied ist deutlich: nur bei reversibler Führung des Prozesses können wir Arbeit gewinnen. Wir haben uns schon in 3.3 mit dem Problem der reversiblen und irreversiblen Prozesse beschäftigt. Nach einem irreversiblen Vorgang bleibt im isolierten System eine dauernde Veränderung zurück, einem geschlossenen System muß man von außen Arbeit zuführen, um die spontane Veränderung rückgängig zu machen.

Als Beispiel betrachten wir den sogenannten Gay-Lussac-Versuch: In einem Kasten, der zwei Abteilungen habe, befinde sich in einer Abteilung ein ideales Gas, die andere sei evakuiert (Bild II-10). Das System sei isoliert, d.h. es soll kein Masse- oder Energieübergang von und zu der Umgebung möglich sein. Nun wird, etwa durch Öffnen eines Hahns, die Verbindung zwischen den beiden Abteilungen hergestellt. Was geschieht? Das ideale Gas nimmt schnell den ganzen Raum 1 + 2 ein. Wir wissen, daß sich dabei seine innere Energie nicht ändert ($\Pi = 0$). Dennoch hat sich sein Zustand geändert, denn es nimmt ja jetzt den größeren Raum ein. Wenn das System isoliert bleibt, so wird die Veränderung nie mehr rückgängig zu machen sein. Der Übergang ist irreversibel.

Gestattet man den Austausch von Energie mit der Umgebung, betrachtet man also ein geschlossenes System, so kann der alte Zustand wieder hergestellt werden, indem Arbeit zur Kompression des Gases aufgewendet wird. Damit ist die Ausdehnung des Gases

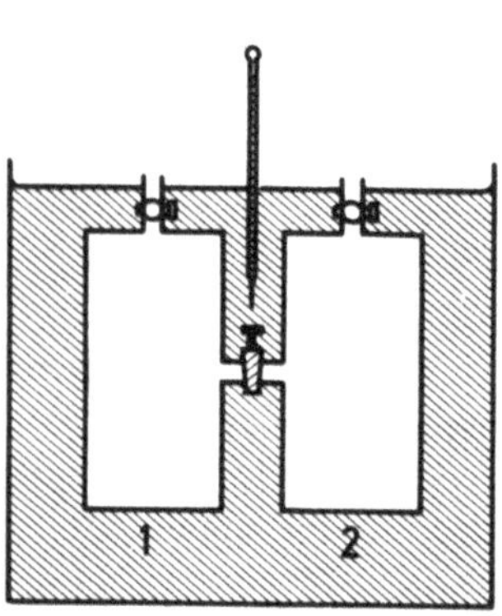

Bild II-10
Zum Gay-Lussac-Versuch (nach *W. J. Moore*, Physical Chemistry, Longman)

ins evakuierte Volumen 2 (Bild II-10) rückgängig gemacht worden. Dennoch ist der Vorgang der Ausdehnung nicht reversibel geworden, denn nun bleibt ja in der Umgebung eine Veränderung zurück. Um diese zu beseitigen, wird irgendwo anders eine Veränderung notwendig usw. Ein irreversibler Vorgang ist also prinzipiell nicht mehr aus der Welt zu schaffen.

Ein anderes Beispiel: Beim Bohren wird die mechanische Energie der Maschine in Wärme umgesetzt. Diese Wärme verteilt sich auf die Umgebung. Der Vorgang ist irreversibel. Es ist noch nie beobachtet worden, daß ein Bohrer, der auf eine Metallplatte aufgesetzt wird, sich zu drehen beginnt, wobei sich das Metall abkühlt.

Diese beiden Beispiele demonstrieren die totale Irreversibilität. Wenn wir aber eine Maschine bauen, die den Carnotschen Kreisprozeß veriwrklichen soll, so stoßen wir auf technische Schwierigkeiten. Denn jede natürliche Maschine hat Reibungsverluste. Wir können also den Carnot-Prozeß in Wirklichkeit gar nicht völlig reversibel führen. Was bedeutet das? Doch nur, daß wir, um zu einem zyklischen Verhalten zu kommen, damit also das Arbeitsgas zum Ausgangspunkt zurückkehren kann, von außen Arbeit zuführen müssen, oder, da wir ja Arbeit gewinnen sollen, daß wir im realen Fall nicht soviel Arbeit erhalten, wie wir bei völliger Reversibilität erhielten. Ein Teil der gewonnenen Arbeit geht als Reibungswärme verloren; der Wirkungsgrad sinkt, das als $\Delta T/(T + \Delta T)$ berechnete η ist also nur theoretisch erreichbar.

Nun hängt es also von der Konstruktion unserer Maschine ab, wie stark irreversibel sie arbeitet. Es kann alle möglichen Zwischenstufen von fast reversibel bis völlig irreversibel geben. Das Problem ist, wie man den Grad der Irreversibilität faßt. Man könnte sich ein Irreversibilitätsmaß denken, das von Null bis 1 läuft für völlig reversibel bis völlig irreversibel. Auch der oben abgeleitete Wirkungsgrad könnte herangezogen werden. Man würde praktisch angeben, wieviel Prozent der maximal zu gewinnenden Arbeit als Wärme verloren geht. Das wäre eine relative Beschreibung, die keine Rücksicht auf die Menge der tatsächlich verlorengegangenen Arbeit nimmt. Denn die irreversible Änderung der Umgebung ist natürlich bei einem Großkraftwerk wesentlich größer als bei einer Kinderdampfmaschine, selbst wenn beider Wirkungsgrad derselbe sein sollte. Außerdem haben wir uns bisher ganz streng an eine Wärmekraftmaschine gehalten und ihre Arbeitsverluste betrachtet.

Wir wollen jedoch zu einer generellen Beschreibung der Irreversibilität kommen. Betrachten wir das Schicksal der beim Bohren erzeugten Wärme. An sich kann man sie ja zum mindesten teilweise wieder in Arbeit umwandeln. Ganz einfach einzusehen ist das, wenn wir nicht einen Bohrer, sondern einen Rührer betrachten, bei dem ebenfalls die gesamte mechanische Energie durch die innere Reibung der Flüssigkeit in Wärme umgesetzt wird. Stecken wir den Rührer in den wärmeren Thermostaten der Carnot-Maschine, so wächst dessen Energieinhalt bei konstanter Temperatur. Und wir können die vom Rührer gelieferte Wärme wieder entnehmen als $Q_{T+\Delta T}$, wie wir es oben genannt haben. Damit können wir einen Teil der eingesetzten Arbeitsleistung des Rührers als mechanische Energie zurückgewinnen, ein anderer Teil ist und bleibt als Wärme verloren. (Dies ist eine der Formulierungen des 2. Hauptsatzes.) Setzen wir nun aber unseren Rührer in den kälteren Thermostaten, so kann die dem Thermostaten zugeführte Wärme nicht mehr in mechanische Arbeit übergeführt werden, da ja nur beim Wärmetransport von höherem zum niedrigeren Temperatur-Niveau Arbeit zu gewinnen ist.

Wir sehen also, daß in bezug auf die Umwandlung von Wärme in Arbeit die Temperatur eine Rolle spielt, bei der die Wärmemenge zur Verfügung steht. Um dies zu berücksichtigen, wird die Wärmemenge auf eine bestimmte Temperatur bezogen, für die Umwandlungsfähigkeit der Wärme in Arbeit ist die reduzierte Wärme Q/T ein Maß. Ein kleiner Bruch Q/T bedeutet also nutzbare Wärme. Wir machen täglich unbewußt von dieser Tatsache Gebrauch, z.B. beim Kochen. Wenn wir die Kochplatte, die zum Kaffeekochen nötige Zeit brennen ließen, ohne den Topf darauf zu stellen, einige Zeit warteten bis die Platte abkühlt, und dann den Topf darauf stellten, könnten wir kein Wasser mehr zum Sieden bringen, obwohl die nötige Wärmemenge nun in der Küche vorhanden ist.

Wenn eine Wärmemenge auf niedrigere Temperatur gebracht wird, z.B. durch Kontakt zweier verschieden warmer Körper, wird T kleiner und damit Q/T größer. Dies ist bei allen irreversiblen Vorgängen der seither betrachteten Art der Fall, d.h. in einem abgeschlossenen System wird die reduzierte Wärme durch spontan ablaufende Prozesse immer größer.

5.2. Die Entropie

Spontane Vorgänge laufen irreversibel ab, bis ein Gleichgewicht erreicht ist. Bei allen irreversiblen Prozessen wächst, soweit ein Wärmeaustausch beteiligt ist, die reduzierte Wärme Q/T. Da, wie wir gesehen haben, ein irreversibler Vorgang nicht mehr aus der Welt geschafft werden kann, wächst die reduzierte Wärme des Weltalls immer mehr an, d.h. die vorhandene Wärmemenge, die z.B. in den Sonnen an Orten hoher Temperatur konzentriert ist, verteilt sich im Laufe der Jahrmillionen auf kühlere Stellen des Weltalls. Die Änderung der reduzierten Wärme $d(Q/T)$ ist also immer positiv.

Die Änderung der reduzierten Wärme des Weltalls ist aber nur global gesehen ein kontinuierlicher Prozeß. Er setzt sich aus vielen Einzelvorgängen zusammen. Wir können uns fragen, in welchem Zustand des Wärmeausgleichs sich die Welt vor und nach dem Ablauf eines bestimmten Prozesses, z.B. dem Ausglühen eines Sternes, befinde. Der Grad des Wärmeausgleichs ist unzweifelhaft eine Eigenschaft, die vor und nach dem Ablauf dieses Prozesses eindeutig definiert ist, sie kann als Zustandsfunktion angesehen werden und wird als *Entropie* bezeichnet. Man gibt der Zustandsfunktion Entropie das Symbol

$$S = f(p, T, \ldots).$$

Diese Zustandsfunktion Entropie wächst mit jedem irreversiblen Vorgang im isolierten System, und dies ist eine der Formulierungen des 2. Hauptsatzes. Die Formulierung von Clausius, der den Begriff der Entropie im Jahre 1867 eingeführt hat, lautet „Die Entropie der Welt strebt einem Maximum zu".

Dieser Formulierung war unser Beispiel angepaßt, mit dem wir uns an den Sinn des Begriffs Entropie herangearbeitet haben. Es gelten natürlich genau dieselben Überlegungen für ein beliebiges abgeschlossenes System. Auch wenn man in einer Thermosflasche kochendes Wasser und Eis zusammengibt und das Gefäß verschließt, findet man einen irreversiblen Wärmeausgleich: Die Entropie dieses isolierten Systems hat zugenommen.

Die Entropie eines Systems ist nun aber nicht allein durch Wärmeeffekte gegeben. Rufen wir uns den Gay-Lussac-Versuch ins Gedächtnis zurück: die Expansion eines idealen Gases aus einem Teil dieses isolierten Systems in das Gesamtsystem ohne Arbeitsleistung, d.h. ins

Vakuum. Dabei bleibt, wie wir schon gesehen haben, die Temperatur konstant. Dennoch ist diese Expansion ins Vakuum irreversibel und die Entropie als Irreversibilitätsmaß muß zunehmen. Entropie und reduzierte Wärme sind also bei den betrachteten irreversiblen Vorgängen nicht identisch, die Entropie hängt hier z.B. auch noch vom Volumen ab. Da die Entropie eine Zustandsfunktion ist, hängt sie streng genommen von allen Zustandsvariablen ab:

$$dS = \left(\frac{\partial S}{\partial T}\right)_V dT + \left(\frac{\partial S}{\partial V}\right)_T dV = \left(\frac{\partial S}{\partial T}\right)_p dT + \left(\frac{\partial S}{\partial p}\right)_T dp \qquad (54)$$

für reine Phasen. (Man beachte: $(\partial S/\partial T)_V \neq (\partial S/\partial T)_p$!)

Wir müssen nun aber einen Punkt ganz besonders hervorheben: die zwingende Zunahme der Entropie bei irreversiblen Prozessen bezieht sich auf ein abgeschlossenes System, bei dem also weder Materie noch Energie mit der Umgebung ausgetauscht werden können. Nun kann es in einem abgeschlossenen System Untersysteme geben, die miteinander Energie austauschen können. Dies wären z.B. bei der Carnot-Maschine, wie wir sie beschrieben haben, der heiße Thermostat, der kalte Thermostat, das Arbeitsgas und der Arbeitsspeicher. Wenn wir irgendwo eine Irreversibilität im Verlauf des Kreisprozesses haben, so nimmt die Entropie des Gesamtsystems zu. Über die Entropieänderung der Teilsysteme ist nur soviel gesagt, daß die Summe der Änderungen größer als Null sein muß. Ein Teilsystem kann durchaus eine Entropieabnahme verzeichnen, diese muß aber durch die Zunahme in den anderen kompensiert oder überkompensiert werden. Bei allen Entropiebetrachtungen muß man stets prüfen, für welches System die Entropieänderung angegeben werden soll. Die meisten Schwierigkeiten beim Verständnis der Entropieänderungen kommen daher, daß man nicht darauf achtet, welches System betrachtet wird.

Wir haben seither rein thermodynamisch argumentiert. Die Entropie läßt sich natürlich auch molekularstatistisch interpretieren und wird damit sogar anschaulicher. Betrachten wir einige spontane Vorgänge, z.B. die Umwandlung von mechanischer Energie in Reibungswärme, die Diffusion eines Gases ins Vakuum, die Kristallisation einer unterkühlten Schmelze. Mechanische Energie ist durch eine geordnete Bewegung von Atom- oder Molekülmengen in eine bestimmte Richtung charakterisiert. Dies ist z.B. in einem Hub- oder Rotationskolben, aber auch in einem Luftstrom verwirklicht. Am Beispiel des Luftstroms läßt sich auf der molekularen Ebene die Umwandlung von mechanischer in thermische Energie am besten verfolgen: die gesamte mechanische Energie ist dann in Wärme umgewandelt, wenn es keine Vorzugsrichtung der Molekülbewegung mehr gibt, wenn sich die Moleküle räumlich statistisch ungeordnet bewegen. Bei genauem Hinsehen stellt man tatsächlich fest, daß bei allen spontanen Vorgängen der Ordnungsgrad abnimmt. Die Entropie ist ein Maß für die Unordnung. Da stets die unordentlichste Verteilung von Elementen, z.B. Molekülen in einem Gas, Phononen in einem Kristall, Frequenzen in einem Signal, bei sonst gleichen Bedingungen die wahrscheinlichste, die stabilste, ist, beobachten wir keine festen Abstände der Gasteilchen, Gleichverteilung der Wärmeschwingungen, Signalrauschen, wenn wir solche Systeme sich selbst überlassen. Mit dem letzten Beispiel ist die Bedeutung der Entropie für die Informationsübermittlung angesprochen, da Information in einer bestimmten Anordnung von Elementen (Impulsen, Zeichen, Atomen) bestehen.

Die spontane Kristallisation einer unterkühlten Schmelze scheint jedoch im Widerspruch zu den hier entwickelten Vorstellungen zu stehen, denn zweifellos ist der Ordnungsgrad im Kristall höher als in der Schmelze und trotzdem läuft der Kristallisationsvorgang spontan ab. Hier haben wir ein Beispiel dafür, wie genau man prüfen muß, für welches System die Entropiebetrachtungen durchgeführt werden. Bei der Kristallisation wird ja die Kristallisationswärme frei, die in der Umgebung eine Vergrößerung der Unordnung schafft, durch die der Gewinn an Ordnung im Kristall überkompensiert wird.

5.2.1. Abgeschlossene Systeme

Alle irreversiblen Vorgänge sind irgendeinmal zu Ende, z.B. wenn ein Wärmeausgleich vollendet ist oder wenn ein Gas den ganzen ihm zur Verfügung stehenden Raum gleichmäßig ausgefüllt hat. Offenbar geht ein solches System von einem instabileren in einen stabileren Zustand über. Wenn keine spontanen Vorgänge mehr ablaufen, ändert sich auch die Entropie nicht mehr. Dieser Zustand ist der Gleichgewichtszustand, für den also gilt

$$dS_{eq} = 0\,. \tag{55}$$

Die Entropie besitzt im Gleichgewichtszustand einen Extremwert. Da sie in Richtung auf den Gleichgewichtszustand hin stets zunimmt, ist dieser Extremwert ein Maximum.

Dies ist wichtig für reversible Vorgänge, denn es bedeutet nichts anderes, als daß für sie die Entropie des abgeschlossenen Systems konstant bleibt, ein anderer Ausdruck für die früher (vgl. 3.3) als Definition reversibler Vorgänge benutzte Aussage: reversible Vorgänge laufen durch eine Serie von Gleichgewichtszuständen.

Nun wollen wir wieder einen wichtigen Schritt tun. Wir fragen, wie sich die Entropie eines abgeschlossenen Systems ändert, das aus geschlossenen Teilsystemen besteht, z.B. der Carnot-Maschine (vgl. 5.1.3.1). Wenn ein vollständiger Zyklus durchlaufen ist, ist das Arbeitsgas wieder im gleichen Zustand wie am Anfang, hat also auch dieselbe Entropie. Dagegen sind Veränderungen in der Umgebung des Arbeitsgases zurückgeblieben. Wir haben nämlich dem heißen Thermostaten eine Wärmemenge

$$-Q_{T+\Delta T} = nR(T+\Delta T)\ln\frac{V_2}{V_1} \tag{48}$$

entzogen und dem kalten eine Wärmemenge

$$+Q_T = -\,nRT\ln\frac{V_2}{V_1} \tag{50}$$

zugeführt. Durch Division durch $T + \Delta T$ bzw. T erhält man die reduzierten Wärmen

$$\frac{-Q_{T+\Delta T}}{T+\Delta T} = nR\ln\frac{V_2}{V_1} = -\left(+\frac{Q_T}{T}\right) \tag{56}$$

und daraus

$$\frac{-Q_{T+\Delta T}}{T+\Delta T} + \frac{Q_T}{T} = 0\,, \tag{56a}$$

d.h. die Summe der ausgetauschten reduzierten Wärmen im abgeschlossenen System Carnot-Maschine bleibt konstant, die Änderung im heißen Thermostaten wird durch die Änderung im kalten kompensiert. Dies ist genau die Eigenschaft, die die Entropie hat, wenn nur reversible Vorgänge ablaufen. Tatsächlich ist für reversible Vorgänge

$$\frac{\delta Q_{rev\,1}}{T_1} + \frac{\delta Q_{rev\,2}}{T_2} = 0 = dS = dS_1 + dS_2 \,. \tag{57}$$

Betrachten wir also in einem abgeschlossenen System Teilsysteme, die unter Wärmeaustausch reversible Zustandsänderungen erleiden, so ist auch für die Teilsysteme die Entropieänderung durch die Änderung der reduzierten Wärmen gegeben, so daß man allgemein schreiben kann

$$dS = \frac{\delta Q_{rev}}{T} \,. \tag{57a}$$

Die Entropie ist aber eine Zustandsfunktion, die Änderung der Entropie eines Systems dS ist also von der Art, wie die Änderung erfolgt, unabhängig. Das heißt, bei irreversibler Führung des Prozesses ist die Entropieänderung gleich groß wie bei reversibler Führung. Allerdings ist die umgesetzte Wärme bei reversibler und irreversibler Führung verschieden. Deshalb stimmt die Beziehung $dS = d(Q/T)$ für irreversible Zustandsänderungen nicht mehr.

Dies wird ganz deutlich am Beispiel des Gay-Lussac-Versuchs der Expansion eines idealen Gases vom Volumen V_1 in ein evakuiertes Volumen zum Gesamtvolumen V_2 (Bilder II-10, II-11a). Dabei wird keine Wärme umgesetzt, da der Vergrößerung des mittleren Molekülabstands beim idealen Gas kein Widerstand entgegensteht. Es ist also $\delta Q = 0$, damit auch

$$\frac{\delta Q_{irrev}}{T} = 0 \,.$$

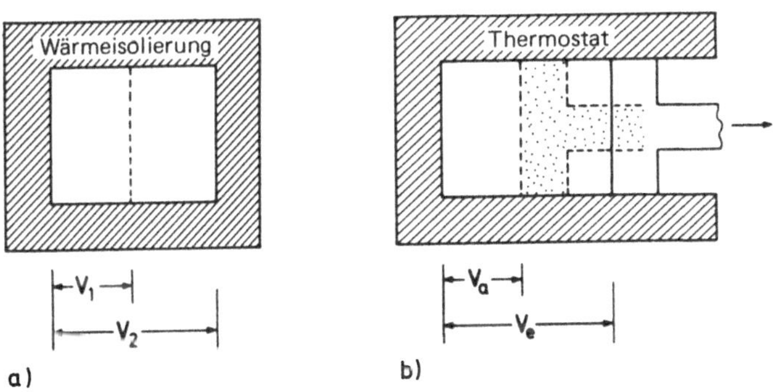

Bild II-11. a) irreversible
b) reversible isotherme Expansion eines idealen Gases

Die Entropie nimmt aber mit Sicherheit zu, denn der Vorgang ist völlig irreversibel. dS läßt sich in einem solchen Fall jedoch bestimmen, wenn man den Prozeß reversibel führt. Den Endzustand, der beim Gay-Lussac-Versuch irreversibel erreicht wird, kann man auch durch isotherme reversible Expansion des Gases erreichen (Bilder II-8a, II-11b). Dafür gilt (vgl. 5.1.1) mit (23)

$$dU = \delta Q_{rev} + \delta A = \left(\frac{\partial U}{\partial T}\right)_V dT + \left(\frac{\partial U}{\partial V}\right)_T dV = 0 \tag{23}$$

$$\delta Q_{rev} = -\delta A = p\,dV = nRT\,\frac{dV}{V}\,. \tag{44}$$

Mit dieser Formel können wir die Entropieänderung auch für den Gay-Lussac-Versuch berechnen zu

$$S_2 - S_1 = \int_1^2 dS = \int_1^2 \frac{\delta Q_{rev}}{T} = nR \int_{V_1}^{V_2} \frac{dV}{V} = nR \ln \frac{V_2}{V_1}\,. \tag{58}$$

Wenn man also eine Entropieänderung als Änderung der reduzierten Wärme messen will, dann muß man versuchen, einen irreversiblen Prozeß durch einen reversiblen zu ersetzen, also z.B. die direkte Wärmeleitung durch einen Carnotschen Kreisprozeß oder den Gay-Lussac-Versuch durch eine isotherme reversible Expansion des Gases.

Es gelingt tatsächlich auch in den meisten Fällen einen reversiblen Weg oder Umweg zur Entropiebestimmung einer irreversiblen Zustandsänderung zu finden (z.B. 5.2.2.3). Diese Wärmemessung ist aber im allgemeinen unnötig, denn über die reversible reduzierte Wärme findet die Entropie Anschluß an die Größen des 1. Hauptsatzes (vgl. 4.3), so daß man dS direkt aus der Änderung der Zustandsvariablen berechnen kann:

$$dS = \frac{\delta Q_{rev}}{T} = \left(\frac{\partial S}{\partial T}\right)_V dT + \left(\frac{\partial S}{\partial V}\right)_T dV = \frac{dU - A}{T} = \frac{dU + p\,dV}{T}$$

$$dS = \frac{C_v}{T}\,dT + \frac{1}{T}\,[\Pi + p]\,dV \tag{59}$$

oder auch (vgl. 4.4)

$$dS = \frac{\delta Q_{rev}}{T} = \left(\frac{\partial S}{\partial T}\right)_p dT + \left(\frac{\partial S}{\partial p}\right)_T dp = \frac{dH - V\,dp}{T}$$

$$dS = \frac{C_p}{T}\,dT + \frac{1}{T}\,[\epsilon - V]\,dp\,. \tag{60}$$

5.2.2. Geschlossene Systeme

Ganz stillschweigend haben wir im letzten Abschnitt damit, daß wir die irreversible Zustandsänderung der Expansion des Gases ins Vakuum durch die reversible isotherme Expansion auf den gleichen Endzustand ersetzt haben, zwei völlig verschiedene Systeme verglichen: im irreversiblen Fall ist das System ein isoliertes oder kann doch ein isoliertes sein, im reversiblen Fall muß das vergleichbare System ein geschlossenes sein. Denn, damit wir im Vergleichssystem reversible Zustandsänderungen erzielen können, muß von außen durch Temperatur-, Volumen- oder Druckänderung eingegriffen werden.

5.2.2.1. Entropieänderungen

Die Entropie als Zustandsfunktion ändert sich normalerweise bei einer Zustandsänderung. Betrachten wir ein geschlossenes System, so kann die Entropie dieses Systems auch bei reversiblen Zustandsänderungen zu- oder abnehmen oder gleich bleiben. Dies scheint ein Widerspruch zu der Aussage zu sein, daß für reversible Prozesse $dS = 0$ sei. Diese Aussage gilt jedoch nur, wenn wir das Gesamtsystem, also das geschlossene System und seine Umgebung betrachten.

Entropieänderungen eines geschlossenen Systems werden durch Differentialgleichungen wie (59) beschrieben. Bei endlicher Zustandsänderung ist z.B. für ideale Gase die Entropieänderung

$$S_2 - S_1 = n\underline{C}_v \ln \frac{T_2}{T_1} + nR \ln \frac{V_2}{V_1} = n\underline{C}_p \ln \frac{T_2}{T_1} - nR \ln \frac{p_2}{p_1} . \qquad (61)$$

Zwei verschiedene Zustände können natürlich auch die gleiche Entropie haben, wie zwei verschiedene Berge gleich hoch sein können. Man stelle sich vor, daß gleichzeitig Druck und Temperatur so verändert werden, daß S_2 und S_1 gleich sind.

Bei *Phasenumwandlungen* im geschlossenen System ist der Schmelz-, Verdampfungs- oder Sublimationsvorgang beim Umwandlungspunkt stets reversibel. Die zu- oder abgeführte Wärme erhöht oder erniedrigt die Entropie des Systems um eine Phasenumwandlungsentropie

$$\left(\frac{1}{T}\frac{\delta Q_{rev}}{\partial n}\right)_{V,T} = \left(\frac{\partial S}{\partial n}\right)_{V,T} = \frac{\underline{L}_v}{T}$$

oder

$$\left(\frac{1}{T}\frac{\delta Q_{rev}}{\partial n}\right)_{p,T} = \left(\frac{\partial S}{\partial n}\right)_{p,T} = \frac{\underline{L}_p}{T} . \qquad (62)$$

Bei *Mischphasen* sind die Entropieverhältnisse komplizierter als die Energieverhältnisse. Ist bei idealen Mischungen die innere Energie der Mischphase die Summe der inneren Energien der Mischungskomponenten, so ist diese Additivität für die Entropie auch bei idealen Mischungen nicht mehr gegeben. Betrachten wir zwei ideale Gase A und B (Bild II-12) bei gleicher Temperatur und gleichem Druck in ihren Volumina V_A und V_B. Nach Wegnahme der Trennwand diffundieren die Gase ineinander. Nach Konzentrationsausgleich steht nun jedem Gas das gesamte Volumen V zur Verfügung. Vom idealen Gas aus gesehen, das ja in idealer Mischung den Mischungspartner gar nicht bemerken kann, weil die Wechselwirkungs-

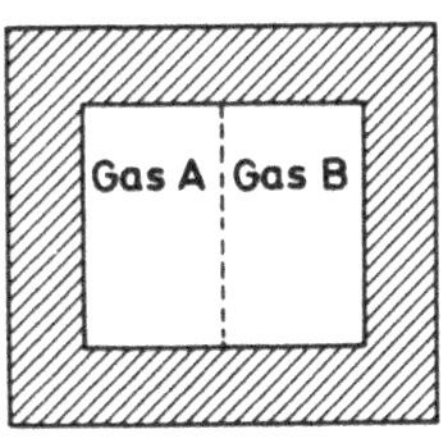

Bild II-12
Zur Mischungsentropie idealer Gase

kräfte fehlen, ähnelt dieser Vorgang der Expansion ins Vakuum. Bei konstanter Temperatur ist nach (58)

$$S_A = n_A R \ln \frac{V_A + V_B}{V_A} \quad \text{und} \quad S_B = n_B R \ln \frac{V_A + V_B}{V_B} .$$

Bei gleichem Ausgangsdruck der Gase ist auch der Gesamtdruck diesem gleich. Damit ist

$$\frac{V_A}{n_A} = \frac{V_B}{n_B} = \frac{V_A + V_B}{n_A + n_B} = \frac{V}{n_A + n_B}$$

oder mit dem Molenbruch $x (x < 1!)$

$$V_A = \frac{n_A}{n_A + n_B} V = x_A V \quad \text{und} \quad V_B = \frac{n_B}{n_A + n_B} V = x_B V .$$

Damit ist die Entropiezunahme der beiden Gase

$$\Delta S_A = - n_A R \ln x_A \qquad \text{und} \quad \Delta S_B = - n_B R \ln x_B . \tag{63}$$

Die gesamte Entropiezunahme ist die Summe der Anteile der Mischungspartner

$$\Delta S_{id} = - R \sum_i n_i \ln x_i . \tag{64}$$

Bei *realen Mischungen* treten, wie wir wissen, Mischungswärmen auf, die ihren Grund in der Wechselwirkung der Mischungspartner haben. Diese Mischungseffekte sind irreversibel und erhöhen die Entropiezunahme über die durch die Volumvergrößerung bewirkte hinaus. Man spricht deshalb von Zusatzentropien, die durch die partiellen molaren Entropien der Mischungspartner faßbar sind (vgl. 4.3.3).

Bei *chemischen Reaktionen* ändert sich die Entropie eines geschlossenen Systems ebenfalls in meist nicht ganz einfacher Weise. Bei Reaktionen zwischen idealen Gasen ist die Entropieänderung durch die Reaktionswärmen und Volumänderungen bestimmt, bei Reaktionen, wie wir sie in der Praxis durchführen, treten meist Zusatzentropien auf.

5.2.2.2. Gleichgewichtsbedingungen

Wir haben gesehen, daß in geschlossenen Systemen die Entropie zu- oder abnehmen kann, je nachdem, was in der Umgebung geschieht. Damit, daß wir die Entropie von geschlossenen Teilsystemen gesondert betrachten, haben wir eine wertvolle Eigenschaft der Entropie verloren, nämlich ihre Konstanz bei herrschendem Gleichgewicht; $dS_{eq} = 0$ gilt eben nur für isolierte Systeme.

Streng isolierte Systeme interessieren aber in der Thermodynamik wenig, viel interessanter sind geschlossene Teilsysteme. So ist z.B. die Veränderung, die beim Schmelzen eines Festkörpers im Labor zurückbleibt, für den Experimentator wenig interessant, wenn sein Versuch nicht beeinträchtigt wird. Mit anderen Worten, er interessiert sich nicht dafür, woher die Wärme zum Schmelzen seines Kristalls kommt, er interessiert sich für die Korrosion seines Tiegels nur dann, wenn die Schmelze verunreinigt wird oder der teure Platintiegel ein Loch bekommt.

Die Frage ist, ob man diese lästige Umwelt nicht auch in der Formulierung der Zustandsfunktionen los werden könne, also Eigenschaften finden könne, die den Gleichgewichtszustand des geschlossenen Systems ohne Rücksicht auf die Umgebung charakterisierten. Zweifellos hat der Gleichgewichtszustand in einem geschlossenen System (z.B. eine Reaktionsmischung, die ausreagiert hat, eine Eis-Wassermischung bei 0 °C, ein eingestelltes Dissoziationsgleichgewicht) solche Eigenschaften.

Wir werden nun eine Zustandsfunktion suchen, die das Erreichen des Gleichgewichts angibt oder auch, wie weit das geschlossene System vom Gleichgewichtszustand entfernt ist. Wie wir gesehen haben, ist die Entropie allein diese Zustandsfunktion nicht, obwohl sie eine Tendenz angibt, welche in Richtung des stabilsten, also des Gleichgewichtszustands drängt. Es gibt aber noch eine andere Tendenz, die uns aus dem täglichen Leben gut vertraut ist. Ein sich selbst überlassenes mechanisches System sucht den Ort kleinster potentieller Energie auf. Ein Ball rollt bergab, ein Pendel bleibt im tiefsten Punkt stehen. Ein ähnliches Prinzip beobachtet man auch bei thermodynamischen Systemen. Wenn ein Energieprofil vorgegeben ist, sucht das System den Ort minimaler innerer Energie auf. Chemische Reaktionen laufen in die Richtung, die die Freisetzung von Energie ermöglicht, bei der also Wärme entwickelt wird.

Damit ist schon klar, daß dieses dem mechanischen analogen Minimumprinzip für die innere Energie nur für geschlossene Systeme gelten kann, denn die Energie muß ja nach außen abgegeben werden. Wenn man die Veränderungen quantitativ verfolgt, bemerkt man, daß die Energieabgabe von der Entropieänderung des geschlossenen Systems abhängt. Der größte Energiebetrag wird dann abgegeben, die innere Energie wird dann im Gleichgewicht ein Minimum, wenn sich die Entropie des Teilsystems bei der Einstellung des Gleichgewichts nicht ändert. Und umgekehrt ist dabei der Entropiezuwachs dann am größten, wenn man einen Energieaustausch mit der Umgebung verhindert, also das System isoliert.

Wir haben also gewissermaßen zwei „Triebkräfte“, die nach Gleichgewichtseinstellung drängen. Da man aber im allgemeinen im geschlossenen System weder die Entropie noch die innere Energie konstant hält, kann im Gleichgewicht weder die Entropie ein Maximum, noch die innere Energie ein Minimum erreichen. Die beiden Bestrebungen müssen einen Kompromiß finden: Man definiert eine geeignete Zustandsfunktion, die den Einfluß der Entropie- und Energietendenz in sich vereinigt, die *freie Energie*, auch Helmholtzsche Energie genannt,

$$A \equiv U - TS\,. \tag{65}$$

Nach dieser Herleitung ist klar, daß die freie Energie A eine Eigenschaft des geschlossenen Systems ist, da wir ja die Entropie und die innere Energie dieses Systems ohne Berücksichtigung der Umgebung bei der Herleitung benutzt haben. Die Änderung der freien Energie $dA = dU - d(TS)$ ist, wie durch Umrechnung gezeigt werden kann,

$$dA = -\,S\,dT - p\,dV\,. \tag{66}$$

Die freie Energie hat nun die bei der Herleitung angestrebte Eigenschaft: sie hat, wegen des verschiedenen Vorzeichens von innerer Energie und Entropie, im Gleichgewichtszustand einen minimalen Wert. Für geschlossene Systeme lautet also die Gleichgewichtsbedingung

$$dA_{eq} = 0\,. \tag{67}$$

An (66) sehen wir, daß die freie Energie A direkt vom Volumen abhängt, vom Druck nur indirekt über den Volumen-Druck-Zusammenhang. Die freie Energie beschreibt also wie die innere Energie isochore Zustandsänderungen ($dV = 0$) in sehr einfacher Weise. Wird der Druck (wie bei den meisten chemischen Reaktionen) konstant gehalten, so kommt zur inneren Energie immer noch eine Volumarbeit, wie wir sie schon öfters haben berücksichtigen müssen. Dem trägt man dadurch Rechnung, daß auch eine *freie Enthalpie*, auch Gibbssche Energie genannt, definiert wird als

$$G \equiv H - TS\,. \tag{68}$$

Für die freie Enthalpie gelten alle Überlegungen, die wir im Zusammenhang mit der freien Energie angestellt haben, analog. In G ist die Volumarbeit, die normalerweise beim Arbeiten im offenen Gefäß anfällt, bereits berücksichtigt. Die Änderung der freien Enthalpie ist

$$dG = -\,S\,dT + V\,dp\,. \tag{69}$$

Auch die freie Enthalpie des geschlossenen Systems hat in dessen Gleichgewichtszustand einen Minimalwert, die (67) äquivalente Gleichgewichtsbedingungen lautet

$$dG_{eq} = 0\,. \tag{70}$$

5.2.2.3. Freie Energie, freie Enthalpie und chemisches Potential

Der Wert der freien Energie bzw. der freien Enthalpie ist im Gleichgewicht ein Minimum. Ein System, das sich noch nicht im Gleichgewicht befindet, in dem also noch spontane Vorgänge ablaufen können, wird eine freie Enthalpie haben, die sich um einen bestimmten Betrag von der freien Gleichgewichtsenthalpie unterscheidet. Man denke z.B. an eine Reaktionsmischung, die noch nicht ausreagiert hat. Die Größe dieses Unterschieds gibt an, wie weit das System vom Gleichgewicht entfernt ist. Wir haben also in der freien Energie bzw. freien Enthalpie nicht nur Größen, die das Erreichen des Gleichgewichts anzeigen.

Wir können noch einen Schritt weiter gehen: Ist die Änderung der freien Enthalpie in Richtung Gleichgewicht bei Änderung einer Variablen groß, so ist auch das Bestreben des sich selbst überlassenen Systems groß, durch Änderung dieser Variablen ins Gleichgewicht zu kommen, man beobachtet eine große Triebkraft für diese Veränderung.

Wir haben also in der freien Energie und der freien Enthalpie außerordentlich nützliche Eigenschaften des Systems aufgefunden. Diese Eigenschaften sind durch Zustandsfunktionen zu beschreiben, denn sie sind ja durch die eindeutige Verknüpfung der Zustandsfunktionen S und U bzw. S und H definiert.

Betrachten wir zunächst ein kompliziertes geschlossenes System, ein Vielstoff-Einphasensystem, eine Mischphase. Wie ihre innere Energie, so ist auch ihre freie Energie von ihrer Zusammensetzung abhängig

$$dA = \left(\frac{\partial A}{\partial T}\right)_{V,n_1\ldots} dT + \left(\frac{\partial A}{\partial V}\right)_{T,n_1\ldots} dV + \left(\frac{\partial A}{\partial n_1}\right)_{T,V,n_2\ldots} dn_1 + \left(\frac{\partial A}{\partial n_2}\right)_{T,V,n_1,n_3\ldots} dn_2 + \ldots \tag{71}$$

Die Temperatur- und Volumenabhängigkeit der freien Energie einer Phase kennen wir aus (66), deshalb schreiben wir zur Vereinfachung

$$dA = -\,S\,dT - p\,dV + \mu_1\,dn_1 + \mu_2\,dn_2 + \ldots \tag{72}$$

und analog

$$dG = -\,SdT + Vdp + \mu_1\,dn_1 + \mu_2\,dn_2 + \ldots \tag{73}$$

Wir haben in (72) und (73) für $(\partial A/\partial n_i)_{V,T,n_j}$ und $(\partial G/\partial n_i)_{p,T,n_j}$ dasselbe Symbol μ_i eingeführt. Tatsächlich kann gezeigt werden, daß

$$\left(\frac{\partial A}{\partial n_i}\right)_{V,T,n_j} = \left(\frac{\partial G}{\partial n_i}\right)_{p,T,n_j} \equiv \mu_i\,. \tag{74}$$

Die Größe μ_i wird *chemisches Potential* genannt, sie ist eine der wichtigsten thermodynamischen Größen, da sie für Gleichgewichtsprobleme entscheidend ist. Der Name des chemischen Potentials ist nicht zufällig so gewählt. Diese Größe nimmt in bezug auf ein thermodynamisches System den analogen Platz ein wie das elektrische Potential in bezug auf ein elektrisches oder das Gravitationspotential in bezug auf ein mechanisches. Stets werden nicht die Potentiale selbst, sondern ihre Differenzen wirksam, am bekanntesten ist die elektrische Potentialdifferenz, die Spannung, z.B. einer Taschenlampenbatterie.

Am elektrischen Analogen gewinnt man einen weiteren Aspekt des chemischen Potentials: Läßt man eine Potentialdifferenz zur Wirkung kommen, so resultiert ein Fluß: knipsen wir die Taschenlampe an, so fließt ein Strom. Dadurch wird, wenn man nicht von außen eingreift, die Potentialdifferenz kleiner, schließlich verschwindet sie ganz. Die Taschenlampe brennt schwächer und geht schließlich aus. Wenn sich die Potentiale ausgeglichen haben, ist das System im Gleichgewicht.

Das chemische Potential gibt nach der Definition die Änderung der freien Enthalpie der Mischphase bei Zufügen einer winzigen Menge des Stoffes i an. Es ist also ein Intensitätsparameter: Wird die freie Enthalpie der Mischung bei Zufügen eines Stoffes i stark geändert, so hat dieser Stoff ein hohes chemisches Potential, ist die Änderung der freien Enthalpie klein, so ist μ_i klein. Der Definitionsgleichung entnehmen wir drei wichtige Informationen:

- Das chemische Potential ist für einen Stoff i, niemals für eine Phase definiert,
- die Dimension des chemischen Potentials ist Energie/Stoffmenge,
- das chemische Potential ist eine partielle molare Größe (vgl. 4.3.3) und zwar, wegen seines Entropieanteils auch für ideale Mischungen.

Versuchen wir, den dritten Punkt für den Fall der idealen Mischung von idealen Gasen zu verdeutlichen. Wie groß ist das chemische Potential eines Gases 1 in einer bestimmten Mischung mit anderen Gasen? Um dieses zu bestimmen, müssen wir z.B. 1 mol des Gases 1, das in einem Gefäß unter dem gleichen Druck p stehen soll, wie ihn auch die Gasmischung hat, zu einer so großen Menge des Gasgemisches geben, daß sich bei Vereinigung der beiden Gasvolumina weder der Druck, noch die Zusammensetzung merklich ändert. Temperaturkonstanz sei vorausgesetzt. Die Zusammensetzung des Gasgemisches kann durch die Partialdrucke der Einzelkomponenten angegeben werden, da sich für ideale Gase ja der Gesamtdruck additiv aus den Partialdrucken p_i zusammensetzt. Die uns interessierende Änderung der freien Enthalpie der idealen Mischphase setzt sich aus allen Enthalpie- und Entropieänderungen bei der Mischung zusammen.

Wir können nun das Gasgemisch und das Gas 1 einfach dadurch vereinigen, daß wir zwischen den beiden Gefäßen die Wand wegnehmen. Damit haben wir praktisch den völlig irreversiblen Gay-Lussac-Versuch gemacht, nur geschieht in diesem Fall die Diffusion nicht ins Vakuum, sondern in das große Gefäß, in dem der für das ideale Gas 1 allein wichtige Partialdruck p_1 herrscht. Der Endzustand ist also dadurch charakterisiert, daß Temperatur und Enthalpie (ideales Gas: $\epsilon = 0$) konstant geblieben sind, daß sich allein die Entropie geändert hat. Wie können wir diese Entropieänderung messen?

Wir erinnern uns, daß wir früher zur Entropiebestimmung die Messung des Umsatzes der reduzierten Wärme bei einem reversiblen Ersatzvorgang empfohlen haben (vgl. 5.2.1). Auch die Zumischung des Gases 1 zum Gasgemisch kann reversibel geschehen und zwar auf folgendem Weg: zuerst muß das Gas reversibel von Ausgangsdruck p auf seinen Partialdruck in der Mischung p_1 gebracht werden, damit kein Druckgefälle beim Vereinigen der Volumina entsteht und dann muß das Gas 1 durch eine semipermeable Membran reversibel mit dem Gasgemisch vereinigt werden (Bild II-13).

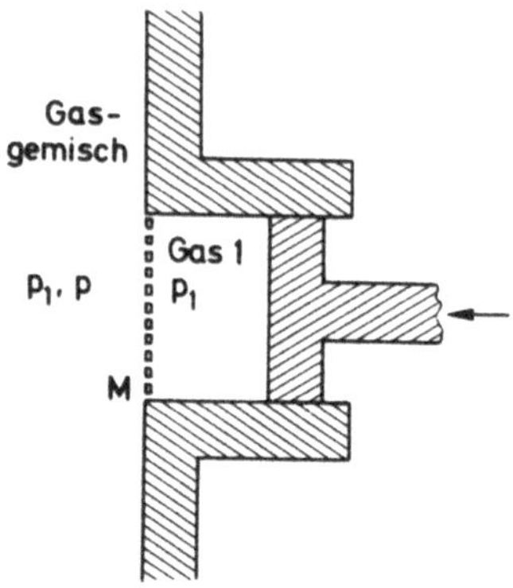

Bild II-13

Zur reversiblen Überführung eines Gases 1 in ein Gasgemisch des Drucks p. M ist eine nur für Gas 1 durchlässige Membran, p_1 der Partialdruck des Gases 1 in der Mischung.

Eine semipermeable Membran ist eine Art Sieb, die nur eine bestimmte Molekülsorte, z.B. die Moleküle des Gases 1, durchläßt. Durch einen differentiellen Überdruck kann man das Gas 1 ganz in das Mischvolumen hineinschieben ohne Arbeit zu leisten, da ja der Partialdruck p_1 auf beiden Seiten der Membran gleich ist. Umgekehrt kann man durch einen differentiellen Unterdruck das Gas 1 selektiv aus der Mischung herausholen. Im Prinzip könnte auch die Membran bewegt werden, was die Analogie zum Sieb, mit dem man durch Wasser fährt, deutlicher macht. Bei diesem reversiblen Mischungsvorgang ändert sich, da alle Gase ideales Verhalten zeigen, weder die Enthalpie noch, da nur eine differentielle Menge des Gases 1 zugesetzt wird, also auch das Volumen konstant bleibt, die Entropie. Der Entropieunterschied zwischen Anfangs- und Endzustand des geschlossenen Systems Gas 1 + Gasgemisch muß bei diesem reversiblen Ersatzprozeß allein in der reversiblen Expansion des Gases 1 vom Druck p auf den Partialdruck p_1 liegen. Die Formel dafür kennen wir (61)

$$S_2 - S_1 = -nR \ln \frac{p_1}{p} \quad . \qquad (75)$$

Wir wissen, daß bei reversiblen Prozessen in einem abgeschlossenen System die Entropie konstant ($dS = 0$) ist. Betrachten wir das Gesamtsystem, so sehen wir, daß eine reversible isotherme Expansion des Gases 1 nur möglich ist, wenn wir einen Thermostaten und einen Arbeitsspeicher einsetzen können, kurz das System des Bildes II-11. Für Das Gas 1 gilt, da es sich ideal verhält (vgl. 4.4):

$$dH = \delta Q_{rev} + V\,dp = \left(\frac{\partial H}{\partial T}\right)_p dT + \left(\frac{\partial H}{\partial p}\right)_T dp = 0\ ;$$

daraus folgt

$$Q_{rev} = -\int_p^{p_1} V\,dp = -\,nRT\int_p^{p_1}\frac{dp}{p} = -\,nRT\ln\frac{p_1}{p}\,.$$

Da der Vorgang reversibel ist, ist für das Gesamtsystem

$$\Delta S = \frac{Q_{rev}}{T}_{\text{Gas}} + \frac{Q_{rev}}{T}_{\text{Thermostat}} + \frac{Q_{rev}}{T}_{\text{Arbeitsspeicher}} = 0\,.$$

Wärme wird nur zwischen Thermostat und Gas ausgetauscht, die Entropiezunahme des Gases wird durch den Entropieverlust des Thermostaten kompensiert.

Damit ist der Unterschied der freien Enthalpie des reinen idealen Gases beim Druck p und desselben Gases in einer idealen Mischung der gewünschten Zusammensetzung (Partialdruck p_1)

$$G_1 - \underline{G}_1 = -\,T\Delta S = nRT\ln\frac{p_1}{p} \tag{76}$$

und das chemische Potential

$$\left(\frac{\partial G}{\partial n_1}\right)_{p,T,n_j} - \left(\frac{\partial G}{\partial n_1}\right)_{p,T,n_j=0} = \mu_1 - \underline{\mu}_1 = RT\ln\frac{p_1}{p} \tag{77}$$

oder allgemeiner und unter Berücksichtigung der Tatsache, daß bei idealen Gasen das Verhältnis von Partial- zu Gesamtdruck eine Konzentrationsangabe enthält:

$$\mu_i - \underline{\mu}_i + RT\ln x_i\,. \tag{78}$$

Da der Molenbruch stets kleiner als 1 ist, nimmt das chemische Potential eines Gases bei Überführung des Gases in eine Mischphase stets ab.

Mit dieser Ableitung haben wir noch etwas weiteres gewonnen: da die idealen Gase einander ja nicht bemerken, können sie auch nicht feststellen, ob sie sich in einer Mischung befinden oder allein sind. Deshalb haben wir mit dieser Ableitung auch die Abhängigkeit des chemischen Potentials der reinen idealen Gases von seiner Konzentration, oder, was ja gleichbedeutend ist, von seinem Druck erhalten. Erinnern wir uns daran, daß wir in 1.3.3 übereingekommen sind, die thermodynamischen Größen für reine Stoffe zu unterstreichen und beziehen wir auf Standardbedingungen, d.h. auf $T = 298$ K und $p = 1$ atm, so erhalten wir

$$\mu_i = \underline{\mu}_{0\,1} + RT\ln p_1 \tag{79}$$

mit $\underline{\mu}_{0\,1}$ als chemischem Potential des Gases im Standardzustand.

Die Druckabhängigkeit des chemischen Potentials hätten wir aber auch direkt aus der Druckabhängigkeit der freien Enthalpie erhalten können: nach dem Satz von Schwarz (8) und (73) ist:

$$\left(\frac{\partial^2 G}{\partial n_i \partial p}\right)_{T,n_j} = \left(\frac{\partial \mu_i}{\partial p}\right)_{T,n_j} = \left(\frac{\partial^2 G}{\partial p \partial n_i}\right)_{T,n_j} = \left(\frac{\partial V}{\partial n_i}\right)_{p,n_j} = \underline{V}_i \ . \tag{80}$$

Die Druckabhängigkeit des chemischen Potentials eines idealen Gases ist seinem Molvolumen gleich. Diese Aussage ist besser zu verstehen, wenn man die Gleichung umschreibt:

$$d\mu_i = \underline{V}_i \, dp = RT \, \frac{dp}{p} \tag{81}$$

bei konstanter Temperatur von p = 1 atm bis zum Druck p_1 integriert

$$\underline{\mu}_i - \underline{\mu}_{0i} = RT \ln \frac{p_1}{p} = RT \ln p_1 \ . \tag{79}$$

Da bei Expansion $p_1 < 1$ atm, nimmt das chemische Potential mit dem Druck (logarithmisch) ab, die Arbeitsfähigkeit des Gases wird verringert.

Der Ausdruck $\ln p_1$ in (79) scheint mathematisch unkorrekt, da der Logarithmus einer dimensionsbehafteten Größe nicht definiert ist. Tatsächlich ist aber das Argument des Logarithmus dimensionslos, da p_1 für das *Verhältnis* von p_1 zu 1 atm steht, das natürlich dem Zahlenwert von p_1 gleich ist. Dies gilt allgemein für die logarithmischen Ausdrücke in diesem Kapitel, die durch Integration von dp/p, dV/V etc. entstanden sind.

Bei der Ableitung des chemischen Potentials des Gases 1 in der Mischphase haben wir nicht vorausgesetzt, daß die Temperatur der Gasmischung 25 °C oder der Druck p der Atmosphärendruck sein müsse. Es war ein beliebiger Bezugszustand angenommen, z.B. t = 50 °C und p = 1 atm. Deshalb wurde das chemische Potential des reinen Gases als $\underline{\mu}_1$ und nicht als $\underline{\mu}_{01}$ geschrieben. Über die Temperatur- und Druckabhängigkeit der freien Enthalpie kann man die chemischen Potentiale von einem Standard- auf einen beliebigen Bezugszustand umrechnen. Dies zeigt wieder das uns nun schon vertraute Problem der Festlegung des Nullpunkts der Skala thermodynamischer Größen.

Bei der reversiblen Vereinigung des Gases 1 vom Druck p_1 mit dem Gasgemisch ist nur deshalb keine Mischungswärme aufgetreten, also die Enthalpie konstant geblieben, weil wir ideale Gase und eine ideale Mischphase vorausgesetzt haben. Bei realem Verhalten der Gase in der Mischung müssen wir Mischungswärmen und Zusatzentropien erwarten.

Dies ist vielleicht besser zu veranschaulichen, wenn man den Entmischungsvorgang mit einer semipermeablen Membran als Beispiel nimmt. In Bild II-13 ist die Membran für das Gas 1 durchlässig, d.h. für das Gas 1 ist sie wie gar nicht vorhanden. Verhält sich nun das Gasgemisch auf der einen Seite der Membran real, so existieren Anziehungskräfte zwischen den Molekülen des Gases 1 und den anderen Gasmolekülen. Dies führt dazu, daß die Moleküle des Gases 1 in der Mischphase gewissermaßen durch die anderen Moleküle festgehalten werden. Der Druck p_1^* des Gases 1, der sich nun auf der anderen Seite der Membran einstellt, wird kleiner sein als p_1. Wie groß er tatsächlich ist, hängt von den Wechselwirkungskräften, d.h. von der Art der Mischungspartner und ihrer Konzentration ab. Dies bedeutet, daß die Zusammensetzung des Gasgemisches nicht mehr durch die Partialdrucke gegeben ist, denn der Partialdruck ist ja durch die Anziehungskräfte von p_1 auf p_1^* erniedrigt, man nennt diesen „Partialdruck" in realen Mischungen die *Fugazität*. Damit ist aber auch der Partialdruck kein Maß mehr für das chemische Potential, sondern die Fugazität

$$\mu_1 - \underline{\mu}_1 = RT \ln \frac{p_1^*}{p}, \tag{82}$$

und da nur der Partialdruck durch den Molenbruch ersetzt werden kann, kann auch (78) nicht mehr richtig sein.

Man ersetzt nun, wieder in einer Art Etikettenschwindel, den Molenbruch durch eine korrigierte Größe, die *Aktivität* a

$$a_i = x_i \, f_i \tag{83}$$

und rettet damit das thermodynamische Formelsystem, das, wie wir früher schon erwähnt haben, für ideales Verhalten entwickelt worden ist. Der Faktor f_i wird Aktivitätskoeffizient genannt, er enthält alle Abweichungen vom idealen Verhalten. Er ist also von der Art der Mischungspartner abhängig und von ihrer Konzentration. Die Aktivität als Konzentrationsmaß in realen Systemen ist natürlich nicht auf Gasmischungen beschränkt. Der Aktivitätskoeffizient f_{Wasser} in einer 96%igen Äthanol-Wasser-Mischung wird verschieden sein von f_{Wasser} in einer 97%igen Aceton-Wasser-Mischung (Volumprozente), obwohl in beiden Fällen die Molenbrüche gleich sind. Und der Aktivitätskoeffizient f_{Wasser} wird für eine 96%ige Äthanol-Wasser-Mischung verschieden sein von dem einer 50%igen Mischung derselben Komponenten.

Wenn auch die Verwendung des Molenbruchs als Konzentrationsmaß für die Thermodynamik große Vorteile bringt (vgl. 4.3.3), so werden doch auch andere Konzentrationsmaße benutzt. Zur Kennzeichnung der Konzentrationsskala hat man verschiedene Symbole für den Aktivitätskoeffizienten eingeführt, über die Tabelle II-5 einen Überblick gibt.

Tabelle II-5. Aktivitätskoeffizienten bei verschiedenen Konzentrationsmaßen

Konzentrationsmaß		Einheit	Bezeichnung für Aktivitätskoeffizienten
Molenbruch	x	1	f
Liter-Molarität (engl. molarity)	c	mol/*l*	y
Kilogramm-Molarität (engl. molality)	m	mol/kg	γ

Wenn man die Gleichung für das chemische Potential in der Form

$$\mu_i = \underline{\mu}_i + RT \ln a_i = \underline{\mu}_i + RT \ln a_i + RT \ln f_i \tag{84}$$

schreibt, so sieht man deutlich, daß die Änderung der freien Enthalpie bei Zugabe eines Stoffes i zu einer realen Mischung rechnerisch aus zwei Anteilen zusammengesetzt ist:

einem Term, der ideales Verhalten (RT ln x_i) und einem Term, der die Abweichungen davon charakterisiert (RT ln f_i). Der Term RT ln f_i hat (da f_i dimensionslos ist) die Dimension Energie/Mol. Er gibt also die Größe der Wechselwirkungsenergie an. Der Übergang zwischen realem und idealem Verhalten (wie man es z.B. in Gasmischungen dadurch verwirklichen könnte, daß man den Gesamtdruck verkleinert, so daß die Moleküle weit voneinander entfernt sind und die Wechselwirkungen verschwinden) zeigt sich in dieser Formel dadurch, daß das zweite Glied gegen Null geht. Der Aktivitätskoeffizient geht bei Annäherung an ideales Verhalten asymptotisch gegen 1.

Die sehr gebräuchliche Gl. (84) für das chemische Potential gibt eigentlich den Unterschied zwischen einem Bezugspotential $\underline{\mu}_i$ und dem aktuellen chemischen Potential μ_i an. Wie weiter oben erwähnt, kann dieses Bezugspotential nach Zweckmäßigkeit frei gewählt werden, da es ja in festem Bezug zu einem Standardpotential steht. Üblicherweise wählt man für Gase den idealen Zustand des reinen Gases, für Flüssigkeiten und Festkörper den realen reinen Zustand, bei Lösungen für den gelösten Stoff die unendliche Verdünnung, für das Lösungsmittel den reinen Stoff als Bezugszustände. Wie man sieht, sucht man sich den Zustand als Bezugszustand heraus, der dem Problem angemessen ist.

Der Aktivitätskoeffizient ist deshalb so wichtig, weil die meisten praktischen Systeme sich nicht ideal verhalten. Mit Ausnahme eines einzigen Falles, dem der interionischen Wechselwirkungen (vgl. 6.4.2), können die Aktivitätskoeffizienten nicht aus atomaren oder molekularen Daten berechnet werden. Dies ist eine Folge der komplizierten Wechselwirkungsgesetze (vgl. 2). Deshalb muß in den meisten Fällen der Aktivitätskoeffizient experimentell bestimmt werden.

6. Gleichgewichte

6.1. Phasengleichgewichte

Kehren wir zu einem einfacheren System, einem Einstoff-Zweiphasensystem zurück, z.B. zu flüssigem Wasser und seinem Dampf. Wir brauchen zur eindeutigen Beschreibung des Zustands dieses Systems neben Temperatur und Volumen bzw. Temperatur und Druck noch die Verteilung der Materie auf die beiden Aggregatzustände. Dies ist verständlich, wissen wir doch (vgl. 4.4), daß schon die Enthalpie eines Flüssigkeits-Dampf-Systems um so höher ist, je mehr Flüssigkeit in Dampf übergegangen ist. Für dieses System ist also

$$dA = \left(\frac{\partial A}{\partial T}\right)_{V,n_1',n_1''} dT + \left(\frac{\partial A}{\partial V}\right)_{T,n_1',n_1''} dV + \left(\frac{\partial A}{\partial n_1'}\right)_{T,V,n_1''} dn_1' + \left(\frac{\partial A}{\partial n_1''}\right)_{T,V,n_1'} dn_1'' \tag{85}$$

oder (mit (72))

$$dA = -\,S\,dT - p\,dV + \mu_1'\,dn_1' + \mu_1''\,dn_1'' \tag{86}$$

bzw. (mit (73))

$$dG = -\,S\,dT + V\,dp + \mu_1'\,dn_1' + \mu_1''\,dn_1'' \,. \tag{87}$$

Wir haben hier den Index 1 des chemischen Potentials mitgenommen, obwohl er beim Einstoffsystem eigentlich überflüssig ist, damit ganz klar ist, daß nur der Stoff, nicht aber die Phase ein chemisches Potential hat. Die bei höherer Temperatur stabile Phase bezeichnen wir von nun an mit $''$, beim Flüssigkeits-Dampfgleichgewicht wäre also n_1' die Molzahl des Stoffes 1 in der flüssigen Phase. Fragen wir nach dem Phasengleichgewicht, so müssen wir die Gleichgewichtsbedingungen für geschlossene Systeme erfüllt sehen.

Greifen wir von außen nicht in das System ein, halten wir also beim System flüssiges Wasser/ Wasserdampf Temperatur und Gefäßvolumen konstant, dann herrscht Gleichgewicht, wenn

$$(dA)_{V,T} = \mu_1' \, dn_1' + \mu_1'' \, dn_1'' = 0 . \tag{88}$$

Da aber die Abnahme an Wasser der Zunahme an Wasserdampf gleich ist, ist $dn_1' = -dn_1''$, und damit ist die Gleichgewichtsbedingung für konstante Temperatur und konstantes Volumen

$$\mu_1' = \mu_1'' \tag{89}$$

und genauso für konstante Temperatur und konstanten Druck. Ändert man nach der Einstellung des Gleichgewichts eine Zustandsvariable, z.B. die Temperatur, so ist das Gleichgewicht gestört, es wird eine neue Gleichgewichtslage angestrebt. Diese ist dann erreicht, wenn die chemischen Potentiale des Stoffes wieder in beiden Phasen gleich groß sind, allerdings ist ihre zahlenmäßige Größe nun anders als vorher. Dies ergibt eine zweite Gleichung

$$d\mu_1' = d\mu_1'' , \tag{90}$$

und mit diesen beiden Gleichungen beherrscht man nach der analogen Erweiterung auf mehrere Phasen und mehrere Stoffe sämtliche Phasengleichgewichte, wie wir sie hier behandelt werden.

6.1.1. Phasengleichgewichte von Systemen, bei denen nur ein Stoff durch eine Phasengrenze tritt

6.1.1.1. Gleichgewichte zwischen reinen Phasen

Der Dampfdruck einer Flüssigkeit oder der Sublimationsdruck eines Festkörpers ist von der Temperatur abhängig. Wir wissen, daß ein feuchtes Handtuch in einem warmen Raum schneller trocknet als in einem kühlen. Allerdings ist in diesem Fall der Dampfdruck beim äußeren Atmosphärendruck die entscheidende Größe. Wir aber betrachten das System Flüssigkeit mit ihrem Dampf, wobei im Dampfraum nur Moleküle der Substanz und keine der Luft vorhanden sind. Die Substanz befinde sich also in einem geschlossenen Gefäß mit Druckanzeiger.

Die Temperaturabhängigkeit des Dampfdrucks ergibt sich aus der Abhängigkeit des chemischen Potentials eines reinen Stoffes von Temperatur und Druck

$$d\underline{\mu} = \left(\frac{\partial \underline{\mu}}{\partial T}\right)_p dT + \left(\frac{\partial \underline{\mu}}{\partial p}\right)_T dp . \tag{91}$$

Man bedenke, daß das chemische Potential eine intensive, also von der Flüssigkeitsmenge unabhängige Größe ist. Der Schwarzsche Satz (8) liefert uns aus (73) die beiden Abhängigkeiten

$$\left(\frac{\partial^2 G}{\partial n_i \partial T}\right)_{p,n_j} = \left(\frac{\partial^2 G}{\partial T \partial n_i}\right)_{p,n_j} : \left(\frac{\partial \mu_i}{\partial T}\right)_{p,n_j} = -S_i \,; \qquad \text{für reine Phasen} \quad \left(\frac{\partial \underline{\mu}_i}{\partial T}\right)_p = -\underline{S}_i \tag{92}$$

$$\left(\frac{\partial^2 G}{\partial n_i \partial p}\right)_{T,n_j} = \left(\frac{\partial^2 G}{\partial p \partial n_i}\right)_{T,n_j} : \left(\frac{\partial \mu_i}{\partial p}\right)_{T,n_j} = V_i \,; \qquad \text{für reine Phasen} \quad \left(\frac{\partial \underline{\mu}_i}{\partial p}\right)_T = \underline{V}_i \,. \tag{93}$$

Die beiden vollständigen Differentiale sind also

$$\text{Gasphase} \qquad d\underline{\mu}'' = -\underline{S}''\, dT + \underline{V}''\, dp \,,$$

$$\text{flüssige Phase} \qquad d\underline{\mu}' = -\underline{S}'\, dT + \underline{V}'\, dp \,. \tag{94}$$

Wegen der Gleichheit der Potentialänderung (90) ist für den jeweiligen Sättigungsdampfdruck p_s nach Clausius-Clapeyron:

$$\frac{dp_s}{dT} = \frac{\underline{S}'' - \underline{S}'}{\underline{V}'' - \underline{V}'} = \frac{\underline{L}_p}{T(\underline{V}'' - \underline{V}')} \,. \tag{95}$$

Nimmt man für den Dampf ideales Verhalten an und vernachlässigt das gegenüber dem des Dampfes kleine Molvolumen der Flüssigkeit, so erhält man unter der weiteren Annahme, daß die Verdampfungswärme $\underline{L}_p$ im betrachteten Temperaturintervall konstant sei

$$\frac{dp_s}{p_s} = d(\ln p_s) = \frac{\underline{L}_p}{RT^2}\, dT; \quad \text{integriert:} \quad \ln p_s = -\frac{\underline{L}_p}{R}\left(\frac{1}{T}\right) + C \,. \tag{96}$$

Der Logarithmus des Sättigungsdampfdrucks p_s ist also linear von $1/T$ abhängig (Bild II-14a).

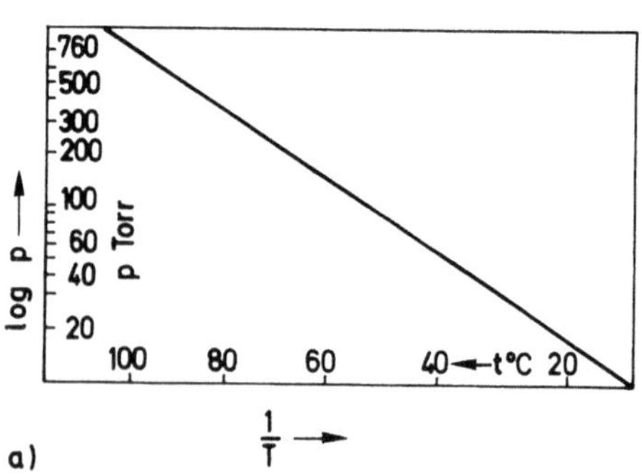

a)

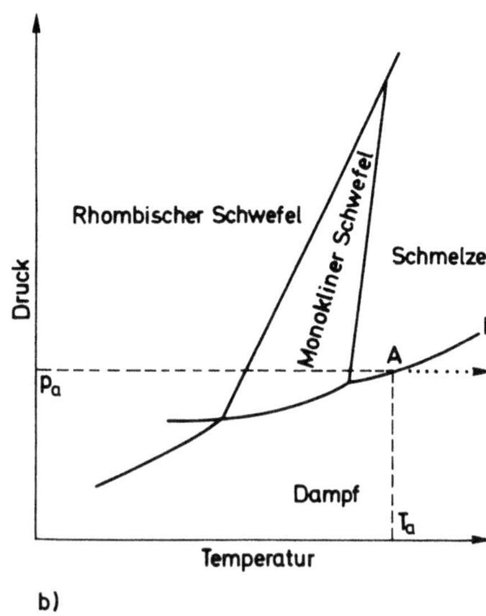

b)

Bild II-14

a) Temperaturabhängigkeit des Sättigungsdampfdrucks von Wasser

b) Zustandsdiagramm des Schwefels

Die Clausius-Clapeyronsche Gleichung (95) ist für alle drei Phasenübergänge eines Einstoffsystems gültig. Man faßt die Phasengleichgewichte in sogenannte Zustandsdiagramme in Abhängigkeit von Druck und Temperatur zusammen (Bild II-14b). Bei dieser Darstellung ist natürlich die Koexistenzkurve von Flüssigkeit und Dampf nicht linear.

Bei der Diskussion dieser Zustandsdiagramme muß man die *Gibbsche Phasenregel* erwähnen, die den Zusammenhang zwischen der Zahl der koexistenten Phasen P, der Zahl der Komponenten des Systems K und der Zahl der dann noch frei wählbaren Parameter F gibt:

$$F = K - P + 2. \qquad (97)$$

Bei Einstoffsystemen ist $K = 1$, also $F = 3 - P$. Wollen wir also z.B. flüssigen Schwefel und Schwefeldampf nebeneinander existent haben, so hat das System nur *eine* $(F = 3 - 2 = 1)$ frei wählbare Variable. Geben wir die Temperatur vor, so ist der Druck festgelegt und umgekehrt. Soll bei einer Temperaturerhöhung nicht eine der Phasen verschwinden, so muß der Druck so geändert werden, daß sich das System auf der Koexistenzkurve flüssig-dampfförmig bewegt. Erhöhen wir die Temperatur, ohne den Druck zu ändern, so verdampft die gesamte Substanz (punktierte Linie in Bild II-14b). Im Gebiet des Dampfes kann man nun Druck und Temperatur beliebig ändern, es ist $F = 3 - 1 = 2$.

In diesen Zustandsdiagrammen gibt es ausgezeichnete Punkte. Wo drei Phasen koexistent sind, liegen sogenannte Tripelpunkte. Für diese ist Druck und Temperatur eindeutig vorgegeben, ändert man eine Variable, so verschwindet eine Phase. Tripelpunkte sind nonvariante Punkte, $F = 0$. Ein anderer ausgezeichneter Punkt ist der Endpunkt der Flüssigkeits-Dampf-Koexistenzkurve, er wird der kritische Punkt genannt. Oberhalb des kritischen Drucks und der kritischen Temperatur verschwindet die Phasengrenze zwischen Flüssigkeit und Dampf.

6.1.1.2. Gleichgewichte zwischen reinen Phasen und Mischphasen

Da nach der Definition des chemischen Potentials (74) dessen Größe von Art und Konzentration aller Stoffe in einer Mischphase abhängt, wird das chemische Potential des Lösungsmittels durch einen Zusatzstoff beeinflußt. Wie groß μ_i auch immer in der Mischphase sein möge, im Gleichgewicht gilt für den Stoff, dessen Teilchen durch die Phasengrenze treten

$$\underline{\mu}_i' = \mu_i'' \quad \text{und} \quad d\underline{\mu}_i' = d\mu_i''. \qquad (98)$$

Das chemische Potential des Stoffes i in der Mischphase μ_i ist dem $\underline{\mu}_i$ in der reinen Phase gleich. Das chemische Potential des Stoffes i kann man in der Mischphase durch Änderung der Zusammensetzung dieser Phase beeinflussen, diese Möglichkeit gibt es in der reinen Phase nicht. Hier kann das chemische Potential des Stoffes i nur durch eine Temperatur- und/oder Druckänderung bewirkt werden. Deshalb ist das System bei veränderter Zusammensetzung der Mischphase bei anderer Temperatur und/oder bei anderem Druck des Gesamtsystems wieder im Gleichgewicht. Diese Abhängigkeit werden wir an einigen Beispielen untersuchen.

6.1.1.2.1. Das Raoultsche Gesetz der Dampfdruckerniedrigung. Löst man bei konstanter Temperatur einen Stoff 2 in einem Lösungsmittel 1, so wird das chemische Potential des

Lösungsmittels, μ_1, wie stets bei solchen Lösungsvorgängen, erniedrigt und damit auch sein Sättigungsdampfdruck.

Wir wollen an diesem Beispiel die Ableitung derartiger Abhängigkeiten demonstrieren, die folgenden Beispiele sollen nur im Ansatz und im Ergebnis charakterisiert werden. Die ausführliche Behandlung findet sich in den Lehrbüchern der Thermodynamik.

Damit das Gleichgewicht zwischen der reinen Dampfphase $''$ und der flüssigen Mischphase $'$ bei Änderung der Konzentration des Stoffes 2 in der Mischphase erhalten bleibt, muß gelten:

$$d\underline{\mu}_1'' = d\mu_1' = d\underline{\mu}_1' + d(RT \ln a_1'). \qquad (99)$$

Die Aktivität des Lösungsmittels (aus Zweckmäßigkeitsgründen wird der Logarithmus als Variable in die Gleichung eingesetzt), ist natürlich über den Molenbruch x_1 von der Konzentration des Stoffes 2 abhängig. Mit (93) ist

$$\left(\frac{\partial \underline{\mu}_1''}{\partial p}\right)_T dp = \left(\frac{\partial \underline{\mu}_1'}{\partial p}\right)_T dp + RT\, d \ln a_1' \quad \Rightarrow \quad \underline{V}_1''\, dp = \underline{V}_1'\, dp + RT\, d \ln a_1' . \qquad (100)$$

Die Abhängigkeit des Druckes im System von der Zusammensetzung der Mischphase ist also

$$\left(\frac{dp}{d \ln a_1'}\right)_T = \frac{RT}{\underline{V}_1'' - \underline{V}_1'} . \qquad (101)$$

Soweit der allgemeine Fall. Wir wollen nun die Annahme machen, daß der Dampf dem idealen Gasgesetz gehorche und $\underline{V}_1'$ gegen $\underline{V}_1''$ vernachlässigen:

$$\frac{dp}{p} = d \ln a_1' . \qquad (102)$$

Vergleichen wir den Dampfdruck p_{01} des reinen Lösungsmittels ($a_1 = 1$) mit dem Dampfdruck p_1 über der Lösung (a_1), interessieren wir uns also für die Dampfdruckerniedrigung, so müssen wir integrieren

$$\int_{p_{01}}^{p_1} \frac{dp}{p} = \int_1^{a_1'} d \ln a_1' \quad \Rightarrow \quad \ln \frac{p_1}{p_0} = \ln a_1 \quad \Rightarrow \quad \frac{p_1}{p_{01}} = a_1 . \qquad (103)$$

Nehmen wir nun auch noch ideal verdünnte Lösungen an ($f_i = 1$), so ist $p_1/p_{01} = x_1 = 1 - x_2$. Damit ist die relative Dampfdruckerniedrigung für sehr verdünnte Lösungen nach Raoult

$$\frac{p_{01} - p_1}{p_{01}} = \frac{\Delta p}{p_{01}} = x_2 \qquad (104)$$

dem Molenbruch des zugesetzten Stoffes x_2 proportional und für alle Stoffe gleich groß.

Das Raoultsche Gesetz, das zuerst experimentell gefunden worden ist, ist ein Grenzgesetz für ideal verdünnte Lösungen. In solchen Lösungen sind die Wechselwirkungen zwischen den Molekülen des gelösten Stoffes zu vernachlässigen. Wechselwirkungen zwischen Lösungsmittelmolekülen und gelöstem Stoff sind natürlich beträchtlich, sonst würde gar keine Lösung der Komponente 2 möglich sein. Man berücksichtigt diese Wechselwirkungen zu Lösungsmittel und gelöstem Stoff einfach dadurch, daß man die ideal verdünnte Lösung als

Bezugszustand wählt. Bei höherer Konzentration ist die Proportionalität zum Molenbruch nicht mehr gegeben (Bild II-15), da dann f_i von 1 verschieden ist. Umgekehrt berechnet man aus den Abweichungen von solchen Grenzgesetzen die Aktivitätskoeffizienten.

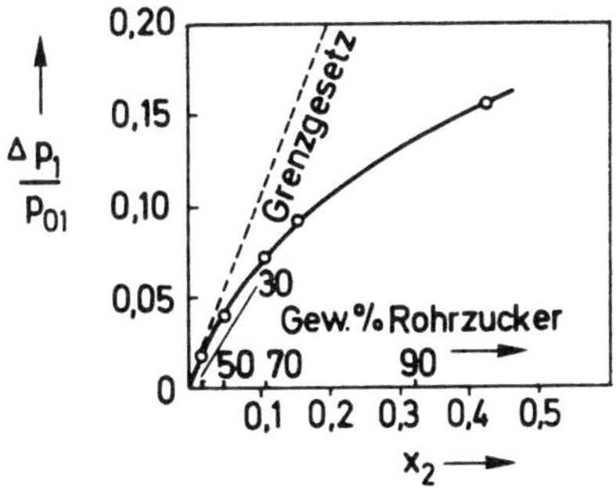

Bild II-15
Relative Dampfdruckerniedrigung von Rohrzuckerlösungen bei 313 K. Man beachte die hohen Rohrzucker-konzentrationen!

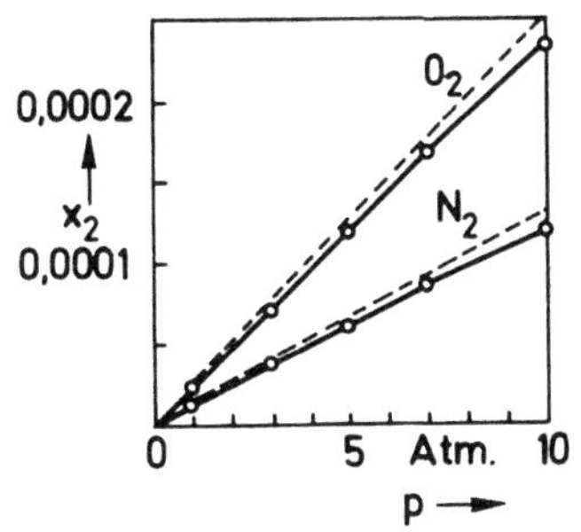

Bild II-16
Löslichkeit der Luftbestandteile Sauerstoff und Stickstoff in Wasser bei 293 K. mit Grenzgeraden

6.1.1.2.2. Siedepunktserhöhung und Gefrierpunktserniedrigung. Geben wir nicht, wie in 6.1.1.2.1 die Temperatur vor, sondern arbeiten bei konstantem Druck, z.B. Atmosphärendruck, so ändert sich infolge der Änderung des chemischen Potentials des Lösungsmittels in der Mischphase durch Zugabe der Komponenten 2 der Siedepunkt der Lösung. Die Gasphase muß aber nach wie vor aus reinem Lösungsmitteldampf bestehen.

Für ideal verdünnte Lösungen gilt nach van t'Hoff

$$\frac{\Delta T}{T_s} = \frac{RT_s}{\underline{L}_p} x_2 . \qquad (105)$$

Die relative Siedepunktserhöhung ist dem Molenbruch des gelösten Stoffes 2 proportional und von der Natur des Stoffes unabhängig.

Genau dieselbe Beziehung erhält man für das Phasengleichgewicht flüssige Mischphase/feste Phase aus reinem Lösungsmittel. ΔT ist hier aber negativ, da die Mischphase die bei höherer Temperatur stabile Phase ist.

6.1.1.2.3. Das Henry-Daltonsche Gesetz. Wir untersuchen jetzt den zum Raoultschen Gesetz komplementären Fall: Ein Gas 2 löst sich geringfügig in einem Lösungsmittel das praktisch keinen Dampfdruck hat. Dabei interessiert die Löslichkeit des Gases in Abhängigkeit vom Druck. Bei idealem Verhalten der Lösung, d.h. solange sich wenig Gas in der Flüssigkeit löst, erhält man das Gesetz, das Henry für diesen Fall empirisch gefunden hat.

$$x_2 = k\,p , \qquad (106)$$

d.h. die Löslichkeit des Gases 2 in der Flüssigkeit ist proportional dem Druck des Gases über der Flüssigkeit.

Bei idealen Gasmischungen gilt, wie Dalton gezeigt hat, dasselbe. Die Löslichkeit ist dem Partialdruck über der Flüssigkeit proportional

$$x_i = k_i\, p_i \;. \qquad (106a)$$

Ein Beispiel: Luft löst sich in Wasser. Dabei ist die Löslichkeit von Sauerstoff praktisch doppelt so hoch wie die von Stickstoff, es ist $k_{O_2} \approx 2\, k_{N_2}$ (Bild II-16). Dies ist für die Wasserlebewesen wichtig, da ihnen relativ mehr Sauerstoff zur Verfügung steht, als den Luft atmenden Organismen.

6.1.1.2.4. Kolligative Eigenschaften. Dampfdruck- und Gefrierpunktserniedrigung, Siedepunktserhöung und Löslichkeit, wie auch osmotischer Druck, hängen unter der Bedingung idealer Mischphase nicht von der Art der gelösten Teilchen ab, sondern nur von ihrer Zahl, die durch den Molenbruch x_2 angegeben wird. Solche Eigenschaften werden *kolligativ* genannt.

Man kann alle diese kolligativen Eigenschaften zur Molekulargewichtsbestimmung ausnutzen, da man weiß, um wieviel Grad z.B. der Gefrierpunkt eines bestimmten Lösungsmittels absinkt, wenn man 1 mol eines Stoffes zugibt (ideales Verhalten der Lösung). Die molaren Gefrierpunktserniedrigungen vieler Lösungsmittel sind tabelliert. Aus der gemessenen Gefrierpunktserniedrigung und der molaren berechnet man leicht die Molzahl des zugegebenen Stoffes und aus ihr und der Einwaage das Molekulargewicht. Voraussetzung der Methode ist allerdings, daß der Stoff nicht dissoziiert.

6.1.1.2.5. Reale Mischphasen. In den verdünnten Lösungen, die wir seither behandelt haben, waren die kolligativen Eigenschaften stets lineare Funktionen des Molenbruchs, der Konzentration des gelösten Stoffes. Bei höheren Konzentrationen sind die Lösungen im allgemeinen nicht mehr ideal und damit die kolligativen Eigenschaften nicht mehr lineare Funktionen des Molenbruchs, sondern der Aktivität (vgl. Bild II-15).

Man kann also aus der Messung der kolligativen Eigenschaften bei bekanntem Molenbruch den Aktivitätskoeffizienten bestimmen. Diese Messungen sind nicht allzu aufwendig, besonders in Anbetracht der Wichtigkeit der Aktivitätskoeffizienten für Probleme der Praxis, wo ja konzentrierte Lösungen viel interessanter sind als stark verdünnte. Man darf allerdings nicht in jedem Fall in den angegebenen Formeln für ideales Verhalten einfach den Molenbruch durch die Aktivität ersetzen, sondern muß noch prüfen, welche weiteren Näherungen gemacht worden sind.

6.1.2. Phasengleichgewichte von Systemen, bei denen mehrere Stoffe durch eine Phasengrenze treten

Im allgemeinen Fall sind bei einem Zweistoff-Zweiphasensystem beide Phasen Mischphasen. Wenn man ein Alkohol-Wasser-Gemisch zum Sieden bringt, so enthält sowohl die Flüssigkeit, als auch der Dampf beide Komponenten. Genauso verhält sich eine flüssige Mischung im Schmelzgleichgewicht, deren Komponenten Mischkristalle bilden.

Für ein Phasengleichgewicht in diesen Fällen lautet die Gleichgewichtsbedingung, daß für jede Komponente simultan

$$\mu_i' = \mu_i'' \quad \text{und} \quad d\mu_i' = d\mu_i'' \;. \qquad (89)\,(90)$$

Man kann, ausgehend von dieser Gleichgewichtsbedingung, die Beziehungen z.B. zwischen dem Gesamtdampfdruck und der Zusammensetzung der flüssigen Phase (unter Konstanthaltung der Temperatur) oder den Zusammenhang z.B. zwischen Schmelzpunkt und Gesamtzusammensetzung bei konstantem Druck ableiten.

Wir wollen nur qualitativ einige dieser Dampfdruck- bzw. Siedediagramme und Schmelzdiagramme diskutieren.

6.1.2.1. Flüssigkeits-Dampf-Gleichgewichte

In Bild II-17 sind die Zusammenhänge zwischen dem Dampfdruck bzw. dem Siedepunkt einer Mischung von flüchtigen Komponenten und der Zusammensetzung der flüssigen Phase x_2' bzw. Dampfphase x_2'' dargestellt. *Dampfdruckdiagramme* sind bei konstanter Temperatur, *Siedediagramme* bei konstantem Druck, meist Atmosphärendruck, aufgenommen.

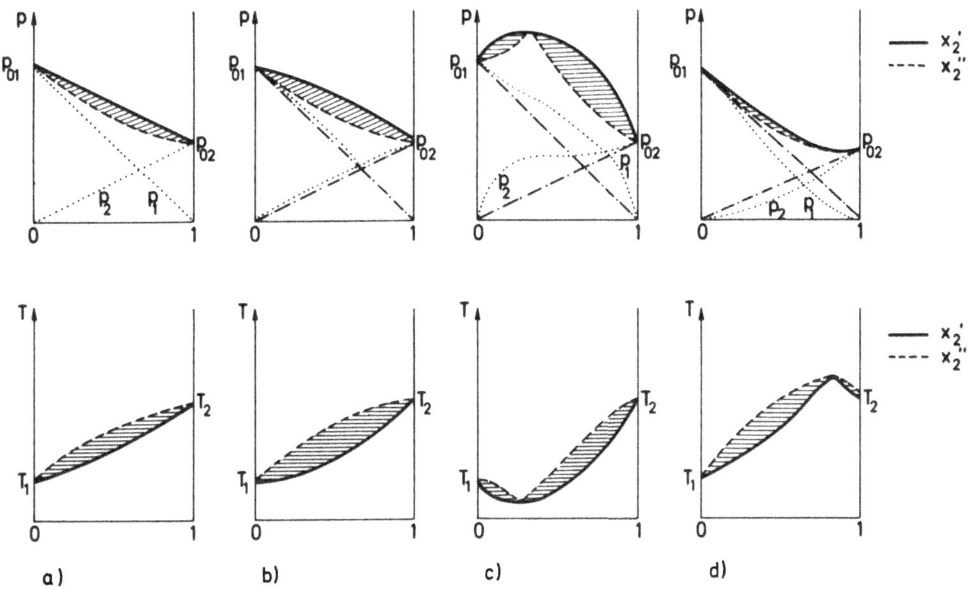

Bild II-17. Dampfdruck- und Siedediagramm (schematisch).
a) ideal
b) normal nicht ideal
c) und d) azeotrop.
..... Partialdrucke (– · – ideal). Dampfdruck bzw. Siedetemperatur als Funktion der Zusammensetzung der flüssigen —— bzw. Dampfphase – – –

Bild II-17a zeigt die Diagramme für ideales Verhalten der beiden Komponenten in beiden Phasen. Hier sind die Partialdrucke lineare Funktionen des Molenbruchs einer Komponenten (z.B. x_2') in der flüssigen Phase (punktierte Linien) und damit ist auch der Gesamtdruck (durchzogene Linie) linear von x_2' abhängig. Diese Linearität geht verloren, wenn man den Molenbruch in der Dampfphase x_2'' als Abszisse wählt (gestrichelte Linien). Daraus folgt, daß Flüssigkeit und Dampf bei konstanter Temperatur und einem bestimmten Druck nicht die gleiche Zusammensetzung haben können. Dieselbe Information enthält natürlich auch das Siedediagramm, in dieser Darstellung ist jedoch die Linearität bei idealem Verhalten verloren gegangen.

Der Unterschied der Zusammensetzung der beiden Phasen, den man aus den Diagrammen durch Parallelen zur Abszisse beim interessierenden Druck bzw. bei der interessierenden Temperatur entnehmen kann, ist praktisch sehr wichtig, denn auf ihm beruht die Möglichkeit, Flüssigkeiten durch Destillation zu trennen. Die Trennung ist um so leichter, je größer die relative Flüchtigkeit ist: für ideales Verhalten $\alpha_0 = p_{02}/p_{01}$, für reales Verhalten $\alpha = p_{02} f_2 / p_{01} f_1$. Man sieht aus dieser Formel, daß man auch durch Beeinflussung des Aktivitätskoeffizienten durch Zusatzstoffe die Trennung steuern kann *(extraktive Destillation)*.

Diese Diagramme (Bilder II-17, II-18) geben an, bei welchen Temperatur/Zusammensetzungs-Relationen eine oder zwei Phasen existent sind. Bei hohen Temperaturen sind nur gasförmige, bei tieferen Temperaturen nur flüssige Mischungen stabil. Dazwischen gibt es ein Gebiet, in dem das System in zwei Phasen zerfällt, dann nämlich, wenn ein durch T und x bestimmter Punkt in das in den Bildern II-17 und II-18 schraffierte Gebiet fällt. Man überlege sich dieses an Hand einer Abkühlungskurve.

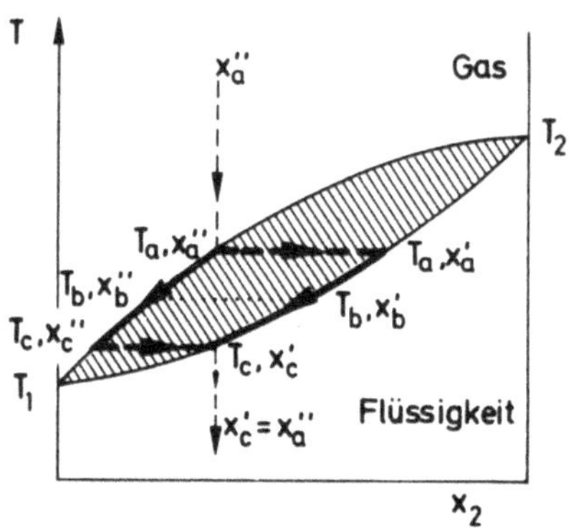

Bild II-18

Kondensation eines Dampfes, Erläuterungen im Text

Ein Gasgemisch beliebiger Zusammensetzung x_a'' werde abgekühlt. Bei einer bestimmten Temperatur T_a trifft es in Bild II-18 auf das Zweiphasengebiet. Es kondensiert nun ein kleiner Teil. Allerdings ist das Kondensat an schwerer flüchtiger Komponente reicher (T_a, x_a'), die Dampfphase verarmt an dieser Komponenten. Wird nun weiter abgekühlt, so kondensiert mehr und mehr Gas, die Zusammensetzung beider Phasen ändert sich laufend mit der Temperatur, in Bild II-18 laufen die beiden Phasen an der Grenze des Zweiphasengebietes entlang (Dampf: $T_a, x_a'' \rightarrow T_b, x_b'' \rightarrow T_c, x_c''$; Flüssigkeit: $T_a, x_a' \rightarrow T_b, x_b' \rightarrow T_c, x_c'$) bis die Dampfphase bei T_c völlig verschwindet und die Flüssigkeit dieselbe Zusammensetzung $x_c' = x_a''$ hat wie vorher der Dampf. Eine Stofftrennung erreicht man also nur bei teilweiser Verdampfung oder Kondensation, was eigentlich trivial ist.

Wir prüfen an diesem Beispiel die Gibbssche Phasenregel $F = K + 2 - P$. Im Zweistoffsystem ist $F = 4 - P$, eine Freiheit haben wir für den in Bild II-18 dargestellten Fall durch die Festlegung des Drucks vergeben, es bleiben also noch $F = 3 - P$ Freiheiten. Bei hoher

Temperatur ist nur die Gasphase existent, also ist P = 1 und F = 2: Temperatur und Zusammensetzung (Molenbruch in Bild II-18) sind frei wählbar. Im Zweiphasengebiet dagegen ist nur noch eine Variable frei wählbar, gibt man die Temperatur vor, so sind die Molenbrüche der beiden Phasen festgelegt.

Verschiedene Diagramme realen Verhaltens sind in Bild II-17b–d dargestellt. Sind die Wechselwirkungen zwischen den Molekülen der Mischungskomponenten so stark, daß der Siedepunkt einer bestimmten Mischung höher oder tiefer liegt als die Siedepunkte der reinen Komponenten, dann beobachtet man azeotropes Verhalten. In den *azeotropen Punkten* haben Flüssigkeit und Dampf dieselbe Zusammensetzung, die flüssige Mischung destilliert also wie ein reiner Stoff. Das bekannteste Azeotrop ist 96%iger Alkohol. Vorhersagen, ob zwei Flüssigkeiten ein Azeotrop bilden können, lassen sich aufgrund der Thermodynamik nicht machen, da die speziellen Wechselwirkungskräfte zwischen den Mischungspartnern das Siedediagramm bestimmen.

6.1.2.2. Mischungslücken

Nicht alle Flüssigkeiten sind in jedem Verhältnis mischbar. oft bilden sich zwei Phasen, Wir kennen dies von Öl und Wasser, von Milch und von Dispersionsfarbe. Eine Entmischung gibt es aber auch im festen Zustand. Dort ist es sogar leichter einzusehen. Wenn die eine Komponente ein Kristallgitter hat, das von der anderen z.B. wegen der Ionengröße gesprengt würde, ist es energetisch günstiger, wenn die beiden Komponenten getrennt auskristallisieren.

6.1.2.3. Erstarrung flüssiger Zweikomponentengemische

Auch bei den *Schmelzdiagrammen*, die das Schmelzverhalten einer Mischung bei konstantem Druck in Abhängigkeit von der Zusammensetzung zeigen (Bild II-19), gibt es selten ideale, dagegen sehr mannigfache nichtideale Fälle.

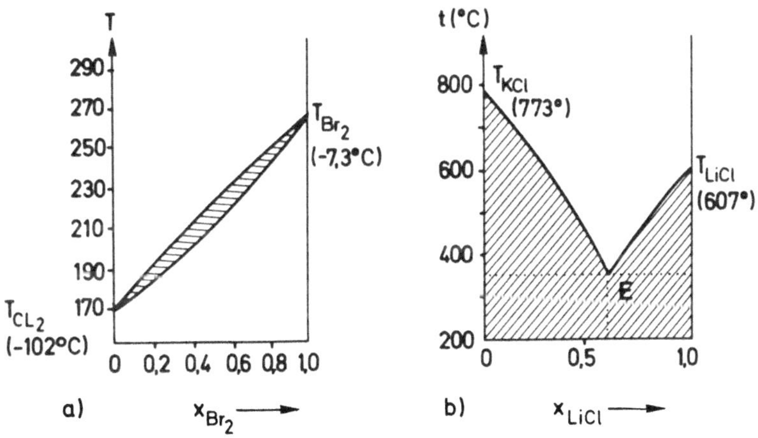

Bild II-19. Schmelzdiagramme
a) Brom-Chlor
b) KCl-LiCl

Brom und Chlor verhalten sich angenähert ideal und bilden in jeder Zusammensetzung Mischkristalle. Auch Stilben/Bibenzyl oder Azobenzol/Stilben sind Systeme mit solchem Schmelzdiagramm. Wieder ist im schraffierten Gebiet der Schmelzdiagramme ein Zweiphasensystem stabil, die beiden Phasen haben verschiedene Zusammensetzungen, die durch die Parallele zur Abszisse für die gewünschte Temperatur abgelesen werden können.

Bei festen Mischungen ist die Bildung von Mischkristallen sehr viel seltener als die Bildung flüssiger homogener Mischungen. In Bild II-19b, dem System KCl/LiCl, bilden sich gar keine Mischkristalle. In diesem Fall kristallisiert beim Abkühlen aus der Schmelze das reine LiCl oder das reine KCl aus, je nachdem, auf welcher Seite des Punktes E, des *eutektischen Punktes*, man sich befindet. Wenn eine reine Komponente auskristallisiert, wird die Schmelze natürlich reicher an der anderen, beim Abkühlen der Schmelze verändert sich deren Zusammensetzung in der durch die Kurve in Bild II-19b vorgegebenen Weise, bis der Punkt E erreicht ist. An diesem Punkt ist das Stabilitätsgebiet der flüssigen Phase zu Ende, die Schmelze muß erstarren. Da das System nicht in das schraffierte Gebiet eintreten kann, kristallisieren jetzt nebeneinander reines LiCl und reines KCl aus. Die Mischungslücke überdeckt den gesamten Mischungsbereich.

Es ist klar, daß man bei Systemen mit einem solchen Schmelzdiagramm durch fraktionierte Kristallisation in einem Schritt eine der Komponenten rein erhält, während bei einem Diagramm wie in Bild II-19a nur eine Anreicherung einer Komponenten möglich ist.

6.2. Chemische Gleichgewichte

Das chemische Gleichgewicht unterscheidet sich vom Phasengleichgewicht dadurch, daß die beteiligten Stoffe nicht in eine andere Phase übergehen, sondern ineinander umgewandelt werden. Prinzipiell sind jedoch Phasen- und chemisches Gleichgewicht gleichartig.

In beiden Fällen ist die Gleichgewichtsbedingung dieselbe:

$$dG = -S\,dT + V\,dp + \sum_i \mu_i\,dn_i = 0 \qquad (107)$$

$$dA = -S\,dT - p\,dV + \sum_i \mu_i\,dn_i = 0\,. \qquad (108)$$

Nehmen wir wie in 4.3.4 die allgemeine Reaktionsgleichung als Ausgangspunkt und die Ammoniaksynthese als Beispiel

$$\nu_A A + \nu_B B \rightleftharpoons \nu_C C + \nu_D D \qquad (31)$$

$$3H_2 + N_2 \rightleftharpoons 2NH_3\,, \qquad (31a)$$

so sind die Konzentrationsänderungen dn_i wieder durch die Koeffizienten ν_i gekoppelt. Beziehen wir sie auf λ, den Formelumsatz: $dn_i = \nu_i\,d\lambda$, so kann man die Gleichgewichtsbedingung umschreiben in die Gibbssche Fundamentalgleichung

$$dG = -S\,dT + V\,dp + \sum_i \nu_i \mu_i\,d\lambda = 0\,. \qquad (109)$$

Für praktische Fälle interessiert nun meistens: liegt in einer Reaktionsmischung das Gleichgewicht bei einer bestimmten konstanten Temperatur und bei einem bestimmten konstanten Druck auf der Seite der Ausgangsstoffe oder der Endprodukte? Diese Reaktionsbedingungen sind verwirklicht, wenn man eine Umsetzung z.B. in siedendem Toluol im offenen Gefäß bzw. in einem durch einen Rückflußkühler mit der Atmosphäre in Verbindung stehenden Kolben durchführt.

Die Lage dieses Gleichgewichts erhält man aus der Gleichgewichtsbedingung

$$(dG)_{p,T} = \sum_i \mu_i \nu_i \, d\lambda = 0 \tag{110}$$

oder

$$\left(\frac{\partial G}{\partial \lambda}\right)_{p,T} \equiv \Delta G = \sum_i \nu_i \mu_i = \nu_C \mu_C + \nu_D \mu_D - \nu_A \mu_A - \nu_B \mu_B = 0, \tag{111}$$

wobei sich ΔG wieder wie die Reaktionswärme ΔH auf einen Formelumsatz bezieht. Diese Gleichgewichtsbedingung sagt nichts anderes, als daß sich die chemischen Potentiale der beteiligten Stoffe, gewichtet mit ihren stöchiometrischen Faktoren, gerade kompensieren müssen, so daß die Potentialdifferenzen verschwinden, eine anschauliche Formulierung des Gleichgewichtszustands.

Bleiben wir beim Beispiel der Ammoniaksynthese. Die Lage des Gleichgewichts ist durch die Größe der chemischen Potentiale gegeben. Diese sind von Druck, Temperatur und Zusammensetzung der Reaktionsmischung abhängig, letzteres auch, wenn nur ideale Gase an der Reaktion beteiligt sind, da das chemische Potential einen Entropieanteil hat und auch bei idealen Gasen Mischungsentropien auftreten (vgl. 5.2.2.1).

Wir können aber Temperatur- und Druckabhängigkeit von der Konzentrationsabhängigkeit trennen, da wir, wie öfters erwähnt, bei der Berechnung von thermodynamischen Größen, also auch des chemischen Potentials, den Bezugspunkt beliebig festlegen dürfen. Es kommen ja nur Potentialdifferenzen zur Wirkung. Wir wählen deshalb als Bezugszustand die reine Form der Gase unter der Annahme idealen Verhaltens, und zwar bei der Temperatur und dem Druck, unter denen die Reaktion ablaufen soll. Damit ist

$$\mu_i = \underline{\mu}_i + RT \ln x_i \tag{78}$$

bei idealem Verhalten aller Reaktionspartner. Bei realem Verhalten muß, wie üblich, der Molenbruch x_i durch die Aktivität a_i ersetzt werden. Damit wird die Gleichgewichtsbedingung

$$\Delta G = \nu_C \underline{\mu}_C + \nu_C RT \ln [a_C] + \nu_D \underline{\mu}_D + \nu_D RT \ln [a_D] - \nu_A \underline{\mu}_A - \nu_A RT \ln [a_A]$$

$$- \nu_B \underline{\mu}_B - \nu_B RT \ln [a_B] = \sum_i \nu_i \underline{\mu}_i + RT \sum_i \nu_i \ln [a_i] = 0 . \tag{112}$$

Die Aktivitäten a_i der Reaktionspartner sind durch die Gleichgewichtsbedingung festgelegt und deshalb als $[a_i]$ geschrieben.

Wenn man die chemischen Bezugspotentiale $\underline{\mu}_i$ in ein Glied zusammenfaßt, so ist die Ähnlichkeit mit (111) unverkennbar. Diese Gleichung gibt, wenn $\Delta G \neq 0$, die Änderung der freien Enthalpie z.B. bei der Ammoniaksynthese wieder. Man kann

$$\Delta \underline{G} = \sum_i \nu_i \underline{\mu}_i \tag{113}$$

als die Änderung der freien Enthalpie bei einer hypothetischen, sogenannten Standard-Reaktion auffassen, bei der alle Reaktionsteilnehmer im reinen idealen Zustand miteinander reagierten. Dies ist natürlich nicht möglich, da ja ohne Mischung der Partner keine Reaktion beginnen kann. Dennoch wird der aus den bekannten Bezugspotentialen der Reaktionsteilnehmer errechnete Wert für $\Delta \underline{G}$ charakteristisch sein für die Ammoniaksynthese aus Wasserstoff und Stickstoff.

Die Gleichgewichtsbedingung (112) gilt aber für die aktuelle, nicht die hypothetische Reaktion. Daraus folgt die Bedeutung der hypothetischen Standardreaktion, denn durch $\Delta \underline{G}$ sind die Gleichgewichtsaktivitäten so festgelegt, daß $\Delta G = 0$ wird:

$$\sum_i \nu_i \underline{\mu}_i = \Delta \underline{G} = -RT \sum_i \nu_i \ln [a_i] = -RT \ln K\,. \tag{114}$$

Durch diese Gleichung wird die *thermodynamische Gleichgewichtskonstante* K eingeführt. Aus der anderen Schreibweise

$$K = \frac{[a_C]^{\nu_C}\,[a_D]^{\nu_D}}{[a_A]^{\nu_A}\,[a_B]^{\nu_B}} \tag{115}$$

sieht man sofort, daß dies die Gleichgewichtskonstante des Massenwirkungsgesetzes ist, die damit über die thermodynamische Gleichgewichtsbedingung mit den Energie- und Entropiegrößen des Systems verbunden ist.

Den Chemiker interessiert die Gleichgewichtskonstante deshalb, weil in ihr eine Angabe über die Lage des Gleichgewichts in bezug auf Ausgangsstoffe und Endprodukte liegt. Darüber hinaus ist für ihn die Abhängigkeit dieser Ausbeuterelation von Druck und Temperatur wichtig. Durch die Verknüpfung der Gleichgewichtskonstanten mit der freien Enthalpie der Standardreaktion gibt deren Temperaturabhängigkeit die gesuchte Beziehung, die sogenannte van t'Hoffsche Reaktionsisobare

$$\left(\frac{\partial \ln K}{\partial T}\right)_p = \frac{\Delta H}{RT^2} \tag{116}$$

und die Druckabhängigkeit

$$\left(\frac{\partial \ln K}{\partial p}\right)_T = -\frac{\Delta V}{RT}\,. \tag{117}$$

Bei endothermen Reaktionen, wenn also ΔH positiv ist, nimmt K mit steigender Temperatur zu, solche Reaktionen führt man zur Verbesserung der Ausbeute bei höheren Temperaturen. Eine Druckabhängigkeit der Gleichgewichtskonstanten erwartet man nur bei einer beträchtlichen Änderung des Reaktionsvolumens, also praktisch nur bei Gasreaktionen.

Nimmt z.B. die Gasmolzahl wie bei der Ammoniak-Bildungsreaktion ab, so wird die Gleichgewichtskonstante mit steigendem Druck größer, das Gleichgewicht verschiebt sich in Richtung der Volumverringerung. Dies sind Ausprägungen des Le Chatelier-Braunschen Prinzips des kleinsten Zwanges.

6.3. Die chemische Affinität

Wir haben uns seither mit Gleichgewichtszuständen befaßt und gesehen, daß die Bedingung dafür war

$$(dG)_{p,T} = 0. \qquad (110)$$

Wir wollen nun fragen, in welche Richtung eine Reaktion abläuft, wie stark die „Triebkraft", die „Affinität" der Reaktion ist. Für die Antwort gibt es zwei Ansätze. Den einen haben wir schon benutzt, nämlich den, die Lage des Gleichgewichts als Maß für die Affinität zu nehmen. Eine große „Triebkraft" wird die Reaktion weiter treiben als eine kleine.

Der andere Ansatz ist der, daß man nicht vom Gleichgewicht ausgeht, sondern die Größe von ΔG selbst als Maß nimmt. Lassen wir eine Reaktion isotherm und isobar ablaufen, machen wir also eine Umsetzung im siedenden Lösungsmittel am Rückflußkühler, so ist die freie Enthalpie am Anfang und nach Ablauf der Reaktion nach Helmholtz-Gibbs

$$G_{vor} = H_{vor} - TS_{p\,vor} \quad \text{und} \quad G_{nach} = H_{nach} - TS_{p\,nach}$$

bezogen auf einen Formelumsatz

$$\left(\frac{\partial G}{\partial \lambda}\right)_{p,T} = \Delta G = \Delta H - T\Delta S_p\ . \qquad (118)$$

Das Vorzeichen von ΔG gibt an, in welche Richtung eine Reaktion freiwillig läuft. Man erinnere sich an die Überlegungen, die zur Einführung der freien Enthalpie geführt haben. Je negativer ΔH (exotherme Reaktion) und je größer ΔS, je größer also der negative Wert von ΔG ist, desto größer ist auch die Affinität. Es zeigt sich also, daß nicht die Reaktionswärme allein für die Triebkraft der Reaktion verantwortlich ist, sondern auch die Entropieänderung während der Reaktion. Wenn man die Reaktionswärme und die Reaktionsentropie mißt, kann man die Affinität bestimmen. Während ΔH einfach kalorimetrisch zu messen ist, ist ΔS_p schwer zugänglich. So geht man praktisch umgekehrt vor: Man kann, wie wir erwähnt haben und in 6.4 näher besprechen werden, viele Redoxreaktionen auch in galvanischen Zellen ablaufen lassen. Hier hat man es in der Hand, durch Anlegen einer Gegenspannung E die Reaktion anzuhalten, laufen zu lassen oder umzukehren, oder, was dasselbe ausdrückt, die Reaktion reversibel zu führen. Reversibel heißt aber stets im Gleichgewicht und damit $\Delta G = 0$. Das ΔG_{chem} muß also durch ein entgegengesetzt gleich großes ΔG kompensiert werden, das durch die angelegte Kompensationsspannung E bestimmt ist

$$\Delta G = 0 = \Delta G_{chem} + n_e F E$$

oder

$$\Delta G_{chem} = -\,n_e F E\,, \qquad (119)$$

wobei n_e die Zahl der Elektronen ist, die beim molekularen Redoxvorgang getauscht werden, F die Faraday-Konstante (96 500 C/mol) und E die Zellurspannung (EMK) in Volt, die leicht zu messen ist.

Die elektrische Arbeit, die man in einem reversiblen galvanischen Element isotherm gewinnen kann, ist also $\Delta W_{rev} = \Delta G_{chem}$. Damit liegt eine andere Formulierung des 2. Hauptsatzes vor uns

$$\Delta H = \Delta W_{rev} + T\Delta S_p \quad . \qquad (120)$$

Die Reaktionswärme ΔH, die bei einem irreversiblen chemischen Prozeß frei wird, läßt sich bei reversibler Führung in zwei Anteile aufspalten: in einen Teil nutzbare Arbeit ΔW_{rev} und einen Teil Wärme $T\Delta S_p$.

6.4. Simultanes chemisches und Phasengleichgewicht von Elektrolyten

Wir haben uns bisher mit reinen Phasen und Mischphasen von ungeladenen Stoffen befaßt. Solche Stoffe sind vorwiegend organische Verbindungen wie Harnstoff, Äthanol, Zucker. Es gibt aber auch die große Stoffgruppe der *Elektrolyte*, die im reinen Zustand neutrale Stoffe sind, bei Lösung in polaren Lösungsmitteln wie Wasser in geladene Teilchen, die *Ionen*, zerfallen. Zu dieser Stoffklasse gehören die anorganischen und organischen Salze, Säuren und Basen, z.B. dissoziiert das HCl-Molekül bei Lösung in Wasser

$$HCl_{gas} + H_2O \rightleftharpoons H_3O^+_{aq.} + Cl^-_{aq.}$$

oder ein Kochsalzkristall bei Lösung in Wasser

$$NaCl_{fest} \overset{H_2O}{\rightleftharpoons} Na^+_{aq.} + Cl^-_{aq.} \ .$$

Diese Dissoziationsvorgänge laufen spontan ab, das System Kochsalzkristall in Kontakt mit Wasser ist also thermodynamisch nicht stabil, es geht in die stabile Lösung über. Dies ist erstaunlich, denn nach der Dissoziationsgleichung werden ja positive und negative Ladungen getrennt, und dies erfordert (etwas unscharf ausgedrückt, da die freie Enthalpie die entscheidende Größe ist) eine Energiezufuhr. Diese muß durch eine Energieabgabe des Systems bei der Solvatation der Ionen überkompensiert werden. Diese Stabilisierung ist überwiegend durch Monopol-Dipolkräfte zwischen den Ionen und den Lösungsmittelmolekülen bedingt, auch wenn wegen der kleinen Abstände zwischen Ion und Solvathülle Induktions- und Dispersionskräfte nicht ganz zu vernachlässigen sein sollten (vgl. 2).

Wenn wir oben die Kochsalzlösung als den stabilen Zustand des Systems bezeichnet haben, so gilt das natürlich nicht immer. Festes Kochsalz ist in Kontakt mit einer gesättigten Lösung durchaus stabil. Hier haben wir ein Zwei-Phasen-Gleichgewicht vor uns, bei dem geladene Teilchen durch die Phasengrenzfläche treten. Nach außen treten allerdings keine Ladungen in Erscheinung, die Elektroneutralität bleibt erhalten. Dies bedeutet, daß die positiven und negativen Ionen nicht unabhängig voneinander die Phasengrenzfläche durchqueren. Die Bedingung für das Lösungsgleichgewicht ist deshalb hier wie für ungeladene Stoffe die Gleichheit der chemischen Potentiale des Kochsalzes im Kristall und in der Lösung.

Die Frage ist nun, zu welchem Ergebnis der alleinige Durchtritt einer bestimmten Ionensorte durch eine Phasengrenze führt, der z.B. an der Phasengrenze eines Metalls mit einer Lösung eines Salzes desselben Metalls studiert werden kann. Nehmen wir das System Silber/Silbernitratlösung als Beispiel. Das Silber ist in der festen Phase in einem anderen Ladungszustand als das Silber in der Lösung. Eine Änderung des Ladungszustandes beim Wechsel in die andere Phase ist jedoch eine Reduktions- oder Oxidationsreaktion. Wir werden also im folgenden simultane Phasen- und Redoxgleichgewichte studieren müssen, die der Gleichgewichtsbedingung $dG = 0$ gehorchen.

6.4.1. Potentialdifferenzen an Phasengrenzflächen

6.4.1.1. Phasengrenzflächen

Wir haben bei unseren seitherigen Betrachtungen der thermodynamischen Eigenschaften stets die Effekte der Phasengrenzflächen ausgeklammert, da wir Systeme behandelt haben, bei denen das Oberflächen-Volum-Verhältnis klein ist. Bei Systemen wie Kolloiden oder Zeolithen wäre dies nicht möglich gewesen.

Wie schon in 3.1 erwähnt, ist eine Phasengrenze makroskopisch, thermodynamisch, definiert als eine Fläche, an der sich intensive, also nicht von der Menge der Phase abhängige Größen, sprunghaft ändern. Molekularstatistisch ist die Oberfläche bestimmt durch die Asymmetrie der Kräfte, die auf die Teilchen wirken (Bild II-20). Im Innern einer Flüssigkeit, z.B. sind die Anziehungs- und Abstoßungskräfte im Mittel zentrosymmetrisch. An der Oberfläche einer kondensierten Phase resultiert jedoch eine ins Innere gerichtete Kohäsionskraft, die für den Zusammenhalt der Phase verantwortlich ist.

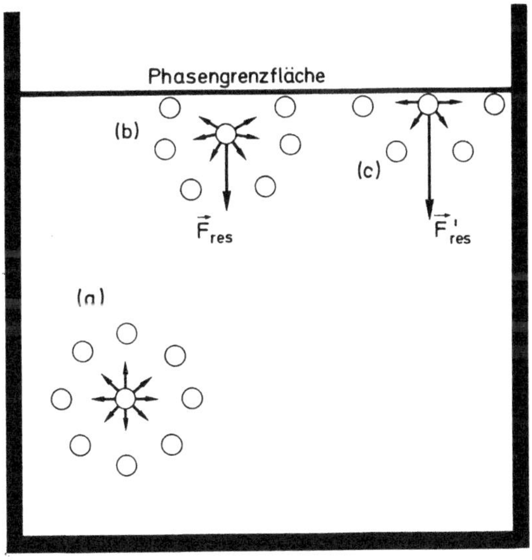

Bild II-20
Kräfte auf Teilchen im Phaseninneren, in der Nähe und an der Phasengrenzfläche

6.4.1.2. Der Durchtritt von Teilchen durch die Phasengrenzfläche

In der Thermodynamik ist dies eine irrelevante Frage. Hier nimmt man einen freien Durchtritt der Teilchen als Voraussetzung an und formuliert als Gleichgewichtsbedingung $\mu_i' = \mu_i''$. Kinetisch und molekularstatistisch ist der Durchtritt von der Möglichkeit der Überwindung der ins Innere der Phase gerichteten Kräfte abhängig. Es läßt sich z.B. statistisch aus Energieverteilungsfunktionen berechnen, wie viele Teilchen die kondensierte Phase verlassen und in die Gasphase überwechseln und umgekehrt. Genau so erhält man, wenigstens im Prinzip, die Übergangsrate zwischen zwei kondensierten Phasen.

In der Elektrochemie interessieren nur elektrisch leitende Phasen und hier nur der Übergang elektrisch geladener Teilchen. Dies können Ionen oder Elektronen sein. Dabei ist von ihnen neben der Kohäsions- auch noch die Coulombsche Anziehungskraft beim Verlassen einer geladenen Phase zu überwinden.

6.4.1.3. Potentialdifferenzen von Phasen, Einzelpotentiale

Stehen zwei leitende Phasen miteinander in Kontakt, so laden sie sich gegeneinander auf, wenn durchtrittsfähige Teilchen von der einen in die andere Phase wandern. Dann tritt an der Phasengrenzfläche ein Potentialsprung auf. Grenzen zwei Metalle aneinander, so entsteht durch einen Elektronendurchtritt ein *Kontaktpotential*, können Ionen zwischen einem Metall und einer Lösung ausgetauscht werden, so spricht man von *Elektrodenpotential*, werden zwei verschiedene Salzlösungen in Kontakt gebracht, so entwickelt sich ein *Diffusionspotential.* Der Potentialsprung muß bei leitenden Phasen an der Grenzfläche auftreten, da im Innern einer leitenden Phase die Ladungsträger beweglich sind und eine Potentialdifferenz zusammenbrechen ließen.

Wir wollen versuchen, das Zustandekommen eines Potentialsprungs in der Phasengrenze am Beispiel eines Silberstabs, der in eine Silbernitratlösung taucht, zu verdeutlichen. Das durchtrittsfähige Teilchen ist das Silberion. Wäre es ungeladen, so würde sich ein normales Lösungsgleichgewicht einstellen, Wenn aber ein Ion vom neutralen Silberstab in die Lösung geht, so bleibt die negative Ladung, ein Elektron, auf der Silberelektrode zurück. Damit lädt sich diese negativ gegen die Lösung auf, und weitere durchtrittswillige Ag-Ionen müssen beim Verlassen des Silbermetalls neben den normalen Phasengrenzflächenkräften auch noch ein entgegengesetztes elektrisches Feld überwinden. Es stellt sich ein Gleichgewicht ein, das in diesem Fall aber von den elektrischen Kräften mitbestimmt wird. Man berücksichtigt dies im elektrochemischen Potential des z_i-fach geladenen Ions, das definiert wird als

$$\mu_i^* \equiv \mu_i + z_i F \varphi \,, \qquad (121)$$

wobei φ das innere elektrische Potential der leitenden Phase ist, definiert durch die elektrische Arbeit, die aufgewandt werden muß, um die Einheitsladung aus unendlicher Entfernung ins Innere der geladenen Phase zu bringen.

Man beachte hier, daß auch das elektrochemische Potential für ein bestimmtes Ion, nicht für eine Phase definiert ist, das innere elektrische Potential jedoch eine Eigenschaft der Phase als solcher ist und damit ein gemeinsamer Bestandteil des elektrochemischen Potentials aller Ionen der Phase!

Die Gleichgewichtsbedingung für eine durchtrittsfähige Ionensorte an der Grenze der Phasen I und II ist damit

$$
\begin{aligned}
{}^{I}\mu_i^* &= {}^{II}\mu_i^* \\
(\mu_i + z_i F\varphi)^{I} &= (\mu_i + z_i F\varphi)^{II}.
\end{aligned} \tag{122}
$$

Die Potentialdifferenz ist

$$
\epsilon \equiv \Delta\varphi = {}^{II}\varphi - {}^{I}\varphi = -\frac{{}^{II}\mu_i - {}^{I}\mu_i}{z_i F} \tag{123}
$$

sie wird als *Gleichgewichts-Galvanispannung* oder als *Einzelpotential* z.B. der Silberelektrode bezeichnet.

Während also das eingestellte Phasengleichgewicht ungeladener Teilchen durch die Gleichheit der chemischen Potentiale ausgezeichnet ist, wird beim eingestellten Phasengleichgewicht geladener Teilchen die Differenz der chemischen Potentiale der Teilchen in den beiden Phasen gerade durch die elektrische Potentialdifferenz der Phasen kompensiert.

Aus der Abhängigkeit des Einzelpotentials vom chemischen Potential gewinnt man sofort die *Konzentrationsabhängigkeit* des Einzelpotentials einer einfachen Elektrode, also einer Elektrode, bei der es nur eine Art durchtrittsfähiger Teilchen gibt, z.B. für die Silber-Elektrode

$$
\epsilon = -\frac{{}^{II}\mu_{Ag^+} - {}^{I}\mu_{Ag^+}}{1\,F} = -\frac{{}^{II}\underline{\mu}_{Ag^+} - {}^{I}\underline{\mu}_{Ag^+}}{F} + \frac{RT}{F}\ln {}^{I}a_{Ag^+} = \epsilon_0 + \frac{RT}{F}\ln a_{Ag^+} \tag{124}
$$

(Nernstsche Gleichung). Die feste Phase II, der Silberstab, hat eine durch die Dichte festgelegte Konzentration, deren Änderung praktisch unmöglich ist. Damit ist die Aktivität der Silber-Ionen in dieser Phase konstant, d.h. man wählt die feste Phase als Standardzustand (${}^{II}a = 1$). Damit wird das Einzelpotential der Metallelektrode allein von der Konzentration der durchtrittsfähigen Ionen in der Lösung abhängig. z_i ist die Zahl der Ladungen, die das durchtrittsfähige Ion mitnimmt. Es ist der Ladung des Ions gleich, kann also auch negativ sein. Das Potential ϵ_0 der Elektrode, das *Standardpotential* ist konzentrationsunabhängig. Man kann es ermitteln, indem man die Aktivität $a_{Ag^+} = 1$ einstellt. Dieses Standardpotential ist charakteristisch für die Elektrode: Hg/Hg_2^{2+} hat ein anderes Standardpotential als z.B. Zn/Zn^{2+} oder Cu/Cu^+.

Wir haben in der Gleichung für das Einzelpotential die Aktivitäten, nicht die Molenbrüche, benutzt. Dies ist im Bereich der Elektrochemie notwendig, da die elektrischen Kräfte außerordentlich weitreichend sind (vgl. 2).

6.4.2. Interionische Wechselwirkungen

Ideales Verhalten wird bei Ionenlösungen auch in hoher Verdünnung nicht erreicht. Dies ist zu verstehen, wenn man die Art der Kräfte, die zwischen Neutralteilchen wirken mit der der interionischen Kräfte vergleicht. Erstere beeinflussen sich durch Dispersions- und Induktionskräfte, in polaren Molekülen auch durch Dipol-Dipolkräfte. Durch die Proportionalität dieser Wechselwirkungskräfte zu $1/r^4$ oder höheren Potenzen des Abstands r zweier Moleküle sind sie relativ wenig weitreichend (vgl. 2). In 10^{-3} bis 10^{-2} molaren Lösungen machen sie sich nicht mehr bemerkbar. Bei dieser und größerer Verdünnung finden wir ideales Verhalten bei Neutralmolekülen, hier ist $a_i = x_i$, also ist der Aktivitätskoeffizient, der ja die Abweichungen vom idealen Verhalten angibt, $f_i = 1$.

Die Coulombschen Ionenkräfte nehmen jedoch nur mit $1/r^2$ ab, sind also sehr viel weiter reichend. Sie bleiben allein wirksam, wenn die Abstände groß werden. Man kann die Abstände gar nicht so groß machen, daß auch die interionischen Wechselwirkungen verschwinden würden. So kann für Elektrolyte der Aktivitätskoeffizient im praktisch zugänglichen Bereich nicht 1 werden, nur bei Extrapolation auf unendliche Verdünnung muß natürlich auch hier $f \rightarrow 1$ gehen.

Wir wollen im folgenden als Konzentrationsmaß nicht mehr den Molenbruch x_i, sondern die Konzentration c_i in mol/l verwenden, weil es in der Elektrochemie so üblich ist. Wir müssen deshalb für den Aktivitätskoeffizienten das Symbol y_i verwenden (vgl. Tabelle II-5). Mit diesem Konzentrationsmaß handeln wir uns allerdings die in 4.3.3 erwähnten Schwierigkeiten ein. $y_\pm$ ist der Aktivitätskoeffizient des Elektrolyten, der *mittlere Aktivitätskoeffizient* der Ionen K^+ und A^-. Wegen der Zunahme der Teilchenzahl in der Dissoziationsgleichung $K_{\nu_+}A_{\nu_-} \rightarrow \nu_+K^+ + \nu_-A^-$ ist der Zusammenhang zwischen individuellem und mittleren Aktivitätskoeffizienten komplizierter: $y_\pm^\nu = y_+^{\nu_+} \cdot y_-^{\nu_-}$, wenn $\nu_+ + \nu_- = \nu$.

Man kann sich also den Aktivitätskoeffizienten entsprechend den Wechselwirkungen zwischen den Teilchen aus zwei Teilen zusammengesetzt denken:

$$y_\pm = y_n\, y_{el}\,.$$

y_{el} beschreibt die interionischen elektrostatischen Wechselwirkungen, die bei hoch verdünnten Lösungen allein eine Rolle spielen. y_n beschreibt die Dipol-, Induktions- und Dispersionswechselwirkungen und weicht damit erst bei höheren Konzentrationen von 1 ab.

Konsequent zu Ende gedacht bedeutet dies, daß bei kleinen Konzentrationen nur noch die Wechselwirkungen der Punktladungen auf den Ionen eine Rolle spielen, nicht aber die individuellen Ioneneigenschaften. In diesem Konzentrationsbereich ist $y_n = 1$, und $y_{el} = y_\pm$ repräsentiert die Wechselwirkung der Punktladungen. Ob diese sich auf einem kleinen Ion wie dem F^- oder einem voluminösen polarisierbaren Tetraalkylammoniumion befinden, ist bei diesen hohen Verdünnungen belanglos.

Aus der Tatsache, daß sich bei kleiner Konzentration die individuellen Eigenschaften der Ionen nicht mehr auswirken, folgt, daß $y_\pm$ für alle gleichwertige Elektrolyte gleich sein muß und nur noch von der Gesamtionenkonzentration abhängt. Deshalb empfiehlt sich auch die Einführung eines neuen Konzentrationsmaßes, das die Gesamtkonzentration der Ionen aller Sorten i unter Berücksichtigung ihrer Ladung z_i angibt, der *Ionenstärke*:

$$J \equiv \frac{1}{2} \sum_i c_i z_i^2\,. \tag{125}$$

Die Wertigkeit des Ions geht quadratisch ein, was darauf beruht, daß ein zweiwertiges Ion den vierfachen Effekt in den interionischen Wechselwirkungen hat. Für einen einzigen Elektrolyten mit zwei Ionensorten gilt also

$$J = \tfrac{1}{2}\, c(z_+^2 + z_-^2)\,,$$

und für einen 1,1-wertigen Elektrolyten, also einen Elektrolyten, der wie NaCl, $KMnO_4$ in einfach geladene Ionen zerfällt, ist $J = c$.

6.4.2.1. Die Debye-Hückel-Theorie der interionischen Wechselwirkung

Nach diesen Überlegungen ist die Wechselwirkung der Ionen in einer verdünnten Elektrolytlösung die Wechselwirkung eines Gases von Ladungspunkten. Eine Elektrolytlösung ist einem realen Gas vergleichbar, mit dem Vorteil, daß die Coulombschen Wechselwirkungen einfacher ausgedrückt werden können.

Die freie Enthalpie pro mol bei einer bestimmten Konzentration, also das chemische Potential des Elektrolyten, kann wie üblich ausgedrückt werden als

$$\begin{aligned}\mu_i &= \underline{\mu}_i + RT \ln a_i = \underline{\mu}_i + RT \ln c_i + RT \ln y_{\pm i}\\ &= \underline{\mu}_i + RT \ln c_i + RT \ln y_{n_i} + RT \ln y_{el_i}\,.\end{aligned} \tag{126}$$

Dabei stellt das erste Glied das chemische Potential des Bezugszustands, das erste plus zweite das einer idealen Lösung dar. Die ersten drei Terme geben das chemische Potential von Neutralteilchen in realer Lösung und der gesamte Ausdruck das geladener Teilchen in realer Lösung wieder. Bei hoher Verdünnung ist für Elektrolytlösungen

$$\mu_i = \underline{\mu}_i + RT \ln c_i + RT \ln y_{el_i} = \underline{\mu}_i + RT \ln c_i + RT \ln y_{\pm i} \tag{126a}$$

$RT \ln y_\pm$ ist also die freie Enthalpie der interionischen Wechselwirkungen pro mol Salz. Diese thermodynamische Größe muß molekularstatistisch als die elektrostatische Wechselwirkungsenergie aller Ladungspunkte in der Lösung berechenbar sein.

Im Grunde liegt jetzt vor uns dasselbe Problem, das die Berechnung der Gitterenergie eines Ionenkristalls darstellt. Man berechnet hier die paarweise Wechselwirkung aller Ionen und summiert sie auf. In einer Lösung sind jedoch die Abstände der Ionen nicht mehr fest, sondern fluktuieren. Deshalb ist ein analoges Verfahren nicht anwendbar.

Debye und Hückel haben das Problem statistisch angegangen. Wie ein Kristall nach außen elektrisch neutral ist, so ist auch eine Flüssigkeit elektroneutral. Aber in beiden Fällen „sieht“ ein Ion in seiner Umgebung ein Gegenion mehr als gleichgeladene Ionen, wie in einem Ballsaal, in dem nur Paare tanzen, jeder Herr eine Dame mehr als Herren sieht und jede Dame einen Herren mehr als Damen. Wenn die Ionen, wie in der Lösung, statistisch verteilt sind und keine festen Abstände haben, dann gibt es keine Vorzugsrichtung mehr, in der das überschüssige Gegenion zu suchen wäre: die statistische Wahrscheinlichkeitsfunktion, das überzählige Ion irgendwo zu finden, ist also radialsymmetrisch. Dies entspricht einer kugelsymmetrischen Überschußladungsverteilung um ein Ion, die im Debye-Hückel-Modell anschaulich als *Ionenwolke* bezeichnet wird. Aber es sei wiederholt: diese Ionenwolke ist nur vom Standpunkt des Ions aus existent, von außen gesehen sind die Ionen völlig gleichmäßig verteilt, es gibt keine solche Konzentrationsunterschiede in der Lösung, wie sie in der Wasserdampfkonzentration am Himmel zu Wolkenbildung führen. Für die Wechselwirkungen entscheidend ist aber das, was das Ion „sieht“.

Man kann nun umgekehrt das, was das Ion „sieht“ als einen Effekt der Ionenwolke am Ort des Zentralions ansprechen: als Folge der Ionenladungen herrscht am Ort des Zentralions ein bestimmtes elektrisches Potential, damit kann man die elektrostatische Energie des Zentralions inmitten seiner Ionenatmosphäre errechnen, und diese Energie ist der gesuchte elektrostatische Anteil am chemischen Potential $RT \ln y_\pm$.

Im Kristall sind die Abstände der Gitterpunkte fest, ist vor allem die Konzentration der Gitterpunkte konstant. In der Lösung ist die Konzentration, d.h. die Raumladungsdichte variabel. Höhere Raumladungsdichte ergibt einen höheren Abschirmeffekt, d.h. je höher die Ionenkonzentration ist, desto weniger weit „sieht" das Zentralion, desto kleiner ist der Durchmesser der Ionenatmosphäre.

Die Berechnung der elektrostatischen Wechselwirkungsenergie aufgrund dieser Theorie mit gewissen Annahmen ergibt für die Abhängigkeit des Aktivitätskoeffizienten von der Ionenstärke

$$\log y \pm = - A|z_+ z_-|\sqrt{J}\,, \tag{127}$$

wobei A eine Konstante ist, die die Dielektrizitätskonstante und Dichte des Lösungsmittels, die Temperatur und universelle Konstanten enthält.

Bild II-21 zeigt die Beziehung zwischen $\log \gamma_\pm$ und $\sqrt{m}$ für einige Elektrolyte. Man sieht, daß die Debye-Hückel-Beziehung ein Grenzgesetz für kleine Konzentrationen ist. Die Steigung der Grenzgeraden hängt von der Wertigkeit des Elektrolyten ab. Die Abweichungen von der Grenzgeraden beginnen bei höher geladenen Ionen bei kleineren Konzentrationen als bei 1,1-Elektrolyten.

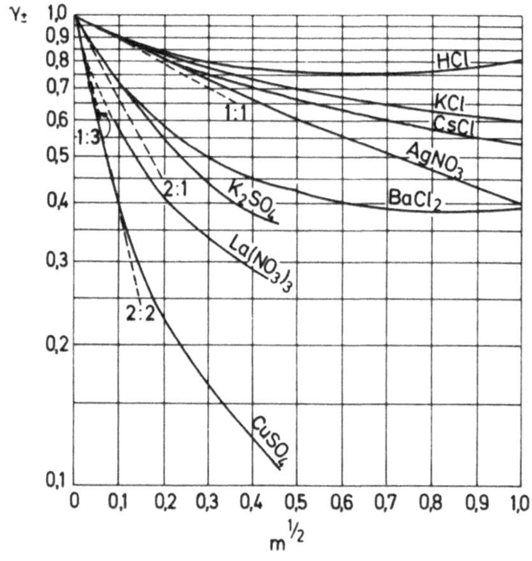

Bild II-21
Konzentrationsabhängigkeit der Aktivitätskoeffizienten von Elektrolyten

Dies ist der einzige Fall, in dem der Aktivitätskoeffizient, die Abweichung vom idealen Verhalten aus molekularstatistischen Daten berechnet werden kann. Der Grund ist die einfache Form des Coulombschen Kraftgesetzes. Die Aktivitätskoeffizienten von Nichtelektrolyten müssen stets gemessen werden, da die Wechselwirkungskräfte bei ungeladenen Teilchen zu einer komplizierten Mathematik führen und weil so einfache Annahmen wie in der Debye-Hückel-Theorie nicht mehr möglich sind. Natürlich steht einer Messung der mittleren Aktivitätskoeffizienten $y_\pm$ mit den Methoden, die man in der Thermodynamik verwendet, also Dampfdruck-, Löslichkeits-, Gefrierpunkts- oder Siedepunktsmessungen etc. prinzipiell nichts im Wege. Die Aktivitätskoeffizienten konzentrierterer Elektrolytlösungen müssen auf jeden Fall durch Messung bestimmt werden, da dann y_n nicht mehr 1 ist. Die Änderung der Aktivitätskoeffizienten sind bei höheren Konzentrationen beträchtlich (Bild II-21).

6.4.3. Potentialbestimmende Reaktionen

Wir haben uns seither mit dem Aspekt des Phasengleichgewichts befaßt und müssen nun die Änderung der Oxidationszahl der durchtrittsfähigen Teilchen näher untersuchen.

Die potentialbestimmende Reaktion an der Phasengrenze Silberelektrode/Silbernitratlösung ist

$$Ag \rightleftharpoons Ag^+ + e^- .$$

Das Potential der Kupferelektrode in Kupfersulfat wird durch das Redoxgleichgewicht $Cu \rightleftharpoons Cu^{2+} + 2e^-$ bestimmt, etc. Wir müssen aber, wie bei den Phasengleichgewichten in 6.1 untersuchen, wie viele verschiedene durchtrittsfähige Teilchen in einem bestimmten System vorhanden sind. Man klassifiziert nach der Zahl der potentialbestimmenden Reaktionen die Elektroden als *einfach* oder *mehrfach.* Mehrfache Elektroden sind z.B. Legierungselektroden, von denen die Amalgamelektroden auch technisch eine wichtige Rolle spielen, oder Redoxelektroden.

6.4.3.1. Einfache Elektroden

Bei einfachen Elektroden ist nur ein Teilchen am Phasen- und Redoxgleichgewicht beteiligt. Dieses Teilchen kann das Ion des Elektrodenmaterials sein wie bei den meisten Metallelektroden, aber auch das Elektron, das natürlich nicht frei in der Lösung existent ist (s. unten).

Bei den Elektroden, die wir seither erwähnt haben, z.B. $Ag/AgNO_3$ steht das Metall mit einer Lösung im Gleichgewicht, deren Konzentration in weiten Grenzen variabel ist. Solche Verhältnisse sind für viele Metalle zu verwirklichen, z.B. $Cu/CuSO_4$, $Zn/ZnSO_4$, $Ni/NiCl_2$ usw. Man bezeichnet solche Systeme als einfache *Elektroden erster Art.*

Davon zu unterscheiden sind einfache *Elektroden zweiter Art.* Auch hier haben wir nur ein durchtrittsfähiges Teilchen, z.B. das Silberion. Aber Silberionen gehen ja auch chemische Reaktionen ein, durch die ihre Konzentration nach dem Massenwirkungsgesetz beeinflußt wird. Eine besondere Art ist das Lösungsgleichgewicht eines schwerlöslichen Silbersalzes. Sind z.B. in der Elektrolytlösung Chloridionen vorhanden, so fangen sie das durch die Phasengrenze tretende Silberion ab, und es fällt schwerlösliches AgCl aus. Wir formulieren diese Elcktrode:

$$Ag/[AgCl]Cl^- .$$

Es liegen hier zwei Gleichgewichte vor, das der potentialbestimmenden Reaktion und das Lösungsgleichgewicht $Ag^+_{aq} + Cl^-_{aq} \rightleftharpoons AgCl_{fest}$.

Das Einzelpotential der Silberelektrode ist gegeben durch

$$\epsilon_{Ag} = \epsilon_{0_{Ag}} + \frac{RT}{F} \ln a_{Ag^+} . \tag{124}$$

Wenn die Lösung jedoch Chloridionen enthält und an AgCl gesättigt ist, so ist die Silberionenaktivität durch das Löslichkeitsprodukt festgelegt:

$$K_L = [a_{Ag^+}]\,[a_{Cl^-}]\,; \tag{128}$$

damit ist das Einzelpotential der sogenannten Silber-Silberchloridelektrode

$$\epsilon = \epsilon_{0_{Ag}} + \frac{RT}{F}\ln K_L - \frac{RT}{F}\ln a_{Cl^-} = \epsilon_{0_{Ag/AgCl}} - \frac{RT}{F}\ln a_{Cl^-}\,. \tag{129}$$

$\epsilon_{0_{Ag/AgCl}}$ ist das Standardpotential der Silber-Silberchloridelektrode. Diese Elektrode spricht auf die Konzentration der Chlorionen an, sie ist also eigentlich eine Chlorelektrode. Der Silber-Silberchloridelektrode ähnlich ist die Kalomelelektrode $Hg/[H_2Cl_2]Cl^-$ (Bild II-22).

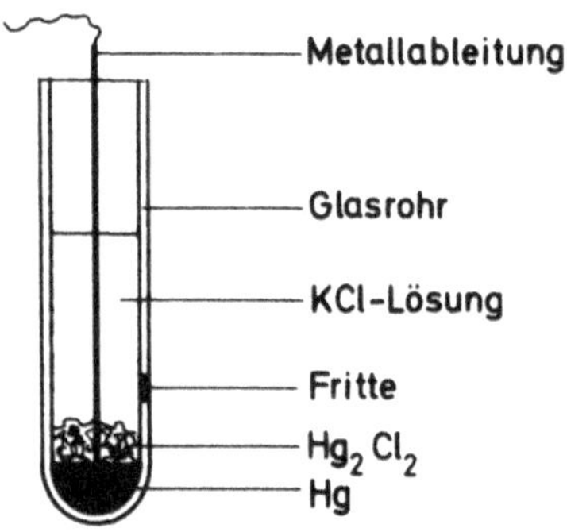

Bild II-22
Aufbau der Kalomel-Elektrode

Die Elektroden zweiter Art zeichnen sich durch eine sehr konstante, gut reproduzierbare Gleichgewichtsgalvanispannung aus. Sie werden deshalb oft verwendet, und sie sind gut geeignet als Bezugselektroden (vgl. 6.4.5.1). Elektroden zweiter Art können auch das Elektron als durchtrittsfähiges Teilchen haben. Dies sei an der Wasserstoff- und der Chlorelektrode demonstriert.

Molekularer Wasserstoff ist ein Nichtleiter. Er kann deshalb nicht als Elektrodenmaterial Verwendung finden. Die Platinmetalle können jedoch Wasserstoff und auch z.B. Chlorgas in genügender Menge adsorbieren, ohne daß ihre elektrische Leitfähigkeit verloren geht. Man bespült eine Pt-Elektrode, deren Oberfläche möglichst groß gemacht wird, mit dem Gas. Man hat so die Halbzellen

$$Pt(H_2)/HCl_{aq} \quad \text{bzw.} \quad Pt(Cl_2)/HCl_{aq}$$

mit den potentialbestimmenden Reaktionen

$$\tfrac{1}{2}H_2 + H_2O \rightleftharpoons H_3O^+_{aq} + e^- \quad \text{bzw.} \quad \tfrac{1}{2}Cl_2 + e^- \rightleftharpoons Cl^-_{aq}\,.$$

Diese potentialbestimmenden Reaktionen finden in der Phasengrenze statt. Wir müssen annehmen, daß das Elektron das Teilchen ist, das aus dem Metallinneren durch die Phasengrenze tritt und die potentialbestimmende Gas-Ionen-Reaktion eingeht. Damit müssen wir akzeptieren, daß im Gleichgewicht das elektrochemische Potential des Elektrons beiderseits der Phasengrenze gleich ist

$${}^{I}\mu^*_{el} = {}^{II}\mu^*_{el}\,. \tag{122}$$

Daraus ergibt sich die Gleichgewichtsgalvanispannung

$$\epsilon = -\frac{{}^{II}\underline{\mu}_{el} - {}^{I}\underline{\mu}_{el}}{1\,F} - \frac{RT}{1F} \ln a_{el} \,. \tag{130}$$

Die Elektronenkonzentration im Metall ist nicht variabel, deshalb wird die Elektronenaktivität dort 1. In wäßrigen Lösungen ist das freie Elektron nur in sehr kleiner Konzentration existent, sie ist z.B. durch die Chlor-Redoxreaktion mit

$$K = \frac{[a_{Cl^-}]}{[a_{Cl_2}]^{1/2}[a_{el}]} \tag{131}$$

festgelegt. Die Zusammenfassung der beiden Gleichungen liefert (unter der Annahme, daß Chlor sich wie ein ideales Gas verhalte):

$$\epsilon = -\frac{{}^{II}\underline{\mu}_{el} - {}^{I}\underline{\mu}_{el}}{F} + \frac{RT}{F}\ln K - \frac{RT}{F}\ln a_{Cl^-} + \frac{RT}{F}\ln p_{Cl_2}^{1/2} = \epsilon_0 - \frac{RT}{F}\ln a_{Cl^-} + \frac{RT}{F}\ln p_{Cl_2}^{1/2}$$

$$\epsilon = \epsilon_0 + \frac{RT}{F}\ln\frac{p_{Cl_2}^{1/2}}{a_{Cl^-}} \,. \tag{132}$$

In ähnlicher Weise ist auch die Wasserstoffelektrode zu behandeln.

Überlegen wir nun, in welchem chemischen Verhältnis Cl_2 und Cl^- stehen, so sehen wir, daß im Zähler ein Konzentrationsmaß der oxydierten Form, im Nenner ein solches der reduzierten Form steht. Jeder potentialbestimmenden Reaktion liegt ein Redoxgleichgewicht zugrunde.

6.4.3.2. Mehrfache Elektroden

Wir wollen aus der Reihe der mehrfachen Elektroden nicht die Legierungselektroden mit mehreren durchtrittsfähigen Teilchen besprechen, sondern nur die Redox-Elektrode, bei der zwar nur ein Teilchen, nämlich das Elektron, durch die Phasengrenzfläche tritt, bei der aber in der flüssigen Phase mehrere Redoxreaktionen in der Lösung nebeneinander ablaufen können.

In einer wäßrigen Lösung, die Fe^{2+}- und Fe^{3+}-Ionen enthält, sind neben der Redoxreaktion

$$Fe^{3+} + e^- \rightleftharpoons Fe^{2+}$$

die Wasserstoff- und Sauerstoffentwicklung möglich nach

$$H_3O^+ + e^- \rightleftharpoons H_2O + \tfrac{1}{2} H_2$$

und

$$4OH^- \rightleftharpoons 2H_2O + O_2 + 4e^- \,.$$

Dies gilt aber nur, wenn sich, wie wir seither vorausgesetzt haben, die Gleichgewichte auch einstellen können, d.h. daß keine Reaktionshemmung wirksam ist. Für die Hemmungen ist aber meist das Elektrodenmaterial und ganz besonders dessen Oberflächenbeschaffenheit verantwortlich. Durch geeignete Wahl kann man der $Fe^{2+} \rightleftharpoons Fe^{3+}$-Reaktion als einziger die Einstellung ermöglichen. An der blanken Oberfläche von Platin ist die oben erwähnte Adsorption von Wasserstoff praktisch nicht möglich, die Wasserstoffentwicklung und die Sauerstoffentwicklung sind vollständig gehemmt. Deshalb benutzt man blanke Platinelektroden als Redoxelektrodenmaterial. Wir werden später auf diese Probleme zurückkommen (vgl. III, 2).

Eine Reaktionshemmung liegt dann vor, wenn in einer Reaktionsmischung keine Reaktion abläuft, obwohl die Mischung nicht die Gleichgewichtszusammensetzung hat. Bekannte Beispiele sind das Knallgas, ein Sauerstoff-Wasserstoff-Gemisch, das erst bei der Beseitigung der Hemmung durch Zündung reagiert, dann aber explosionsartig, oder das Chlorknallgas, eine Chlor-Wasserstoff-Mischung, die beim Belichten explodiert und Chlorwasserstoff gibt. Solche Hemmungen sind kinetisch bedingt (vgl. III, 3.7).

Bei Redoxreaktionen, bei denen das Elektron das durchtrittsfähige Teilchen ist, ist im Gleichgewicht wieder

$$^{\mathrm{I}}\mu^*_{\mathrm{el}} = {}^{\mathrm{II}}\mu^*_{\mathrm{el}} \qquad (122)$$

und die Elektronenkonzentration in der Phase II ist durch

$$K = \frac{[a_{\mathrm{Fe}^{2+}}]}{[a_{\mathrm{Fe}^{3+}}]\,[a_{\mathrm{el}}]} \qquad (130a)$$

beeinflußt. Die Zusammenfassung der Gleichungen ergibt

$$\epsilon = -\frac{{}^{\mathrm{II}}\underline{\mu}_{\mathrm{el}} - {}^{\mathrm{I}}\underline{\mu}_{\mathrm{el}}}{1\,\mathrm{F}} + \frac{RT}{1\,\mathrm{F}}\ln K + \frac{RT}{1\,\mathrm{F}}\ln\frac{a_{\mathrm{Fe}^{3+}}}{a_{\mathrm{Fe}^{2+}}} = \epsilon_0 + \frac{RT}{\mathrm{F}}\ln\frac{a_{\mathrm{Fe}^{3+}}}{a_{\mathrm{Fe}^{2+}}}\,. \qquad (133)$$

Je höher also die Konzentration an Fe^{3+}-Ionen, desto größer ist die Galvanispannung. Allgemein gilt (mit n_e als Zahl der beim molekularen Redoxvorgang ausgetauschten Elektronen)

$$\epsilon = \epsilon_0 + \frac{RT}{n_e F}\ln\frac{a_{\mathrm{ox}}}{a_{\mathrm{red}}}\,. \qquad (134)$$

An Redoxvorgängen können auch H_3O^+-Ionen oder OH^--Ionen beteiligt sein, z.B. bei der Elektrode

$$\mathrm{Pt/MnO_4^-\ [MnO_2]}$$

mit der potentialbestimmenden Reaktion

$$[\mathrm{MnO_2}] + 6\,\mathrm{H_2O} \rightleftharpoons \mathrm{MnO_4^-} + 4\,\mathrm{H_3O^+} + 3\,\mathrm{e^-}$$

und der Galvanispannung

$$\epsilon = \epsilon_0 + \frac{RT}{3\mathrm{F}}\ln\frac{a_{\mathrm{MnO_4^-}} \cdot a^4_{\mathrm{H_3O^+}}}{a^6_{\mathrm{H_2O}}}\,. \qquad (135)$$

6.4.4. Galvanische Elemente

6.4.4.1. Die Messung der Einzelpotentiale, Spannungsreihe

Wir haben seither den Potentialsprung (das Einzelpotential oder die Galvanispannung) an einer Phasengrenze als Gleichgewichtsproblem behandelt. Aus der Bedingung der Gleichheit der elektrochemischen Potentiale haben wir die Einzelpotentiale für reversible potentialbestimmende Reaktionen abgeleitet. Wir sind also seither rein deduktiv vorgegangen.

Es gibt zwei Methoden, eine Potentialdifferenz zu messen:

– unter Anwendung des Ohmschen Gesetzes: Man verbindet die beiden Punkte verschiedenen Potentials durch einen Leiter und mißt den Strom. Dies ist keine thermodynamische Methode, da der Ablauf eines Potentialausgleichs gemessen wird.

Die Spannung, die so an den Polen eines galvanischen Elements gemessen wird, wird Klemmenspannung genannt. Sie hängt von der Belastung des Elements ab, also davon, wie groß die Stromentnahme ist. Die Urspannung hat ja ihren Sitz, wie wir erarbeitet haben, in Phasengrenzflächen. Fließt Strom, so fällt am inneren Widerstand der Elektrolytlösung schon ein Teil der Spannung ab (Bild II-23a). Die Klemmenspannung ist also nicht gleich der Urspannung, die auch Elektromotorische Kraft, kurz EMK, genannt wird. Klemmenspannung und EMK sind nur bei verschwindenden Strom einander gleich. Die heutigen Präzisions-Strommeßgeräte können allerdings mit so hohen Innenwiderständen so kleine Ströme messen, daß auch diese Methode zur EMK-Messung herangezogen werden kann.

– nach einer Kompensationsmethode: Man verbindet die beiden Punkte verschiedenen Potentials durch einen Leiter, verhindert aber durch eine angelegte Gegenspannung, daß ein Strom fließt. Dies ist eine Kompensationsmethode (Poggendorf), eine Nullmethode. Diese Methode erlaubt die Messung bei währendem Gleichgewicht, sie ist für EMK-Messungen vorzuziehen.

  Die Poggendorf-Schaltung ist in Bild II-23b skizziert: E_1 ist eine bekannte Spannung, die über einen Schleifdraht AB von konstanten Dimensionen linear abfällt. Jedem Punkt C entspricht eine Spannung gegen A von $U = E_1 \frac{AC}{AB}$. Diese Spannung wird der unbekannten EMK (E_x) entgegen geschaltet, und AC so lange variiert, bis $-U = E_x$, d.h. im Galvanometer kein Strom mehr fließt.

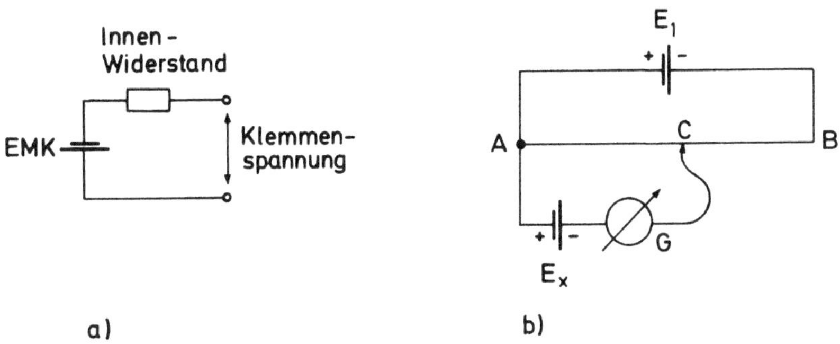

Bild II-23. a) Schaltbild eines galvanischen Elements
b) Prinzip der Poggendorf-Kompensationsschaltung

Einzelpotentiale können wir aber so nicht messen. Denn eine Spannungsdifferenz können wir nur innerhalb *einer* Phase bestimmen, z.B. zwischen zwei Stellen desselben Drahts.

Wir betrachten das Beispiel in Bild II-24a. Wenn wir nun eine zweite Silberelektrode in die Lösung brächten, so erhielten wir wegen der Symmetrie der Anordnung zwischen den beiden Elektroden keine Potentialdifferenz und keine Spannung. Wir müssen also einen anderen Leiter benutzen. Nehmen wir einen Kupferdraht, so produzieren wir aber erneut einen

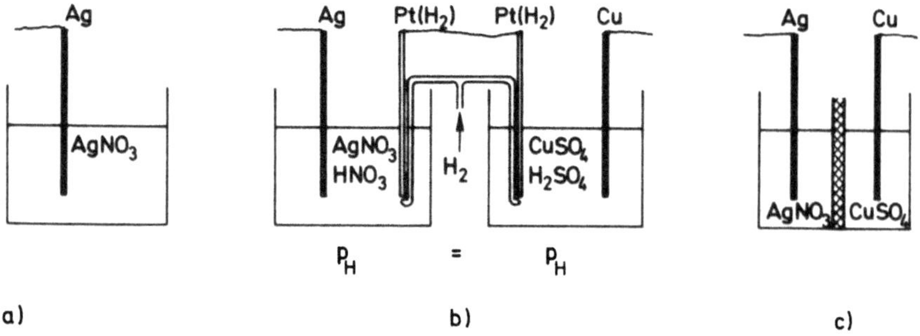

Bild II-24. Zum Problem der Messung von Elektrodenpotentialen

Potentialsprung zwischen der $AgNO_3$-Lösung und dem Cu-Metall. Wenn wir also etwas messen, dann die Summe der Potentialsprünge an den beiden Phasengrenzflächen.

Aber wir könnten gar kein konstantes Potential messen, denn das System wäre nicht im Gleichgewicht, das Cu würde sich mit Ag bedecken und bald hätten wir die Kombination

$$Ag/AgNO_3, CuNO_3/Ag, Cu .$$

Damit beide Elektroden ins Gleichgewicht kommen können, muß man den Kontakt zwischen Ag^+-Ionen und Cu-Metall verhindern, d.h. man muß die Elektroden räumlich trennen:

$$Ag/AgNO_3/CuSO_4/Cu .$$

Trotz Trennung der beiden flüssigen Phasen muß elektrischer Kontakt bestehen, eine Mischung durch Konvektion darf aber nicht möglich sein. Man kann das z.B. durch eine Zwischenelektrode (Bild II-24b) oder eine poröse Wand, ein Diaphragma, erreichen (Bild II-24c).

Aber auch mit diesem Trick ist es nicht möglich, ein Einzelpotential zu messen, denn nun haben wir den Potentialsprung $CuSO_4/Cu$ zwar räumlich verlagert, aber nicht beseitigen können. Dies ist ein prinzipielles Problem, es geht einfach nicht, ein Einzelpotential zu messen. Dagegen ist es möglich, beliebige Kombinationen von Einzelelektroden zusammen zu schalten und die Differenz der Einzelpotentiale zu messen. Mehr ist aber auch gar nicht interessant, denn bei den galvanischen Elementen interessiert nur die EMK, die an den Klemmen liegt. Wo man den Nullpunkt der Einzelpotentiale hinlegt, ist gleichgültig, man setzt nach einem Vorschlag von Nernst das Standard-Einzelpotential ϵ_{oh} der gut reproduzierbaren Normalwasserstoffelektrode $Pt(H_2)_{1\,atm}/H_3O^+_{a=1}$ Null. Damit ist die EMK einer beliebigen Halbzelle, gegen die Wasserstoffelektrode gemessen, das *Bezugspotential* E_h dieser Halbzelle: z.B. ist die EMK der Chlorknallgaskette gemessen in der Zelle $Pt(H_2)/HCl/(Cl_2)Pt$ bei 298 K mit $a_{\pm HCl} = 1$ und $p_{Cl_2} = 1$ atm (Standardbedingungen) das Standard-Bezugspotential $E_{oh\,Cl_2/Cl^-}$.

Dieses Problem der Absolutgrößen ist uns nicht unbekannt. Auch bei den Energiegrößen der Thermodynamik haben wir einem bestimmten Zustand den Wert Null zugeschrieben.

Aus experimentellen Gründen werden oft die Kalomel-Elektrode $Hg/[Hg_2Cl_2]Cl^-$ oder die Silber-Silberchloridelektrode $Ag/[AgCl]Cl^-$ statt der Wasserstoffelektrode als Bezugselektrode gewählt. Diese Elektroden zweiter Art haben ein sehr gut reproduzierbares Bezugspotential.

Man kann also die Einzelpotentiale von Halbzellen nicht absolut messen. Dagegen sind sie gegen die Wasserstoffelektrode als Nullpunkt relativ bestimmbar. Setzt man beliebige Halbelemente zu galvanischen Zellen zusammen, so kann man die Standard-EMK aus den Standard-Bezugspotentialen berechnen, da Potentiale sich stets additiv zusammensetzen. Die Standard-Bezugspotentiale E_{oh} sind in der *Spannungsreihe* tabelliert (Tabelle II-6). Sie sind nicht konzentrationsabhängig, sie sind allein durch die Art der potentialbestimmenden Reaktion bestimmt.

Die Standard-Einzelpotentiale der Metallelektroden $\epsilon_0 = ({}^{II}\underline{\mu}_{Me^{z+}} - {}^{I}\underline{\mu}_{Me^{z+}})/zF$ geben also, da $\epsilon_{oh} = 0$, die freie Enthalpie der Standardreaktion (vgl. 6.2)

$$\frac{z}{2} H_2 + Me^{z+} + zH_2O \rightleftharpoons zH_3O + Me\,.$$

Ist das Standard-Einzelpotential Me/Me^{z+} größer als das der Wasserstoffelektrode, also das Bezugspotential E_{oh} positiv, so liegt das Gleichgewicht auf der rechten Seite, ist E_{oh} negativ, so liegt das Gleichgewicht auf der linken Seite. Es entwickeln also Metalle, die ein negatives Standard-Bezugspotential haben, in saurer Lösung ($a_{H_3O^+} = 1$) Wasserstoff. Umgekehrt müßten alle Metalle, die ein positives Bezugspotential haben (edle Metalle wie Ag, Au) durch H_2 aus ihren Lösungen abgeschieden werden. Dies gilt streng nur für thermodynamische Systeme, also ohne Hemmung der Reaktion. In Wirklichkeit ist dies nicht immer der Fall, z.B. löst sich, wie der Chemiestudent im Praktikum oft feststellt, sogar ein so unedles Metall wie Zink ($E_{oh} = -0{,}763$ V) nicht immer glatt in konzentrierten Säuren.

Die Spannungsreihe gibt aber auch an, welches Metall durch welche anderen Metalle aus der Lösung abgeschieden werden kann, nämlich durch alle, die ein negativeres Bezugspotential haben. Taucht man einen Zn-Stab in eine $CuSO_4$-Lösung, so überzieht er sich schnell mit Kupfer, mit einem Kupfer-Pfennig prüft man bei der qualitativen Analyse auf Quecksilber, da er sich bei positivem Ergebnis mit einer dunklen Schicht Amalgam überzieht.

Für die Chlorknallgaselektrode z.B. ist die potentialbestimmende Reaktion $\frac{1}{2}H_2 + \frac{1}{2}Cl_2 + H_2O \rightleftharpoons H_3O^+ + Cl^-$. Die Nernstsche Gleichung ist (vgl. (132)):

$$E = E_{Cl_2/Cl^-} - E_{H_2/H_3O^+} = E_{oh\,Cl_2/Cl^-} + \frac{RT}{F}\ln\frac{p_{Cl_2}^{1/2}}{a_{Cl^-}} - 0 - \frac{RT}{F}\ln\frac{a_{H_3O^+}}{p_{H_2}^{1/2}}$$

$$= E_o + \frac{RT}{F}\ln\frac{p_{Cl_2}^{1/2}\cdot p_{H_2}^{1/2}}{a_{H_3O^+}\cdot a_{Cl^-}} = E_o + \frac{RT}{F}\ln\frac{p_{Cl_2}^{1/2}\cdot p_{H_2}^{1/2}}{a_{\pm HCl}^2}\,. \qquad (136)$$

Diese EMK kann in der Zelle $Pt(H_2)/HCl/(Cl_2)Pt$ gemessen werden.

Nach (136) müßte E_o durch eine einzige EMK-Messung zu bestimmen sein, wenn man im allgemeinen Fall die vier Aktivitäten der Redoxpaare an Anode und Kathode in das loga-

Tabelle II-6. Spannungsreihe [Standardelektrodenpotentiale gegen $Pt(H_2)/H_3O^+(1\,n)$]

Halbzelle	Elektrodenreaktion	E_{oh} (V)	Halbzelle	Elektrodenreaktion	E_{oh} (V)
Li/Li^+	$Li^+ + e \rightleftharpoons Li$	−3,045	$Pt/Ca/Ca(OH)_2/OH^-$	$Ca(OH)_2 + 2e \rightleftharpoons 2OH^- + Ca$	−3,03
K/K^+	$K^+ + e \rightleftharpoons K$	−2,925	$Pt/H_2PO_2^-, HPO_3^{2-}, OH^-$	$HPO_3^{2-} + 2e \rightleftharpoons H_2PO_2 + 3OH^-$	−1,57
Cs/Cs^+	$Cs^+ + e \rightleftharpoons Cs$	−2,923	$Zn/ZnO_2^{2-}, OH^-$	$ZnO_2^{2-} + 2H_2O + 2e \rightleftharpoons Zn + 4\,OH^-$	−1,216
Ba/Ba^{2+}	$Ba^{2+} + 2e \rightleftharpoons Ba$	−2,90	$Pt/SO_3^{2-}, SO_4^{2-}, OH^-$	$SO_4^{2-} + H_2O + 2e \rightleftharpoons SO_3^{2-} + 2OH^-$	−0,93
Ca/Ca^{2+}	$Ca^{2+} + 2e \rightleftharpoons Ca$	−2,87	$Pt/H_2/OH^-$	$2H_2O + 2e \rightleftharpoons H_2 + 2OH^-$	−0,828
Na/Na^+	$Na^+ + e \rightleftharpoons Na$	−2,714	$Ni/Ni(OH)_2/OH^-$	$Ni(OH)_2 + 2e \rightleftharpoons Ni + 2OH^-$	−0,72
Mg/Mg^{2+}	$Mg^{2+} + 2e \rightleftharpoons Mg$	−2,37	$Pb/PbCO_3/CO_3^{2-}$	$PbCO_3 + 2e \rightleftharpoons Pn + CO_3^{2-}$	−0,506
Al/Al^{3+}	$Al^{3+} + 3e \rightleftharpoons Al$	−1,66	$Pt/OH^-, HO_2^-$	$HO_2^- + H_2O + 2e \rightleftharpoons 3OH^-$	+0,88
Zn/Zn^{2+}	$Zn^{2+} + 2e \rightleftharpoons Zn$	−0,763	$Pt/Fe(CN_6)^{4+}, Fe(CN)_6^{3+}$	$Fe(CN)_6^{3+} + e \rightleftharpoons Fe(CN)_6^{4+}$	+0,69
Fe/Fe^{2+}	$Fe^{2+} + 2e \rightleftharpoons Fe$	−0,440	$Pt/Fe^{2+}, Fe^{3+}$	$Fe^{3+} + e \rightleftharpoons Fe^{2+}$	+0,771
Cd/Cd^{2+}	$Cd^{2+} + 2e \rightleftharpoons Cd$	−0,403	Ag/Ag^+	$Ag^+ + e \rightleftharpoons Ag$	+0,7991
Sn/Sn^{2+}	$Sn^{2+} + 2e \rightleftharpoons Sn$	−0,136	Hg/Hg^{2+}	$Hg^{2+} + 2e \rightleftharpoons Hg$	+0,854
Pb/Pb^{2+}	$Pb^{2+} + 2e \rightleftharpoons Pb$	−0,126	$Pt/Hg_2^{2+}, Hg^{2+}$	$2Hg^{2+} + 2e \rightleftharpoons Hg_2^{2+}$	+0,92
Fe/Fe^{3+}	$Fe^{3+} + 3e \rightleftharpoons Fe$	−0,036	$Pt/Br_2/Br^-$	$Br_2 + 2e \rightleftharpoons 2Br^-$	+1,0652
$Pt/D_2/D^+$	$2D^+ + 2e \rightleftharpoons D_2$	−0,0034	$Pt/MnO_2/Mn^{2+}, H^+$	$MnO_2 + 4H^+ + 2e \rightleftharpoons Mn^{2+} + 2H_2O$	+1,23
$Pt/H_2/H^+$	$2H^+ + 2e \rightleftharpoons H_2$	Null	$Pt/Cr^{3+}, Cr_2O_7^{2-}, H^+$	$Cr_2O_7^{2-} + 14H^+ + 6e \rightleftharpoons 2Cr^{3+} + 7H_2O$	+1,33
$Pt/Sn^{2+}, Sn^{4+}$	$Sn^{4+} + 2e \rightleftharpoons Sn^{2+}$	+0,15	$Pt/Cl_2/Cl^-$	$Cl_2 + 2e \rightleftharpoons 2\,Cl^-$	+1,3596
$Pt/Cu^+, Cu^{2+}$	$Cu^{2+} + e \rightleftharpoons Cu^+$	+0,153	$Pt/Ce^{3+}, Ce^{4+}$	$Ce^{4+} + e \rightleftharpoons Ce^{3+}$	+1,61
$Pt/S_2O_3^{2-}, S_4O_6^{2-}$	$S_4O_6^{2-} + 2e \rightleftharpoons 2S_2O_3^{2-}$	+0,17	$Pt/Co^{2+}, Co^{3+}$	$Co^{3+} + e \rightleftharpoons Co^{2+}$	+1,82
Cu/Cu^{2+}	$Cu^{2+} + 2e \rightleftharpoons Cu$	+ 0,337	$Pt/So_4^{2-}, S_2O_8^{2-}$	$S_2O_8^{2-} + 2e \rightleftharpoons 2SO_4^{2-}$	+1,98
$Pt/I_2/I^-$	$I_2 + 2e \rightleftharpoons 2I^-$	+0,5355			

rithmische Glied der Gleichung einsetzen könnte. Die Aktivitäten sind aber meist nicht bekannt. Nur im Debye-Hückel-Gebiet kann man E_o aus einer Messung ermitteln, wenn in $\log y_\pm = -A|z_+ z_-|\sqrt{J}$ die Größe A bekannt ist. Kennt man diese Größe jedoch nicht, so kann man gleichwohl durch ein Extrapolationsverfahren E_o ermitteln (vgl. Lehrbücher der Physikalischen Chemie oder der Elektrochemie). Die E_o-Bestimmung ist natürlich unnötig, wenn man die Einzel-Standardpotentiale von Kathode und Anode kennt.

Wir haben seither vermieden zu sagen, die potentialbestimmende Bruttoreaktion laufe ab, denn ohne Stromfluß im äußeren Kreisteil können die Elektronen, die die Oxidation liefert, nicht an die Stelle gelangen, wo sie in der Reduktionsteilreaktion verbraucht werden. Wenn wir also eine solche Zell-EMK durch die Kompensationsmethode messen, dann erzwingen wir durch die Meß-Gegenspannung ein Gleichgewicht, das allerdings vom chemischen Gleichgewicht weit entfernt sein kann (vgl. 6.3). Der Kraft, mit der die Reaktion zum chemischen Gleichgewicht hinstrebt, also der Affinität oder dem ΔG_{chem}, ist durch die Kompensationsspannung E eine Gegenkraft gegeben. Deshalb ist bei Stromlosigkeit

$$\Delta G + n_e F E = 0 \qquad \Delta G = -n_e F E . \tag{119}$$

Dies entspricht der Bedingung

$$^{I}\mu_i^* = {}^{II}\mu_i^* \tag{122}$$

für alle Phasengrenzflächen und durchtrittsfähige Teilchen i, denn die Gesamtreaktion ist ja zusammengesetzt aus räumlich getrennten Teilreaktionen. Damit haben wir in den galvanischen Zellen eine einfache Meßanordnung zur Bestimmung der freien Reaktions-Enthalpie und über die Helmholtz-Gibbssche Gleichung (118) auch zur Bestimmung der Reaktionsentropie.

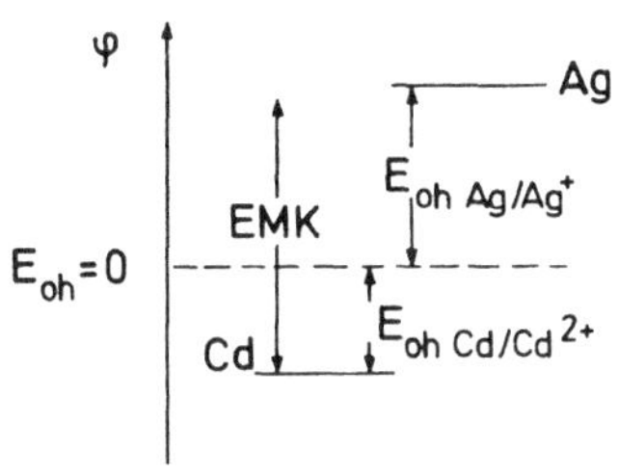

Bild II-25
Additivität der Bezugspotentiale

6.4.4.2. Die EMK galvanischer Elemente

Die EMK einer galvanischen Zelle ist gleich der Differenz der Bezugspotentiale der Halbzellen. So ist die Standard-EMK der Zelle $Cd/CdSO_4/Ag\ SO_4/Ag$

$$E_o = E_{oh\,Ag/Ag^+} - E_{oh\,Cd/Cd^{2+}} = 0{,}779 - (-0{,}402) = 1{,}201\ V.$$

Die potentialbestimmende Bruttoreaktion in dieser Zelle ist

$$Cd + 2Ag^+ \rightleftharpoons 2Ag + Cd^{2+} .$$

In der Zelle $Ag/[AgCl]KCl[Hg_2Cl_2]/Hg$, also einer Kombination von Silber-Silberchlorid- und Kalomel-Elektroden ist $E_o = +0{,}26796 - 0{,}22234 = 0{,}04556$ V, was direkt gemessen werden kann. Die zugehörige Reaktion ist

$$[Hg_2Cl_2] + 2Ag \rightleftharpoons 2Hg + 2[AgCl] .$$

Man nennt die Elektrode der Zelle, an der die Reduktionsteilreaktion stattfindet, die *Kathode.* Hier müssen die Elektronen zur Reduktion des ankommenden Teilchens zur Verfügung stehen. Die Elektrode, an der die *Oxidations*teilreaktion abläuft, wird *Anode* genannt. Bei Stromfluß, d.h. ablaufender Redoxreaktion wandern die Elektronen im äußeren Zweig des Stromkreises von der Anode zur Kathode.

In der galvanischen Zelle stellt das Redoxpaar mit dem kleineren Standardpotential die Anode dar ($E_{o\,Li/Li^+} < E_{o\,Zn/Zn^{2+}}$), da das unedlere Metall vom edleren aufgelöst, oxidiert wird, und umgekehrt. Die Zell-EMK ist stets

$$E = E_{Kathode} - E_{Anode}\,. \qquad (137)$$

Die Abhängigkeit der EMK von Temperatur und Druck ist durch die entsprechenden Abhängigkeiten der freien Enthalpie gegeben, die Abhängigkeit der EMK der Zelle von der Konzentration der Reaktionsteilnehmer durch die Nernstsche Gleichung.

6.4.4.2.1. Konzentrationszellen

Konzentrationszellen ohne Überführung. Ein Beispiel ist die folgende Doppelzelle (Bild II-26a)

$$Pt(H_2)/HCl(c_1)/(Cl_2)Pt —— Pt(Cl_2)/HCl(c_2)/(H_2)Pt\,.$$

Die Zellen unterscheiden sich nur in der Konzentration der Salzsäure. Ist $c_1 > c_2$, so ist die EMK der rechten Zelle größer als in der linken, denn p_{H_2} und p_{Cl_2} sollen in beiden Zellen gleich sein. Die EMK der Doppelzelle ist

$$E_D = E_2 - E_1 = \frac{RT}{F} \ln \frac{a_{2\,HCl}}{a_{1\,HCl}}\,. \qquad (138)$$

Bei Stromfluß verschwindet der Konzentrationsunterschied. Wenn die Konzentrationen gleich sind, ist $E_1 = E_2$ und keine EMK mehr zu beobachten.

Man sieht, daß es möglich ist, mit einer solchen Doppelzelle die Aktivitätskoeffizienten zu bestimmen. Man wählt dazu eine Konzentration im Debye-Hückel-Gebiet (vgl. 6.4.2.1), wo man $y_\pm$ berechnen kann.

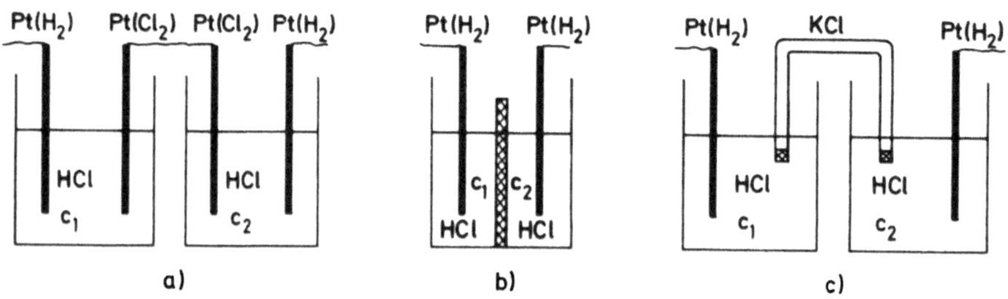

Bild II-26. a) Konzentrationszelle ohne Überführung
b) Konzentrationszelle mit Überführung
c) Konzentrationszelle mit KCl-Brücke

Konzentrationszellen mit Überführung. Bringt man die beiden verschieden konzentrierten Elektrolytlösungen direkt in elektrischen Kontakt, wobei durch eine poröse Trennwand, ein Diaphragma, die Durchmischung verhindert wird, baut man also eine Zelle (Bild II-26b)

$$Pt(H_2)/HCl(c_1)/HCl(c_2)/(H_2)Pt$$

auf, wobei auch hier $c_1 > c_2$ sein soll, so sind die Bezugspotentiale E_h rechts und links verschieden, die Zelle zeigt eine EMK. Der stromliefernde Vorgang ist auch hier der Konzentrationsausgleich.

Wenn die Zelle aber Strom liefert, so geschieht hier der Konzentrationsausgleich jedoch durch zwei Prozesse: durch die Elektrodenreaktionen und durch die Ionenwanderung im Feld zwischen Anode und Kathode (Überführung). Diese Erscheinung der Überführung wird in III, 1.2 genauer behandelt. Sie wird durch eine Überführungszahl (t_+ bzw. t_-) beschrieben, die eine individuelle Ioneneigenschaft ist und die den Anteil einer Ionensorte am Stromtransport angibt. Die EMK obiger Zelle mit Überführung ist

$$E_t = 2t_- \frac{RT}{F} \ln \frac{a_{2\,HCl}}{a_{1\,HCl}}, \tag{139}$$

also, da $t_+ + t_- = 1$, kleiner als die einer Zelle ohne Überführung (138). Aus diesem Unterschied ist die Überführungszahl zu bestimmen, sie ist konzentrationsabhängig.

6.4.4.2.2. Diffusionspotentiale. Bei Konzentrationszellen mit Überführung wandern die Ionen bei Stromfluß unter dem Einfluß der EMK der Zelle.

An der Grenze zwischen zwei flüssigen leitenden Phasen tritt auch ohne Stromfluß ein zusätzlicher Potentialsprung auf, da die Ionen von der einen Phase in die andere diffundieren und zwar verschieden schnell. Die schnelleren Ionen laden die Phase, in die sie hinein diffundieren positiv oder negativ auf gegenüber der Phase, die sie verlassen haben. Diffusionspotentiale sind im Vergleich zu den Elektrodenpotentialen relativ klein, aber sie sind keine Gleichgewichtsgrößen, sondern stammen von einem irreversiblen Vorgang. Man kann die Diffusion also auch nicht durch eine angelegte Gegenspannung umkehren.

Für genauere Messungen muß man versuchen, das Diffusionspotential nach Möglichkeit zu vermeiden, entweder experimentell (man wählt eine Zelle ohne Überführung) oder man schaltet eine KCl-Brücke zwischen die Elektrolyte, wodurch zwei neue Diffusionspotentiale entstehen, deren Summe aber kleiner ist als das ursprüngliche (Bild II-26c) oder durch ein Extrapolationsverfahren.

6.4.5. Anwendungen von EMK-Messungen

Die Nernstsche Gleichung (vgl. (136))

$$E = E_0 - \frac{RT}{n_e F} \ln \frac{a_C^{\nu_C}\, a_D^{\nu_D} \cdots}{a_A^{\nu_A}\, a_B^{\nu_B} \cdots} \tag{140}$$

mit n_e als Zahl der pro Formelumsatz umgesetzten Faraday (vorzeichenfrei) gibt die Möglichkeit, die verschiedensten Fälle von Reaktionen im weitesten Sinn zu behandeln. Beispiele sind die Bestimmung von Löslichkeiten sehr schwerlöslicher Salze, denn E ist ein Maß für die Zehnerpotenzen der Konzentration. Beispiele sind auch Bestimmungen der Dissoziationskonstanten schwacher Säuren, wobei man Zellen ohne Überführung zu benutzen trachtet. Zur genauen Bestimmung der thermodynamischen Gleichgewichtskonstanten der Dissoziation wird auch hier ein Extrapolationsverfahren nötig.

Die wohl wichtigsten Anwendungen von EMK-Messungen sind die p_H-Bestimmungen und die potentiometrischen Titrationen.

6.4.5.1. p_H-Messungen

Das Ionenprodukt des Wassers $P = a_{H_3O^+}\, a_{OH^-}$ hängt nur von Druck und Temperatur ab, dagegen können $a_{H_3O^+}$ und a_{OH^-} durch Säuren bzw. Basenzusätze um viele Zehnerpotenzen variieren. Man wählt daher eine logarithmische Aciditätsskala, zur Angabe der Acidität verwendet man den p_H-Wert

$$p_H \equiv -\log a_{H_3O^+} = -\log c_{H_3O^+} \cdot y_{H_3O^+} \,. \tag{141}$$

Es gibt aber prinzipiell keine Möglichkeit, den p_H-Wert zu messen. Dafür gibt es zwei Gründe:

– Der p_H-Wert verlangt die Festlegung eines Einzelionenaktivitätskoeffizienten. Man kann aber nur mittlere Aktivitätskoeffizienten messen, da stets elektroneutrale Lösungen vorliegen. Auch im Debye-Hückel-Gebiet kann nur der mittlere Aktivitätskoeffizient berechnet werden.

  Man kann allerdings argumentieren, daß im Debye-Hückel-Gebiet nur die elektrischen Wechselwirkungen zu Abweichungen vom idealen Verhalten beitragen. Positive und negative Ladungspunkte in der Lösung sind prinzipiell gleichberechtigt. Es wäre also ein vernünftiger Ansatz, anzunehmen, daß die Abweichungen vom idealen Verhalten, die allein durch Coulomb-Kräfte verursacht werden, für Kationen und Anionen gleich sind. Im Debye-Hückel-Gebiet könnte man also ansetzen (nach Guggenheim)

$$y_+ = y_- = y_\pm \,, \tag{142}$$

  womit eine Einzelionenaktivität anzugeben wäre. Das Debye-Hückel-Gebiet reicht aber nur etwa von p_H 4 bis p_H 10.

– Es ist nicht möglich, die Diffusionspotentiale zu bestimmen.

Da die Bedeutung der Acidität von Lösungen ein Aciditätsmaß jedoch verlangt, die strenge Festlegung des p_H-Werts aber aus den genannten Gründen ungeeignet ist, hat man sich auf eine sogenannte konventionelle p_H-Skala geeinigt. Diese ist durch einheitliche reproduzierbare elektrochemische Meßverfahren definiert. Sie erlauben auch z.B. für Mischlösungen eine Acidität anzugeben, die thermodynamisch ohne Bedeutung, praktisch dagegen sehr wichtig ist. Zur Messung des konventionellen p_H-Werts verwendet man beispielsweise folgende Zelle

$$Pt(H_2)/\text{Lösung X}/KCl_{\text{gesättigt}}/KCl\ (c = 0{,}1)\ [Hg_2Cl_2]/Hg\,.$$

Dabei muß die Lösung X mit unbekanntem p_H eine gut reproduzierbare H_3O^+-Aktivität haben, denn an der Wasserstoffelektrode verändert sich durch die Elektrodenreaktion die H_3O^+-Aktivität, wenn bis zur Einstellung der Stromlosigkeit auch nur ein kleiner Umsatz stattfindet. Die Lösung X muß also gepuffert sein.

Die Gesamtreaktion der Kette ist

$$Hg_2Cl_2 + H_2 + H_2O \rightleftharpoons 2H_3O^+ + 2Hg + 2_{Cl^-} . \qquad (143)$$

Bei nicht zu konzentrierten Lösungen ist a_{H_2O} = konstant, p_{H_2} = 1 atm wird ebenfalls konstant gehalten. Damit ist die EMK der Zelle

$$E = E_o - \frac{RT}{2F} \ln a_{H_3O^+}^2 \, a_{Cl^-}^2 + \Sigma \epsilon_{diff} = E_o - \frac{RT}{F} \ln a_{H_3O^+} \, a_{Cl^-} + \Sigma \epsilon_{diff} .$$

$a_{H_3O^+}$ ist die Einzelionenaktivität in der Lösung X, a_{Cl^-} die in der 0,1 N–KCl-Lösung, ϵ_{diff} sind die Diffusionspotentiale an der gesättigten KCl-Brücke.

Benutzt man nun immer dieselbe Konzentration der KCl-Lösung, d.h. benutzt man immer die gleiche Bezugselektrode (z.B. die n/10-Kalomelelektrode), so ist a_{Cl^-} = const., so daß man $-RT/F \ln a_{Cl^-}$ in das Standardpotential mit einbeziehen kann und erhält

$$E = E_o' - \frac{RT}{F} \ln a_{H_3O^+} + \sum \epsilon_{diff} . \qquad (144)$$

Man ermittelt nun die Summe von E_o' und $\Sigma \epsilon_{diff}$ durch Verwendung einer verdünnten Säure als Lösung X, deren $y_\pm$ man nach Debye-Hückel berechnet und gleich $y_{H_3O^+}$ setzt.

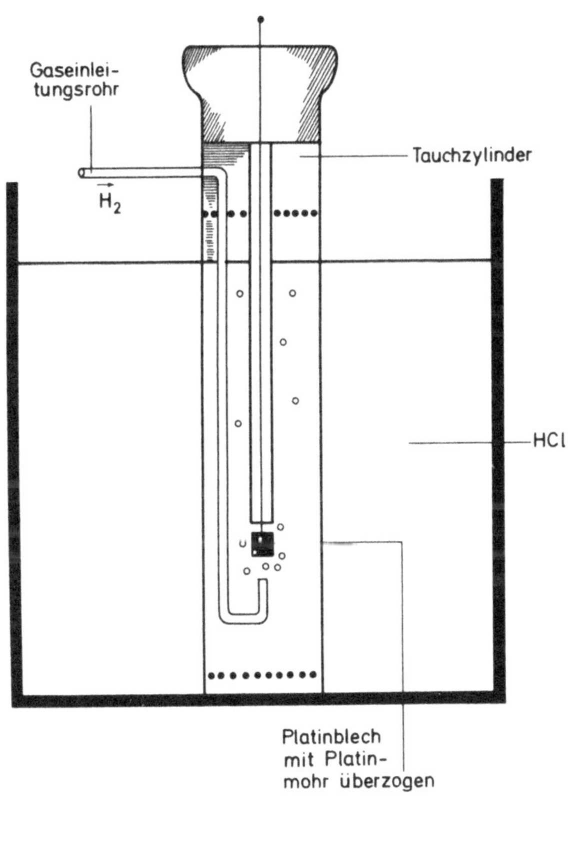

Bild II-27
Wasserstoffelektrode (schematisch)

Nimmt man nun bei verdünnten Lösungen beliebigen p_H-Wertes an, daß die ϵ_{diff} konstant seien, so ist der Fehler sicher klein.

Die Meßgenauigkeit liegt bei 0,01 bis 0,02 p_H-Einheiten, wenn man gegen standardisierte Pufferlösungen mißt. Es ist wenig sinnvoll, einen p_H-Wert auf die dritte Dezimale anzugeben.

6.4.5.1.1. Indikatorelektroden. Elektroden, die auf die H_3O^+-Ionenaktivität ansprechen, werden als Indikatorelektroden bezeichnet. Sie werden stets gegen eine Bezugselektrode geschaltet, die EMK der Kette muß wie immer stromlos gemessen werden.

Die Wasserstoffelektrode. Die Wasserstoffelektrode $Pt(H_2)/H_3O^+$-haltige Lösung ist eine sehr zuverlässige Elektrode, die bei richtiger Behandlung gut reproduzierbare Meßwerte liefert. Die Platinelektrode darf nicht als blankes Blech benutzt werden, sondern muß „platiniert" werden, d.h. durch elektrolytische Reduktion einer Platinverbindung wird Platin als eine Art poröser Schwamm auf dem Platinblech niedergeschlagen. Dadurch wird eine große Oberfläche geschaffen (Bild II-27). Nur an dieser platinierten Oberfläche verläuft die Reaktion

$$\frac{1}{2} H_2 \rightleftharpoons H_3O^+ + e^-$$

reversibel, d.h. ohne kinetische Hemmungen. Allerdings ist die Platin-Wasserstoffelektrode sehr empfindlich gegen Vergiftungen, z.B. durch Schwefelverbindungen, und sie wirkt reduzierend auf die Stoffe in der Lösung.

Die Glaselektrode. Die Glaselektrode ist heute bei p_H-Messungen sehr gebräuchlich, da sie bequem zu handhaben ist. Die Bezugselektrode ist bereits zusammen mit der Glaselektrode in einem füllfederhaltergroßen Glasrohr untergebracht (Bild II-28), so daß die Messung darin besteht, die Glaselektrode in die Lösung zu tauchen und einen Wert von einer Skala abzulesen.

Die Wirkungsweise der Glaselektrode ist bis heute noch nicht restlos geklärt. Die Kette, die benutzt wird, ist

$$\text{Ag/[AgCl]KCl gesättigt} \;/\; \text{Lösung I} \underset{\text{Glas}}{/} \text{Lösung II} \underset{\text{Fritte}}{/} \text{KCl gesättigt [AgCl]/Ag}.$$

Die Lösung II ist die zu untersuchende, die Lösung I eine Pufferlösung konstanten p_H-Werts. Diese beiden Lösungen sind durch eine extra dünne Glaswand getrennt. An den Grenzflächen Glas-Lösung treten durch Adsorptionsvorgänge Potentialsprünge auf, sogenannte Membranpotentiale, die p_H-abhängig sind.

Es ergibt sich eine empirische Abhängigkeit der EMK vom p_H als

$$E = E_0 + \frac{RT}{F} \ln \frac{{}^{I}a_{H_3O^+}}{{}^{II}a_{H_3O^+}} = E_0 + \frac{2{,}303\,RT}{F} ({}^{I}p_H - {}^{II}p_H). \quad (145)$$

Die Glaselektrode kann in manchen Fällen eingesetzt werden, in denen die anderen Indikatorelektroden versagen, z.B. in stark oxidierenden Lösungen oder solchen, die eine Platin-Wasserstoff-Elektrode vergiften würden.

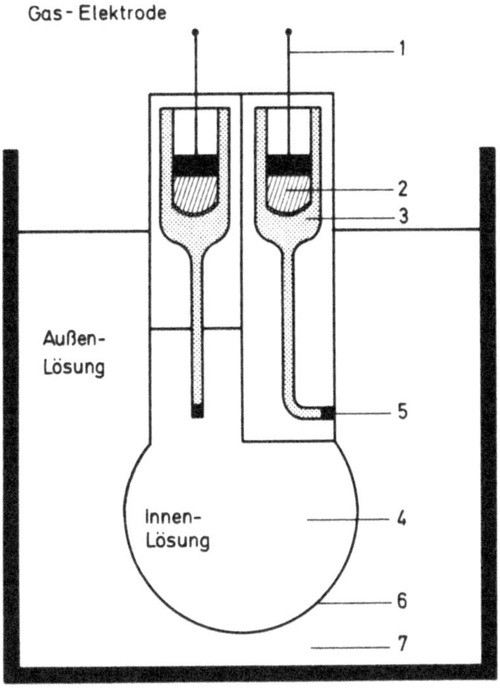

1 Ableitelektrode
2 Hg/Hg_2Cl_2 (Kalomel)
3 gesättigte KCl
4 Pufferlösung mit bekanntem P_H
5 Diaphragma
6 Glasmembran mit Potentialsprung
7 Lösung mit unbekanntem P_H

Bild II-28
Glaselektrode (schematisch)

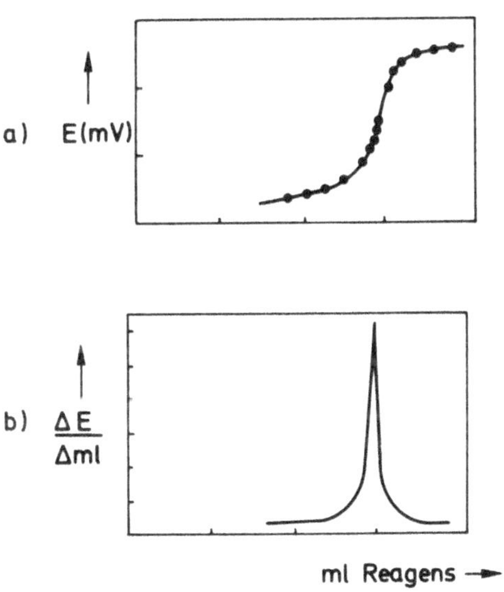

Bild II-29
a) potentiometrische Titrationslurve
b) Ableitung dieser Kurve

6.4.5.2. Potentiometrische Titrationen

Titrationsverfahren, die es gestatten, den gesamten Verlauf der Titrationsreaktion zu verfolgen, sind denen, bei denen nur der Äquivalenzpunkt angezeigt wird, u.a. an Genauigkeit überlegen. Bei solchen Verfahren verfolgt man die Konzentration des zu bestimmenden Stoffes in Abhängigkeit von der Zugabe bestimmter Mengen des Titrationsmittels. Dies kann bei Stoffen, für die eine reversible Elektrodenreaktion zum Aufbau einer galvanischen Meßzelle ausgenutzt werden kann, durch EMK-Messung geschehen.

Mit einer Wasserstoff-Elektrode kann man den p_H-Wert bei der Neutralisation, mit einer entsprechenden Elektrode 2. Art Fällungsreaktionen, mit einer Redoxelektrode den Fortgang von Redoxreaktionen verfolgen. Man braucht eine Elektrode, die auf Konzentrationsänderung des zu titrierenden Ions anspricht. Dabei können auch farbige, trübe oder stark verdünnte Lösungen titriert werden.

Wegen des logarithmischen Zusammenhangs zwischen E und a_x haben die Titrationskurven ein charakteristisches Aussehen, z.B. bei der Titration von $AgNO_3$ mit KCl (Bild II-29a).

Der Umschlagspunkt ist der Wendepunkt der Kurve. Bei ihm ist

$$\frac{dE}{d(ml)} = \max \quad \text{und} \quad \frac{d^2E}{d(ml)^2} = 0\,.$$

Man kann nun zur besseren Endwertbestimmung gleich dE/d(ml) gegen (ml) auftragen und erhält Kurven vom Typ Bild II-29b), wobei das Maximum dem Äquivalenzpunkt entspricht. Es gibt auch experimentelle Anordnungen, die die differenzierten Kurven der potentiometrischen Titration direkt liefern.

7. Zusammenfassung

Wir haben in diesem Teil Gleichgewichtszustände makroskopischer Systeme durch Zustandsfunktionen wie die innere Energie, freie Enthalpie, Elektromotorische Kraft usw. beschrieben. Dabei sind wir nicht in der rein thermodynamisch-makroskopischen Argumentation geblieben, sondern haben auch, und dies besonders bei der Behandlung der Gleichgewichte an Elektroden, molekularstatistische Denkelemente gebraucht.

In der praktischen Anwendung der thermodynamischen Beziehungen ist fast immer der Nichtidealität praktischer Systeme Rechnung zu tragen. Dennoch sind die idealen Beziehungen die Grundlage auch der technischen Thermodynamik, selbst wenn dies manchmal nicht zu erkennen sein sollte. Dies liegt mit daran, daß die Technik Durchsätze in möglichst kontinuierlichem Betrieb haben will, also eigentlich mit offenen Systemen arbeitet, die wir hier als solche nicht behandelt haben. In den meisten praktischen Fällen sind aber Betrachtungen entsprechender geschlossener Systeme zumindest ein guter Einstieg.

Wir haben in diesem Teil reversible und irreversible Vorgänge betrachtet, aber nur in bezug auf ihre Zustandsänderung. Im Teil III werden wir Phänomene behandeln, die eine zeitliche Komponente haben.

Teil III
Makroskopische Systeme im Potentialgefälle

Wir haben in Teil II Zustände untersucht, bei denen unter den gegebenen Bedingungen Gleichgewicht herrscht, bei denen sich Differenzen der chemischen oder elektrochemischen Potentiale ausgeglichen haben. Zwar sind auch in Kapitel II Zustandsänderungen beschrieben worden, z.B. chemische Reaktionen, die Diffusion eines Gases in ein größeres Volumen, doch haben uns nur die Unterschiede zwischen Ausgangs- und Endzustand, nicht der Potentialausgleich selbst interessiert.

In diesem Kapitel untersuchen wir die Vorgänge beim Potentialausgleich. Von den Vorgängen, die in einem Potentialgefälle ablaufen, wollen wir nur wenige herausgreifen und exemplarisch behandeln:

- die Vorgänge im Inneren einer Elektrolytlösung bei von außen aufrecht erhaltener Potentialdifferenz (Leitfähigkeit),
- die Vorgänge an den Elektrodengrenzflächen bei von außen aufrecht erhaltener Potentialdifferenz (Elektrodenpolarisation),
- die Vorgänge bei Ausgleich der chemischen Potentiale in einer chemischen Reaktionsmischung (chemische Reaktionskinetik).

Diese Vorgänge sind mit dem Instrumentarium der Gleichgewichtsthermodynamik nicht zu fassen. Aktivitätskoeffizienten z.B. sind nur für Gleichgewichte definiert und sind durch Leitfähigkeits- oder Polarisationsmessungen nicht bestimmbar. Wir müssen für die in diesem Kapitel zu behandelnden Nichtgleichgewichtsphänomene eigene Vorstellungs- und Formelsysteme entwickeln. Die Formelsysteme in diesem Kapitel sind nicht so geschlossen wie das System der Thermodynamik. Sie dienen mehr der einfachen Beschreibung der Beobachtungen und kommen daher dem Verständnis in manchen Punkten mehr entgegen als die Thermodynamik, die auch sehr abstrakt und formelmäßig betrieben werden kann.

1. Leitfähigkeit von Elektrolytlösungen

1.1. Grundbegriffe, Definitionen

Ströme sind meist an Stromleiter gebunden. Damit ein Strom I fließen kann, ist eine Spannungsquelle U, z.B. eine Batterie oder ein mechanischer Generator nötig. Wird eine leitende Verbindung zwischen den Polen der Spannungsquelle hergestellt, so wird ein Stromkreis geschlossen (Bild III-1a). Da jeder, auch der beste Leiter einen endlichen Widerstand R hat, ist I nicht unendlich groß, sondern durch das Ohmsche Gesetz $I = U/R$ begrenzt.

Der Stromkreis kann auch aus verschiedenen Leitern bestehen. Ein Beispiel ist die Elektrolyse (Bild III-1b). In der Flüssigkeit wird die Ladung durch Ionen transportiert, an den Elektroden geben Ionen ihre Ladung ab und werden neutral. Metallniederschläge auf der

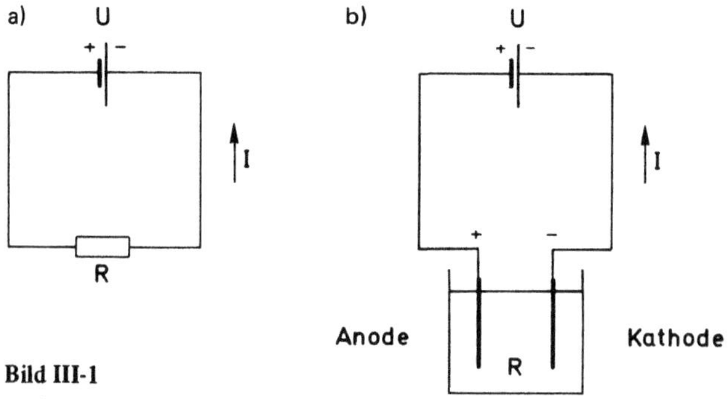

Bild III-1
a) Schaltbild eines Stromkreises
b) Elektrolyse

(negativen) Elektrode mit Elektronenüberschuß, der *Kathode*, zu der die positiven Ionen, die *Kationen* (wie Cu^{2+}), wandern, sind die Folge der Reduktionsreaktion an der Kathode. Die negativ geladenen *Anionen* wie Cl^- wandern zur positiven *Anode*, werden dort in einer Oxidationsreaktion durch Elektronenabgabe entladen und erzeugen dort entweder Niederschläge, entweichende Gase oder chemisch mehr oder weniger reaktionsfähige Produkte, z.B.

$$\text{Anode:}\quad Cl^- \longrightarrow Cl^{\bullet} + e \qquad 2Cl^{\bullet} \longrightarrow Cl_2 \uparrow\ .$$

Da nun jedes Ion eine bestimmte Anzahl von Elementarladungen trägt, ist die Menge der elektrolytischen Zersetzungsprodukte der durch den Elektrolyten geflossenen Elektrizitätsmenge proportional. Gleichzeitig ist die Menge der Zersetzungsprodukte von der chemischen Wertigkeit abhängig, denn zweiwertige Ionen transportieren doppelt soviel Ladung wie einwertige. Diese Faradayschen Gesetze nutzt man in Coulombmetern zur Messung der Ladungsmenge aus. Man hat festgesetzt, daß die Ladungsmenge, die 1,118 mg Silber im Silbercoulombmeter abscheidet, 1 Coulomb C genannt wird. Damit wird zur Abscheidung eines Mols Silber

$$\frac{107{,}88}{0{,}001\,118}\ \frac{\text{g/mol}}{\text{g/C}} = 96\,494\ \frac{\text{C}}{\text{mol}} = 1\ \text{F}$$

nötig. Das Faraday F entspricht einem Mol Elementarladungen, ist also

$$F = N_L\, e_0 = 6{,}023 \cdot 10^{23} \cdot 1{,}602 \cdot 10^{-19}\, \text{C}\,.$$

Der Widerstand R, und damit die *Leitfähigkeit* $L = 1/R$, ist neben einer Materialkonstanten, dem spezifischen Widerstand ρ, auch von den Dimensionen, der Länge l und dem Querschnitt q, des Leiters abhängig:

$$R = \rho\,\frac{l}{q} \qquad \text{bzw.} \qquad L = \sigma\,\frac{q}{l}. \tag{1}$$

In Metallen ist die Ladungsträgerkonzentration, die Elektronendichte, von außen nicht zu beeinflussen, die spezifische Leitfähigkeit σ, die die Leitfähigkeit pro m angibt, ist also eine Konstante. Anders bei Elektrolytlösungen, hier ist σ auch von der Ionenkonzentration abhängig. Man bezieht hier die Leitfähigkeit auf die Einheitskonzentration mol/m³. Bei Benutzung des Konzentrationsmaßes mol/*l*, besser (zur Berücksichtigung der Ionenwertigkeit n_e) Äquivalent/*l*, führt man die *molare* bzw. *Äquivalentleitfähigkeit* Λ_c ein:

$$\Lambda = \frac{\sigma}{10^3 c} \qquad \text{bzw.} \qquad \Lambda_c = \frac{\sigma}{10^3 c\, n_e} \quad (\Omega^{-1}\,m^2\,equiv^{-1})^{*}) \,. \tag{2}$$

Die Ionenwanderung im elektrischen Feld kann man direkt beobachten, wenn man gefärbte Ionen in Lösungen farbloser Ionen wandern läßt (vgl. 1.2). Man sieht dabei, daß die Ionen trotz beschleunigenden elektrischen Felds eine konstante Geschwindigkeit entwickeln. Man erhält diese Geschwindigkeit aus dem Ansatz, daß die beschleunigende elektrische Kraft und die bremsende Reibungskraft gleich groß sein müssen:

Beschleunigende Kraft: $\vec{F}_1 = z_i\, e_0\, \vec{E}$

Verzögernde Kraft (nach Stokes): $\vec{F}_2 = 6\pi\eta\, r_i\, \vec{v}_i$

mit z_i = Ladungszahl, $\vec{E}$ = elektrische Feldstärke, η = dynamische Zähigkeit des Lösungsmittels und r_i = Ionenradius.

Daraus erhält man die Geschwindigkeit

$$\vec{v}_i = \frac{z_i\, e_0\, \vec{E}}{6\pi\eta\, r_i} \tag{3}$$

und bezogen auf die Einheitsfeldstärke die *Wanderungsgeschwindigkeit* u_i

$$u_i = \frac{v_i}{E} = \frac{z_i\, e_0}{6\pi\eta r_i} \quad (m^2\,V^{-1}\,s^{-1}) \ . \tag{4}$$

Für Wasser bei Zimmertemperatur ist $u_i \approx 10^{-17}/r_i$, wobei r_i in m einzusetzen ist. Die Wanderungsgeschwindigkeiten sind also relativ gering, bei Feldern von 10^5 V/m sind die Geschwindigkeiten bei 1 cm/s.

Diese Wanderungsgeschwindigkeiten bestimmen mit die spezifische Leitfähigkeit, an der beide Ionensorten, Kationen und Anionen, beteiligt sind:

$$\sigma = e_0\,(N_+ z_+ u_+ \;+\; N_- z_- u_-) \tag{5}$$

hier ist N die Ionenzahl pro m³. Nun werden noch einige Umformungen gemacht, die wir brauchen, um später die wichtigen Formeln anschreiben zu können:

$$N_+ = \nu_+ N_L\, c\, 10^3 \qquad \text{und} \qquad N_- = \nu_- N_L\, c\, 10^3 \tag{6}$$

$$e_0 = F/N_L \qquad \text{und} \qquad n_e = \nu_+ z_+ = \nu_- z_-$$

mit N_L = Loschmidt-Zahl, F = Faraday-Konstante, ν = stochiometrische Faktoren der Dissoziation, z.B. $CaCl_2$: $\nu_+ = 1$, $\nu_- = 2$. Damit wird

$$\sigma = F\, c\, n_e\, 10^3\, (u_+ + u_-) \,.$$

*) Im cgs-System hat σ die Einheit $\Omega^{-1} cm^{-1}$. Wenn die Äquivalentleitfähigkeit auf die Einheitskonzentration 1 Äquivalent · cm^{-3} bezogen und c in mol · l^{-1} eingesetzt wird, ergibt sich für $\Lambda_c = \sigma \cdot 10^3/c\, n_e$ ($\Omega^{-1}\,cm^2\,equiv^{-1}$). Die meisten Tabellenwerke verwenden diese Einheiten.

Aus diesen Größen wird die *Ionenbeweglichkeit* definitiv abgeleitet

$$l_i \equiv F\, u_i \tag{7}$$

mit der Dimension Fläche/Widerstand und der Einheit $\Omega^{-1}\,m^2$. Mit der Ionenbeweglichkeit werden spezifische Leitfähigkeit und Äquivalentleitfähigkeit

$$\sigma = n_e\, c\, 10^3\, (l_+ + l_-) \quad \text{und} \quad \Lambda_c = l_+ + l_- \,. \tag{8}$$

Die Ionenbeweglichkeiten sind individuelle Ioneneigenschaften. Ihre Größe ist maßgeblich durch die Reibungskräfte zwischen Ion und Lösungsmittel bestimmt, deshalb werden sich die Ionenbeweglichkeiten verschiedener Ionen auch bei unendlicher Verdünnung unterscheiden.

1.2. Überführungszahlen

Es ist verständlich, daß die Ionen, die schneller wandern, mehr Ladung pro Zeiteinheit transportieren, also mehr zum Strom beitragen, als unbeweglichere. Das ist bei gleich geladenen Ionen ganz klar, das schnellere eilt voraus, erreicht das Ziel, die Elektrode, zuerst.

Wenn man farbige Ionen hat, kann man dies direkt beobachten. Man muß, wenn man z.B. eine $KMnO_4/K_2CrO_4$-Lösung vorsichtig mit farbloser KCl-Lösung überschichtet und eine Spannung anlegt, sehen können, welches der beiden gefärbten Ionen schneller wandert. Die Front in Bild III-2a wird sich nach oben verschieben und entweder eine violette oder gelbe Vorzone haben. Füllen wir die Zelle ganz, z.B. mit $KMnO_4$-Lösung, so muß sich in der Nähe der Minus-Elektrode, der Kathode, die Farbe aufhellen, da ja die Ionen abwandern. Natürlich wirkt dieser Wanderung die Diffusion entgegen, so daß wir besondere Bedingungen wählen müssen, um diese Effekte sauber experimentell zu demonstrieren.

Die Auswirkungen der verschiedenen Ionenbeweglichkeiten auf gleich geladene Ionen ist also nichts Erstaunliches. Schwieriger ist es, einzusehen, welche Auswirkungen die verschiedene Beweglichkeit der verschieden geladenen Ionen hat. Es sind ja beide Arten an der Leitfähigkeit beteiligt (8).

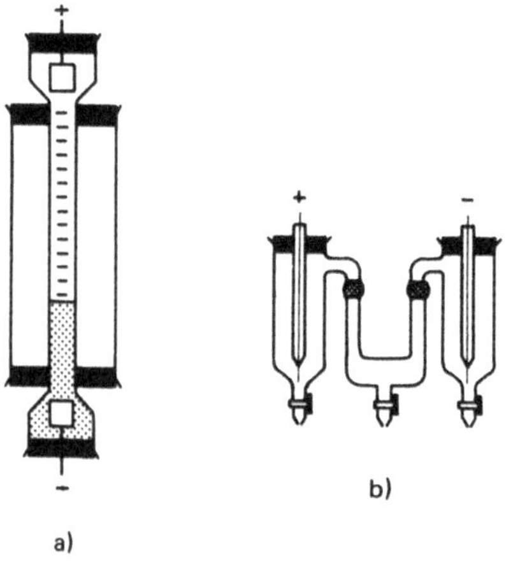

Bild III-2

Bestimmung der Überführungszahlen
a) nach der Methode der wandernden Grenzflächen,
b) nach der Methode von Hittorf

Die Auswirkungen der verschiedenen Ionenbeweglichkeit sei an einem Beispiel demonstriert, der Elektrolyse von HCl.

Man teilt die Elektrolysezelle in drei Räume ein (z.B. durch poröse Tonwände), so daß die Lösung nicht durch Konvektion durchmischt werden kann (Bild III-2b). Am Anfang der Elektrolyse ist die Konzentration in allen drei Räumen gleich. Im Laufe der Elektrolyse nimmt die Konzentration in den beiden Elektrodenräumen ab, denn insgesamt verschwinden Ionen aus der Lösung durch Entladung. Im Mittelraum ändert sich bei nicht zu großen Elektrolysedauern die Konzentration nicht, denn die Ionen, die nach rechts auswandern, werden von links her ersetzt und umgekehrt. Die Konzentrationsabnahme ist nun nicht in beiden Elektrodenräumen gleich. Machen wir für die drei Abteilungen der Elektrolysezelle eine Stoffbilanz auf, so beobachten wir für HCl beim Durchgang von $5 \cdot 96\,500\,C = 482\,500\,C$

	Anodenraum	Mittelraum	Kathodenraum
durch Entladung	$-5\,Cl^-$		$-5\,H^+$
durch Einwanderung	$+1\,Cl^-$	$+4\,H^+ + 1\,Cl^-$	$+4\,H^+$
durch Auswanderung	$-4\,H^+$	$-4\,H^+ - 1\,Cl^-$	$-1\,Cl^-$
	-4 HCl	0	-1 HCl

Das Verhältnis 4 : 1 ist das der Beweglichkeiten der H_3O^+- und Cl^--Ionen. Die relativen Ionenbeweglichkeiten

$$t_+ = \frac{l_+}{l_+ + l_-} \qquad \text{und} \qquad t_- = \frac{l_-}{l_+ + l_-} \tag{9}$$

werden *Überführungszahlen* genannt, und es gilt stets $t_+ + t_- = 1$.
Man kann also Überführungszahlen und damit die Ionenbeweglichkeiten aus Konzentrationsmessungen erhalten (Hittorfsche Methode, Bild III-2b).

Natürlich kann man die Überführungszahl auch aus der oben beschriebenen Wanderung einer Elektrolytgrenzfläche ermitteln, eine Methode, die mit einigem Aufwand sehr genaue Zahlen liefert. Eine dritte Methode zur Bestimmung der Überführungszahlen ist der Vergleich der EMK von gleichartigen Konzentrationszellen mit und ohne Überführung (vgl. II, 6.4.4.2.1).

An der Leitfähigkeit sind nach (5) alle Ionen beteiligt. Die Ionenbeweglichkeiten sind individuelle Ioneneigenschaften, die durch elektrische Messungen nicht zu bestimmen sind, da elektrische Eigenschaften wie die Leitfähigkeit immer durch Kationen und Anionen gemeinsam festgelegt sind. Die Bestimmung von individuellen Ioneneigenschaften gelingt aber oft durch nicht-elektrische Messungen wie die der Überführungszahlen durch Konzentrations- oder Geschwindigkeitsmessungen. In Tabelle III-1 sind die Überführungszahlen einiger Ionen zusammengestellt.

Die Beweglichkeiten und damit die Überführungszahlen sind, wie erwähnt, durch die Reibungskräfte zwischen wanderndem Ion und Lösungsmittel weitgehend bestimmt. Wir müßten aber erwarten, daß schon in sehr verdünnten Lösungen, wo (vgl. II, 6.4.2) die interionischen Wechselwirkungen eine Rolle spielen, die Beweglichkeiten auch von der Zahl und Ladung der Ionen in der Lösung abhängen sollten. Dies ist tatsächlich der Fall (Tabelle III-1).

Tabelle III-1. Überführungszahlen der Kationen einiger Elektrolyte bei 298 K

Elektrolyt	0.01 N	0.05 N	0.1 N	Elektrolyt	0.01 N	0.05 N	0.1 N
HCl	0.825	0.829	0.831	$AgNO_3$	0.465	0.466	0.468
$NaC_2H_3O_2$	0.554	0.557	0.559	$LaCl_3$	0.462	0.448	0.437
KNO_3	0.508	0.509	0.510	$K_3Fe(CN)_6$	0.431	0.439	0.441
NH_4Cl	0.491	0.491	0.491	$CaCl_2$	0.426	0.414	0.406
KCl	0.490	0.490	0.490	LiCl	0.329	0.321	0.317
KBr	0.483	0.483	0.483	LiCl	0.329	0.321	0.317

1.3. Konzentrationsabhängigkeit der Leitfähigkeit

In Tabelle III-2 und in Bild III-3 ist die Äquivalentleitfähigkeit für einige Elektrolyte in Abhängigkeit von der Konzentration dargestellt. Wir sehen, daß

- Λ_c mit steigender Konzentration monoton fällt,
- dieser Abfall für einige der Elektrolyte relativ schwach, für Essigsäure sehr stark ist.

Dieses verschiedene Verhalten führt zur Klassifizierung der Elektrolyte in *starke* und *schwache Elektrolyte.*

1.3.1. Schwache und starke Elektrolyte

Die Äquivalentleitfähigkeit ist, wie wir in 1.1 gesehen haben, der spezifischen Leitfähigkeit

$$\sigma = e_0 \, (N_+ \, z_+ u_+ \, + N_- z_- u_-) \tag{5}$$

proportional, also abhängig von der Zahl N, der Ladung z und der Wanderungsgeschwindigkeit u bzw. Beweglichkeit *l* der Ionen. Eine beobachtete Konzentrationsabhängigkeit der Äquivalentleitfähigkeit fordert also eine nichtlineare Konzentrationsabhängigkeit der Ionenzahl oder Ionenbeweglichkeit.

Der Dissoziationsvorgang führt zu einem chemischen Gleichgewicht, das man folgendermaßen formulieren kann:

$$NaCl \rightleftharpoons Na^+_{aq.} + Cl^-_{aq.}$$

$$H_2O + CH_3COOH \rightleftharpoons H_3O^+_{aq.} + CH_3COO^-_{aq.} \, .$$

Für den Ladungstransport wirksam sind natürlich nur die Ionen, nicht die Neutralteilchen. Wenn also wie bei der Essigsäure das Dissoziationsgleichgewicht nicht ganz auf der rechten Seite liegt, wenn also die Gleichgewichtskonstante K nicht sehr groß ist, nimmt gar nicht die der eingewogenen Essigsäuremenge entsprechende Zahl an Ionen am Leitungsvorgang teil. Essigsäure ist ein Beispiel für die Klasse der schwachen Elektrolyte, die nur zu einem bestimmten Prozentsatz, den man durch den *Dissoziationsgrad* α ausdrückt, dissoziiert sind. Sichtlich nimmt der Dissoziationsgrad bei zunehmender Verdünnung zu (Tabelle III-2) und geht bei unendlicher Verdünnung gegen 1.

Daß die Dissoziation mit steigender Verdünnung tatsächlich zunimmt, kann man mit Hilfe einer nicht-elektrischen Messung einer individuellen Ioneneigenschaft feststellen. Es gibt Ionen, die anders gefärbt sind als die undissoziierte Säure, z.B. unter den Titrationsindikatoren. Durch die Lichtabsorption kann man ihre Konzentration messen und damit den Dissoziationsgrad.

Nimmt man nun an, daß die ganze Konzentrationsabhängigkeit der Leitfähigkeit auf die konzentrationsabhängige Dissoziation (also Teilchenzahl) zurückzuführen sei, daß dagegen die Beweglichkeiten konzentrationsunabhängig seien, so kann man den Dissoziationsgrad aus Leitfähigkeitsmessungen ermitteln. Aus $\Lambda_c = \alpha\,(l_+ + l_-)$ und der *Grenzleitfähigkeit* bei verschwindender Konzentration $\Lambda_0 = (l_{+0} + l_{-0})$ folgt die Arrhenius-Beziehung

$$\alpha = \frac{\Lambda_c}{\Lambda_0} \; . \tag{10}$$

Die Dissoziationskonstante für Essigsäure ohne Berücksichtigung der Aktivitätskoeffizienten ist

$$K_{(c)} = \frac{c_{H_3O^+} \cdot c_{CH_3COO^-}}{c_{CH_3COOH}} \; . \tag{11}$$

Unter Benutzung des Dissoziationsgrads α und der Einwaage-Konzentration c_0 ist $c_{H_3O^+} = \alpha\, c_0$, $c_{CH_3COO^-} = \alpha\, c_0$ und $c_{CH_3COOH} = (1-\alpha)c_0$.
Daraus folgt das *Ostwaldsche Verdünnungsgesetz*

$$K_{(c)} = \frac{\alpha^2}{1-\alpha}\, c_0 = \frac{\Lambda_c^2\, c_0}{\Lambda_0\,(\Lambda_0 - \Lambda_c)} \; . \tag{12}$$

Wenn man nach (12) bei bekanntem Λ_0 aus den Messungen bei verschiedenen Konzentrationen $K_{(c)}$ berechnet (Tabelle III-2), so erhält man für schwache Elektrolyte eine annähernde Konzentrationsunabhängigkeit. Allerdings liegen die Abweichungen von der Konstanz weit außerhalb der Meßfehler, und dies ist auf die Ungültigkeit der Voraussetzung konzentrationsunabhängiger Ionenbeweglichkeiten zurückzuführen.

Bei den starken Elektrolyten, wie HCl oder NaCl, bei denen die Äquivalentleitfähigkeit mit der Konzentration weit weniger abnimmt als bei den schwachen, ist $\alpha = 1$ für alle Konzentrationen (was man mit spektroskopischen Messungen bestätigen kann). Da sich der Disso-

Tabelle III-2. Konzentrationsabhängigkeit der Leitfähigkeit einiger Elektrolyte in Wasser bei 298 K (Λ_c in $10^{-4}\,\Omega^{-1}\,m^2\,equiv^{-1}$)

	NaCl	KCl	NaOH	$CaCl_2$	$LaCl_3$	NaAc	HCl			CH_3COOH		
c(Äq/l)	Λ_c	Λ_c	Λ_c	Λ_c	Λ_c	Λ_c	$c \cdot 10^3$ (M/l)	Λ_c	$K_{(c)}$	$c \cdot 10^3$ (M/l)	Λ_0	$K_{(c)} \cdot 10^5$
0,0000	126,5	149,9	248	135,8	145,9	91,0	0,00000	426,16		0,00000	(390,71)	
0,0005	124,5	147,8	246	131,9	139,6	89,2	0,028408	425,13	0,0116	0,028014	210,38	1,760
0,001	123,7	146,9	245	130,4	137,0	88,5	0,081181	424,87	0,02666	0,15321	112,05	1,767
0,005	120,6	143,5	240	124,2	127,5	85,7	0,17743	423,94	0,03355	1,02831	48,146	1,781
0,01	118,5	141,3	237	120,4	121,8	83,8	0,31836	423,55	0,05139	2,41400	32,217	1,789
0,02	115,8	138,3	233	115,6	115,3	81,2	0,59146	422,54	0,05995	5,91153	20,962	1,798
0,05	111,1	133,4	227	108,5	106,2	76,9	0,75404	421,78	0,0716	12,829	14,375	1,803
0,10	106,7	129,0	221	102,5	99,1	72,8	1,5768	420,00	0,1059	50,000	7,358	1,808
							1,8766	419,76	0,1212	52,303	7,202	1,811

ziationsgrad praktisch nicht ändert, müssen die Änderungen von Λ_c durch die Konzentrationsabhängigkeit der Ionenbeweglichkeiten verursacht werden. Und wenn das so ist, dann darf das Ostwaldsche Verdünnungsgesetz nicht gelten. Genau das findet man. $K_{(c)}$ ist für starke Elektrolyte auch nicht mehr annähernd konstant (Tabelle III-2).

1.3.2. Das Kohlrauschsche Quadratwurzelgesetz

Wie man zeigen kann, führt die Annahme, daß auch bei starken Elektrolyten die Dissoziation der Grund für die Änderung der Leitfähigkeit sei, zu einer linearen Beziehung zwischen Äquivalentleitfähigkeit und Konzentration. Experimentell wurde jedoch von Kohlrausch ein *Quadratwurzelgesetz* gefunden (Bild III-3)

$$\Lambda_c = \Lambda_0 - A\sqrt{c}\,. \qquad (13)$$

Bild III-3 zeigt uns:

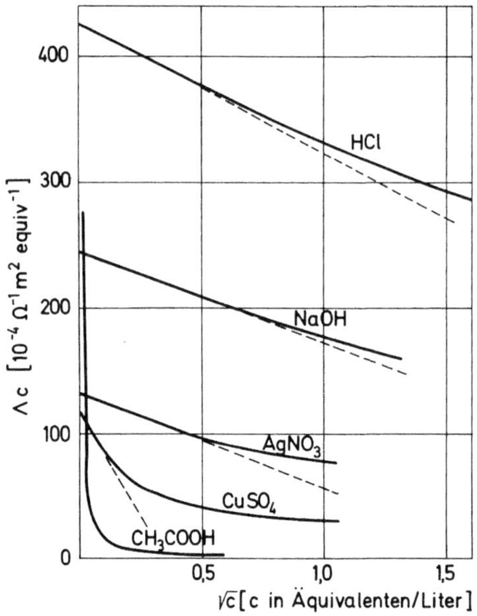

Bild III-3
Konzentrationsabhängigkeit der Äquivalentleitfähigkeit einiger Elektrolyte in wäßriger Lösung

- Die 1,1-wertigen Elektrolyte HCl, NaOH, $AgNO_3$ haben für kleine Konzentrationen praktisch dieselbe Grenzsteigung A, der 2,2-wertige Elektrolyt $CuSO_4$ besitzt eine größere Steigung. Diese Steigung A hängt sehr stark von der elektrochemischen Wertigkeit ab, nicht dagegen von der Art des Elektrolyten.
- Das Quadratwurzelgesetz von Kohlrausch gilt nur für kleine Konzentrationen, bei höheren weicht die Leitfähigkeit von der Grenzgeraden ab, und zwar sind die Abweichungen von Elektrolyt zu Elektrolyt verschieden. Hier kommen individuelle Ioneneigenschaften zum Ausdruck.
- Ein Verschwinden der Konzentrationsabhängigkeit der Leitfähigkeit wird auch bei größten Verdünnungen nicht erreicht.

Diese drei Tatsachen erinnern uns an die Behandlung der interionischen Wechselwirkungen im Rahmen der Thermodynamik. Wechselwirkungen sind ja nicht nur für energetische Fragen wichtig, sondern auch für die Beeinflussung der Ladungsträger bei den hier untersuchten Transportvorgängen.

1.3.3. Die Debye-Hückel-Onsager-Theorie

Onsager benutzte 1926 die Vorstellung der Ionenwolke, die Debye und Hückel für Gleichgewichts-Energieberechnungen entwickelt hatten, zur quantitativen Behandlung der Konzentrationsabhängigkeit der Leitfähigkeit. Man beachte, daß hier zwei völlig verschiedene Fragestellungen mit dem gleichen Modell behandelt werden.

Das Ion in seiner kugelsymmetrischen Wolke hat eine bestimmte Energie. Nur diese interessiert im Zusammenhang mit der Debye-Hückel-Theorie für Gleichgewicht. Im Nichtgleichgewicht, im elektrischen Feld, wird das Zentralion aus dem Zentrum seiner Ionenwolke verschoben (Bild III-4). Dieses Verschieben erfordert Energie, die dem Feld entnommen werden muß, denn der stabilste Zustand ist dann erreicht, wenn der Ladungsschwerpunkt der Ionenwolke und der Ort des Zentralions zusammenfallen. Da genügend Ionen in der Lösung vorhanden sind, beginnt gewissermaßen das herausgegriffene verschobene Zentralion sofort wieder, seine Ionenwolke um sich zu zentrieren, wird dabei aber wieder vom Feld gestört usw. Die Ionenwolke bleibt immer ein wenig zurück, die zurückbleibende Gegenladung bremst das wandernde Zentralion. Dieser bremsende *Relaxationseffekt* wird um so größer, je stärker die interionischen Wechselwirkungen sind, je kleiner also der Durchmesser der Ionenwolke ist, und dieser ist ja (vgl. II, 6.4.2) von der Ionenkonzentration abhängig.

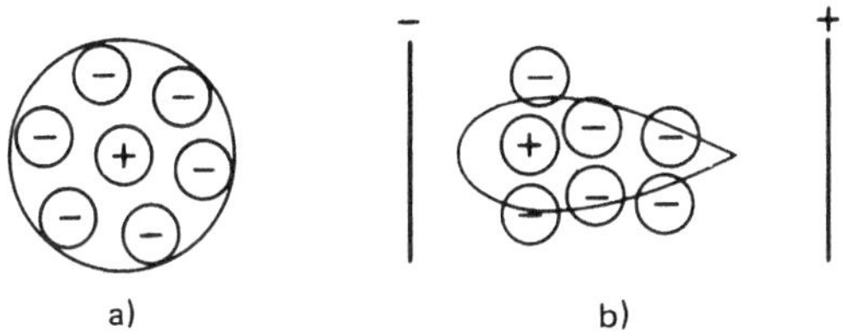

Bild III-4
Symmetrie der Ionenwolke ohne und mit Elektrolysefeld (nach *W. J. Moore*, Physical Chemistry, Longman)

Das wandernde Ion wird aber nicht nur durch seine nachhinkende Ionenwolke, sondern auch durch einen *elektrophoretischen Effekt* gebremst. Diese Hemmung der Ionenwanderung hat ihre Ursache darin, daß die Ionen, die solvatisiert sind, einen Teil des Lösungsmittels mitschleppen. Ein Ion wandert also gar nicht mehr in einem ruhenden sondern in einem ihm entgegenströmenden Lösungsmittel. Auch dieser Effekt ist konzentrationsabhängig, die Gegenströmung ist um so stärker, je mehr Lösungsmittelmoleküle an die Ionen gebunden daran teilnehmen.

Die quantitative Fassung dieser Effekte ist die Onsagergleichung

$$\Lambda_c = \Lambda_0 - \left[\frac{K_1}{(\epsilon T)^{3/2}} \Lambda_0 + \frac{K_2}{\eta (\epsilon T)^{1/2}} \right] \sqrt{J}, \tag{14}$$

wobei in K_1 und K_2 eine Reihe von Konstanten zusammengefaßt ist, ϵ die Dielektrizitätskonstante und η die Zähigkeit des Lösungsmittels ist. Die Onsagergleichung gibt das Quadratwurzelgesetz in guter Übereinstimmung mit den Messungen wieder.

Natürlich sind diese Konzentrationseinflüsse auf die Ionenbeweglichkeiten nicht auf die Ionen starker Elektrolyte beschränkt. Für schwache Elektrolyte gilt:

$$\Lambda_c = \alpha [\Lambda_0 - A \sqrt{\alpha c}] \,. \tag{15}$$

In dieser Gleichung ist die Änderung des Dissoziationsgrads mit der Konzentration enthalten, die das Quadratwurzelgesetz überdeckt (Bild III-3).

1.4. Die Additivität der Grenzleitfähigkeiten

Wir haben, besonders am Beispiel des Bildes III-3 gesehen, daß auch bei den kleinsten realisierbaren Konzentrationen die Äquivalentleitfähigkeiten noch konzentrationsabhängig sind. Das Quadratwurzelgesetz ermöglicht jedoch die Extrapolation auf unendliche Verdünnung, wo jedes Ion wirklich isoliert ist und keinen Relaxations- und elektrophoretischen Bremseffekt mehr erleidet.

Durch die Extrapolation erhält man die Grenzleitfähigkeit

$$\Lambda_0 = l_{0+} + l_{0-} \,, \tag{16}$$

die aber nicht für alle Elektrolyte gleich groß ist, da ja die individuellen Ioneneigenschaften Durchmesser und Solvatationsfähigkeit für die Wanderung durch das Lösungsmittel entscheidend sind. Man kann nun wegen der Additivität in (16) aus bekannten Ionenbeweglichkeiten die Grenzleitfähigkeiten aller Elektrolyte berechnen. Man kann dabei auch Umwege gehen, z.B. ist die Extrapolation der Leitfähigkeitswerte der Essigsäure auf unendliche Verdünnung nicht ganz einfach, da hier interionische Wechselwirkung und Dissoziation gleichzeitig eine Rolle spielen. Es ist aber

$$\begin{aligned} \Lambda_{0\,HAc} &= l_{0\,H_3O^+} + l_{0\,Ac^-} = l_{0\,H_3O^+} + l_{0\,Cl^-} + l_{0\,Na^+} + l_{0\,Ac^-} - l_{0\,Na^+} - l_{0\,Cl^-} \\ &= \Lambda_{0\,HCl} + \Lambda_{0\,NaAc} - \Lambda_{0\,NaCl} \end{aligned} \tag{17}$$

die durch Extrapolation zugänglich sind. Durch Messung des Absolutwerts von l_0 nur eines einzigen Ions kann man durch die additive Beziehung (16) alle anderen Ionenbeweglichkeiten berechnen (Tabelle III-3).

Es fällt auf, daß H_3O^+ bei den Kationen und OH^- bei den Anionen besonders hohe Beweglichkeiten haben. Dies hängt mit dem besonderen Leitungsmechanismus der Protonen zusammen, bei denen gar nicht das individuelle Ion wandern muß, sondern in einer Kette von Wassermolekülen ein kooperativer Transport stattfindet.

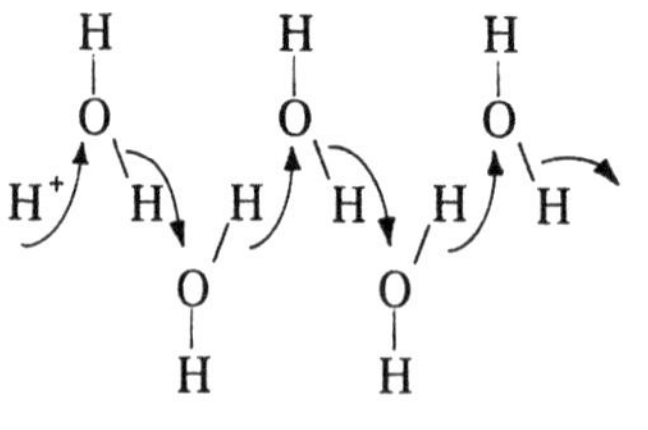

Tabelle III-3. Grenzbeweglichkeiten einiger Ionen in wäßriger Lösung (298 K)
$l_0(T) = l_0(298)\,[1 + a(T - 298)]$ $(10^{-4}\,\Omega^{-1}\,m^2\,equiv^{-1})$

Kationen	l_0	a	Anionen	l_0	a
$H^{\cdot}$	$349{,}8_1$	0,014	OH'	198,6	0,016
$Li^{\cdot}$	$38{,}6_8$	0,023	F'	55,4	
$Na^{\cdot}$	50,10	0,021	Cl'	76,35	0,019
$K^{\cdot}$	73,50	0,019	Br'	78,14	0,019
$Rb^{\cdot}$	$77{,}8_1$		J'	$76{,}8_4$	0,019
$Cs^{\cdot}$	$77{,}2_6$		N_3'	69	
$Ag^{\cdot}$	$61{,}9_0$	0,020	NO_3'	71,46	0,018
$NH_4^{\cdot}$	$73{,}5_5$	0,019	ClO_4'	$67{,}3_6$	
$N(CH_3)_4^{\cdot}$	$44{,}9_2$		JO_4'	$54{,}5_5$	
$N(C_2H_5)_4^{\cdot}$	$32{,}6_6$		HCO_3'	$44{,}5_0$	
$N(C_3H_7)_4^{\cdot}$	$23{,}4_2$		Formiat'	$54{,}5_9$	
$N(C_4H_9)_4^{\cdot}$	$19{,}4_7$		Acetat'	$40{,}9_0$	
$N(C_5H_{11})_4^{\cdot}$	$17{,}4_7$		Propionat'	35,8	
1/2 $Mg^{\cdot\cdot}$	$53{,}0_5$	0,022	Butyrat'	32,6	
1/2 $Ca^{\cdot\cdot}$	59,50	0,021	Benzoat'	$32{,}3_8$	
1/2 $Sr^{\cdot\cdot}$	$59{,}4_5$		Pikrat'	30,39	
1/2 $Ba^{\cdot\cdot}$	$63{,}6_3$	0,020	1/2 SO_4''	$80{,}0_2$	
1/2 $Cu^{\cdot\cdot}$	56,6		1/2 CO_3''	69,3	
1/2 $Zn^{\cdot\cdot}$	52,8		1/3 $Fe(CN)_6'''$	100,9	
1/3 $La^{\cdot\cdot\cdot}$	69,7	0,023	1/4 $Fe(CN)_6''''$	110,5	
1/3 $Ce^{\cdot\cdot\cdot}$	69,8				

1.5. Anwendungen von Leitfähigkeitsmessungen (Konduktometrie)

1.5.1. Leitfähigkeitstitration

Bei der Leitfähigkeitstitration wird eine vorgelegte Lösung mit einer Meßlösung titriert, z.B.

$$HCl + NaOH \rightarrow NaCl + H_2O$$

und die Leitfähigkeit als Funktion der Zugabe des Titriermittels dargestellt (Bild III-5).

Am Anfang der Titration sind nur H_3O^+ und Cl^- Ionen in der Lösung. Durch die Zugabe der Lauge werden die H_3O^+ zu Wasser abgefangen, sie werden durch Na^+ ersetzt. Dessen Beweglichkeit ist aber viel kleiner, man erwartet eine Leitfähigkeitsabnahme bis zum Äqui-

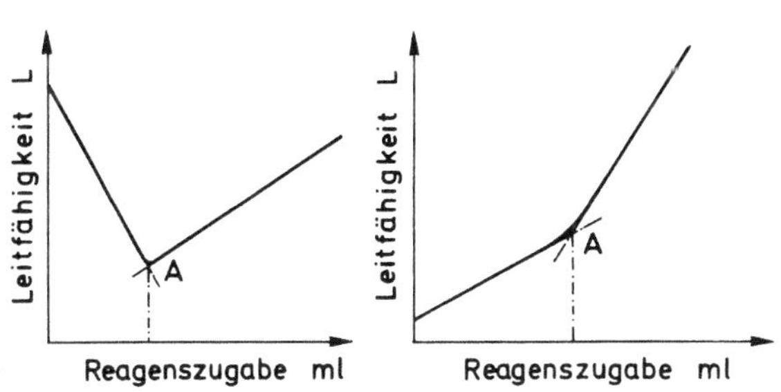

Bild III-5
Zwei typische Leitfähigkeitstitrationskurven

valenzpunkt A. Gibt man nun weiter NaOH zu, so nimmt die Zahl der Ionen in der Lösung zu, damit muß L wieder ansteigen. Der Knick in der Titrationskurve ergibt den Äquivalenzpunkt. Die Leitfähigkeit ist auch am Äquivalenzpunkt nicht Null, da ja die Ionenstärke der Lösung bis zum Äquivalenzpunkt konstant bleibt und sich während dieser Phase der Titration nur die Ionenbeweglichkeiten ändern.

Leitfähigkeitstitrationen sind immer dann günstig, wenn sich die Ionenzahl bis zum Äquivalenzpunkt nicht ändert, wenn also Ionen zu neutralen Teilchen zusammentreten oder z.B. als Niederschlag aus der Lösung entfernt werden.

1.5.2. Kinetische Messungen

Mit Hilfe der Leitfähigkeit kann man den Ablauf einer Reaktion verfolgen, bei der Ionen entstehen oder verschwinden oder durch andere ersetzt werden.

Beispiel: $CH_3COOCH_3 + OH^- \longrightarrow CH_3COO^- + CH_3OH$

die alkalische Verseifung von Essigsäuremethylester. Die Leitfähigkeit einer Mischung von Ester und Base nimmt mit der Zeit ab, da die schnelleren OH^--Ionen durch die langsameren Acetationen ersetzt werden.

1.5.3. Bestimmung des Dissoziationsgrades, der Löslichkeit und des Hydrolysegrads

Bei diesen Messungen wird die Zahl der aus Neutralteilchen entstehenden Ionen durch Messung der Leitfähigkeit der Lösungen bestimmt. Bei Annahme idealer verdünnter Lösungen ist nach Arrhenius (10)

$$\alpha = \frac{\Lambda_c}{\Lambda_0} , \tag{10}$$

was in grober Näherung richtig ist. Unter Berücksichtigung der interionischen Wechselwirkung ist nach Onsager

$$\Lambda_c = \alpha \left[\Lambda_0 - A \sqrt{\alpha c} \right] . \tag{15}$$

Λ_0 kann man aus den Ionenbeweglichkeiten berechnen, wie wir oben gesehen haben. Zur Bestimmung von α, das man nicht explizit aus obiger Formel erhält, benutzt man ein Iterationsverfahren. Man formt um

$$\alpha = \frac{\Lambda_c}{\Lambda_0 - A \sqrt{\alpha c}} . \tag{18}$$

Die Meßgrößen sind Λ_c und c. Man setzt in den Ausdruck der rechten Seite als Anfangswert das α nach Arrhenius ein, das natürlich nicht das richtige ist. Da nur für den richtigen Wert die Gleichung stimmt, erhalten wir jetzt für α auf der linken Seite einen neuen Wert.

Das neue, auf der linken Seite gewonnene α setzen wir wieder rechts ein, worauf links wieder ein anderes α erscheint, und diese Schleife setzt man so lange fort, bis der Unterschied zwischen dem rechts eingesetzten und links erhaltenen α eine beliebig gesetzte Genauigkeitsschwelle unterschreitet. Damit ist die Gleichung erfüllt, der richtige Dissoziationsgrad gefunden. Solche Iterationsverfahren sind in der physikalischen Chemie zur numerischen Lösung von Gleichungen oft nötig.

Die Äquivalentleitfähigkeit von gesättigten Lösungen $\Lambda_{c(ges.)}$ ist nach (2) direkt von der Sättigungskonzentration abhängig

$$c_s = \frac{\sigma}{\Lambda_{c(ges.)} \cdot 10^3} \quad .$$

Bei schwerlöslichen Salzen (und nur für sie ist die Leitfähigkeitsmessung von Bedeutung) ist angenähert $\Lambda_{c(ges.)} = \Lambda_0$. Λ_0 wird aus den Ionenbeweglichkeiten berechnet. Die Löslichkeit leicht löslicher Salze kann man mit gravimetrischen Methoden besser bestimmen.

2. Elektrodenpolarisation

Wir haben in II, 6.4 die Gleichgewichtszustände an der Elektrodengrenzfläche behandelt. Dort entsprach die EMK der freien Enthalpie der potentialbestimmenden Reaktion. Zur Messung der EMK muß diese Reaktion durch die Kompensationsspannung gestoppt werden. Voraussetzung für eine EMK-Messung ist, daß die potentialbestimmende Elektrodenreaktion ablaufen und daß sich das Gleichgewicht einstellen kann. Man nennt eine Elektrode, an der dies möglich ist, eine ideale *nichtpolarisierbare Elektrode,* wie sie z.B. in der Silberelektrode Ag/Ag^+ oder in den gebräuchlichen Elektroden 2. Art verwirklicht ist.

Wir haben aber schon in II, 6.4 immer wieder Hemmungen dieser Elektrodenreaktionen erwähnt, und diese Hemmungen sind der Inhalt dieses Abschnitts. Wir können uns das Gegenteil der idealen nichtpolarisierbaren in der *vollständig polarisierbaren Elektrode* vorstellen, bei der es keinen Durchtritt geladener Teilchen durch die Phasengrenzfläche gibt. Man kann dann von außen eine Spannung an ein „galvanisches Element" anlegen, das aus einer nichtpolarisierbaren und einer vollständig polarisierbaren Elektrode besteht, und damit an deren Phasengrenzfläche eine Potentialdifferenz von außen her erzeugen. Da keine Teilchen durch die Phasengrenze treten, wirkt diese als elektrischer Kondensator, es fließt außer dem Ladestrom kein Strom, die Spannung, die von außen anliegt, ist beliebig variabel.

Natürlich ist die vollständig polarisierbare Elektrode für die Praxis von geringem Interesse. Denn bei Akkumulatoren, Batterien, Brennstoffzellen, Elektrolyseapparaturen interessiert die Leistung, das Produkt von Spannung und Stromstärke. Es gibt aber auch sehr wenige vollständig polarisierbare Elektroden; oft laufen die Elektrodenreaktionen zwar ab, sind aber durch kinetische Effekte gehemmt. Dies ist von großer Bedeutung für die Praxis, da Spannung und Strom von diesen Hemmungserscheinungen stark beeinflußt werden.

Man kann versuchen, die Polarisation kinetisch zu fassen (vgl. 3.4.1 und 3.7). Das thermodynamische Gleichgewicht einer Elektrodenreaktion, das durch die Gleichgewichts-Galvani-Spannung ϵ_{rev} gekennzeichnet ist, ist mikroskopisch gesehen ein dynamisches. Es treten gleich viele Ladungsträger in beiden Richtungen durch die Phasengrenze und transportieren dabei gleich viele Ladungen in beiden Richtungen. Dies bedeutet, daß auch im Gleichgewicht eine *Austauschstromdichte* i_0 (Strom/Elektrodenfläche) gegeben ist, die nach außen aber nicht in Erscheinung tritt, da sich die beiden Teilstromdichten i_+ („anodisch") in der einen Richtung und i_- („kathodisch") in der anderen Richtung kompensieren. Die Austauschstromdichten können beträchtlich sein.

Läßt man nun einen Strom fließen, z.B. dadurch, daß man beim schrittweisen Abgleich einer Zellspannung eine etwas zu hohe Gegenspannung anlegt oder bei zu niedriger Gegenspannung der galvanischen Zelle Strom entnimmt, so erhöht man den anodischen oder kathodischen Teilstrom. Wir wissen, daß dann wegen des inneren Zellwiderstands die EMK auf die Klemmenspannung absinkt (vgl. II, 6.4.4.1). Bei polarisierbaren Elektroden hat neben R_i aber auch die Elektrodenpolarisation einen Einfluß auf die Klemmenspannung.

Bei den kleinen Abweichungen vom Gleichgewicht, wie wir sie beim Abgleich der Poggendorfschaltung verursachen, fällt dies nicht ins Gewicht. Anders dagegen, wenn wir beträchtliche Ströme ziehen wie beim Starten eines Automotors. Hier wird der Spannungsabfall bei eingeschalteter Beleuchtung am Rückgang der Lichtintensität deutlich. Bei genügend hohem Stromfluß ist das Elektrodenpotential nicht mehr die Gleichgewichts-Galvanispannung, sondern nimmt einen Wert an, der von der Stromdichte abhängig ist. Der Unterschied wird *Überspannung*

$$\eta \equiv \epsilon_i - \epsilon_{rev} \tag{20}$$

genannt und ist ein Maß für die elektrische Polarisation.

Wie kann die Überspannung ohne den Einfluß des inneren Ohmschen Widerstands gemessen werden? In der normalen Anordnung mit zwei Elektroden wird das Ergebnis durch den Stromfluß verfälscht. Man wählt deshalb eine Dreielektrodenanordnung wie in Bild III-6.

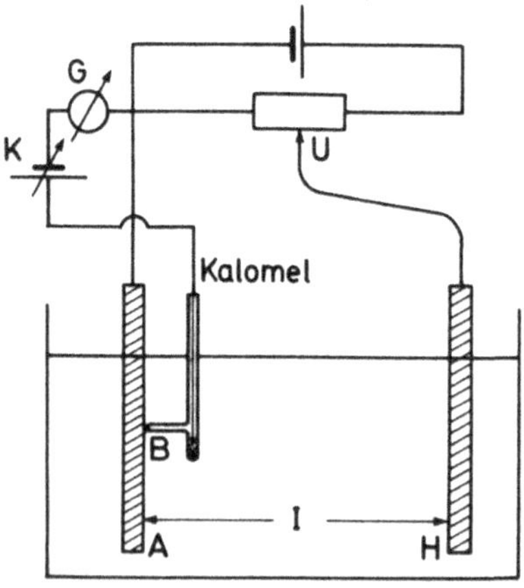

Bild III-6
Anordnung zur Messung der Überspannung. Erläuterungen im Text

Zwischen der zu untersuchenden Arbeits- (A) und einer Hilfselektrode (H) wird durch die Spannung U ein von außen einstellbarer Strom erzwungen. Das Elektrodenpotential ϵ_i, also die Potentialdifferenz zwischen Elektrode und Lösung, unter Stromfluß I bestimmt man stromlos (Kompensation durch eine Gegenspannung K) mit einer Bezugselektrode B, die mit der sogenannten Luggin-Kapillare möglichst nahe an die Arbeitselektrode herangebracht wird.

Die Probleme der Elektrodenkinetik sind gegenwärtig in intensiver wissenschaftlich-technischer Bearbeitung. Weil es noch nicht gelungen ist, ein Anodenmaterial zu finden, an dem die Oxidationsteilreaktion der Brennstoffzelle reversibel verläuft, ist diese Energiequelle noch nicht technisch einsetzbar. Wir wollen uns jedoch hier auf die Grundlagen des Gebiets der recht komplexen Elektrodenkinetik beschränken und auch von den Grundpolarisationsarten nur eine ausführlicher besprechen.

2.1. Die Grundpolarisationsarten

Man kann Elektrodenvorgänge in verschiedene Teilvorgänge aufgliedern. Betrachten wir das Schicksal eines Metallions, das aus der Lösung abgeschieden werden soll. Es muß zunächst an die Elektrodenoberfläche kommen, unter Reduktion durch die Phasengrenzfläche treten und dann den rechten Platz im Kristallgitter finden.

Damit können wir als Grundpolarisationsarten betrachten

- die *Konzentrationspolarisation:* die Gleichgewichtseinstellung verlangt eine bestimmte Ionenkonzentration bzw. -aktivität an der Phasengrenzfläche. Werden bei hohem Stromfluß viele Ionen in der Zeiteinheit entladen, so kann wegen der begrenzten Nachlieferung durch Diffusion aus dem Inneren der Lösung (*Diffusionspolarisation* η_d) diese Ionenkonzentration an der Elektrode nicht mehr erreicht werden. Dasselbe gilt, wenn die durchtrittsfähigen Teilchen in einer vorgelagerten Reaktion erzeugt werden, die nicht schnell genug ist (*Reaktionspolarisation* η_r).
- die *Durchtrittspolarisation* η_D : ist der Durchtritt durch die Phasengrenze gehemmt, so muß eine zusätzliche Aktivierung der Teilchen gegenüber dem ungehemmten Durchtritt aufgewandt werden. Bei konstanter Temperatur ist dies durch Erhöhung der Spannung über die Gleichgewichtsgalvanispannung möglich.
- die *Kristallisationspolarisation:* mikroskopisch ist der Platz, an dem das Ion entladen wird, meist nicht der richtige Kristallgitterplatz. Die Wanderung der Metallatome auf der Oberfläche kann eine Aktivierungsenergie erfordern. Kristallisationspolarisation wird an flüssigen Metallelektroden nicht beobachtet.

Während die Durchtritts- und Kristallisationspolarisation zusammen einem irreversiblen Vorgang entsprechen, sind die Abweichungen vom Gleichgewicht, die auf Konzentrationsänderungen beruhen, prinzipiell reversibel.

2.2. Die Konzentrationspolarisation

2.2.1. Chemische Polarisation, Zersetzungsspannung

Wir betrachten eine Zelle, die aus zwei Platinelektroden in einer $AgNO_3$-Lösung besteht (Bild III-7) oder eine, die aus zwei blanken Platinelektroden in einer 2-molaren HCl-Lösung besteht.

Diese Zellen haben natürlich die EMK Null. An die Platinelektroden werde eine Spannung U angelegt und der resultierende Strom gemessen. Bei niedrigen Spannungen beobachtet man

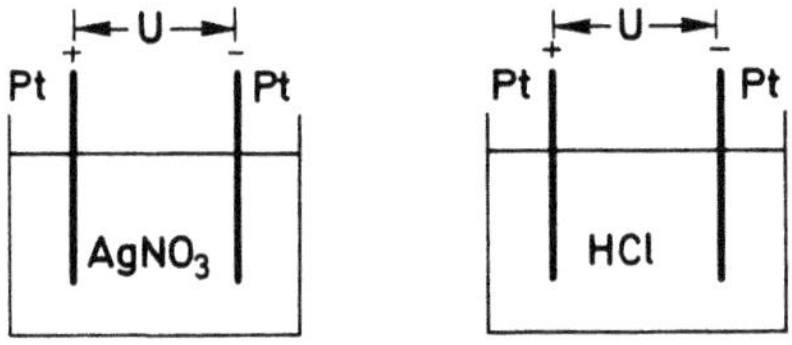

Bild III-7
Elektrolysezellen mit Zersetzungsspannung

nach einem kurzen Stromstoß nur noch einen sehr kleinen stationären Strom (Bild III-8), der auch bei Erhöhung der Spannung (jeweils mit Stromstoß verbunden) nicht wesentlich ansteigt. Erst ab einer bestimmten Spannung, der *Zersetzungsspannung*, steigt der Strom etwa linear, dem Ohmschen Gesetz gehorchend, mit der Spannung an (Bild III-8). Daß die Steigung des steil ansteigenden Asts nicht bei allen Zellen gleich ist, liegt an den unterschiedlichen inneren Widerständen.

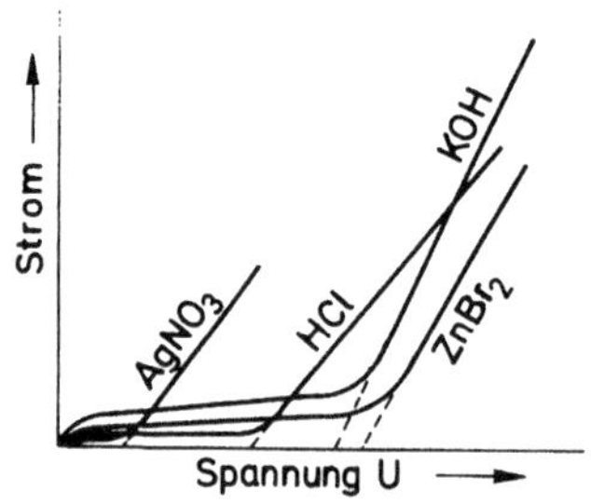

Bild III-8
Zersetzungsspannung einiger Elektrolyte

Was ist geschehen? Während des anfänglichen Stromstoßes sind die Konzentrationen der Partner der potentialbestimmenden Bruttoreaktion so geändert worden, daß eine Konzentrationszelle entstanden ist, deren EMK der von außen angelegten Spannung entgegengesetzt gleich ist: An der Pt-Kathode hat sich Silber bzw. Wasserstoffgas in kleinen Mengen abgeschieden, an der Pt-Anode ist Sauerstoff bzw. Chlorgas entstanden. Dadurch ist aus der einen Pt-Elektrode eine Sauerstoff- bzw. Chlorelektrode geworden. Bei der HCl-Elektrolyse ist an der anderen Pt-Elektrode eine Wasserstoffelektrode entstanden, in diesem Fall bilden die beiden Pt-Elektroden nun eine galvanische Kette, die Chlorknallgaskette, die eine von der Konzentration der HCl und dem Druck der Gase abhängige EMK besitzt (vgl. II, 6.4.3.1). Diese EMK ist entgegengesetzt gleich der angelegten Elektrolysespannung, das Gesamtsystem Zelle + äußere Spannungsquelle befindet sich also im Gleichgewicht.

Diese Überlegungen geben die Beobachtungen unterhalb der Zersetzungsspannung wieder. Wegen des unter diesen Bedingungen gegen den Atmosphärendruck kleinen Partialdrucks der Gase können diese nicht entweichen, die Gase sind in der Lösung in der Nähe der Elektroden (blanke Pt-Elektroden) gelöst oder am Platin adsorbiert (platinierte Pt-Elektroden). Der geringe Strom, der auch unterhalb der Zersetzungsspannung gemessen wird, ist eine Folge der Störung des Gleichgewichts durch Diffusionsvorgänge der Gase aus der Elektrodennähe.

Diese *chemische Polarisation* ist also keine Elektrodenpolarisation im eigentlichen Sinne, da sie zu einem Gleichgewichtszustand und Stromlosigkeit führt.

Die Zersetzungsspannung ist dann erreicht, wenn bei Erhöhung der Elektrolysespannung die Aktivität der abgeschiedenen Produkte nicht mehr verändert werden kann, dann nämlich, wenn die Lösung in der Nähe der Elektroden mit den Gasen gesättigt ist und die Gase entweichen (z.B. p_{H_2} = 1 atm). Erst bei Spannungen oberhalb der Zersetzungsspannung kommt die Elektrolyse unter Stromfluß in Gang und erst hier beobachtet man auch die eigentlichen Polarisationserscheinungen.

Eine Zersetzungsspannung wird bei der Elektrolyse von $AgNO_3$ zwischen Silberelektroden nicht beobachtet, denn in diesem Fall wird an der Anode nicht Sauerstoff abgeschieden, sondern es geht Silber in Lösung.

Eine verwandte Art der chemischen Polarisation beobachtet man, wenn die potentialbestimmende Reaktion, z.B. die in II, 6.4.4.2 erwähnten oder die im Bleiakkumulator $Pb/[PbSO_4]\,H_2SO_4/PbO_2$ ablaufende

$$PbO_2 + Pb + 2H_2SO_4 \rightleftharpoons 2PbSO_4 + 2H_2O$$

durch Anlegen einer höheren als der Gleichgewichtszellspannung in Richtung auf die Produkte mit höherer innerer Energie gezwungen wird. Bei diesen Beispielen werden die Produkte in der Zelle gespeichert (bei der HCl-Elektrolyse entweichen die Gase) und stehen für die stromliefernde umgekehrte Reaktion zur Verfügung. Auch hier sind kinetische Polarisationserscheinungen erst bei höheren Stromdichten wichtig (die in der Praxis allerdings die Regel sind). Im Prinzip kann die Speicherung der elektrischen als chemische Energie der Produkte mit einer kleinen Erhöhung der äußeren Spannung über die Zell-EMK geschehen.

2.2.2. Diffusionspolarisation

Diffusionspolarisation beobachtet man dann, wenn die an der Elektrodenreaktion beteiligten Teilchen nicht mehr schnell genug an die Elektrode gelangen, so daß dort die Gleichgewichtskonzentration nicht mehr aufrecht erhalten werden kann.

Damit man die Diffusionspolarisation als einzige Polarisationsart untersuchen kann, muß die Versuchsanordnung sicherstellen,
- daß der Elektrodenvorgang reversibel ist (keine Durchtritts- und Kristallisationspolarisation),
- daß der Transport der Ionen durch Überführung (Wanderung unter dem Einfluß des Feldes) zu vernachlässigen ist.

Man erreicht dies durch Wahl einer nichtpolarisierbaren Elektrode und durch Zugabe eines Überschusses von *Leitsalz*, einem Salz, dessen Ionen an den Elektroden nicht entladen werden können. Das Leitsalz übernimmt den Ladungstransport im Inneren der Lösung, durch die Elektrodengrenzfläche wird der Strom aber nur von den durchtrittsfähigen potentialbestimmenden Teilchen transportiert.

Als Beispiel betrachten wir die Elektrolyse von $AgNO_3$ der Konzentration $c_{0_{Ag^+}}$ zwischen Silberelektroden mit einem Überschuß von KNO_3-Leitsalz. Bei der Elektrolyse löst sich die Silberanode auf, und Silber wird kathodisch abgeschieden. Damit stationäre Verhältnisse herrschen, soll der Elektrolyt stark gerührt werden.

Auch stärkste Rührung vermag es nicht, die gesamte Lösung zu bewegen. An den Elektrodengrenzflächen „haftet" eine Schicht der Lösung, für deren Ablösung die mechanische Energie der Rührung nicht ausreicht. Die Dicke δ dieser Schicht ist bei starker Rührung in der Größenordnung von 10^{-5} m bei schwacher Rührung oder ohne Rührung ca. zehnmal größer. In dieser Schicht können die Ag-Ionen im Leitsalzüberschuß nur durch Diffisuion wandern.

Da wir reversible Elektrodenreaktion vorausgesetzt haben, ist die Diffusionsüberspannung

$$\eta_d = \epsilon_i - \epsilon_{rev.} = \epsilon_0 + \frac{RT}{F} \ln a_{Ag^+} - \epsilon_0 - \frac{RT}{F} \ln a_{0_{Ag^+}} = \frac{RT}{F} \ln \frac{a_{Ag^+}}{a_{0_{Ag^+}}}, \tag{21}$$

wobei a_{Ag^+} die Aktivität der Silberionen an der Elektrodenoberfläche bei der Stromdichte i angibt. Man kann im Konzentrationsprofil der gerührten Lösung (Bild III-9) innerhalb der Verarmungs- bzw. Anreicherungsschicht einen linearen Konzentrationsverlauf annehmen.

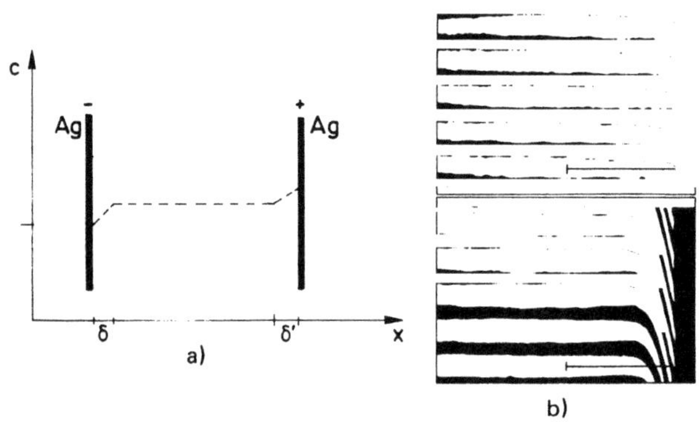

Bild III-9
a) Ag^+-Konzentrationsprofil einer gerührten Lösung von $AgNO_3$ zwischen Silberelektroden (schematisch),
b) Interferometrisches Bild der Konzentrationsänderung in der Diffusionsschicht im stromlosen Zustand und nach Einschalten des Stroms (aus *G. Kortüm*, Lehrbuch der Elektrochemie, Verlag Chemie).

Nach den Gesetzen der Diffusion (1. Ficksches Gesetz) berechnet man die Zahl der an der Elektrodenoberfläche ankommenden Ionen, und daraus den Strom

$$I = \frac{z_i F q D_{Ag^+}}{\delta} c_{0\,Ag^+} \left(1 - \exp\left[\frac{z_i F \eta_d}{RT}\right]\right). \tag{22}$$

Dabei ist D der Diffusionskoeffizient, q die Elektrodenfläche, F die Faradaykonstante, δ die Dicke der Diffusionsschicht und $z_i = 1$ für Ag^+.

Die Stromstärke hängt exponentiell mit der Überspannung zusammen. Bei sehr großen Stromstärken wird jedes an der Elektrode ankommende Ag-Ion sofort entladen, d.h. $c_{Ag^+} \to 0$. Damit wird $\eta_d \to -\infty$ und I geht gegen den Grenzwert

$$I_{gr} = \frac{F D q}{\delta} c_{0\,Ag^+}. \tag{23}$$

Der Diffusionsgrenzstrom ist nicht mehr von der Spannung, sondern nur noch von der $AgNO_3$-Konzentration abhängig. Man kann den Grenzstrom durch Vergrößerung der Elektrodenflächen und durch starkes Rühren (Verkleinerung von δ) vergrößern.

Man stellt die Abhängigkeit des Stroms I bzw. der Stromdichte $i = I/q$ von der Diffusionsüberspannung η_d in reduzierten Einheiten in *stationären Strom-Spannungskurven* dar (Bild III-10a).

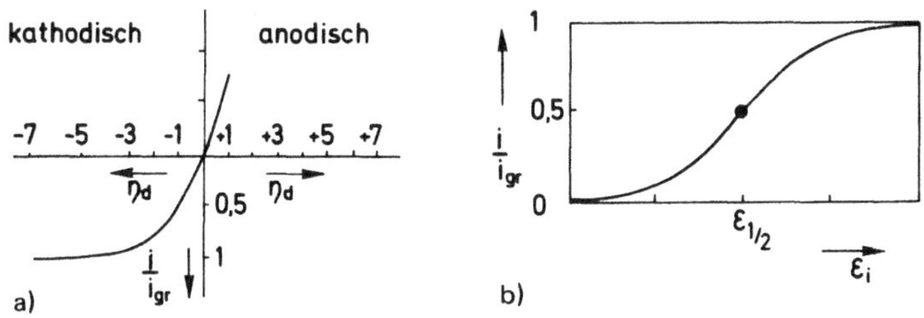

Bild III-10. a) Stationäre Strom-Spannungskurve für Diffusionspolarisation z. B. für $AgNO_3$ zwischen Silberelektroden
b) Nichtstationäre Stromspannungskurve für ein Redoxsystem an Platinelektroden

Diese stationären Strom-Spannungskurven sind aus einem anodischen und kathodischen Teil zusammengesetzt, die unabhängig voneinander gemessen werden. Da für die Überspannung die Stromdichte, nicht der Gesamtstrom, entscheidend ist, kann man z.B. durch Wahl verschieden großer Elektroden die Überspannungserscheinungen an der kleineren untersuchen, während an der größeren praktisch die Stromdichte Null zu beobachten ist. In vielen Fällen kann man auch eine nichtpolarisierbare Hilfselektrode benutzen. Die Überspannung unter Stromfluß wird mit einer geeigneten Bezugselektrode gemessen (Bild III-6), die man in der Praxis aber nie so nahe an die Arbeitselektrode bringen kann, daß sie in die Diffusionsschicht eintauchte. Negative Überspannung, d.h. den linken Teil von Bild III-10a, erhält man, wenn die kleine polarisierbare Elektrode die Kathode ist, wo durch die Entladung von Ag^+ $c_{Ag^+} < c_{0\,Ag^+}$, positive Überspannung beobachtet man an der Anode, wo durch das in Lösung gehende Silber $c_{Ag^+} > c_{0\,Ag^+}$ ist. Für $i/i_{gr} = 0$ wird auch $\eta_d = 0$ (reversibles Potential bei Stromlosigkeit), für kleine Werte von i/i_{gr} variiert η_d linear mit der Stromstärke.

Kommt der Strom dem Grenzstrom nahe, so verhalten sich Kathode und Anode verschieden. Während an der Kathode jedes ankommende Ion sofort entladen wird, und damit c_{Ag^+} dem Grenzwert Null zustrebt, gehen an der Anode beliebig viele Silberionen in Lösung. Natürlich wird c_{Ag^+} nicht unendlich groß, durch Wegdiffusion stellt sich bei jeder Stromdichte eine stationäre Ag^+-Konzentration vor der Elektrode ein, was eine mit der Stromdichte steigende anodische Überspannung verursacht. Auch wenn nach Erreichen des Löslichkeitsprodukts von $AgNO_3$ (KNO_3-Überschuß!) die Ag^+-Konzentration und damit die anodische Überspannung konstant geworden sind, ist der Strom nicht limitiert, da dann die Auflösung der Elektrode und das Ausfallen von $AgNO_3$ gleich schnell vor sich gehen. Der Grenzstrom ist also allein durch den Prozeß an der Kathode bestimmt.

Wir haben hier angenommen, daß die Verhältnisse nicht durch eine nachgelagerte Reaktion (z.B. Hydratation oder Komplexbildung) kompliziert sind. Ist die Diffusion des Reaktionspartners in einer solchen Reaktion, z.B. des freien Wassers in einer konzentrierten Lösung, langsam, so können auch an der Anode Grenzströme beobachtet werden.

Das Auftreten eines Grenzstroms ist charakteristisch für die Diffusionspolarisation.

In Bild III-10b ist die nichtstationäre Strom-Spannungskurve eines Gemisches von gleichen Teilen eines Redoxpaares, z.B. Fe^{2+}/Fe^{3+}, gezeigt. Hier beobachten wir kathodische und anodische Grenzströme, da die Kathodendiffusionsschicht an der oxidierten, die Anodendiffusionsschicht an der reduzierten Form verarmt.

2.2.3. Polarographie

Die Polarographie erlaubt es, einen an einer Elektrode reduzierbaren oder oxidierbaren Stoff qualitativ und quantitativ zu bestimmen. Die gebräuchlichste „Polarographie bei konstanter Spannung" liefert ein Polarogramm, in dem die sich einstellende Stromstärke als Funktion verschiedener konstanter Spannungen dargestellt ist und das die für Art und Konzentration der reduzierbaren Stoffe in der Lösung charakteristischen Stufen zeigt (Bild III-11).

Man möchte natürlich nur die Vorgänge an der Redoxelektrode im Polarogramm erhalten, deshalb benutzt man eine unpolarisierbare Gegenelektrode, z.B. eine Kalomelelektrode, und macht den Lösungswiderstand durch Leitsalzzusatz klein. So ist die von außen angelegte Spannung dem Elektrodenpotential unter Stromfluß proportional.

Das Polarogramm ist die Strom-Spannungskurve bei nichtstationären Verhältnissen, die Lösung wird nicht gerührt. Dann ist die Änderung der Konzentration der potentialbestimmenden Teilchen zwischen Elektrodenoberfläche und dem Inneren der Lösung nicht mehr linear und darüber hinaus auch noch zeitabhängig: die Verarmungsschicht δ dringt mit der Wurzel der Zeit in der Lösung vor. Der Grenzstrom ist dann

$$I_{gr} = \frac{F\,D^{1/2}\,q\,c_0}{\pi^{1/2}\,t^{1/2}}\,; \tag{24}$$

er ist auch unter diesen nichtstationären Verhältnissen proportional zu c_0.

Bei der Polarographie wird die nichtstationäre Strom-Spannungskurve eines Redoxpaares aufgenommen. Es ist vorausgesetzt, daß sich an der Elektrode das elektrochemische Gleichgewicht einstellen kann, also keine Durchtrittspolarisation zu beobachten ist. Dann ist (vgl. (21) und II, 6.4.3.2)

$$\epsilon_i = \epsilon_0 + \frac{RT}{n_i F} \ln \left.\frac{a_{ox}(t)}{a_{red}(t)}\right|_{x=0} \tag{25}$$

für a_{ox} und a_{red} an der Elektrodenoberfläche ($x = 0$). Die Aktivitäten der potentialbestimmenden Teilchen sind ortsabhängig (in der Diffusionsschicht) und zeitabhängig (die Diffusionsschicht verändert sich). Diese Abhängigkeiten sind durch die Diffusionskoeffizienten der oxidierten (auf die Elektrode zu) und reduzierten (von der Elektrode weg) Formen der potentialbestimmenden Teilchen gegeben. Man beobachtet auch in diesem nichtstationären Fall einen Grenzstrom, wenn c_{ox} an der Elektrode Null wird, d.h. wenn jedes an die Elektrode diffundierende Teilchen der oxidierten Form reduziert wird.

Die Berechnung der Strom-Spannungskurve liefert mit $c_{ox}(t)/c_{red}(t) \sim (i_{gr} - i)/i$

$$\epsilon_i - \epsilon_0 = -\frac{RT}{n_i F} \ln \frac{y_{red}}{y_{ox}} \left(\frac{D_{ox}}{D_{red}}\right)^{1/2} + \frac{RT}{n_i F} \ln \frac{i_{gr} - i}{i}\,. \tag{26}$$

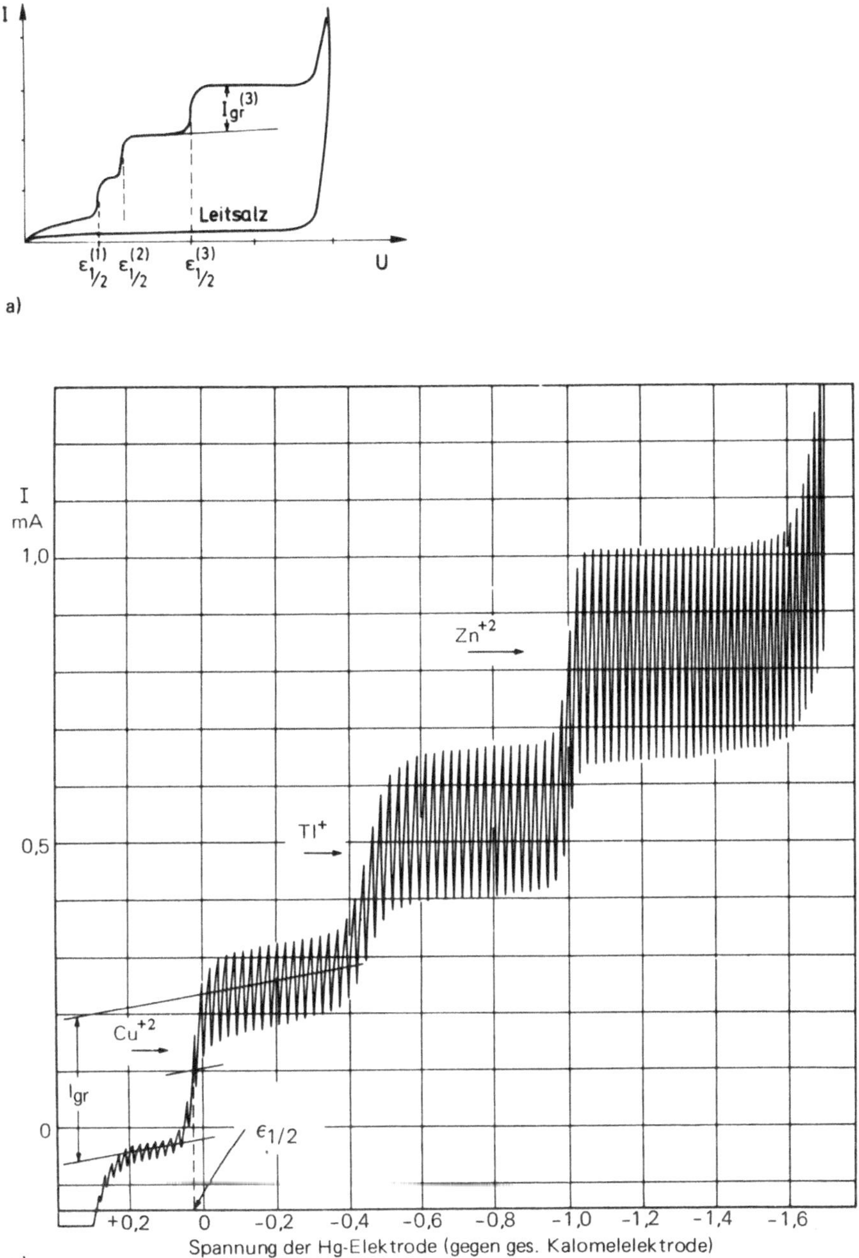

Bild III-11. a) Polarogramm mit drei Redoxpaaren (schematisch)
b) Polarogramm einer wäßrigen Lösung von 10^{-4} M Cu^{2+}, T^{+} und Zn^{2+}. O.1M KNO_3 als Leitsalz, kleine Dämpfung (man sieht die einzelnen Hg-Tropfen)

c)

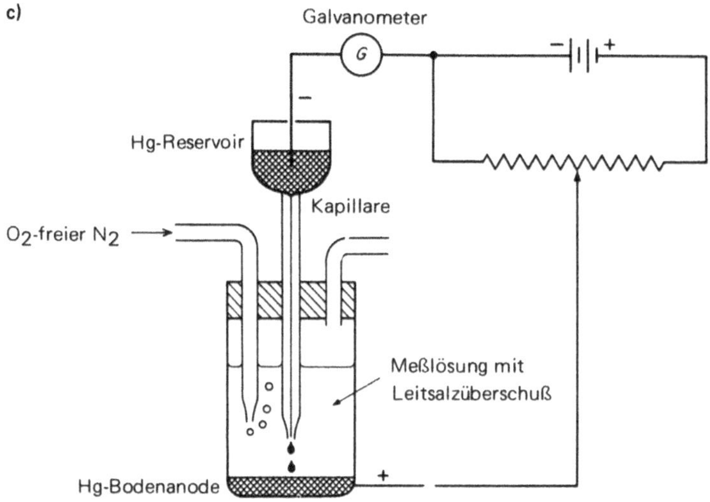

Bild III-11. c) Wesentliche Teile einer Polarographieeinrichtung
(Teile b und c aus *W. J. Moore*, Physical Chemistry, Longman)

Trägt man das Elektrodenpotential ϵ_i, oder auch die angelegte Spannung U, die durch die oben erwähnten Vorkehrungen zu ϵ_i proportional ist, gegen die Stromdichte i auf, so erhält man den s-förmigen Strom-Spannungs-Zusammenhang der Stufen des Polarogramms (Bild III-11). Die s-förmige Kurve hat ihren Wendepunkt bei $i = i_{gr}/2$. Bei der halben Grenzstromdichte ist

$$\epsilon_{1/2} = \epsilon_0 - \frac{RT}{n_i F} \ln \frac{y_{red}}{y_{ox}} \left(\frac{D_{ox}}{D_{red}}\right)^{1/2}. \qquad (27)$$

Wenn man die aufgrund des Experiments berechtigte Annahme macht, daß die Aktivitätskoeffizienten y und die Diffusionskoeffizienten D von oxidierter und reduzierter Form angenähert gleich seien, dann ist

$$\epsilon_{1/2} \approx \epsilon_0 . \qquad (28)$$

Das *Halbwellenpotential* $\epsilon_{1/2}$ ist etwa gleich dem Einzelpotential des Redoxvorganges und damit für diesen charakteristisch (qualitative Analyse), die Stufenhöhe, der Grenzstrom, ist proportional zur Konzentration c_0 der reduzierbaren oder oxidablen Teilchen (quantitative Analyse).

Die in der Praxis für polarographische Messungen meist verwendete tropfende Quecksilberelektrode (Bild III-11c) hat den Vorteil, daß die Elektrodenoberfläche stets erneuert wird.

Werden Metallionen polarographiert, dann lösen sich die abgeschiedenen Metalle als Amalgam im Quecksilber, die Abdiffusion der reduzierten Form ist damit im Quecksilber möglich.

In Tabelle III-4 sind Standardpotentiale (gegen 1n-Kalomelelektrode) und Halbwellenpotentiale (gegen 1n-Kalomelelektrode) einander gegenübergestellt.

Tabelle III-4. Halbwellen- und Einzelpotentiale von Redoxpaaren

Elektrodenvorgang	ϵ_0 Volt (geg. in Kalomel)	$\epsilon_{1/2}$ Volt (Hg-Tropfelektrode) in neutraler oder saurer Lösung	in 1 n Alkali
$Li^{\cdot} + e_0 \rightarrow Li$	– 3,28	– 2,31	– 2,31
$K^{\cdot} + e_0 \rightarrow K$	– 3,19	– 2,17	– 2,17
$Ca^{\cdot\cdot} + 2e_0 \rightarrow Ca$	– 3,11	– 2,23	– 2,23
$Na^{\cdot} + e_0 \rightarrow Na$	– 2,98	– 2,15	– 2,15
$Al^{\cdot\cdot\cdot} + 3e_0 \rightarrow Al$	– 1,93	– 1,70	
$Zn^{\cdot\cdot} + 2e_0 \rightarrow Zn$	– 1,03	– 1,06	– 1,41
$Fe^{\cdot\cdot} + 2e_0 \rightarrow Fe$	– 0,71	– 1,33	– 1,56
$Cd^{\cdot\cdot} + 2e_0 \rightarrow Cd$	– 0,67	– 0,63	– 0,80
$Tl^{\cdot} + e_0 \rightarrow Tl$	– 0,60	– 0,50	– 0,50
$Co^{\cdot\cdot} + 2e_0 \rightarrow Co$	– 0,54	– 1,23	– 1,44
$Ni^{\cdot\cdot} + 2e_0 \rightarrow Ni$	– 0,50	– 1,09	
$Sn^{\cdot\cdot} + 2e_0 \rightarrow Sn$	– 0,41	– 0,47	– 1,18
$Pb^{\cdot\cdot} + 2e_0 \rightarrow Pb$	– 0,40	– 0,46	– 0,81
$2H_3O^{\cdot} + 2e_0 \rightarrow H_2 + 2H_2O$	– 0,27	– 1,60	
$Cu^{\cdot} + 2e_0 \rightarrow Cu$	– 0,07	– 0,03	– 0,52

Die Unterschiede zwischen $\epsilon_{0\,kal}$ und $\epsilon_{1/2\,kal}$ beruhen zum kleinen Teil auf der Vernachlässigung der Unterschiede der Aktivitäts- und Diffusionskoeffizienten der Redoxpartner. Große Unterschiede, wie sie bei den Metallen der Eisengruppe beobachtet werden, sind ein Zeichen für eine Durchtrittspolarisation. Besonders hoch ist die Überspannung von Wasserstoff an einer Quecksilberelektrode. So können auch Metalle polarographisch reduziert werden, die edler sind als Wasserstoff, ohne daß Wasser zersetzt wird.

Die Hg-Elektrode ist nur im Spannungsbereich zwischen +0,3 V und −1,8 V (bezogen auf die 1n-Kalomelelektrode) verwendbar. Oberhalb von +0,3 V geht Hg anodisch in Lösung, unterhalb von −1,8 V beginnt die Abscheidung der Alkalikationen des Leitsalzes. Will man organische Stoffe polarographisch oxidieren, z.B. aromatische Amine, so muß man eine andere Elektrode wählen, z.B. eine rotierende oder geschabte Platinelektrode, wodurch der anodische Bereich bis zur Abscheidungsspannung des Sauerstoffs erschlossen ist. Besonders wegen der Empfindlichkeit dieser Elektroden gegen Vergiftung durch organische Stoffe ist die Polarographie an der Anode schwierig.

2.3. Durchtrittspolarisation

Ist die Einstellung des Gleichgewichts zwischen den durchtrittsfähigen Teilchen in der Elektrode und in der Lösung gehemmt, so ist die EMK nicht die bei reversiblen Zellen gemessene. Man muß die angelegte Spannung über die Gleichgewichts-EMK erhöhen, damit die potentialbestimmende Reaktion ablaufen kann. Kinetisch gesehen bedeutet dies, daß eine von den beiden entgegengesetzten Durchtrittsreaktionen im dynamischen Gleichgewicht eine zusätzliche Aktivierungsenergie erfordert. Je nachdem, ob der anodische oder der kathodische Teilstrom größer ist, ist die Überspannung positiv oder negativ. Die zusätzliche freie Aktivierungsenthalpie der Durchtrittsreaktion muß durch diese Überspannung aufgebracht werden.

Für die meisten Elektrodenreaktionen existieren Überspannungen, die insbesondere von Elektrodenart, Elektrodenoberfläche und Verunreinigungen des Elektrolyten (Vergiftung der Elektroden) abhängen. Praktisch keine Überspannung haben definitionsgemäß die nichtpolarisierbaren Elektroden, z.B. Ag/Ag^+ und ähnliche Metallelektroden und die meisten Elektroden 2. Art.

Große Überspannungen werden oft bei der Beteiligung von Gasen an der potentialbestimmenden Reaktion beobachtet. Besonders gut wurde die Überspannung des Wasserstoffs an den verschiedensten Metallen untersucht (Tabelle III-5).

Tabelle III-5. Wasserstoffüberspannung an Metallelektroden

Metall	Stromdichte ($A\,m^{-2}$)		
	0	·100	·1000
platiniertes Platin	0,005	0,035	0,055
Gold	0,02	0,56	0,77
Eisen	0,08	0,56	0,82
blankes Platin	0,09		0,39
Silber	0,15	0,76	0,90
Nickel	0,21	0,65	0,89
Kupfer	0,23	0,58	0,82
Blei	0,64	1,09	1,20
Zink	0,70	0,75	1,06
Quecksilber	0,78	1,10	1,18

In vielen Fällen ist die Überspannung von der Stromdichte nach einem empirischen Gesetz

$$\eta_D = a + b \log i \qquad (29)$$

der Tafel-Beziehung, abhängig, wobei a und b elektrodenabhängige Konstanten sind.

Man mißt auch diese Überspannung mit der Bezugselektrodenanordnung von Bild III-6. Die Trennung zwischen Diffusions- und Durchtrittspolarisation gelingt, wenn man die Gesamtpolarisation im ungerührten Elektrolyten ($\eta = \eta_d + \eta_D$) und gerührten Elektrolyten ($\eta = \eta_D$) bestimmt. Auch die Tatsache, daß η_d für großes c_0, also für kleines i/i_{gr} klein wird, läßt sich dazu verwerten.

Die Überspannungen der einzelnen Ionen an verschiedenen Elektrodenmaterialien sind ganz verschieden. Dies ist wichtig für die Elektrolyse. Die technische Produktion von Natronlauge aus Kochsalzlösung ist mit zwei verschiedenen Verfahren möglich, an denen die Bedeutung der Überspannung demonstriert werden kann. Beim Diaphragmaverfahren wird die NaCl-Lösung in zwei durch eine poröse Trennwand gegen Durchmischung geschützten Abteilungen zwischen Graphit-Anoden (Chlorentwicklung) und Eisenkathoden elektrolysiert. An der Eisenkathode wird entsprechend der Spannungsreihe das H_3O^+-Ion bei kleinerer Elektrolysespannung reduziert als das Na^+-Ion. Deshalb entwickelt sich an der Eisenkathode Wasserstoff. Beim Amalgamverfahren wird eine Quecksilberkathode verwendet. An diesem Elektrodenmaterial hat Wasserstoff eine so hohe Überspannung, daß das Na^+-Ion bei kleinerer Elektrolysespannung reduziert und vom Quecksilber als Amalgam aufgenommen wird.

2.4. Zusammenfassung

Die elektrische Polarisation an Elektroden wird fast immer dann wichtig, wenn größere Stromdichten gegeben sind. Die Grundpolarisationsarten Konzentrations-, Durchtritts- und Kristallisationspolarisation werden dann meist gemeinsam beobachtet. Es bedarf spezieller Verfahren, um sie getrennt zu untersuchen.

Vorgänge mit hohen Stromdichten an den Elektroden sind technisch sehr wichtig. Die Leistungsfähigkeit von Elektrolyseanlagen oder Galvanisierbädern ist schon nach dem Faradayschen Gesetz stromabhängig. Akkumulatoren, Brennstoffzellen sollen belastbar sein, d.h. Strom liefern, die Korrosion durch „Lokalelemente" kann nur dann größeres Ausmaß annehmen, wenn Korrosionsströme auftreten.

Neben der etwas ausführlicher behandelten Polarographie sind für Wissenschaft und Anwendung elektroanalytische Verfahren wie Amperometrische Titration, voltametrische Titration, Elektrogravimetrie und Coulometrie wichtig.

Über diese wichtigen Anwendungsgebiete informieren Monographien ausführlich, Lehrbücher der Elektrochemie in den Grundzügen.

3. Chemische Reaktionskinetik

3.1. Möglichkeiten und Grenzen

In der Thermodynamik haben wir chemische Reaktionsgemische in ihrem Ausgangszustand und im Gleichgewichtszustand nach der Reaktion behandelt. Wir konnten über die chemischen Potentiale der Reaktionsteilnehmer in beiden Zuständen angeben, ob eine Reaktion überhaupt, vollständig oder nur teilweise abläuft. Mit thermodynamischen Methoden können wir aber grundsätzlich nichts über die Geschwindigkeit aussagen, mit der sich Potentiale ausgleichen, wir können auch keine Aussagen machen, ob und wieweit Zwischenzustände im Verlauf einer Reaktion eine Rolle spielen.

Die Reaktionskinetik macht solche Aussagen in gewissen Grenzen möglich. Sie hat, im Gegensatz zur Thermodynamik, allein die molekularstatistische Theorie zur Grundlage. Die Reaktionskinetik, mit der wir uns hier befassen wollen, hat zwei Aufgaben:

- Die Bestimmung der Geschwindigkeit, mit der eine chemische Reaktion abläuft. Man verfolgt die zeitliche Änderung der Konzentration eines Reaktionsteilnehmers, die abhängen kann von allen möglichen Variablen. Die Reaktionsgeschwindigkeit hängt natürlich von p und T ab, aber auch von den Konzentrationen aller anderen Stoffe, die an der Reaktion teilnehmen oder auch nicht teilnehmen, ja sogar von der Größe des Reaktionsgefäßes und seiner Materialbeschaffenheit.
- Einen Beitrag zu der Frage zu leisten, wie und auf welchem Wege eine Reaktion abläuft.

So gilt z.B. die Bruttoformel

$$H_2 + Hal_2 \longrightarrow 2HHal$$

für die Bildung aller Halogenwasserstoffe. Während man jedoch für die Chlorknallgasreaktion eine Radikalkettenreaktion für erwiesen hält:

$$\begin{array}{ll} Cl_2 \longrightarrow 2Cl & \text{Start,} \\ \left.\begin{array}{l} Cl + H_2 \longrightarrow HCl + H \\ H + Cl_2 \longrightarrow HCl + Cl \end{array}\right\} & \text{Kette,} \\ \left.\begin{array}{l} 2Cl \longrightarrow Cl_2 \\ 2H \longrightarrow H_2 \end{array}\right\} & \text{Abbruch.} \end{array}$$

Nimmt man für die Jodwasserstoffbildung einen Übergangszustand an, an dem nur zwei Moleküle beteiligt sind:

$$H_2 + J_2 \rightleftharpoons \begin{array}{ccc} H & \cdots & J \\ \vdots & & \vdots \\ H & \cdots & J \end{array} \rightleftharpoons \begin{array}{c} H - J \\ \\ H - J \end{array}.$$

Diese beiden Reaktionen unterscheiden sich deutlich in ihrem zeitlichen Ablauf. Wenn man Annahmen für den Reaktionsmechanismus, wie hier die einer Kettenreaktion oder eines zyklischen Übergangszustandes, in die kinetische Analyse einbringt, so kann die zeitliche Änderung der Konzentration eines Reaktionsteilnehmers z.B. dc_{H_2}/dt berechnet werden.

Stimmen Rechnung und Experiment nicht überein, so kann man den betreffenden Reaktionsweg als falsch ausschließen. Stimmen sie jedoch überein, so besagt das nicht, daß der angenommene Reaktionsweg der richtige ist. Vielleicht gibt es auch andere, z.B. wegen Kompliziertheit nicht mehr berechenbare Umwege, deren Zeitgesetz $c_i = f(t)$ ebenfalls mit den Messungen innerhalb der Fehlergrenzen übereinstimmt.

Es ist also unmöglich, einen Reaktionsmechanismus durch kinetische Messungen zu beweisen; dagegen kann ein Mechanismus widerlegt werden.

Die einzelnen Stufen einer kinetischen Analyse sind üblicherweise: Aufstellung eines wahrscheinlichen Reaktionsmechanismus, Berechnung der Zeitgesetze, Vergleich der Zeitgesetze mit den Meßdaten. Wenn die Meßdaten dem erwarteten Verlauf entsprechen, sollte eine Simulation dies absichern. Bei starken Abweichungen zwischen Rechnung und Experiment muß man sich einen anderen Mechanismus ausdenken.

3.2. Molekularität und Ordnung einer Reaktion

Eine chemische Reaktion kann man unter zwei Gesichtspunkten sehen,

- mikroskopisch (welche und wie viele Teilchen reagieren untereinander?)
- makroskopisch (wie ist das Zeitgesetz, nach dem ein bestimmter Stoff entsteht oder verschwindet?).

Beide Aspekte sind eng verwandt.

Damit Moleküle miteinander reagieren können, müssen sie sich räumlich nahe kommen, zusammenstoßen. Es gibt verschiedene Typen von Elementarreaktionen, die man nach der Zahl der beteiligten Moleküle, der Molekularität, klassifiziert, z.B.

$$A \rightarrow B \qquad \text{monomolekulare Reaktion,}$$

$$\left.\begin{array}{r} A + A \rightarrow B \\ A + B \rightarrow C \end{array}\right\} \qquad \text{bimolekulare Reaktion,}$$

$$A + B + C \rightarrow D \qquad \text{trimolekulare Reaktion.}$$

An einer *monomolekularen Reaktion* ist nur ein Teilchen beteiligt. Beispiele: cis-trans-Isomerisierung, Fragmentierung, radioaktiver Zerfall.

Ist dagegen ein Partner für eine Reaktion nötig, so liegt eine *bimolekulare Reaktion* vor. Z.B. $H_2 + J_2 \rightarrow 2\,HJ$, Verseifung eines Esters.

Trimolekulare Reaktionen sind selten, da die Wahrscheinlichkeit, daß drei Teilchen im gleichen Moment zusammenstoßen, klein ist. Beispiele: $2\,NO + O_2 \rightarrow 2\,NO_2$; $2\,NO + Cl_2 \rightarrow 2\,NOCl$. Immerhin sind Dreierstöße bei Gasreaktionen wichtig, wenn z.B. Wasserstoffatome zusammenstoßen und H_2 ergeben sollen. Denn dann müssen die beiden H-Atome ihre Energie, die größer ist als die Dissoziationsenergie des H_2-Moleküls, irgendwie abgeben; diese Überschußenergie bekommt der dritte Stoßpartner als kinetische Energie. Bei einer Reaktion von 2 H-Atomen an der Wand des Reaktionsgefäßes kann die Überschußenergie auch auf das Gefäßmaterial übertragen werden (Wandreaktion).

Die zeitliche Änderung der Konzentration eines Ausgangsstoffes, z.B. A, hängt im allgemeinen Fall von der Konzentration aller anwesenden Stoffe A, B, C, ... ab. Da dies eine gleichzeitige Abhängigkeit ist, kann sie oft in der Form

$$\frac{dc_A}{dt} = k\, c_A^a\, c_B^b \ldots \tag{30}$$

dargestellt werden. Durch die Exponenten wird der Grad der Abhängigkeit gegeben; dc_A/dt ist negativ, wenn A verschwindet, positiv, wenn A entsteht.

Man definiert nun die *Reaktionsordnung* als die Summe $a + b + \ldots$ der Exponenten in (30). Diese Reaktionsordnung muß nicht mit der *Molekularität* übereinstimmen, sie kann z.B. durch die Versuchsbedingungen geändert werden (vgl. 3.3.4).

Wir wollen einige Reaktionstypen rein formal genauer behandeln; dabei setzen wir voraus, daß die Reaktionen bei konstanter Temperatur ablaufen, z.B. in einem konstant siedenden Lösungsmittel am Rückfluß oder in einem Thermostaten.

3.2.1. Reaktion nullter Ordnung

Die Reaktionsgeschwindigkeit ist

$$-\frac{dc_A}{dt} = k\,. \tag{31}$$

Integriert:

$$-\int_{c_{A_0}}^{c_A} dc_A = \int_0^t k\,dt = -(c_A - c_{A_0}) = kt \qquad \Rightarrow \qquad c_A = c_{A_0} - kt\,. \tag{32}$$

Beispiele für eine Reaktion nullter Ordnung sind heterogen katalysierte Reaktionen wie

$$2\,N_2O \longrightarrow 2\,N_2 + O_2\,, \quad 2\,NH_3 \longrightarrow N_2 + 3\,H_2\,.$$

Bei diesen Reaktionen ist die Diffusion der Moleküle an die Kontaktfläche der wichtige Vorgang.

3.2.2. Reaktion 1. Ordnung

Die Reaktionsgeschwindigkeit als Abnahme des Stoffes A ist

$$-\frac{dc_A}{dt} = k\,c_A\,. \tag{33}$$

Integriert:

$$-\int_{c_{A_0}}^{c_A} \frac{dc_A}{c_A} = k\int_0^t dt = -\ln\frac{c_A}{c_{A_0}} = kt \qquad \Rightarrow \qquad c_A = c_{A_0}\,e^{-kt}\,. \tag{34}$$

Bei Reaktionen 1. Ordnung ist die Halbwertszeit $t_{1/2}$ ein so gutes Charakteristikum wie die Reaktionskonstante k selbst:

$$c_A = \frac{c_{A_0}}{2} = c_{A_0} e^{-kt_{1/2}}; \qquad t_{1/2} = \frac{\ln 2}{k} \tag{35}$$

Die Halbwertszeit ist von der Anfangskonzentration unabhängig, d.h. in jedem Stadium der Reaktion dauert es gleich lang, bis die Konzentration auf die Hälfte (nicht um den gleichen Betrag!) zurückgegangen ist.

Oft wird ein anderer Ansatz gewählt. Man setzt in der Differentialgleichung (33) den umgesetzten Anteil von A, die Umsatzvariable $x = c_{A_0} - c_A$ an als

$$-\frac{dc_A}{dt} = \frac{dx}{dt} = k(c_{A_0} - x). \tag{36}$$

Die Integration wird analog durchgeführt.

3.2.3. Reaktion 2. Ordnung

Wir betrachten zwei Fälle.

3.2.3.1. Der Fall A + B → C

Dieser Fall ist in der Praxis bei weitem der häufigste. Die Reaktionsgeschwindigkeit ist

$$-\frac{dc_A}{dt} = k\,c_A\,c_B. \tag{37}$$

Man kann die Gleichung, die mit c_A und c_B zwei variable Konzentrationen enthält, dadurch vereinfachen, daß man die umgesetzte Molzahl x von A, die gleich der verschwindenden Molzahl von B und der entstandenen Molzahl von C ist, einführt. Mit $c_A = c_{A_0} - x$ und $c_B = c_{B_0} - x$ erhält man

$$\frac{dx}{dt} = k(c_{A_0} - x)(c_{B_0} - x) = \frac{dc_C}{dt} \tag{38}$$

oder

$$\frac{dx}{(c_{A_0} - x)(c_{B_0} - x)} = k\,dt. \tag{39}$$

Die Integration über eine Partialbruchzerlegung ergibt:

$$-\frac{1}{c_{B_0} - c_{A_0}} \ln \frac{(c_{A_0} - x)c_{B_0}}{(c_{B_0} - x)c_{A_0}} = kt \tag{40}$$

oder unter Umformung und Rücksubstitution

$$\ln \frac{c_B}{c_A} = \ln \frac{c_{A_0}}{c_{B_0}} - (c_{B_0} - c_{A_0})kt. \tag{41}$$

Die Reaktionen 3. Ordnung sind selten und mathematisch zu kompliziert. Ihre Kenndaten sind in Tabelle III-6 mit aufgenommen.

3.2.3.2. Der Fall 2 A → C

Die Reaktionsgeschwindigkeit ist

$$-\frac{dc_A}{dt} = 2\,k\,c_A^2\,. \tag{42}$$

Der Faktor 2 ist die Folge der Tatsache, daß für jedes Molekül C *zwei* Moleküle A verschwinden. Integriert:

$$-\int_{c_{A_0}}^{c_A} c_A^{-2}\,dc_A = 2\int_0^t k\,dt \;\Rightarrow\; (c_A^{-1} - c_{A_0}^{-1}) = 2\,kt \;\Rightarrow\; \frac{1}{c_A} - \frac{1}{c_{A_0}} = 2\,kt\,. \tag{43}$$

Die Halbwertszeit ist hier

$$\frac{2}{c_{A_0}} - \frac{1}{c_{A_0}} = 2\,kt_{1/2}\,; \qquad t_{1/2} = \frac{1}{2c_{A_0}k}\,, \tag{44}$$

sie ist von der Ausgangskonzentration abhängig.

3.2.4. Kenndaten von Reaktionsordnungen

In der Tabelle III-6 sind die behandelten ganzzahligen Reaktionsordnungen und zwei gebrochene aufgenommen. Die Reaktionsgeschwindigkeit ist durch den Umsatz x ausgedrückt.

Tabelle III-6. Kenndaten von Reaktionsordnungen

Ordnung	Reaktionsgeschwindigkeit	Integriertes Zeitgesetz	Dimension der Reaktionskonstanten	Halbwertszeit
0	$\frac{dx}{dt} = k$	$k = x/t$	$Mol\,l^{-1}\,s^{-1}$	$\frac{c_0}{2k}$
1/2	$\frac{dx}{dt} = k(c_0 - x)^{1/2}$	$k = \frac{2}{t}[c_0^{1/2} - (c_0 - x)^{1/2}]$	$Mol^{1/2}\,l^{-1/2}\,s^{-1}$	$\frac{\sqrt{2}c_0(\sqrt{2}-1)}{k}$
1	$\frac{dx}{dt} = k(c_0 - x)$	$k = \frac{1}{t}\ln\frac{c_0}{c_0 - x}$	s^{-1}	$\frac{1}{k}\ln 2$
3/2	$\frac{dx}{dt} = k(c_0 - x)^{3/2}$	$k = \frac{2}{t}\left[\frac{1}{(c_0 - x)^{1/2}} - \frac{1}{c_0^{1/2}}\right]$	$Mol^{-1/2}\,l^{1/2}\,s^{-1}$	$\frac{2}{k}\frac{\sqrt{2}-1}{\sqrt{c_0}}$
2	$\frac{dx}{dt} = k(c_0 - x)^2$	$k = \frac{1}{t}\frac{x}{c_0(c_0 - x)}$	$Mol^{-1}\,l\,s^{-1}$	$\frac{1}{c_0 k}$
3	$\frac{dx}{dt} = k(c_0 - x)^3$	$k = \frac{1}{2t}\frac{2c_0x - x^2}{c_0^2(c_0 - x)^2}$	$Mol^{-2}\,l^2\,s^{-1}$	$\frac{3}{2}\frac{1}{c_0^2 k}$

Die gebrochenen Ordnungen zeigen allein schon, daß Molekularität und Reaktionsordnung nicht identisch sein können. Denn es ist unmöglich, daß halbe Moleküle miteinander reagieren. Die Reaktionsordnung ist also nur eine formale Beschreibung der Reaktionsgeschwindigkeit, die allerdings mit der Molekularität insofern verknüpft ist, als man beim Ansatz für die Reaktionsgeschwindigkeit von der Gleichung der Elementarreaktion ausgeht, die ihrerseits eine Aussage über die Molekularität der Reaktion macht. Gebrochene Reaktionsordnungen können mit einiger Vorsicht (vgl. 3.3) als Hinweis auf mehrere Elementarreaktionen (komplexe Reaktionen vgl. 3.4) gewertet werden.

3.3. Bestimmung der Reaktionsordnung

Zur Bestimmung der Reaktionsordnung muß man die Konzentration der Reaktionsteilnehmer in Abhängigkeit von der Zeit messen. Dazu dienen die üblichen analytisch/chemischen Methoden nach Entnahme von Proben oder besser, direkte Messungen konzentrationsproportionaler physikalischer z.B. optischer oder elektrischer Größen. Oft genügt die Bestimmung der Konzentration eines einzigen Reaktionspartners.

Die Reaktionsordnung kann numerisch oder graphisch bestimmt werden, numerisch durch Einsetzen der gemessenen Konzentrationen in die bekannten Formeln oder durch Bestimmung der Halbwertzeiten. Viel gebräuchlicher sind die graphischen Methoden. Man kann die integrierten Zeitgesetze in vielen Fällen in eine Form bringen, die eine lineare Auftragung in der Form $y = mx + a$ gestattet. Die Meßergebnisse werden dann in dieser Form für die verschiedenen Reaktionsordnungen aufgetragen und die Übereinstimmung mit den theoretischen Kurven der einzelnen Ordnungen geprüft. Wir behandeln nur wenige Fälle ausführlich.

3.3.1. Reaktion 1. Ordnung A → B

Es sei die Konzentration von A meßbar, dann wird

$$\ln \frac{c_A}{c_{A_0}} = -kt \tag{45}$$

linear. k ergibt sich aus der Steigung (Bild III-12).

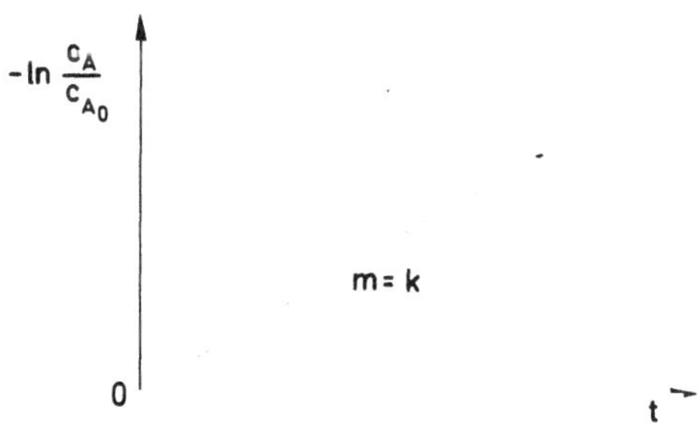

Bild III-12

Zur Darstellung von Reaktionen 1. Ordnung

Ist dagegen c_A nicht meßbar, wohl aber das Reaktionsprodukt B, weil es z.B. an einer Stelle im Spektrum absorbiert, wo A keine Absorption zeigt, dann kann mit der Entstehungsgeschwindigkeit $dc_B/dt = -dc_A/dt$ und der Konzentration von B: $c_B = c_{A_0} - c_A$ das integrierte Zeitgesetz geschrieben werden:

$$\ln \frac{c_{A_0}}{c_{A_0} - c_B} = kt\,, \tag{46}$$

was in einer dem Bild III-12 analogen Weise linearisiert werden kann.

3.3.2. Reaktion 2. Ordnung A + B → C

Nach (41) muß man die Ausgangskonzentrationen c_{A_0} und c_{B_0} kennen und $c_A(t)$ und $c_B(t)$ messen. Bei Auftragung von $\ln c_B/c_A$ gegen t erhält man eine Gerade zur Bestimmung von k (Bild III-13a).

3.3.3. Reaktion 2. Ordnung 2A → C

Ist die Konzentration von A meßbar, so kann das integrierte Zeitgesetz durch Auftragung von $1/c_A$ gegen t linear dargestellt werden, die Steigung der Geraden ergibt die Geschwindigkeitskonstante k (Bild III-13b).

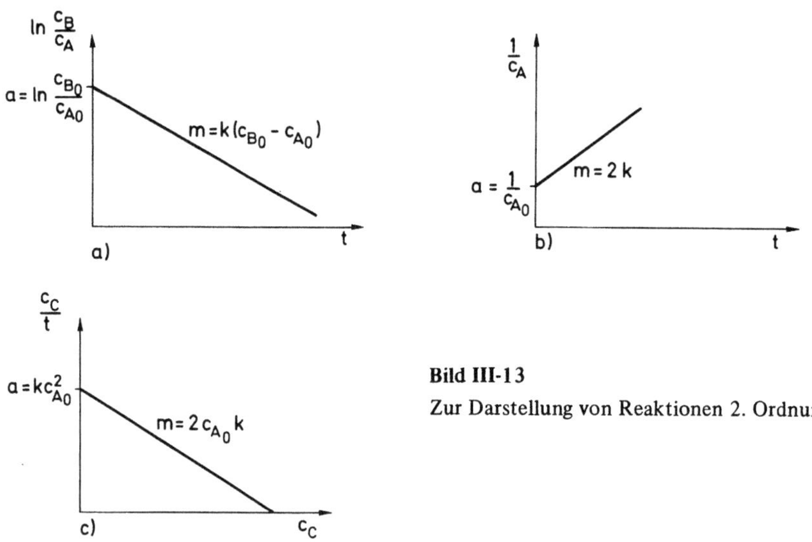

Bild III-13
Zur Darstellung von Reaktionen 2. Ordnung

Ist die Konzentration von A schwer, dagegen die von C leicht zu bestimmen, dann substituiert man $c_A = c_{A_0} - 2\,c_C$. Mit (43) folgt

$$\frac{1}{c_{A_0} - 2\,c_C} = \frac{1}{c_{A_0}} + 2\,kt\,. \tag{47}$$

Ist c_{A_0} bekannt, so kann man $1/(c_{A_0} - 2c_C)$ gegen t auftragen, eine Umformung ergibt aber

$$\frac{c_C}{t} = k\,c_{A_0}^2 - 2\,c_{A_0}\,k\,c_C\,, \tag{48}$$

durch die bei Auftragung von c_C/t gegen c_C die Geschwindigkeitskonstante k und c_{A_0} gleichzeitig gewonnen werden können (Bild III-13c).

3.3.4. Reduzierte Reaktionsordnungen

Die Ansätze für die Zeitgesetze in 3.2 hatten als stillschweigend angenommene Voraussetzung, daß die Änderung der Konzentrationen der Reaktionsteilnehmer entsprechend der Molekularität der Reaktionen geschehe, wie sie durch die Reaktionsgleichung angegeben wird. Diese Voraussetzung ist aber nicht immer gegeben.

Man kann z.B. dafür sorgen, daß die Konzentration eines Reaktionsteilnehmers konstant bleibt, z.B. sehr einfach durch kontinuierliche Zugabe der verbrauchten Menge. Dies ist besonders wichtig, wenn eine Reaktion unter Verbrauch oder Produktion von H_3O^+-Ionen bei konstantem p_H-Wert ablaufen soll; man benutzt dann einen „p_H-Staten" oder einen Puffer. Auch wenn das Lösungsmittel Reaktionsteilnehmer ist, ist dessen Konzentration praktisch konstant, da prozentual sehr wenig umgesetzt wird. Man kann damit für eine Reaktion $A + B \rightarrow C$ die Reaktionsgeschwindigkeit schreiben als

$$-\frac{dc_A}{dt} = k\,c_A\,c_B = k'c_A\,, \tag{49}$$

wenn c_B konstant ist. Damit ist die Reaktionsordnung von 2 auf 1 reduziert. Die Geschwindigkeitskonstante k' hat die Dimension Zeit^{-1}; man spricht bei einer solchen Reaktionsführung von „Pseudo-1. Ordnung". Natürlich bleibt die Reaktion bimolekular. Man kann hier also die Reaktionsordnung willkürlich durch Veränderung des Konzentrationsverhältnisses des Reaktionspartners kontinuierlich zwischen 2 und 1 variieren. Diese Reduktion der Reaktionsordnung ist eine Demonstration des formalen Charakters des Begriffs der Reaktionsordnung.

3.4. Komplexe Reaktionen

Die seither behandelten Reaktionen waren einfache Elementarreaktionen, die in eine Richtung abliefen. In der Praxis sind jedoch komplexe Reaktionen wichtiger: Gegenreaktionen, Parallelreaktionen und Folgereaktionen. Man mache sich klar, daß ohne Gegenreaktionen ein chemisches Gleichgewicht kinetisch unvorstellbar wäre.

3.4.1. Gegenreaktionen

Gegenreaktionen lassen sich am besten bei Reaktionssystemen beobachten, bei denen das chemische Gleichgewicht nicht völlig auf einer Seite liegt, wie dies vor allem bei organischen

Reaktionsgemischen der Fall ist, z.B. bei der Essigesterhydrolyse oder der cis-trans-Isomerisierung von Styrylcyanid-Dampf

$$CH_3COOC_2H_5 + H_2O \rightleftharpoons CH_3COOH + C_2H_5OH$$

```
C6H5-CH        ⇌       HC=CH
     \\               /     \
     HC-CN        C6H5       CN
```

Vereinfacht schreiben wir für diese Reaktion $A \underset{k_{-1}}{\overset{k_1}{\rightleftharpoons}} B$ mit k_1 als der Geschwindigkeitskonstanten der Hin-, k_{-1} der der Rückreaktion. Die Reaktionsgeschwindigkeit ist

$$\frac{dc_A}{dt} = -k_1 c_A + k_{-1} c_B \,. \tag{50}$$

Die Konzentrationen c_A und c_B sind aber nicht voneinander unabhängig, es ist $c_A + c_B = c_{A_0} + c_{B_0}$, die Summe der Konzentrationen bleibt konstant. Damit kann man c_B eliminieren

$$\frac{dc_A}{dt} = -k_1 c_A + k_{-1} (c_{A_0} + c_{B_0} - c_A) = -(k_1 + k_{-1}) c_A + k_{-1} (c_{A_0} + c_{B_0}) \,. \tag{51}$$

Trägt man dc_A/dt gegen c_A auf, so erhält man eine Gerade, aus deren Steigung und Achsenabschnitt k_1 und k_{-1} zu bestimmen sind.

Solche Diagramme werden ungenau, da man $\Delta c_A/\Delta t$ aus direkten Messungen oder dc_A/dt aus der graphischen Ableitung gekrümmter Kurven gewinnen muß. Die Fehler werden kleiner, wenn man „formal" integriert:

$$\int_{t_0}^{t} dc_A = -(k_1 + k_{-1}) \int_{t_0}^{t} c_A \, dt + k_{-1} (c_{A_0} + c_{B_0}) \int_{t_0}^{t} dt$$

$$\frac{c_A(t) - c_A(t_0)}{t - t_0} = -(k_1 + k_{-1}) \frac{\int_{t_0}^{t} c_A \, dt}{t - t_0} + k_{-1} (c_{A_0} + c_{B_0}) \,. \tag{52}$$

Man trägt die linke Seite gegen $\int_{t_0}^{t} c_A dt/(t - t_0)$ auf – wobei der Wert des Integrals graphisch oder numerisch (mit Hilfe eines Computers) gewonnen wird – und erhält aus Steigung und Achsenabschnitt k_1 und k_{-1} (Bild III-14).

Gegenreaktionen führen zu einem chemischen Gleichgewicht. Falls am Anfang der Reaktion nur der reine Stoff A vorhanden war, ist $c_{A_0} - c_A = c_B$, damit vereinfacht sich (50) zu

$$\frac{dc_A}{dt} = -k_1 c_A + k_{-1} (c_{A_0} - c_A) = -(k_1 + k_{-1}) c_A - k_{-1} c_{A_0} \,. \tag{53}$$

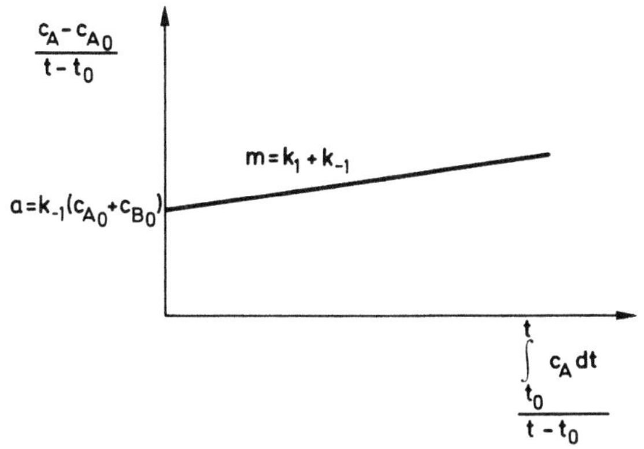

Bild III-14
Zur Darstellung von Gegenreaktionen 1. Ordnung

Dies ergibt integriert

$$\ln \frac{k_1 c_{A_0}}{(k_1 + k_{-1}) c_A - k_{-1} c_{A_0}} = (k_1 + k_{-1}) t . \qquad (54)$$

Diese Gleichung läßt sich nicht linearisieren. Man kann aber die Annäherung an das Gleichgewicht (mit den Gleichgewichtskonzentrationen $c_{A\infty}$ und $c_{B\infty}$) untersuchen, für das

$$\frac{dc_{A\infty}}{dt} = \frac{dc_{B\infty}}{dt} = 0 \qquad (55)$$

gilt. Nach (53) und mit $c_{A_0} - c_A = c_B$ ist

$$k_1 c_{A\infty} = k_{-1} c_{B\infty} = k_{-1} (c_{A_0} - c_{A\infty}) ; \qquad (56)$$

daraus erhält man $c_{A_0} \cdot k_{-1}/(k_1 + k_1)$, in (54) eingesetzt

$$\ln \frac{c_A - c_{A\infty}}{c_{A_0} - c_{A\infty}} = -(k_1 + k_{-1}) t . \qquad (57)$$

Hier ist eine Linearisierung wieder möglich, die Annäherung an das Gleichgewicht ist ein Vorgang 1. Ordnung.

Aus der kinetischen Gleichgewichtsbedingung (55) folgt mit (56)

$$\frac{k_1}{k_{-1}} = \frac{c_{B\infty}}{c_{A\infty}} = K_c \qquad (58)$$

das kinetisch hergeleitete Massenwirkungsgesetz. K_c ist nicht die thermodynamische Gleichgewichtskonstante, da links nicht die Aktivitäten stehen.

3.4.2. Parallelreaktionen

Neben den unabhängigen Parallelreaktionen, die sich in ihrem Ablauf nicht beeinflussen, versteht man unter diesem Reaktionstyp vor allem solche Reaktionen, bei denen ein Reaktionspartner an mehr als einer Reaktion beteiligt ist (konkurrierende Parallelreaktionen).

Wir wählen einen einfachen Fall

$$A \xrightarrow{k_1} B \quad \text{und} \quad A \xrightarrow{k_2} C$$

für das Verschwinden von A ist

$$\frac{dc_A}{dt} = -k_1 c_A - k_2 c_A = -(k_1 + k_2) c_A \; . \tag{59}$$

Die Reaktion ist in bezug auf A von 1. Ordnung.

Die Reaktionsgeschwindigkeiten für das Entstehen von B und C sind

$$\frac{dc_B}{dt} = k_1 c_A = k_1 c_{A_0} e^{-(k_1+k_2)t} \quad \text{und} \quad \frac{dc_C}{dt} = k_2 c_{A_0} e^{-(k_1+k_2)t} \; . \tag{60}$$

Man sieht daraus, daß das Verhältnis der entstehenden Produkte

$$\frac{c_B}{c_C} = \frac{k_1}{k_2} \tag{61}$$

ist. Die Integration für B ergibt

$$c_B = \frac{k_1}{k_1 + k_2} c_{A_0} [1 - e^{-(k_1+k_2)t}] \; . \tag{62}$$

In Bild III-15 ist dies graphisch dargestellt.

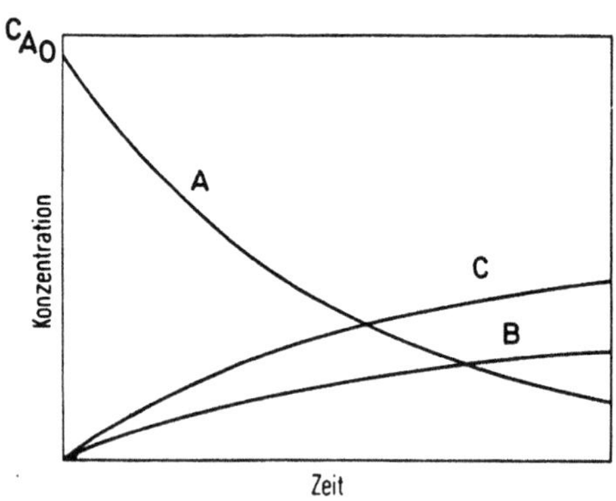

Bild III-15
Zur Darstellung von Parallelreaktionen 1. Ordnung

In der praktischen Reaktionskinetik unterscheidet man thermodynamisch kontrollierte und kinetisch kontrollierte Parallelreaktionen. Bei thermodynamisch kontrollierten Parallelreaktionen kann sich das Gleichgewicht $B \leftrightarrows A \rightleftarrows C$ sehr schnell einstellen, bei kinetisch kontrollierten Parallelreaktionen ist die Einstellung langsam. Dies führt dazu, daß man bei thermodynamisch kontrollierten Reaktionen bei jeder Temperatur das gleiche Produktverhältnis B zu C findet, während bei kinetisch kontrollierten Reaktionen die Produktverteilung temperaturabhängig ist (vgl. 3.7).

3.4.3. Folgereaktionen

Die Produkte einer chemischen Reaktion entstehen oft nicht direkt aus den Ausgangsstoffen, da chemische Reaktionen häufig über Zwischenprodukte verlaufen, die in vielen Fällen beobachtet werden können, in vielen Fällen aber nicht zu fassen sind. Wir betrachten wieder den einfachen Fall

$$A \xrightarrow{k_1} B \xrightarrow{k_2} C .$$

Die Reaktionsgeschwindigkeiten für die Entwicklung der Konzentrationen sind

$$\frac{dc_A}{dt} = - k_1 c_A ,$$

$$\frac{dc_B}{dt} = k_1 c_A - k_2 c_B , \qquad (63)$$

$$\frac{dc_C}{dt} = k_2 c_B .$$

Das Verschwinden von A stellt eine Reaktion 1. Ordnung dar:

$$c_A = c_{A_0} e^{-k_1 t} . \qquad (64)$$

Das Zeitgesetz, die Konzentrationen von B und C, läßt sich unter der Bedingung, daß $c_A + c_B + c_C = c_{A_0}$, nach Integration von (63) schreiben:

$$c_B = \frac{k_1}{k_2 - k_1} c_{A_0} (e^{-k_1 t} - e^{-k_2 t}), \qquad (65)$$

$$c_C = \frac{c_{A_0}}{k_2 - k_1} [k_2 (1 - e^{-k_1 t}) - k_1 (1 - e^{-k_2 t})] . \qquad (66)$$

Die Konzentrations-Zeit-Kurven sind in Bild III-16 dargestellt. Man sieht, daß sich eine Konzentration von B aufbaut, die durch ein Maximum (zur Zeit $t_{max} = \frac{\ln k_1/k_2}{k_1 - k_2}$) geht und wieder verschwindet. Die Höhe des Maximums von c_B hängt vom Verhältnis der Geschwindigkeitskonstanten k_1 und k_2 ab. Zur Zeit der maximalen Konzentration von B hat die Konzentrations-Zeit-Kurve für c_C einen Wendepunkt.

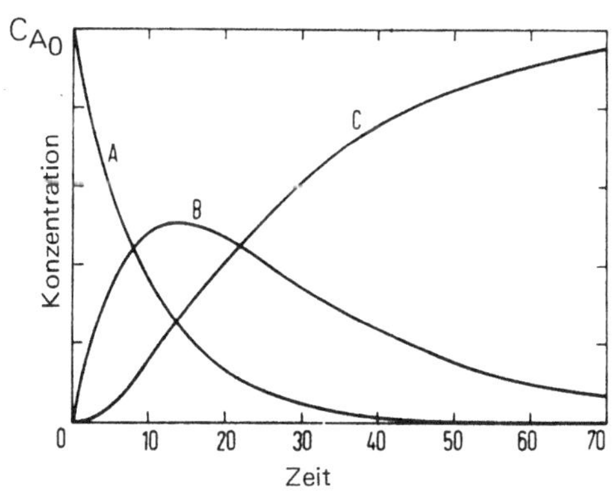

Bild III-16

Zur Darstellung von Folgereaktionen 1. Ordnung (nach *A. A. Frost, R. G. Pearson*, Kinetik und Mechanismen homogener chemischer Reaktionen, Verlag Chemie)

Wir haben uns in der Behandlung der komplexen Reaktionen die einfachsten Fälle herausgegriffen. Die Entwicklung des Formelapparats, wie er z.B. bei Mauser (s. Vorwort) ausführlich dargestellt ist, geht weit über diese einfachen Fälle hinaus; seine Benutzung ist wohl nur in Verbindung mit einem aktuellen Problem lohnend. Insbesondere ist die Fortpflanzung der Meßfehler ein Problem, dem viel Aufmerksamkeit geschenkt wird, da, wie eingangs erwähnt, bei vielen Fragen entschieden werden muß, ob die Messungen die aus einem postulierten kinetischen Mechanismus errechneten Zeitabhängigkeiten erfüllen oder nicht.

Bei der Komplexität des Formelsystems versucht man, durch Zusatzannahmen eine Vereinfachung zu erreichen. Eine wichtige Zusatzannahme ist die *Bodenstein-Hypothese.*

3.5. Die Bodenstein-Hypothese

Diese Hypothese, auch *Hypothese des stationären* oder *Hypothese des quaistationären Zustands* genannt, erlaubt eine Vereinfachung der Formeln, wenn in einer Folgereaktion $A \xrightarrow{k_1} B \xrightarrow{k_2} C$ die Reaktion $B \rightarrow C$ sehr viel schneller ist als die Reaktion $A \rightarrow B$, d.h. wenn wegen $k_1 \ll k_2$ das Zwischenprodukt B sehr kurzlebig ist. Aus diesem Grunde erreicht die maximale Konzentration von B nur einen sehr geringen Wert. Das hat aber weiter zur Folge, daß nach einer kurzen Anlaufzeit alles aus A entstehende B sofort nach C weiterreagiert, so daß die Zunahme von C der Abnahme von A entspricht. Eine im Vergleich zu den Umsätzen an A und C nennenswerte Konzentrationsänderung von B gibt es nicht, die Änderung der kleinen Größe c_B ist zu vernachlässigen. Ausgehend von der Bedingung $k_1 \ll k_2$ läßt sich die Bodenstein-Hypothese mathematisch formulieren

$$c_B = 0; \qquad \frac{dc_B}{dt} = 0. \tag{67}$$

Die Bodenstein-Hypothese kann auch auf mehrere kurzlebige Zwischenprodukte angewandt werden, z.B. auf die Chlor- und Wasserstoffatome der Chlorknallgasreaktion. Als ausführlicheres Beispiel soll eine Enzym-Kinetik behandelt werden.

Der Mechanismus von enzym-katalysierten biochemischen Reaktionen ist oft sehr kompliziert, es können jedoch die Gleichungen der Kinetik angewandt werden. Der Reaktionsweg verläuft über labile Enzym-Substratkomplexe, die man in manchen Fällen in Substanz isolieren kann. Die Konzentration des Enzyms sowie die des Enzym-Substratkomplexes ist jedoch wegen des hohen Molekulargewichts des Enzyms zu vernachlässigen. In manchen Fällen beobachtet man einen Wechsel der Reaktionsordnung mit der Substratkonzentration.

Man kann mit einem einfachen Ansatz

$$E + S \underset{k_{-1}}{\overset{k_1}{\rightleftharpoons}} ES \xrightarrow{k_2} E + P$$

eine gute Beschreibung der Reaktion erzielen. Nach Michaelis und Menten (1913) sollen Enzym E, Substrat S und der Enzymsubstratkomplex ES in einem Gleichgewicht stehen, aus dem heraus der Komplex mit der Geschwindigkeitskonstanten k_2 monomolekular in freies Enzym und Produkt P zerfallen soll.

Die Geschwindigkeiten der Konzentrationsänderung von S, ES und P sind

$$\frac{dc_S}{dt} = -k_1 c_E c_S + k_{-1} c_{ES} ,$$

$$\frac{dc_{ES}}{dt} = k_1 c_E c_S - k_{-1} c_{ES} - k_2 c_{ES} = k_1 c_E c_S - (k_{-1} + k_2) c_{ES} , \quad (68)$$

$$\frac{dc_P}{dt} = k_2 c_{ES} .$$

Nach einer Anlaufzeit ist nach Bodenstein $dc_{ES}/dt = 0$, damit

$$c_{ES} = \frac{k_1}{k_{-1} + k_2} c_E c_S \quad \text{und} \quad -\frac{dc_S}{dt} = \frac{dc_P}{dt} . \quad (69)$$

Mit den Anfangskonzentrationen c_{E_0} und c_{S_0} gilt wegen der Stöchiometrie der Reaktion: $c_{E_0} = c_E + c_{ES}$ und $c_{S_0} = c_S + c_P$, womit man erhält

$$c_{ES} = \frac{k_1}{k_{-1} + k_2} c_S (c_{E_0} - c_{ES}) ,$$

$$c_{ES} = \frac{k_1 c_S c_{E_0}}{k_{-1} + k_2 + k_1 c_S} . \quad (70)$$

Wir haben hier die Konzentration des Enzym-Substratkomplexes ausgerechnet, die natürlich sehr klein sein muß, aber gestattet, den Umsatz anzugeben:

$$-\frac{dc_S}{dt} = \frac{dc_P}{dt} = k_2 c_{ES} = \frac{k_1 k_2 c_S c_{E_0}}{k_{-1} + k_2 + k_1 c_S} . \quad (71)$$

Führt man die Michaeliskonstante

$$K_s = \frac{k_{-1} + k_2}{k_1} \quad (72)$$

ein, so schreibt man das Michaelis-Menten-Gesetz

$$-\frac{dc_S}{dt} = \frac{k_2 c_{E_0} c_S}{K_s + c_S} . \quad (73)$$

Dies ist ein neuer umgeformter Ausdruck für die Geschwindigkeit der Abnahme des Substrats, unter der Annahme einer kleinen konstanten Enzym-Substrat-Komplexkonzentration. Zur Integration wird umgeformt:

$$\frac{K_s + c_S}{c_S} dc_S = K_s \frac{dc_S}{c_S} + dc_S = -k_2 c_{E_0} dt ; \quad (74)$$

integriert:

$$K_s \ln \frac{c_S}{c_{S_0}} + (c_S - c_{S_0}) = -k_2 c_{E_0} t . \quad (75)$$

Durch Messung von mehreren c_S und zugehörigen t kann k_2 und K_s bestimmt werden.

Es gibt zwei Grenzfälle für verschiedene Substratkonzentrationen:

– Ist die Substratkonzentration sehr klein, so daß die Michaeliskonstante $K_s \gg c_S$, so erhält man aus

$$\frac{dc_S}{c_S} = -\frac{k_2 c_{E_0}}{K_s} dt, \tag{76}$$

also eine Kinetik 1. Ordnung in bezug auf das Substrat:

$$\ln \frac{c_S}{c_{S_0}} = -\frac{k_2 c_{E_0}}{K_s} t. \tag{77}$$

– Ist dagegen die Substratkonzentration sehr hoch, ist also $c_S \gg K_s$, so erhält man aus (74) eine Kinetik 0. Ordnung:

$$\frac{dc_S}{dt} = -k_2 c_{E_0}. \tag{78}$$

In diesem Fall wirkt das Enzym kinetisch gesehen als heterogener Katalysator, wie in 3.2.1 erwähnt.

Oft setzen allerdings mit der Zeit Nebenreaktionen ein, so daß nur kurze Zeit gemessen werden kann. Dann ist es günstig, wenn auch nicht so genau, die Anfangsgeschwindigkeit v_0 des Verschwindens von S zu bestimmen. (Voraussetzung ist natürlich, daß erst gemessen wird, wenn $dc_{ES}/dt = 0$.)

$$v = -\frac{dc_S}{dt} = \frac{k_2 c_{E_0}}{K_s/c_S + 1}, \tag{73}$$

$$\frac{1}{v_0} = \frac{1}{k_2 c_{E_0}} + \frac{K_s}{k_2 c_{E_0}} \frac{1}{c_{S_0}}. \tag{79}$$

Da bei kleiner Reaktionsdauer $c_S = c_{S_0}$ ist, kann aus der Abhängigkeit der reziproken Anfangsgeschwindigkeit von der reziproken Substratkonzentration K_s und k_2 aus einem linearen Graph gewonnen werden (Lineweaver-Burk-Plot) (Bild III-17).

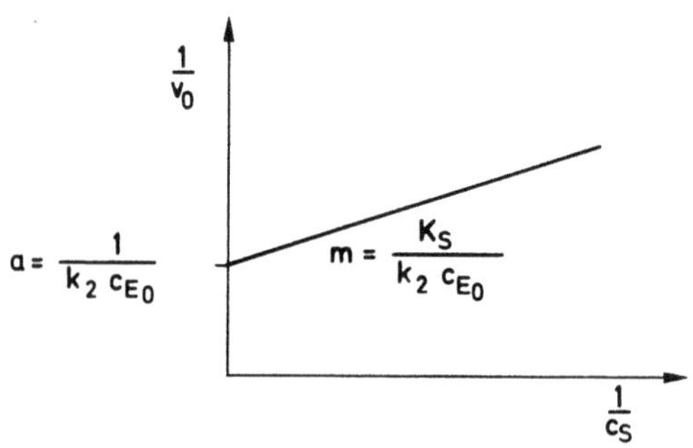

Bild III-17
Lineweaver-Burk-Plot für Enzymkinetik

Oft findet man, vor allem in der Literatur der Biologie, eine andere Darstellung, bei der die Anfangsgeschwindigkeit v_0 gegen die variierte Anfangssubstratkonzentration aufgetragen ist (Bild III-18). Auch aus dieser Kurve kann die Michaelis-Konstante gewonnen werden, allerdings ist eine gekrümmte Kurve aus streuenden Meßpunkten schlechter zu bestimmen als eine Gerade.

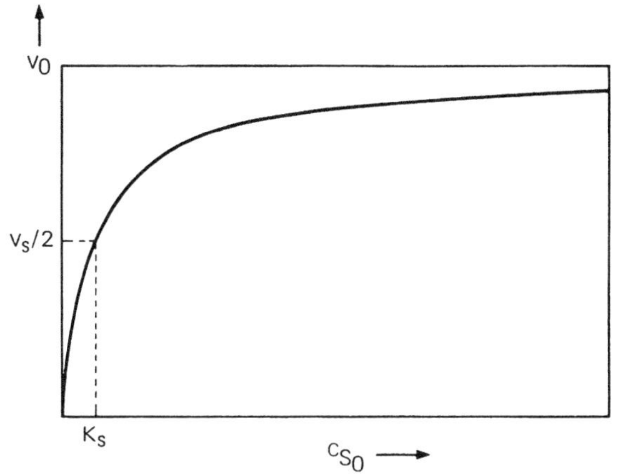

Bild III-18
Zum Michelis-Menten-Gesetz der Enzymkinetik

3.6. Prüfung der Komplexität von Reaktionen

Wir haben im vorigen Kapitel komplexe Reaktionen als Zeitfunktion betrachtet. Zur Analyse einer solchen Reaktion in bezug auf unabhängige Teilreaktionen sind von Mauser Verfahren entwickelt worden, die unter Elimination der Zeit aus dem Zusammenhang der Konzentrationen (zu bestimmten variablen Zeiten) die Zahl der unabhängigen Reaktionen feststellen lassen. Dieses Darstellungssystem ist theoretisch gut ausgebaut und mit vielen inneren Konsistenzkriterien ausgestattet.

Werden die Konzentrationen, wie es bevorzugt geschieht, optisch als Extinktionen gemessen, so kann man nach den Verfahren von 3.3 und 3.4 versuchen, die Geschwindigkeitskonstanten zu ermitteln (E-t-Diagramme). Scharfe isosbestische Punkte in den Reaktionsspektren deuten auf eine „einheitliche" Reaktion (Bild III-19a). Trägt man die zu gleichen Zeiten gemessenen Extinktionen (E-Diagramme) für mehrere Meßwellenlängen aus dem gesamten zugänglichen Spektralbereich gegeneinander auf (Bild III-19), so erhält man eine Gerade, wenn die Reaktion „einheitlich" ist, d.h. wenn nur *eine* Reaktion abläuft oder beobachtet wird. Ist das E-Diagramm gekrümmt, so laufen zwei oder mehrere unabhängige Reaktionen nebeneinander ab (Bild III-19c). Zur Feststellung, ob es zwei oder mehr Reaktionen sind, kann das Extinktionsdifferenzen-Quotient(EDQ)-Diagramm herangezogen werden. In diesen Diagrammen wird das Verhältnis der Extinktionsänderungen $\Delta E_1/\Delta E_2$ gegen $\Delta E_3/\Delta E_2$ aufgetragen. Ist das Diagramm linear, so laufen nur zwei unabhängige Reaktionen ab, ist es gekrümmt, so sind es mehr als zwei.

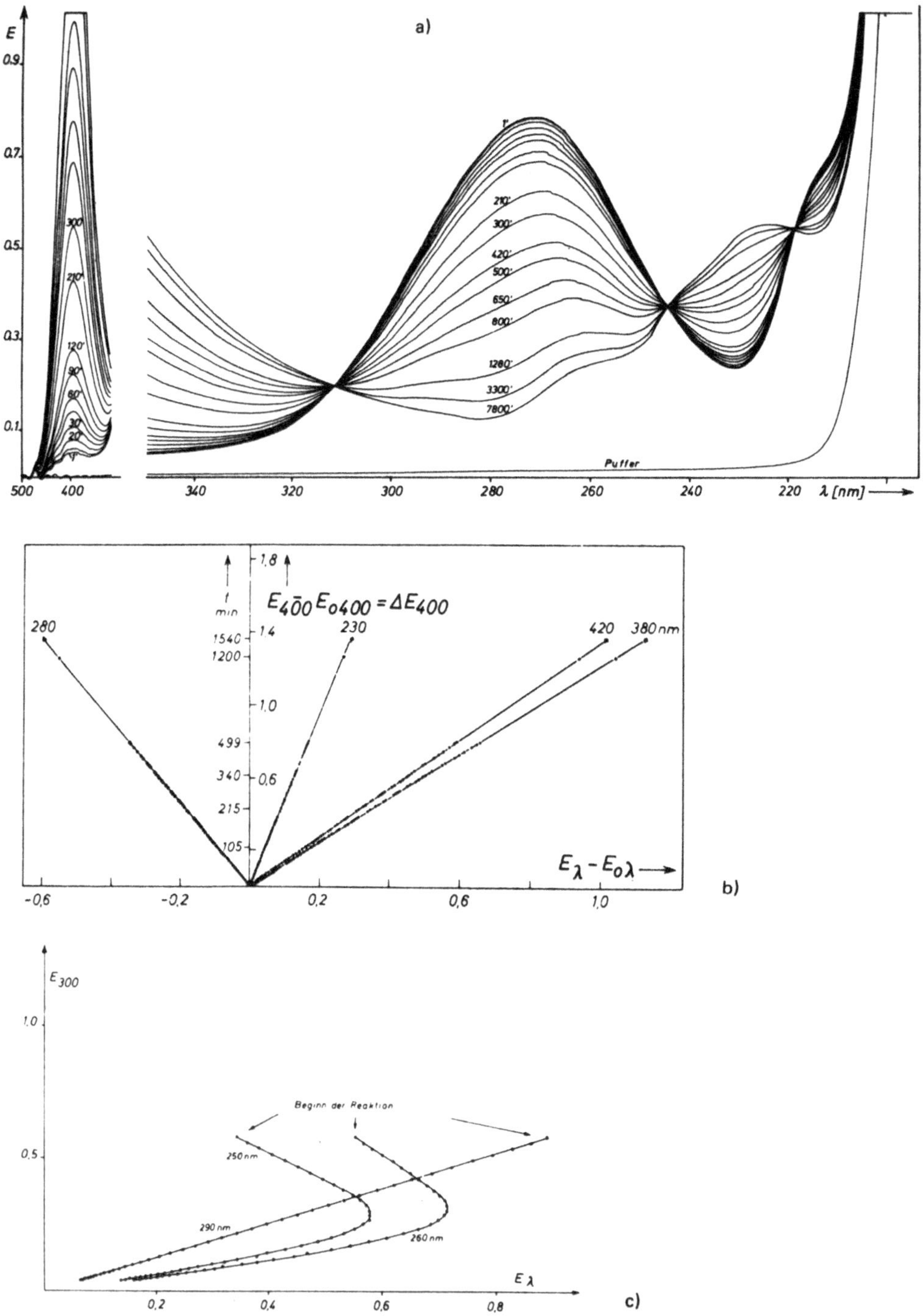

Bild III-19. a) Reaktionsspektren und b) ED-Diagramm einer einheitlichen Reaktion (s = 1): Spontanhydrolyse von p-Nitrophenylacetat, c) E-Diagramm einer s = 2-Reaktion: Oxidation von RSH

Die große Genauigkeit dieser Methoden und ihre breite Anwendungsmöglichkeit (nicht nur die Zeit, auch z.B. bei Photoreaktionen die Zahl der absorbierten Photonen kann die zu eliminierende unabhängige Reaktionsvariable sein) machen diese Verfahren zu einem wichtigen Hilfsmittel der kinetischen Untersuchung von Reaktionsmechanismen.

3.7. Die Temperaturabhängigkeit der Geschwindigkeitskonstante

Eine Faustregel der präparativen Chemie besagt, daß Reaktionen bei einer Erhöhung der Temperatur um 10° zwei- bis dreimal schneller ablaufen, d.h. die Geschwindigkeitskonstante ist temperaturabhängig. Auch die Gleichgewichtskonstante ist temperaturabhängig, nach van t'Hoff ist $\partial \ln K/\partial T = \Delta H/RT^2$ (II, 116). Die Gleichgewichtskonstante ist kinetisch durch das Verhältnis der Geschwindigkeitskonstanten der Hin- und Rückreaktion gegeben (58). In Analogie zur Temperaturabhängigkeit der Gleichgewichtskonstanten stellte Arrhenius 1889 für die Geschwindigkeitskonstante die Gleichung auf

$$\frac{d \ln k}{dT} = \frac{E_a}{RT^2} \tag{80}$$

integriert:

$$\ln k = -\frac{E_a}{RT} + \ln A \qquad \Rightarrow \qquad k = A\, e^{-E_a/RT}\,. \tag{81}$$

In dieser Arrhenius-Gleichung ist E_a die *Aktivierungsenergie* (Bild III-20) und A ein Häufigkeitsfaktor, oft *„präexponentieller Faktor"* genannt.

Der Arrheniusgleichung liegt die Vorstellung einer Aktivierung der Reaktion, einer energetisch bestimmten Reaktionsschwelle, zugrunde (Bild III-20).

Nur der durch den Boltzmann-Faktor $e^{-E_a/RT}$ bestimmte Bruchteil der Moleküle der Ausgangsprodukte hat die nötige Aktivierungsenergie E_a, um über einen *Übergangszustand* oder *aktivierten Komplex* Ü zu Endprodukten abreagieren zu können. Auch die Rückreaktion hat eine Aktivierungsenergie E_a', die i.a. von E_a verschieden ist. Die Reaktionswärme ΔH ist die Differenz von E_a und E_a'. Es ist aus Bild III-20 ersichtlich, daß aus einem bekannten ΔH nichts über die Größe von E_a ausgesagt werden kann, genau so wenig, wie durch die Angabe der geographischen Höhe zweier Talsohlen die Höhe des Gebirgsrückens zwischen ihnen bestimmt ist.

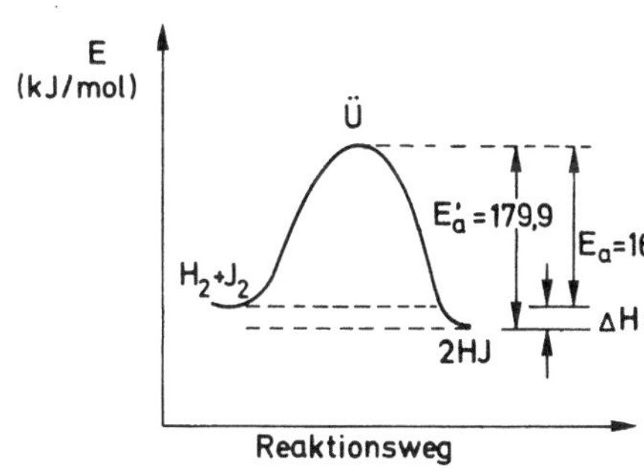

Bild III-20
Energiebarriere der Reaktion $H_2 + J_2 \rightleftarrows 2HJ$

Wir verstehen jetzt auch den Begriff der kinetischen Hemmung; den wir in der Thermodynamik öfters benutzt haben: ist der Aktivierungsberg hoch, so sind die Geschwindigkeitskonstanten k_1 und k_{-1} der reversiblen Reaktion klein. Ihr Verhältnis, die Gleichgewichtskonstante $K = k_1/k_{-1}$ ist jedoch unabhängig von der Absolutgröße der beiden Geschwindigkeitskonstanten. Die Aufgabe eines *Katalysators* ist es, die Hemmung zu verkleinern, d.h. einen Reaktionsweg zu öffnen, auf dem die Aktivierungsenergien niedriger und damit nach (81) die Absolutwerte von k_1 und k_{-1} größer sind, wobei ihr Verhältnis aber konstant bleibt.

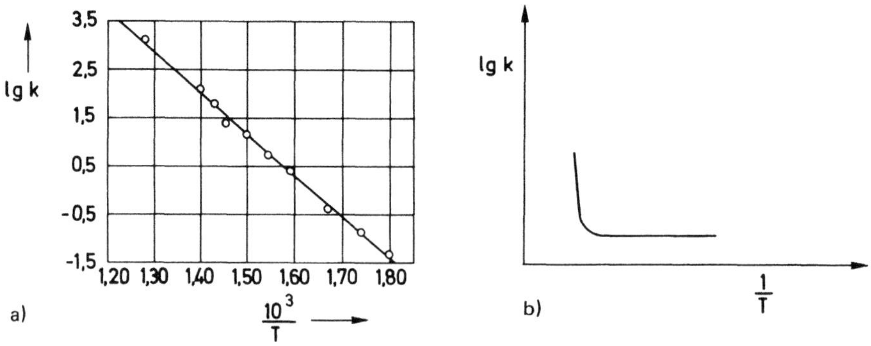

Bild III-21. a) Arrhenius-Gerade für die HJ-Bildungsreaktion
b) Temperaturabhängigkeit der Reaktionsgeschwindigkeit einer explosiven Mischung (schematisch)

Zur Prüfung der Arrheniusgleichung kann man $\ln k$ gegen $1/T$ auftragen. Für eine sehr große Zahl von Reaktionen, z.B. $H_2 + J_2 \rightarrow 2HJ$, ist der lineare Zusammenhang sehr gut erfüllt, die Aktivierungsenergie ist aus der Steigung zu errechnen (Bild III-21a). Es gibt jedoch auch Reaktionen mit anderer Temperaturabhängigkeit der Geschwindigkeitskonstanten, man denke z.B. an explosive Mischungen, bei denen bis zur Entzündungstemperatur praktisch gar nichts geschieht, bei höherer Temperatur die Geschwindigkeit jedoch sehr groß wird (Bild III-21b). Aber auch bei Gleichgewichtsreaktionen findet man oft eine Temperaturabhängigkeit der Geschwindigkeitskonstanten, die durch einen Temperatureinfluß auf den präexponentiellen Faktor erfaßt werden kann:

$$k = A'T^m \, e^{-E_0/RT} \, . \tag{82}$$

Damit wird die $\ln k$ vs. $1/T$ Kurve gebogen. In den meisten Fällen ist aber m klein, so daß $E_0 = E_a - mRT \approx E_a$ ist.

3.8. Modelle für das Geschehen im „Reaktionsknäuel"

3.8.1. Reaktionswege und aktivierter Komplex

Wir haben in 3.7 den Reaktionsweg als Koordinate benutzt und die potentielle Energie des Stoßpaares als Funktion der Reaktionskoordinate dargestellt (Bild III-20). Diese Darstellung ist eine nützliche Vereinfachung.

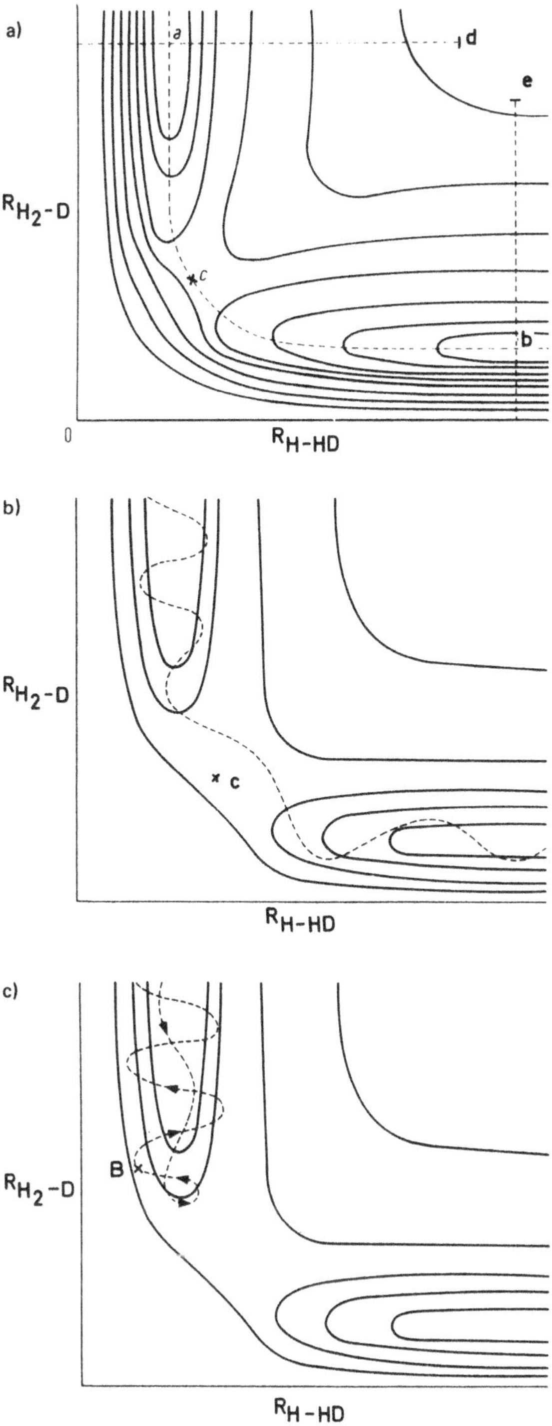

Bild III-22

Höhenliniendarstellung der potentiellen Energie des Reaktionssystems H + H + D (schematisch)

a) günstigster Reaktionsweg,

b) Reaktions mit Austausch von Translations- und Schwingungsenergie,

c) ein solcher Austausch ohne Reaktion

(nach *A. A. Frost, R. G. Pearson,* Kinetik und Mechanismen homogener chemischer Reaktionen, Verlag Chemie)

In Wirklichkeit ist die potentielle Energie des Systems Stoßpaar abhängig von sämtlichen Abstandsänderungen im System, also den Änderungen des intermolekularen Abstandes sowie Änderungen von Abständen im Molekül selbst. Die intramolekularen Abstandsänderungen treten vornehmlich als Schwingungen in ihren verschiedenen Anregungszuständen in Erscheinung. So müßte die Energie als Funktion aller dieser Abstände viel-dimensional als eine Energiehyperfläche dargestellt werden. Dies gelingt rechnerisch mit den Methoden der Quantentheorie und mit großen Computern nur in einfacheren Fällen.

Man versucht deshalb, das Problem auf zwei unabhängige Variable – als Näherung – zu reduzieren. Die Berechtigung dazu liegt darin, daß in vielen Fällen nur eine Bindung gelöst und nur eine andere geknüpft wird unter geringer Beeinflussung des restlichen Moleküls, z.B. bei Substitutionsreaktionen.

Als Beispiel diene in Bild III-22 die Reaktion $D + H - H \rightarrow [D \cdots H \cdots H] \rightarrow D - H + H$, die wegen ihrer Einfachheit berechenbar ist, in einer Höhenliniendarstellung.

Man sieht zwei in Richtung der Koordinatenachsen ausgedehnte Täler, zwischen denen der Weg über einen Sattelpunkt verläuft. Ein nichtlinearer Schnitt in Bild III-22a entlang dem energieärmsten Weg a – b vom einen ins andere Tal ist das Aktivierungsprofil des Bildes III-20. Die Konfiguration $[D \cdots H \cdots H]$ mit den Abständen, die dem Sattelpunkt c entsprechen, wird als *aktivierter Komplex* bezeichnet.

Ein Schnitt parallel zu einer Achsen, z.B. a – d oder e – b gibt die Abhängigkeit der potentiellen Energie in einem Molekül ohne Veränderung des Abstands der Reaktionspartner, d.h. die bekannte Morsekurve für die Schwingung des zweiatomigen Moleküls (Bild I-42b). Schwingt das Molekül H_2 gleichzeitig mit der Annäherung des Reaktionspartners D, so wird nicht mehr der energieärmste Weg von einem Tal ins andere gewählt, es wird auch nicht mehr der energieärmste aktivierte Komplex durchlaufen (Bild III-22b). Endlich kann auch bei einem Stoß soviel kinetische Energie in Schwingungsenergie umgewandelt werden, daß das System in Bild III-22c zwar in Punkt B eine potentielle Energie hat, die höher ist als die des aktivierten Komplexes, daß es aber dennoch nicht ins andere Tal hinüberwechselt.

Dieses vereinfachte Modell der Energiehyperflächen kann als dreidimensionales Relief nachgebildet werden. Die Bewegungen des gesamten Systems $H + H + D$ können durch eine Kugel simuliert werden, die je nach kinetischer Energie, Startpunkt und Laufrichtung in diesem Relief die in Bild III-22 eingezeichneten Kurven durchläuft.

3.8.2. Stoßtheorie

Damit Moleküle miteinander reagieren können, müssen sie zusammenstoßen. Nehmen wir die Reaktion $2HJ \rightarrow H_2 + J_2$ als Beispiel. Wir haben schon in 3.1 die Vorstellungen eines Übergangszustandes für diese Reaktion erwähnt. Als Achsen für eine Darstellung analog Bild III-22 könnten wir $R_{H_aJ_a}$ und $R_{J_aJ_b}$ wählen.

In Bild III-23 sehen wir zwei Grenzfälle für in ihrer Geometrie verschiedene Zusammenstöße der Jodwasserstoffmoleküle. Es ist verständlich, daß der Stoß von Bild III-23b nicht zur Reaktion führt. In der Stoßtheorie wird dies durch einen *geometrischen Faktor* p berücksichtigt. Aber auch nicht alle Stöße der richtigen Geometrie führen zur Reaktion,

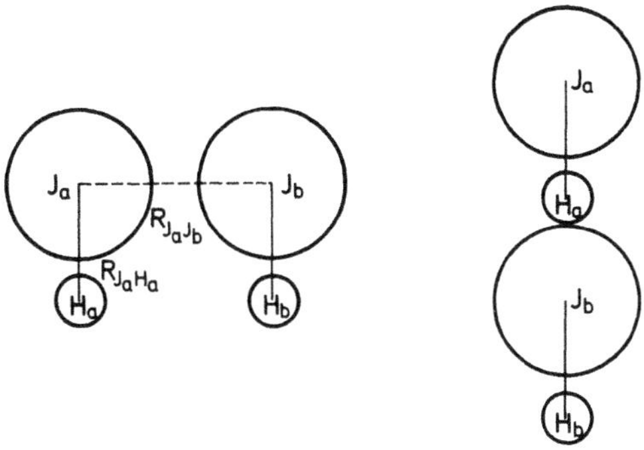

Bild III-23
Verschiedene Geometrie beim Stoß von HJ-Molekülen

weil die nötige Aktivierungsenergie nur bei einem kleinen Teil der Zusammenstöße im Stoßpaar vorhanden ist. Da die Aktivierungsenergie groß gegen kT, die Energie der Temperaturbewegung, ist, wird der größte Teil der Stöße keine Reaktion einleiten.

Man kann diese Überlegungen in einer Rechnung fassen, wie sie z.B. W. C. Lewis 1918 für die Jod-Wasserstoffreaktion durchgeführt hat. Dabei werden die stoßenden Teilchen als starre Kugeln angenommen. Aus der kinetischen Gastheorie ist die Zahl der Zusammenstöße

$$Z = \pi N_A N_B d_{AB}^2 \sqrt{\frac{8RT}{\pi N_L \mu}}, \qquad (83)$$

wobei d_{AB} der mittlere Durchmesser der Stoßpartner A und B ist: $d_{AB} = (d_A + d_B)/2$ und μ die reduzierte Masse von A und B: $\mu = m_A m_B/(m_A + m_B)$. Man sieht, daß die Zahl der Zusammenstöße allein schon temperaturabhängig $(\sim T^{1/2})$ ist. Im Ausdruck für die Reaktionsgeschwindigkeitskonstante als Maß für die effektiven Stöße muß darüber hinaus der sterische Faktor p, dessen Größe je nach Art der Stoßpartner zwischen 1 und 0,01 (bei Molekülen wie Enzymen sicher noch kleiner) liegt, und die theoretische Aktivierungsenergie E_0 berücksichtigt werden:

$$k = p\,A'' T^{1/2} e^{-E_0/kT}. \qquad (84)$$

Die Ableitung $d\ln k/d(1/T)$ ergibt

$$\frac{d\ln k}{d(1/T)} = -\left(\frac{1}{2}T + \frac{E_0}{R}\right). \qquad (85)$$

Die Ableitung des Arrhenius-Ansatzes (81) ergibt dagegen:

$$\frac{d\ln k}{d(1/T)} = -\frac{E_a}{R}. \qquad (86)$$

Der Unterschied zwischen E_0 und E_a ist also $E_a - E_0 = RT/2$, d.h. die halbe thermische Energie der Reaktionspartner. Dies ist sehr viel kleiner als die Aktivierungsenergie (RT/2 bei 300 K = 1,25 kJ/mol).

Lewis hat die für die Jod-Wasserstoffreaktion experimentell gefundenen Werte von $A'' = 10^{14}\,s^{-1}$ und $E_a = 167{,}4$ kJ/mol berechnen können. Der Unterschied zwischen E_a

und E_0 kann vernachlässigt werden, da die Meßgenauigkeit in der gleichen Größenordnung wie RT/2 liegt.

Die gemessenen Häufigkeitsfaktoren der Stoßtheorie für größere Moleküle sind um Größenordnungen kleiner als die berechneten. Dies hat seinen Grund darin, daß die Voraussetzung nicht mehr richtig ist, daß alle Stöße, bei denen ein Energieaustausch stattfindet, zur Reaktion führten. Bei Molekülen mit Schwingungsmöglichkeiten (inneren Freiheitsgraden) kann beim Zusammenstoß ein Teil der kinetischen Energie des einen Stoßpartners in Schwingungsenergie des anderen umgewandelt werden. Bei der Möglichkeit solcher unelastischer Stöße kann A $10^2 - 10^5$ fach kleiner als berechnet sein (vgl. Bild III-22b).

3.8.3. Die Theorie des Übergangszustandes

Wegen der unbefriedigenden Übereinstimmung der Stoßtheorie mit dem Experiment, insbesondere für mehratomige Moleküle, versuchte Eyring 1935 für Gasreaktionen einen anderen allgemeinen Ansatz. Der aktivierte Komplex (vgl. Bilder III-20, III-22) wird als chemisches Individuum betrachtet, so daß eine Reaktionsfolge

$$A + B \underset{k_{-1}}{\overset{k_1}{\rightleftharpoons}} [AB]^{\neq} \xrightarrow{k_2} \text{Produkte}$$

angenommen werden kann. Die Eigenschaften des aktivierten Komplexes werden durch das Zeichen $\neq$ gekennzeichnet.

Für die Konzentration von $[AB]^{\neq}$ wurde der Ansatz gemacht, daß zwischen Ausgangsprodukten und aktiviertem Komplex ein sich schnell einstellendes „Gleichgewicht" ($k_1 \gg k_2$) herrsche. Für dieses „Gleichgewicht", das natürlich stets durch die Reaktion $[AB]^{\neq} \longrightarrow$ Produkte gestört ist, gelte

$$K^{\neq} = \frac{c_{[AB]^{\neq}}}{c_A c_B} . \tag{87}$$

Die Geschwindigkeit der Gesamtreaktion ist nun gleich dem Produkt der Konzentration des aktivierten Komplexes und seiner Zerfallswahrscheinlichkeit in die Produkte. Diese Zerfallswahrscheinlichkeit hängt mit der Frequenz der Streckschwingung zusammen, die, zu hohen Quantenzahlen angeregt, schließlich zur Dissoziation führt. Die Energie einer so hoch angeregten Schwingung kann schon klassisch angesetzt werden als $\epsilon = kT$ (vgl. Korrespondenzprinzip I, 3.3.2), womit die Zerfallfrequenz

$$\nu = \frac{kT}{h} = k_2 \tag{88}$$

wird und die Reaktionsgeschwindigkeit

$$-\frac{dc_A}{dt} = k_2 \, c_{[AB]^{\neq}} = K^{\neq} c_A c_B \frac{kT}{h} = k_2' \, c_A c_B . \tag{89}$$

Das Problem liegt nun in der Ermittlung von $K^{\neq}$. Messungen scheiden aus, da $c_{[AB]^{\neq}}$ nicht zu ermitteln ist. So wird $K^{\neq}$ aus statistischen Rechnungen über die Zustandssummen ermittelt. Diese Rechnungen laufen darauf hinaus, die Verteilung der Energie in den Molekülen A, B und $[AB]^{\neq}$ auf ihre inneren und äußeren Freiheitsgrade (Rotationen, Schwingungen, Translationen) festzustellen. Dabei wird die oben erwähnte Dissoziationsschwingung als Translation angesehen.

Man kennt nun die Ausgangskonzentrationen von A und B und die Gesamtenergie des aus A, B und $[AB]^{\neq}$ bestehenden Gleichgewichtssystems, die durch die Temperatur gegeben ist. Aus der Energieverteilung, der Gesamtenergie und den Ausgangskonzentrationen läßt sich das Gleichgewichtsverhältnis von A und B und $[AB]^{\neq}$ bestimmen.

Zwei ausführlich untersuchte Beispiele $H_2 + J_2 \rightleftharpoons 2H$ und $2NO + O_2 \rightleftharpoons 2NO_2$ (trimolekulare Reaktion) ergaben eine gute Übereinstimmung zwischen Experiment und Theorie.

Mit der Einführung einer „Gleichgewichtskonstanten" $K^{\neq}$ kann man eine freie Enthalpie der Aktivierung $\Delta G^{\neq} = -RT \ln K^{\neq}$ definieren. Damit ist

$$k_2' = \frac{kT}{h} e^{-\Delta G^{\neq}/RT} = \frac{kT}{h} e^{\Delta S^{\neq}/R} e^{-\Delta H^{\neq}/RT} \qquad (90)$$

mit $\Delta S^{\neq}$ als Aktivierungsentropie und $\Delta H^{\neq}$ als Aktivierungsenthalpie. Die Aktivierungsentropie hängt mit der Konfiguration des aktivierten Komplexes zusammen, die auch im sterischen Faktor p der Stoßtheorie berücksichtigt ist. Die Aktivierungsentropie der Reaktion zweier mehratomiger Moleküle ist auf jeden Fall stärker negativ als die der Reaktion zweier Atome. Die Reaktion läuft nach (90) bei komplizierteren Reaktionspartnern bei gleicher Aktivierungsenthalpie $\Delta H^{\neq}$ langsamer ab.

Die Aktivierungsenthalpie $\Delta H^{\neq}$ hängt mit der Arrheniusschen Aktivierungsenergie E_a zusammen. Für Reaktionen in Lösung ist

$$\Delta H^{\neq} = RT^2 \frac{d \ln K^{\neq}}{dT} = RT^2 \frac{d \ln k_2'}{dT} - RT = E_a - RT \qquad (91)$$

Aus (90) und (91) läßt sich bei bekanntem $k = k_2'$ und E_a die Aktivierungsentropie $\Delta S^{\neq}$ berechnen. Sie kann als Angabe über den Ordnungszustand des aktivierten Komplexes aufgefaßt werden. Normalerweise wird das Zusammentreten der Reaktionspartner zum aktivierten Komplex eine Verringerung der Unordnung zur Folge haben und damit eine negative Aktivierungsentropie. Bei normalen Reaktionen vom Typ $A + B \rightarrow C + D$ ergibt das Experiment $\Delta S^{\neq}$-Werte von ca. -5 bis $-20\ J K^{-1} mol^{-1}$. Assoziationsreaktionen haben höhere Aktivierungsentropien und sind deshalb vergleichsweise langsam. Bei der Bildung von quartären Ammoniumhalogeniden aus Trialkylamin + Alkylhalogenid liegen die $\Delta S^{\neq}$ zwischen -140 und $-200\ J K^{-1} mol^{-1}$.

3.9. Zusammenfassung

Mit diesen Modellen für das Geschehen im „Reaktionsknäuel", die nach unserer Eingangsbemerkung durch die kinetische Analyse in keiner Weise bewiesen sind, haben wir deutlich machen können, daß die Geschwindigkeitskonstante nicht nur ein Proportionalitätsfaktor im Zeitgesetz ist. Sie stellt vielmehr eine statistische Größe dar, die die Wahrscheinlichkeit dafür angibt, daß ein Teilchen in einer bestimmten Zeiteinheit an einer bestimmten Elementarreaktion teilnimmt.

Anhang 1

Konstanten und Umrechnungsfaktoren

	Symbol	SI-Einheit	cgs-Einheit
Lichtgeschwindigkeit	c	$2{,}997\,925 \cdot 10^{8} ms^{-1}$	$2{,}997\,925 \cdot 10^{10} cm s^{-1}$
Elektronenruhemasse	m_e	$9{,}109\,558 \cdot 10^{-31} kg$	$9{,}109\,558 \cdot 10^{-28} g$
Protonenruhemasse	m_p	$1{,}672\,614 \cdot 10^{-27} kg$	$1{,}672\,614 \cdot 10^{-24} g$
Elektronenladung	e	$1{,}602\,191\,7 \cdot 10^{-19} C$	$4{,}803\,250 \cdot 10^{-10}$ el. stat. E.
Plancksche Konstante	h	$6{,}626\,196 \cdot 10^{-34} Js$	$6{,}626\,196 \cdot 10^{-27} erg.s$
Boltzmann-Konstante	k	$1{,}380\,622 \cdot 10^{-23} JK^{-1}$	$1{,}380\,622 \cdot 10^{-16} erg\,K^{-1}$
Faraday-Konstante	F	$9{,}648\,670 \cdot 10^{4} C\,mol^{-1}$	
Loschmidt-Zahl	N_L	$6{,}022\,169 \cdot 10^{23} mol^{-1}$	
Gaskonstante	R	$8{,}314\,34\ JK^{-1} mol^{-1}$	$8{,}314\,34 \cdot 10^{7} erg\,K^{-1} mol^{-1}$
Standard Molvolumen	V_0	$2{,}241\,36 \cdot 10^{-2} m^{3} mol^{-1}$	$2{,}241\,36 \cdot 10^{4} cm^{3} mol^{-1}$
Bohrsches Magneton	μ_B	$9{,}274\,096 \cdot 10^{-24} JT^{-1}$	$9{,}274\,096 \cdot 10^{-21}$ erg Gauß$^{-1}$
Kern-Magneton	μ_K	$5{,}050\,951 \cdot 10^{-27} JT^{-1}$	$5{,}050\,951 \cdot 10^{-27}$ erg Gauß$^{-1}$
Atomare Masseneinheit	amu	$1{,}660\,531 \cdot 10^{-27} kg$	$1{,}660\,531 \cdot 10^{-24} g$
Standardbeschleunigung	g	$9{,}806\,56\ ms^{-2}$	$980{,}665\ cm s^{-1}$
Influenzkonstante	ϵ_0	$8{,}859 \cdot 10^{-12} AsV^{-1} m^{-1}$	
Induktionskonstante	μ_0	$1{,}256 \cdot 10^{-6} VsA^{-1} m^{-1}$	

$$1\ J = 10^{7} erg$$

$$1\ cal = 4{,}184\ J$$

$$1\ eV = 1{,}6021 \cdot 10^{-12} erg = 3{,}829 \cdot 10^{-20} cal = 23{,}06\ k\,cal\,mol^{-1} = 8065{,}47\ cm^{-1}$$

$$T\ (K) = 273{,}16 + t\ (°C)$$

$$1\ atm = 101\,325\ Nm^{-2} (Pa) = 1{,}013\,25 \cdot 10^{6} dyn\,cm^{-2} = 760\ Torr$$

$$1\ Gauß = 10^{-4}\ V s m^{-2}$$

Anhang 2

Operatoren

Operatoren sind nötig, damit man aus der Wellenfunktion mit Hilfe von Eigenwertgleichungen die gewünschte Information über das atomare oder molekulare System ziehen kann.

Operatoren sind Rechenvorschriften, Anweisungen, was man mit der Funktion, auf die der Operator angewandt wird, tun soll.

Dabei ist zu beachten, daß mehrere Operatoren nacheinander auf eine Funktion angewandt werden können, wobei die Vertauschbarkeit nicht immer gegeben ist (Beispiel: $(a + 3) : 2 \neq a : 2 + 3$).

Die Operatoren werden gebildet, indem man für die interessierende Eigenschaft den Ausdruck der klassischen Physik sucht und dann für den Impuls p setzt.

$$p_x \rightarrow \frac{h}{2\pi i}\frac{\partial}{\partial x}\,;\quad p_y \rightarrow \frac{h}{2\pi i}\frac{\partial}{\partial y}\,;\quad p_z \rightarrow \frac{h}{2\pi i}\frac{\partial}{\partial z}\,.$$

Die anderen Größen, wie die potentielle Energie U, die Koordinate x, das Vektorpotential A sind durch die multiplikativen Operatoren U, x, A zu ersetzen.

Zwei Beispiele:

Der Energieoperator **H** wird ermittelt nach

Energie klassisch:

$$E = E_{kin} + E_{pot} = \frac{p^2}{2m} + E_{pot} = \frac{p_x^2}{2m} + \frac{p_y^2}{2m} + \frac{p_z^2}{2m} + E_{pot}$$

Operator:

$$\mathbf{H} = \frac{1}{2m}\left[\left(\frac{h}{2\pi i}\frac{\partial}{\partial x}\right)\left(\frac{h}{2\pi i}\frac{\partial}{\partial x}\right) + \left(\frac{h}{2\pi i}\frac{\partial}{\partial y}\right)\left(\frac{h}{2\pi i}\frac{\partial}{\partial y}\right) + \left(\frac{h}{2\pi i}\frac{\partial}{\partial z}\right)\left(\frac{h}{2\pi i}\frac{\partial}{\partial z}\right)\right] + U$$

$$\mathbf{H} = -\frac{h^2}{2m4\pi^2}\left[\frac{\partial^2}{\partial x^2} + \frac{\partial^2}{\partial y^2} + \frac{\partial^2}{\partial z^2}\right] + U\,.$$

Energieeigenwertgleichung: $\mathbf{H}\psi = E\psi$.

Der Drehimpulsoperator **L** wird ermittelt nach:

Drehimpuls klassisch: $\vec{D} = \vec{r} \times \vec{p}$

$$D_x = yp_z - zp_y \qquad \text{Operator:} \quad \mathbf{L}_x = \frac{h}{2\pi i}\left(y\frac{\partial}{\partial z} - z\frac{\partial}{\partial y}\right)$$

$$D_y = zpx - xp_z \qquad \mathbf{L}_y = \frac{h}{2\pi i}\left(z\frac{\partial}{\partial x} - x\frac{\partial}{\partial z}\right)$$

$$D_z = xp_y - yp_x \qquad \mathbf{L}_z = \frac{h}{2\pi i}\left(x\frac{\partial}{\partial y} - y\frac{\partial}{\partial x}\right)$$

Drehimpulseigenwertsgleichung: $\mathbf{L}\psi = L\psi$.

Sachwortverzeichnis

GPSR Compliance

The European Union's (EU) General Product Safety Regulation (GPSR) is a set of rules that requires consumer products to be safe and our obligations to ensure this.

If you have any concerns about our products, you can contact us on ProductSafety@springernature.com

In case Publisher is established outside the EU, the EU authorized representative is:

Springer Nature Customer Service Center GmbH
Europaplatz 3
69115 Heidelberg, Germany

Batch number: 10577896

Printed by Printforce, the Netherlands